KUNZ DITTMER · ALLGEMEINE VÖLKERKUNDE

KUNZ DITTMER
ALLGEMEINE VÖLKERKUNDE

FORMEN UND ENTWICKLUNG
DER KULTUR

FRIEDR. VIEWEG & SOHN · BRAUNSCHWEIG

24 Tafeln mit 87 Abbildungen und 89 Federzeichnungen
von Heiner Rothfuchs

ISBN 978-3-663-00388-5   ISBN 978-3-663-02301-2 (eBook)
DOI 10.1007/978-3-663-02301-2

Meiner Frau gewidmet

INHALT

ZUR EINFÜHRUNG

Die Völkerkunde rückt mit den anderen Wissenschaften vom Menschen gegenwärtig im In- und Ausland mehr und mehr in den Vordergrund des Interesses. Die Ergebnisse ihrer Forschungen erhalten vor allem aus folgenden Gründen immer größeres Gewicht: Wir stellen uns gerade in Krisenzeiten die Frage: Was ist der Mensch, welche geistigen und seelischen Möglichkeiten und Begrenzungen, aber auch welche zum Miteinanderleben und zur Entfaltung seiner Kultur sind ihm gegeben? Wo stehen wir selbst? Der Besinnung auf uns selbst genügt aber nur ein Erkennen der vergangenen und der gegenwärtigen Formen und Kräfte unserer eigenen Kultur nicht, sondern es ist dazu ein Kennenlernen auch der fremden Völker, ihrer geistig-seelischen Veranlagung, des Wesens und Werdens ihrer Kulturen erforderlich. Erst dann können wir abwägen, was allen Menschen gemeinsam ist und sie verbindet, worin die Unterschiede zwischen ihnen bestehen und auf welche Ursachen diese sich gründen mögen. Dann aber wird sich im fremden Wesen das eigene um so klarer spiegeln.
Die moderne Weltwirtschaft verflicht alle Gebiete der Erde in einen immer engeren Zusammenhang und politische Ereignisse im fernsten Winkel lassen ihre Rückwirkungen auf den ganzen Weltkreis spüren. Um zu den aktuellen Ereignissen Stellung nehmen und sie nach ihrer Bedeutung und Entstehung richtig einschätzen zu können, ist also ebenfalls eine sachliche Unterrichtung über alle Völker der Erde, ihre Kultur und Geschichte unerläßlich.
Wollen wir unseren heutigen Standort in der kulturellen Entwicklung feststellen und die Wege erkunden, die uns in die Zukunft führen können, so müssen wir uns zunächst einen Überblick über die Entfaltung der menschlichen Gesittung und Kultur aus den Anfängen des Menschseins heraus verschaffen. Denn unsere heutige Zivilisation kann nicht aus sich selbst heraus verstanden werden, da sie sich auf den Errungenschaften der alten Hochkulturen aufbaut und mit diesen zusammen wieder ältere Kulturstufen zur Grundlage hat, die in den heutigen Naturvölkern ihre Entsprechung haben. Folglich muß bei der Beantwortung dieser Fragen die Völkerkunde gehört werden.
Nun ist der Gegenstand der Wissenschaft vom Menschen einerseits als Angehöriger der Säugetierklasse biologischen Naturgesetzen unter-

worfen, andererseits im Unterschied zum Tier ein geistbegabtes, kulturschöpferisches Wesen, in dem Leiblichkeit und Geistigkeit in einer unaufhörlichen Wechselwirkung miteinander verbunden sind. Also unterliegt der Mensch — und die von ihm gebildeten Gesellungsgruppen — sowohl einer naturwissenschaftlichen wie einer geisteswissenschaftlichen Betrachtungsweise. Mithin ist die Völkerkunde durch ihr Objekt in den Schnittpunkt zwischen Geistes- und Naturwissenschaften gerückt, hebt sich auf ihrer Ebene der Gegensatz zwischen diesen überhaupt auf! Damit aber bietet sich die Völkerkunde als eine geeignete geistige Klammer dar, mit der die in immer zahlreichere isolierte Spezialgebiete zerfallenden Natur- und Geisteswissenschaften zu einer neuen universalen Ganzheit verbunden werden können.

Manche Irrtümer und Fehler der Vergangenheit mit ihren oft so schwerwiegenden Folgen hätten vermieden werden können, wenn man sich bewußt geblieben wäre, daß ohne eine Berücksichtigung der völkerkundlichen Forschungsergebnisse nicht nur die Kulturwissenschaften, sondern mehr oder weniger alle Fächer, die den Menschen als Objekt oder als erkennendes und handelndes Subjekt zum Inhalt haben — die politischen, technischen und Wirtschaftswissenschaften nicht ausgenommen —, nicht zu letzter Klarheit über ihre Aufgaben und Möglichkeiten gelangen können. Nur durch tiefere Kenntnisse läßt sich auch ein Verstehen der Seele und des Geistes unserer Mitmenschen jenseits der Grenzpfähle und der Ozeane erreichen und Achtung vor fremdem Volkstum gewinnen, die so unerläßlich für die Völkerverständigung und den Weltfrieden sind.

Zusammenfassende Darstellungen des Lebens der verschiedenen heutigen Völker liegen zwar bereits in mehreren Handbüchern vor. Diese können aber naturgemäß den Tatsachen und Problemen der *allgemeinen Völkerkunde* nur sehr wenig Raum geben, noch weniger — wenn überhaupt — der Darstellung der kulturgeschichtlichen Entwicklung. Eine dem jetzigen Stande der Wissenschaft gerecht werdende Einführung in die allgemeine Völkerkunde auf knappem Raum und damit zu einem wohlfeilen Preis fehlt im deutschen Schrifttum überhaupt. Diese Lücke will nun dieses Buch ausfüllen und damit den an der Völkerkunde und Kulturgeschichte interessierten Leser in allgemeinverständlicher Form zu einem tieferen Verständnis des uns oft so fremdartig erscheinenden Denkens und Handelns der Naturvölker führen. Zugleich soll es ihm die Möglichkeit bieten, die ihm aus eigener Anschauung oder aus Handbüchern, Monographien und Reisebeschrei bungen bekanntgewordenen Erscheinungen des Lebens fremder Völker in ihrer kulturgeschichtlichen Stellung und Bedeutung richtig einzuordnen.

Dazu hielt es der Verfasser für unerläßlich, die Darstellung der Tatsachen und Probleme der allgemeinen Völkerkunde durch einen Überblick über die Kulturentwicklung von den Anfängen bis zur Entstehung der Hochkulturen zu vervollständigen. Dies um so mehr, als die Frage nach der Entwicklung der Kultur überhaupt und der dabei wirkenden Kräfte stets ein Anliegen des denkenden Menschen war und bleiben wird und aus ihrer Beantwortung auch das Werden unserer eigenen Kultur erhellt wird. Allerdings wird eine letzte und endgültige Lösung aller damit verbundenen Probleme niemals gegeben werden können, da sie natürlich vom jeweiligen Stande unseres Wissens abhängt. Somit wird sich diese Frage immer wieder von neuem stellen, jeder Antwort ein unauflöslicher Rest und auch der bestbegründeten Ansicht ein hypothetischer Charakter verbleiben. Trotzdem hat sich der Verfasser nicht entmutigen lassen und den Versuch gewagt, unter Auswertung der neuesten Forschungsergebnisse ein neues Bild vom Werden der Kultur zu entwerfen. Diese Aufgabe erschien um so dringlicher, als ältere Versuche dieser Art längst als veraltet gelten müssen.

Die rapide Entfaltung der Völkerkunde als selbständige Wissenschaft und die nun schon nahezu unübersehbar gewordene Fülle völkerkundlicher Veröffentlichungen erschweren einem einzelnen Verfasser die Bearbeitung und Darstellung der Forschungsergebnisse der allgemeinen Völkerkunde und der Kulturgeschichte außerordentlich. Dazu kommt, daß viele Handbücher der einzelnen Fachgebiete veraltet sind und nicht selten alte Theorien als bewiesene Tatsachen bringen. Es erwiesen sich also immer neue zeitraubende Spezialuntersuchungen als notwendig, nicht zuletzt für die neue Aufstellung von Kulturkreisen und Kulturschichten im zweiten Teil des Buches. In seinem knappen Rahmen konnten die Ergebnisse dieser jahrelangen Studien nur in gedrängter Form und ohne den dem Fachmann erwünschten ganzen wissenschaftlichen Apparat gebracht werden. Der Verfasser hofft jedoch, sein umfangreiches Material hierzu in naher Zukunft veröffentlichen zu können.

A. GESCHICHTE, AUFGABEN UND METHODIK DER VÖLKERKUNDE

I. GESCHICHTE

Völkerkundliche Forschung ist abhängig von der Fähigkeit zur Erfassung des „Fremdphänomens" andersartiger Völker und Kulturen und setzt entsprechende Wißbegierde und Möglichkeiten zu deren Befriedigung voraus. Sie ist also ihrerseits ebenfalls kultur- und geschichtsbedingt und läßt in den Meinungen der forschenden Betrachter deren Verwurzelung in einem bestimmten Volkstum mit eigener Geistigkeit und Gefühlswelt („ethnischer und psychomentaler Komplex") sowie dessen Wandel erkennen.

Die oben angeführten Bedingungen waren erst in hochkulturlichen Verhältnissen mit ihren weitergespannten interethnischen Beziehungen und stärker geschichteten sozialen Strukturen gegeben. Bereits die altorientalischen Staaten zogen auch länderkundliche Erkundigungen über das wirtschaftliche, militärische und politische Potential ihrer Nachbarn ein, um ihren Handelsinteressen zu dienen und um die Möglichkeiten der Erweiterung und Behauptung des eigenen Machtbereiches festzustellen; selbst Expeditionen in ferne Länder wurden ausgerüstet. Die Ergebnisse fanden jedoch in diesen despotisch regierten und religiös fundierten Staaten keine wissenschaftliche Bearbeitung; zumindest schweigen die bisher aufgefundenen schriftlichen Quellen darüber. Nur der chinesische Beamtenstaat hat seit alten Zeiten sorgfältig alle Nachrichten über die Fremdvölker seines eigenen Herrschaftsbereiches wie der Randgebiete gesammelt und archivalisch geordnet, um seinen Beamten Unterlagen für die Verwaltung und die diplomatischen Beziehungen an die Hand geben zu können. Mit der Ausschöpfung dieser in ihrem ethnographischen Wert nicht zu überschätzenden Quellen ist erst der Anfang gemacht worden[1].

Daß eine wissenschaftlich betriebene Völker- und Länderkunde im Nordwesten des alten eurasischen Hochkulturgürtels, in *Griechenland* entstand, war kein Zufall: Die wirtschaftliche Blüte der hellenischen

---

[1] Siehe die Literaturangaben [184, 184a] am Schluß des Buches.

Stadtstaaten gründete sich auf weitgespannte intensive Handelsbeziehungen, die eine genaue Kenntnis der Handelspartner, ihrer Länder und der Handelswege erforderte; die Forschungsergebnisse wurden einem größeren Kreis von Mitbürgern zugänglich gemacht, da kaum Einengungen durch despotische Regierungen oder religiöse Bindungen bestanden; die Polis ermöglichte den wirtschaftlich gesicherten Besitzbürgern Muße, um als selbständige Denker philosophische und wissenschaftliche Interessen zu pflegen. Dazu traten im engeren und weiteren Umkreis des Mittelmeeres Fremdvölker verschiedener Kulturhöhe z. T. recht aktiv in den Gesichtskreis der Antike. So haben griechische Gelehrte und Entdeckungsreisende nicht nur genaues ethnographisches Material — noch im Rahmen länderkundlicher und historischer Forschungen — gesammelt und überliefert, sondern sind auch zu wissenschaftlicher Theorienbildung fortgeschritten, z. B. über den Einfluß von Klima, Umwelt und Rasse auf die Psyche und Kultur, deren (zyklische) Entwicklung usw.

Das christliche *Mittelalter* bedeutete ein Stillstand und Rückschritt in der völkerkundlichen Forschung: Da in der Bibel alles Wissensmögliche bereits offenbart war, galt menschliches Forschen als sinnlos und ein sich vom Dogma lösender Forschungsdrang als Abfall vom rechten Glauben. Zudem verlor das Abendland die Südküste — später auch den Westen — des Mittelmeeres und das pontische Gebiet an den islamischen Machtbereich und wurde durch ihn auch vom weiteren Hinterland abgeschnitten; die Einbrüche der asiatischen Reiternomaden wurden als apokalyptische Schrecken erlebt. So wurde nun der Horizont räumlich und geistig eingeengt, dafür die Ferne mit Fabelwesen bevölkert. Die wertfreie antike Gegenüberstellung Polisbürger: Fremdsprachiger (Barbar) wurde umgebildet in den Gegensatz „Wahrer" (= Christen-)Mensch: Heide, der als „Götzenanbeter" bzw. „Teufelsdiener" der Hölle verfallen und Verkörperung des Bösen ist.

Daß das antike Geistesgut nicht verlorenging, verdanken wir den islamischen Gelehrten, die das Erbe von Hellas und Byzanz treulich hüteten und vermehrten. Der ungeheuer weiträumige Geltungsbereich ihrer Religion mit einheitlicher Kultsprache erleichterte islamischen Geographen außerordentlich weite Forschungsreisen mit reichen ethnographischen Ergebnissen. Diese stellen unsere wichtigsten mittelalterlichen Quellen zur Ethnographie weiter Gebiete Afrikas, Asiens und Osteuropas dar. Ihnen gegenüber treten die Berichte der wenigen

Kaufleute und mit diplomatischen Missionen zu den mongolischen Weltherrschern entsandten Missionare quantitativ zurück.

Das *Zeitalter der Entdeckungen* brachte plötzlich auch primitive Naturvölker in großem Umfang in den Gesichtskreis der Europäer. Sie boten zunächst keine Anknüpfungspunkte für ein geistiges Verständnis und für die Missionierung, wie dies bei den Mohammedanern mit ihrer monotheistischen und mit Judentum und Christentum verwandten Religion und ihrem hohen Zivilisationsstande bisher der Fall gewesen war. So war es leicht, den „wilden", „tierischen" Zustand (Kannibalismus!) von Indianern und Negern zu übertreiben und als moralische Rechtfertigung für grausamste Unterdrückung und Ausbeutung, ja Ausrottung, bis in das 19. Jahrhundert hinein zu benutzen. Das durch das schnelle Anwachsen des zivilisatorischen Standards gesteigerte Selbstgefühl der Europäer tat ein übriges dazu. Verständnisvolle Missionare hatten es schwer, z. B. auch nur dem menschlichen Charakter der Indianer zur Anerkennung zu verhelfen. Erst die Einsicht, daß ein bedenkenlos fortgesetzter Raubbau an den Kolonialvölkern die Interessen der Kolonialmächte selbst schwer schädigte, erweckte ein größeres Interesse an der Erhaltung und Erziehung (in europäisch-christlichem Sinne) der „Eingeborenen". Das führte zu eingehenden Sprachstudien, die wiederum erst einen Zugang zum besseren Verständnis ihrer Geistigkeit eröffneten.

Für Jahrhunderte blieb aber das Bestehen eines eigenen europäischen ethnologischen Komplexes noch unentdeckt. Vielmehr spiegelte sich schon in den Reisebeschreibungen, viel mehr natürlich noch in der theoretischen Verarbeitung des ethnographischen Materials, die eigene Denkungsart des Beschauers und seine Abhängigkeit von zeitgenössischen geistigen Strömungen ganz naiv wider. Besonders zu Zeiten geistiger Krisen Europas wurde das immer stärker anschwellende ethnographische Material, willkürlich ausgedeutet, zur Stützung der auf die europäischen Verhältnisse bezogenen Theorien herangezogen (Zeitalter der Aufklärung, des Naturrechtes usw.). Bekannt ist, welch tiefen Eindruck die gerade neu entdeckten Südseeinsulaner auf die Phantasie der Europäer ausübten, die sie fälschlich als in „paradiesischen" Zuständen lebend hinstellten[2]). In Wahrheit spiegelten sich hierin nur die Wunschvorstellungen einiger europamüder Schrift-

---

[2]) Trotz des dagegen machtlosen Protestes einiger exakter Südseeforscher, wie z. B. der beiden *Forster*.

steller über bessere moralische und soziale Zustände. Das Pendel schlug nun sogar nach der anderen Seite aus, dem „verfaulten" Europa wurden die „Wilden als bessere Menschen" gegenübergestellt.

Der durch die Entdeckungsreisen des 17. und 18. Jahrhunderts angesammelte reiche Materialschatz zur Ethnographie der außereuropäischen Völker erweckte in der klassischen Zeitepoche um die Wende des 18. zum 19. Jahrhundert den Sinn für die Eigenart fremden Volkstums und die Achtung vor ihm. Der Ausbau geisteswissenschaftlicher Methoden[3]) wurde auch auf die Völkerkunde erstreckt; ganzheitliche wie individualisierende, vergleichende, soziologische wie psychologische und historische Betrachtungsweisen wurden eingeführt bzw. ausgebaut.

Die durch die *französische Revolution* ausgelösten politischen und geistigen Erschütterungen Europas mit der Folge eines erwachenden bzw. erstarkenden Nationalgefühls führten in der Anwendung völkerkundlicher Betrachtungsweisen zur Entdeckung der europäischen Volkstümer — nicht zuletzt am Beispiel der nationalen Minderheiten —, d. h. zur Ausbildung der europäischen *Volkskunde*. Deren „Volksgeist" wurde dem übernationalen, absolutistischen Staat gegenübergestellt. Die Romantik pflegte die Volkskunde besonders, im Verein mit einer vertieften geschichtlichen Durchdringung der nationalen Vergangenheit und mit vergleichenden Sprachstudien der eigenen Sprachstämme (indogermanistische und finnougrische Forschungen), die ihrerseits wieder anregend und fördernd auf die Erforschung außereuropäischer Sprachkreise wirkten. Sowohl die Romantik wie der etwa gleichzeitig erstarkende Humanismus mit seiner Hervorhebung der Antike ließen längere Zeit die Naturvölker als „rohe Wilde" in den Hintergrund des Interesses treten.

Den stärksten Anstoß zur erneuten eingehenden wissenschaftlichen Beschäftigung mit ihnen brachte der erstarkende Kapitalismus und vor allem der Beginn des *imperialistischen Zeitalters*. Der Zwang zur Besitznahme immer neuen außereuropäischen Siedlungslandes für den eigenen Bevölkerungsüberschuß wie vor allem von Rohstoff- und Absatzgebieten bewirkte die wissenschaftliche Erschließung namentlich der tropischen Länder. Die Notwendigkeit der immer stärkeren

---

[3]) Im Rahmen dieses knappen Abrisses kann weder auf Einzelheiten noch Würdigung auch nur der verdienstvollsten Gelehrten eingegangen werden, die Nennung einiger weniger Namen würde eine ungerechtfertigte Zurücksetzung anderer bedeuten. Man vergleiche [32].

Heranziehung einheimischer Arbeitskräfte zur wirtschaftlichen Nutzung der Kolonialgebiete wie die Forderung ihrer möglichst reibungslosen Verwaltung führte zu ausgedehnten und eindringlichen völkerkundlichen Sprach-, Sozial-, Rechts- und Religionsforschungen. Immer mehr konnten dabei von Missionaren wie Kolonialbeamten stationäre Feldforschungen betrieben werden, die erst ein tieferes Verstehen der Naturvölker ermöglichten.

Die Abkehr des *positivistischen Zeitalters* vom rein spekulativen Denken forderte objektives Tatsachenmaterial, und da in der zweiten Hälfte des 19. Jahrhunderts gleichzeitig der schnelle Verfall der Eingeborenenkulturen unter dem Ansturm der auf diese zu plötzlich hereinbrechenden europäischen Zivilisation vorausgesehen bzw. erkannt wurde, so wurden nun in immer schnellerer Folge rein völkerkundliche Museen eingerichtet, Expeditionen zur Rettung und Einbringung eben dieses ethnographischen Tatsachenmaterials zur materiellen und geistigen Kultur der vom Untergang bedrohten Eingeborenen ausgeschickt und völkerkundliche Gesellschaften gegründet. Diese hatten zunächst häufig neben wissenschaftlichen auch humanitäre Zielsetzungen, um die Eingeborenen wenigstens vor gröbster Ausbeutung (Kampf gegen die Sklaverei — liberalistische Ideen!) zu schützen.

Die imponierende Entfaltung der Naturwissenschaften und die rapide Entwicklung der Technik mit dem sich daraus ergebenden Fortschrittsglauben führten zu dem unangebrachten Versuch, naturwissenschaftliche Methoden auch in der Anthropologie und Völkerkunde anzuwenden und gesetzmäßige (einlinige) Entwicklungslinien in das Völker- und Kulturleben von den „primitiven" Anfängen bis zum gegenwärtigen zivilisatorischen Hochstande hineinzusehen. Dieser naive *Evolutionismus*[4]) suchte sich die Mosaiksteinchen zu seinem so geschlossen wirkenden Bilde der Menschheitsentwicklung unwissenschaftlich wahllos aus dem ethnographischen Material — das dazu auf seine Verläßlichkeit gar nicht geprüft wurde — heraus. (Allenfalls wurden noch den auf der gleichen menschlichen Natur beruhenden „Elementargedanken" regionale Abweichungen in „Völkergedanken" zugebilligt.) Ihr vorherrschend zweckgebundenes Nützlichkeitsdenken verbaute allerdings den Europäern häufig den Zugang zum ganz anders gefügten und gegründeten Denken der meisten außer-

---

[4]) Von Evolution (lat.) = Entwicklung.

europäischen Völker: da in der Mehrzahl ihrer religiösen und magischen Bräuche und oft auch in ihren sozialen Sitten und Einrichtungen keine Ausrichtung auf einen mit der Vernunft erfaß- und
nachweisbaren Nutzeffekt zu finden bzw. hineinzudeuten war, wurde
kurzerhand ihr Denken hochmütig-überlegen als „primitiv", ja „unlo-
gisch" oder zumindest „a- bzw. prälogisch" klassifiziert. Dazu wurde
die Rolle des Individuums bei den Naturvölkern unterbewertet
und dementsprechend der Zwang und die Leistung des Kollektivs
überschätzt.

Das sich immer mehr häufende Forschungsmaterial bewirkte in der
zweiten Hälfte des 19. Jahrhunderts eine Aufteilung der Wissenschaft
vom Menschen (*Anthropologie*) in spezialisierte Einzelfächer. Die Bezeichnung „Anthropologie" wird zwar bis heute — namentlich in
der angelsächsischen und französischen Wissenschaft — noch vielfach
als Oberbegriff beibehalten[5]), doch trat nun der *physischen Anthropologie* oder Rassenkunde die *social* bzw. *cultural anthropology* oder
ethnology bzw. *Völkerkunde* als selbständige Wissenschaft gegenüber. Vor allem im deutschen Sprachgebrauch wird bei dieser noch
zwischen *Ethnographie* oder (Tatsachen) „beschreibender Völkerkunde" und *Ethnologie* oder „vergleichender (und auf Grund des
ethnographischen Materials theoriebildender) Völkerkunde" unterschieden. Ferner gewannen wie die europäische Volkskunde und die
Sprachwissenschaft auch die auf die Erforschung der außereuropäischen Hochkulturen gerichteten Wissenszweige (Orientalistik, Indo-
logie, Sinologie, Amerikanistik usw.) immer mehr den Rang selbständiger Wissenschaften. Seit der Wende des 19. zum 20. Jahrhundert traten innerhalb der Völkerkunde eine *funktionalistische und
eine kulturhistorische Richtung* in Wettstreit. Erstere interessierte sich
vor allem für die aktuellen sozialen Prozesse, das strukturelle Gefüge
und das funktionale Ineinandergreifen der einzelnen Kulturzüge in
ständiger Anpassung an die Umwelt — nicht zuletzt an Hand des
unter dem Einfluß der europäischen Zivilisation zu beobachtenden
Kulturwandels der außereuropäischen Völker. Letztere untersuchte
in erster Linie das historische Werden und Entwickeln der Kulturen,
wobei sie nachdrücklich die Scheu vor weiten Räumen und langen
Zeitspannen, in die „Kulturkreise" und „Kulturelemente" sich erstrecken oder ausstrahlen können — unter anderem auch durch

---

[5]) In Amerika dafür auch „Sociology" oder „Social Sciences".

„Völkerwanderungen" — überwinden und die Vorstellung einer einlinigen Entwicklung widerlegen half.

Die seit dem Beginn des *20. Jahrhunderts* immer gründlicher und methodischer betriebene stationäre Feldforschung über längere Zeiträume erbrachte nicht nur immer zuverlässigeres Tatsachenmaterial, sondern auch die Erkenntnis vom Bestehen eines eigenen europäischen ethnologischen Komplexes und der Gefahr, ohne Berücksichtigung dieses Ausgangspunktes schwere Fehler in der Beurteilung und Deutung des fremdvölkischen Denkens und Handelns nicht vermeiden zu können. Zum allgemeinen Durchbruch verhalfen dieser Erkenntnis — die ja eine Erschütterung des bisherigen Selbstgefühles und des selbstgefälligen Glaubens an die Allgemeingültigkeit des eigenen Denk- und Wertsystems zur Voraussetzung hat — allerdings erst die wirtschaftlichen, politischen und geistigen Krisen des Imperialismus, die sich in zwei Weltkriegen und umwälzenden Revolutionen und Evolutionen entluden. Sie hatten ferner das Ergebnis, daß eine Reihe bisher in völliger oder halber kolonialer Abhängigkeit gehaltener Völker nunmehr ihren Anspruch auf Unabhängigkeit mit Nachdruck anmelden oder verwirklichen konnte. Die Brechung der unbedingten und unbestrittenen kolonialen Vorherrschaft der Europäer und die Bestreitung ihres Führungsanspruches durch den Nationalismus der Exoten verstärkten die Unsicherheit bezgl. des eigenen Standpunktes. Sie förderten ferner die Ablegung des Europäerdünkels sowie die psychologische und geistige Bereitschaft, die Persönlichkeit des Farbigen und die Eigenwertigkeit seiner Kultur allgemein anzuerkennen.

Auch die Krisen- und Entwicklungserscheinungen der *Industrialisierung* in Europa und Amerika wirkten auf die Völkerkunde ein: Sie ließen die Großstädte rapide anwachsen und sich kulturell vom flachen Lande entfernen; dazu kamen die Zusammenballungen neuer Volksmassen verschiedener rassischer, nationaler und kultureller Herkunft, namentlich in Amerika. Zur Bewältigung der hierdurch geschaffenen sozialen Probleme erwiesen sich vor allem soziologische, psychologische und biologische Untersuchungen als notwendig. Sie deckten auf, daß gleiche Prozesse der Vergesellung und Anpassung auch in der modernen europäisch-amerikanischen Zivilisation ablaufen und hier gleiche Kräfte wirksam sind, wie bei den Naturvölkern auch. Daraus ergab sich, daß der europäische ethnologische Komplex nicht als allgemeingültiger Maßstab der Beurteilung und Bewertung angesehen werden darf. Er stellt vielmehr eine Sonderform unter vielen anderen dar und ist ebenso in die ethnologische Forschung einzubeziehen wie etwa die sozialen und kulturellen Erscheinungen der Großstädte. Damit waren auch die bisherigen Abgrenzungen der „Naturvölker" zu den Völkern höherstehender zivilisatorischer Ausrüstung verändert bzw. verwischt. Hatte es sich doch auch erwiesen, daß „primitives Denken" kein Kennzeichen der „Naturvölker" ist, sondern von ihm nur in entwicklungspsychologischem Sinne gesprochen werden darf, insofern es als das im Gegensatz zum kontrollierten wissenschaftlichen Denken gefühlsbetonte Alltagsdenken auch in den Hochkulturen — einschließlich der europäischen — zu finden ist.

II. AUFGABEN

Als die heute im Vordergrunde des Interesses stehenden wichtigsten Anschauungen über Wesen und Aufgaben der Völkerkunde lassen sich etwa die folgenden herausheben. Sie beruhen darauf, daß die Ganzheit ethnischen Lebens verschiedene Aspekte aufweist, die ebenso viele Betrachtungsweisen mit ihren besonderen Problemstellungen zulassen: Es ist zu beachten, daß

1. jede Gesellungsgruppe — in deren Verband der Mensch als „soziales Wesen" allein zu leben vermag — sich aus ineinanderwirkenden Individuen zusammensetzt, deren jedes zugleich — als kulturschaffendes — ein *humanides* wie — als Glied des Tierreiches — ein *hominides* Wesen ist. Gehört es als ersteres in den Untersuchungsbereich der Geisteswissenschaften, so als letzteres in den der Naturwissenschaften. Denn als solches unterliegt ja der Mensch — einzeln wie als ethnische Lebensgemeinschaft — biologischen Naturgesetzen (z. B. biogenetische Entwicklung, Vererbung, biologische Reaktionen auf und Anpassung an Umwelteinflüsse usw.). Andererseits wirken sich aber angesichts der funktionalen Wechselwirkung zwischen Leib- und Seele-Geist, zwischen körperlichen und seelisch-geistigen Funktionen (wie etwa chemophysikalische Gehirnvorgänge, Stoffwechsel, innere Sekretion usw.), die biologischen Gegebenheiten des Menschen auch auf seine geistigen Tätigkeiten, also auf seine Kultur, aus. Umgekehrt wirkt sich die Kultur auch auf die Biologie des Menschen aus (z. B. Einfluß am Feuer bereiteter Nahrung auf den Stoffwechsel, bestimmter Tätigkeiten auf die Konstitution; der Heraussiebung von körperlichen und charakter-

lichen Veranlagungen, die dem vom jeweiligen Kulturgepräge geforderten Verhaltensmuster entsprechen und der Ausmerzung unerwünschter Typen auf die rassische Entwicklung usw.). *Mithin ist die Völkerkunde durch ihr Objekt, den Menschen in den Schnittpunkt zwischen Geistes- und Naturwissenschaften gerückt, hebt sich auf ihrer Ebene der Gegensatz zwischen diesen überhaupt auf!* Anthropologie und Völkerkunde stehen also in einem unauflösbaren Zusammenhang miteinander, wenn auch Umfang des Stoffes und Verschiedenheiten der Methoden eine Trennung in zwei selbständige Wissenschaften notwendig gemacht hatten.

2. Die gleiche Überschneidung von natur- und geisteswissenschaftlicher Betrachtungsweise ergibt der Aspekt des Menschen als eines in eine bestimmte *Umwelt* gestellten Lebewesens. Diese wirkt auf ihn als Hominiden ein durch die Faktoren des Klimas, Strahlungen verschiedener Art und Herkunft, chemische Beschaffenheit des Wassers und der Nahrung u. dgl.; als Humanidem gibt sie ihm durch Lage, Bodenbeschaffenheit, Klima, Art der Rohstoffe und Nahrungsmittel verschiedene Existenzbedingungen und Möglichkeiten für kulturelle Betätigungen. Wie jede Tiergattung vermag aber der Mensch die objektiv gegebene Umwelt nur subjektiv als eine ihm spezifische zu erleben (Üxküll), anders als andere Gattungen von Lebewesen, anders selbst als Angehörige anderer Kulturen. Der Mensch schafft sich aber auch seine eigenen sozialen und kulturellen Umwelten, paßt sich an die natürliche Umwelt nicht nur passiv an, sondern verändert sie durch seine kulturelle Betätigung auch in weitgehender Weise (bis zur Klimaänderung!). Somit hat der Völkerkundler auch die Forschungsergebnisse und Methoden der Geographie, namentlich der Anthropogeographie und Wirtschaftsgeographie, zu berücksichtigen.

3. Betrachten wir den aktuellen Verlauf der Beziehungen zwischen den Menschen und ihren Umwelten, so erscheinen sie uns als wechselseitige Beeinflussungen, also als *funktionale* Abhängigkeiten in einem funktionalen Zusammenhang. Sowohl die Tätigkeiten und Leistungen der einzelnen als Sozialpartner, als Wirtschaftende, als Religionsausübende wie überhaupt als Kulturschaffende greifen, sich wechselseitig ergänzend, funktional in die anderer Individuen und in ihren Gesamtzusammenhang ein, wie die der sozialen Gruppen und ethnischen Einheiten unter sich und zur Umwelt. Unter diesem Gesichtspunkt stellen sich alle Sitten, Institutionen und

Kulturgüter, also die „Kultur“, als funktionaler Wirkungs- und Leistungszusammenhang dar. Er gipfelt in der biologischen wie kulturellen Anpassung an die Umwelt, wodurch die Aufrechterhaltung des biologischen wie geistig-seelischen (psychomentalen) Gleichgewichtes der ethnischen Einheiten[6]) zu erreichen gesucht wird.

4. Wollen wir dieses dynamische Funktionieren der Anpassungsvorgänge und den damit verbundenen Kulturwandel untersuchen, so müssen wir von dem zu gegebenen Zeiten und Orten gewissermaßen statisch festzustellenden Zustand einer ethnischen Einheit und ihrer Kultur ausgehen. Dann erscheint er uns als ein in einer bestimmten *Gestalt* strukturiertes *Gefüge*, als eine ganzheitliche Integration der verschiedenen einzelnen Kulturzüge. Die *Kulturmorphologie* befaßt sich also mit den uns objektiv entgegentretenden Formen, welche die Kulturgüter, Einrichtungen und die Ganzheit einer Kultur aufweisen; die Normen, die diese gesetzt hat, die alle zusammen das individuelle Bild, das „Muster“(*pattern*), jeder kulturellen Einheit prägen. Sie untersucht die Absichten und Bewertungen, die den sozialen Verhaltensmustern und den kulturellen Schöpfungen zugrunde liegen und den geistig-seelischen Inhalt, der sich in ihnen ausdrückt.

5. Der Mensch ist aber nicht nur ein „zoon politikon“, sondern auch ein „*Mensch in der Geschichte*“ (Bastian), der in den *zeitlichen* Ablauf allen Geschehens gestellt ist. So eng die Grenzen auch sein mögen, die Umwelt und Verhaltensmuster seines Kulturgepräges dem Denken und Handeln des Menschen setzen, so lassen sie ihm doch eine gewisse Spielbreite — neben der Möglichkeit der Grenzüberschreitung — für das Bewußtsein einer freien Entscheidung, zumindest für das Gefühl der Willensfreiheit. Alle Entscheidungen, die der Mensch in Beantwortung neuer Situationen seines Daseins, etwa mit der Änderung überlieferter Formen seines Daseins und der Aufnahme oder Schaffung neuer und mit seinem politischen Handeln trifft, sind in ihrer Einmaligkeit und Unaufhebbarkeit ihrer Folgen geschichtliche Fakten. Sie alle haben ihre geschichtlichen Wirkungen, auch wenn der Handelnde sie meist nicht vorhersehen konnte. So ist also jede Kultur eine geschichtliche Schöpfung des Menschen, abhängig von einmaligen, geschichtlichen Gegeben-

---

[6]) Siehe S. 27 ff.

heiten des Ortes und der Zeit, und ist seine von ihm geschaffene Umwelt eine historische.

Eine funktionalistische Betrachtungsweise vermag wohl bei der Untersuchung des Kulturwandels wertvolle — gewissermaßen mikroskopische — Einblicke in aktuelle Bildungen und kurzfristige Abläufe historischer Prozesse, auch in die hierbei wirkenden Kräfte, zu gewinnen, jedoch keine größeren Geschichtsverläufe zu erfassen. Es ist also unerläßlich, durch historische Untersuchungen das geschichtliche Werden der ethnischen und kulturellen Einheiten, ihrer Institutionen, Kulturzüge und -güter, festzustellen. Ohne diese Untersuchungen können auch weder die Gestalt noch die Funktionen einer Kultur ganz erfaßt werden.

Die unauflösbare Verknüpfung der historischen Schicksale aller Gruppen der gesamten Menschheit zwingt die kulturhistorische Völkerkunde geradezu (in Verbindung mit der Prähistorie), die Bearbeitung einer *Universalgeschichte der Menschheit* in Angriff zu nehmen. Wohl kann die Ereignisgeschichte schriftloser Völker niemals in nennenswertem Umfang geschrieben werden, wohl aber erscheint das Fernziel einer universalen Kulturgeschichte — theoretisch — möglich. Auch eine europäische Geschichtsforschung ist ohne Berücksichtigung der Ergebnisse der Prähistorie und Ethnologie nicht mehr möglich. Zur Erklärung späteren Geschehens muß sie nicht nur das geschichtliche Wirken außereuropäischer Völker heranziehen, sondern gerät auch auf der Suche nach den Wurzeln und Kräften der jeweilig gegenwärtigen historischen Ereignisse in immer weiter zurückliegende Zeiten, über die Antike und altorientalische Hochkulturen in die prähistorische Vergangenheit, die nur durch Vergleich mit noch heute lebenden (rezenten) Naturvölkern erhellt werden kann.

Selbstverständlich sind neben geisteswissenschaftlichen Aufgaben auch praktische Anwendungsmöglichkeiten der Völkerkunde gegeben, insbesondere als „Kolonialethnologie". Sie verhilft durch ein tieferes Verständnis fremder Kulturen zu einem besseren Miteinanderleben europäischer und nichteuropäischer Völker. Die Berücksichtigung der völkerkundlichen Forschungsergebnisse ist unumgänglich für die Verwaltungen kolonialer bzw. unter Mandatsverwaltung stehender Länder, wie sie auch jedem dort tätigen Weißen, Beamten, Missionar, Arzt, Kaufmann usw. — und damit auch den Eingeborenen selbst — von großem Nutzen ist.

III. METHODIK

Es muß aus dem Gesagten wohl einsichtig geworden sein, daß die verschiedenen Aspekte ethnischen und kulturellen Lebens nicht nur verschiedene Betrachtungsweisen gestatten, sondern auch verschiedene Untersuchungsmethoden, ja dies erfordern. Der bis in die Gegenwart fortgesetzte Streit um die Berechtigung einzelner Methoden ist also als gegenstandslos zu erachten: Die Anwendung einer bestimmten Methode richtet sich nach der jeweiligen Fragestellung..

Während die physische Anthropologie und die Anthropogeographie sowie die anderen Hilfswissenschaften ihre eigenen Methoden entwickelt haben, stehen in der Ethnologie die soziologisch-funktionalistische und die kulturhistorische Methode im Vordergrund. Die Kulturmorphologen haben eine spezifische eigene Methode nur in geringerem Umfange ausgebaut und bedienen sich — neben allgemein geisteswissenschaftlichen — mehr der beiden eben genannten.

Unter den *funktionalistischen Methoden* dürfte die von *W. Mühlmann*[7]) ausgebaute das größte Gewicht besitzen; sie behandelt auch Fragen der Struktur und der Geschichte (vor allem vom soziologischen Standpunkt). Allerdings bringt sie nur in geringerem Umfange eine Methodik in eigentlichem Sinne mit Kriterien und genauen Anleitungen zu methodischem Vorgehen[8]). Dafür bietet sie eine Fülle wertvoller (erkenntnistheoretischer) kritischer Durchleuchtungen der verschiedensten Probleme, der Fehler, Grundsätze und Fehlerquellen beim ethnologischen Arbeiten usw. Das von *Mühlmann* angezogene *Dilthey*sche „Prinzip der wechselseitigen Erhellung" kann als eine allgemein geisteswissenschaftliche Arbeitsweise nicht als spezifisch für die Ethnologie gelten. Dagegen ist zur Auffindung der „intentionalen Daten", die in die „bewußten Tatsachen", die „Emotionalvorstellungen" und das „Wertdenken" des Menschen hineinführen, das *Kriterium des historischen Gewichtes* von Bedeutung, das die „überwiegende Leistung" (für die Anpassung) aufzeigt und den Fehler der Typologisierung nach dem Mittelwert vermeiden läßt. Unter funktionalem Gesichtswinkel sei das *Kriterium der Wiederkehr* (von „Tatsachen in verschiedenen Lebensbereichen eines Volkes") wichtig. Die Auffindung völkerkundlicher Einheiten der Gesellung oder der Kultur

---

[7]) [31].

[8]) Es ist zu hoffen, daß der Verfasser seine „Methodik der Völkerkunde" in dieser Hinsicht noch weiter ausbauen wird.

soll durch eine „fortschreitende Reduktion umfassenderer Komplexe auf einfachere Komplexe" (und zugleich Zurückführung von Typen auf Varianten) mittels des — nicht näher erläuterten — *Kriteriums der Gestalt* erfolgen. (D. h. eine Erscheinung als zeitlicher Ablauf, der einen sinnvollen Zusammenhang aufweist, sei eine völkerkundliche Einheit. Mit diesem Kriterium kann dann allerdings — im Gegensatz zum kulturhistorischen „Qualitätskriterium" — eine kulturmorphologische Einheit, z. B. ein materielles Kulturgut, eine Institution usw. nicht erfaßt werden!) Die für die Bearbeitung historischer Probleme aufgestellten *Kriterien der allgemeinen Wahrscheinlichkeit, der Gleichartigkeit und der historischen Vergleichsrelevanz* sind zu unbestimmt gefaßt und zu sehr subjektiver Auslegung unterworfen, als daß sie nicht den Kriterien der kulturhistorischen Methode unterlegen erscheinen müssen.

Die *kulturhistorische Methode* wurde von *F. Graebner* begründet und von *W. Schmidt* und anderen[9]) weiter ausgebaut, um dem Mangel an schriftlichen Quellen durch genauere Analysen der Sachquellen zu begegnen. Nach gründlicher Quellenkritik soll danach die Verbreitung gleichartiger Sachverhalte mittels des *Form- bzw. Qualitätskriteriums* festgestellt werden (Verbreitungskarten!). Treten an den gefundenen Orten Übereinstimmungen zwischen verschiedenen anderen Sachverhalten gehäuft auf (= *Quantitätskriterium*), so ist die Wahrscheinlichkeit eines genetischen Zusammenhanges zwischen ihnen um so größer. Eine historische Beziehung zwischen ihnen wird um so sicherer, je mehr Spuren eines ursprünglichen Zusammenhanges zwischen den gegebenen Orten aufgezeigt bzw. je einleuchtender ihr Fehlen erklärt werden kann (= *Kontinuitätskriterium*). Sind die untersuchten einzelnen Kulturzüge bzw. *Kulturelemente* mit solchen aus allen Lebensbereichen in einer zu einem funktionierenden Ganzen

---

[9]) [25, 35, 24].

Bilder der Tafel I

Oben links: Bronzekopf, *Benin*, Südnigeria
Oben rechts: Bronzekopf, *Yoruba*, Südnigeria
Unten links: Auf einen Korb mit Ahnenschädeln gesteckte Schutzfigur. *Pangwe*, Südkamerun
Unten Mitte: Häuptlingsstuhl, von Ahnenfigur getragen. *Wa-Rua*, Belg.-Kongo
Unten rechts: Ahnenfigur mit Narbentatauierung. *Ba-Vili*, Franz. Kongo

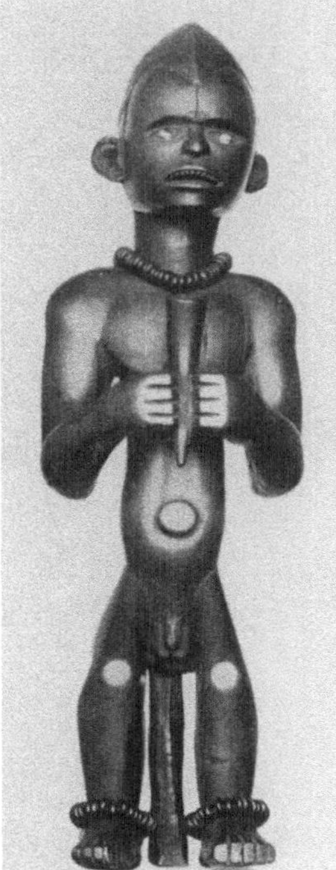

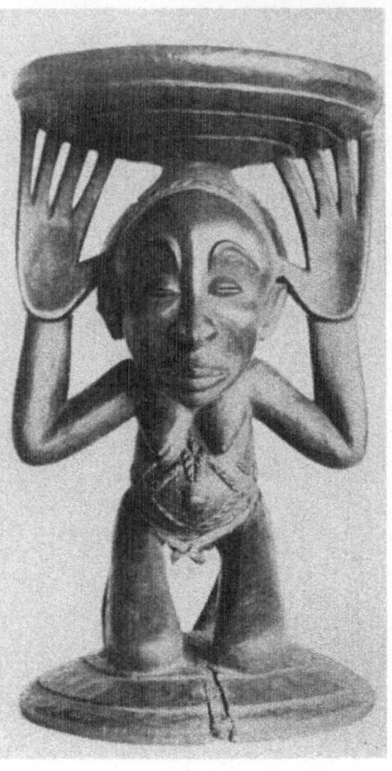

erforderlichen Anzahl zu einem strukturierten[10]) Kulturkomplex verbunden, so wird bei dessen geschlossener Ausbreitung über ein größeres Gebiet von einem *Kulturkreis* gesprochen. In der zeitlichen Abfolge gesehen, stellen Kulturkreise *Kulturschichten* dar. Aus der Art ihrer Lagerung und Überschichtung und evtl. Zersprengung des einen durch den anderen, gegenseitigen Beeinflussungen usw. ist eine relative Chronologie, Ausbreitungsrichtung, Abhängigkeitsverhältnis usw. zu entnehmen[11]).

Nützlich wäre eine noch weitergehende Spezifizierung und Unterteilung des Qualitätskriteriums je nach den verschiedenen Lebensbereichen einer ethnischen Einheit, auf die es angewendet werden soll. Als Beispiel kann die von *J. Strzygowski* für die Erforschung der Kunst schriftloser Völker ausgearbeitete „Wesenskunde"[12]) dienen. Der Gefahr, Kulturkreise und Kulturelemente zu sehr als statische Einheiten aufzufassen, kann die kulturhistorische Völkerkunde durch Beachtung der funktionalistischen Betrachtungsweise und Berücksichtigung ihrer Methoden entgehen. Für beide wiederum stellen die von *S. M. Shirokogoroff* aufgezeigten Gesetzmäßigkeiten bei Bildung, Bestehen und Zerfall kultureller und ethnischer Einheiten eine wertvolle Bereicherung dar. Auf sie wird später (S. 27 ff.) eingehender Bezug genommen.

Da kein grundsätzlicher Unterschied zwischen „Naturvölkern" und „Kulturvölkern" besteht und jede Geisteswissenschaft, weil sie ja irgendeinen Bezug zum Menschen, seinen Vergesellungen und kulturellen Betätigungen hat, auch einen ethnologischen Aspekt auf-

---

[10]) Daß die „Kulturkreislehre" Kulturkreise als eine atomistische Anhäufung von unverbundenen Kulturelementen ansähe, ist ein Irrtum einiger Kritiker.

[11]) Die Details und weiteren Anleitungen zu methodischem Arbeiten können hier nicht gebracht werden und sind in den zitierten Werken nachzulesen.

[12]) [36]. Sie wurde von *O. Menghin* als Qualitätskriterium auch für die Prähistorie empfohlen.

Bilder der Tafel II

Oben: „*Radja*"-Kultfigur aus einem Kulthaus. *Sepik*, Neu-Guinea
Unten links: Malanggan-Schnitzerei, *Neu-Mecklenburg*, Melanesien
Unten Mitte: Ahnenfigur eines Häuptlings mit aufgesetztem übermodelliertem Totenschädel. *Malekula*, Neue Hebriden, Melanesien
Unten rechts: Zauberstab (oberer Teil), *Batak*, Sumatra

weist, so ist der Bereich völkerkundlicher Fragestellungen und Methodik ausgedehnt wie bei keiner anderen Wissenschaft. Es empfiehlt sich, für ihn als Oberbegriff die Bezeichnung „Anthropologie" beizubehalten. Selbstverständlich ist deren Aufgabenbereich zu umfassend und weitläufig, als daß seinen Anforderungen eine einzige Wissenschaft in ausreichendem Maße genügen könnte. Die Anthropologie mußte sich also in verschiedene Spezialwissenschaften aufgliedern und auch zu ursprünglich nicht aus ihr gelösten Wissenschaften in ein engeres Verhältnis treten. Trotzdem ist es wichtig, daß sich die Vertreter der einzelnen anthropologischen Wissenschaften dieses übergreifenden Zusammenhanges stets bewußt bleiben, wenn sie nicht in ein zusammenhangloses und letztlich unfruchtbares Spezialistentum verfallen wollen.

Als engere *Nachbarwissenschaften*, die zur Völkerkunde in einem Verhältnis wechselseitiger Erhellung und Hilfestellung stehen, sind zu nennen: Physische Anthropologie und Biologie, Geographie, Soziologie, Psychologie, Sprachwissenschaft, Prähistorie und Archäologie, Historie, Volkskunden der europäischen und außereuropäischen Hochkulturvölker, Orientalistik und Amerikanistik, vergleichende Religions-, Rechts-, Kunst- und Musikwissenschaft. Dagegen haben als *Zweige der Ethnologie* selbst zu gelten: Ethnographie, Paläethnologie, Ethnosoziologie, Ethnopsychologie, ethnologische Wirtschafts-, Religions-, Rechts-, Kunst- und Musikforschung. Eine gleichmäßige Berücksichtigung aller anthropologischen Fächer kann natürlich weder von einem einzigen Autor noch auf dem zur Verfügung stehenden Raum geboten werden. Es werden daher im folgenden, dem bisherigen allgemeinen Sprachgebrauch und den Erwartungen des Lesers entsprechend, nur die Probleme der Ethnologie im engeren Sinne als Kunde von den Naturvölkern behandelt werden.

Aus dem einleitend Gesagten dürfte zur Genüge hervorgehen, wie wichtig die Kenntnis völkerkundlicher Fragestellungen und Forschungsergebnisse für die Geisteswissenschaften ist, ist doch gerade die Ethnologie geeignet, auf weiten Gebieten der wissenschaftlichen Forschung wieder eine ganzheitliche Verbindung der verschiedenen Spezialfächer der Geisteswissenschaft herbeizuführen und diese enger mit der Naturwissenschaft zu verbinden. Es ist ferner noch nicht genügend erkannt und ausgewertet worden, welch wichtige Rolle die Völkerkunde durch Vermittlung des Wissens von fremdvölkischem Leben, Denken und Handeln für das Verstehen und die Achtung

fremden Volkstums zu spielen und damit die Grundlagen für die An-
bahnung einer Völkerverständigung und eines Völkerfriedens zu
liefern vermag. Die Verbreitung völkerkundlichen Gedankengutes in
Erziehung und Unterricht ist also ebenso notwendig, wie sie eine
hervorragend ethische und politische Wirkung auszuüben vermöchte.
Durch sie könnte gerade die heranwachsende Jugend zu einer besseren
Erfassung des „Fremdphänomens" und damit zur Überwindung von
aus Unkenntnis und Mißtrauen geborenem Fremdenhaß und zu aktiver
Mitarbeit an der Völkerverständigung herangeführt werden.

B. GESTALTENDE KRÄFTE ETHNISCHEN LEBENS

I. UMWELT

Bei der Untersuchung des Völkerlebens und der Kulturentwicklung sind zunächst die naturgegebenen Bedingungen zu berücksichtigen, die den Rahmen für deren Entfaltung abstecken. Das Leben der Menschen ist an eine bestimmte *Umwelt* gebunden. Je ärmer die Zivilisation, desto stärker macht sich der Einfluß der landschaftlichen Umwelt geltend. Die von ihr gebotenen Nahrungsmittel und Rohstoffe wie das Klima bestimmen die Ernährung, Herstellung der Geräte, Kleidung und Wohnung. Ferner hemmt oder fördert sie je nach ihrer *Gestaltung* dichte Besiedlung, Ausbreitung, Staatsbildung, Wanderungen usw. Wichtig ist auch die soziale Umwelt, fehlender oder enger, freundschaftlicher oder feindlicher Kontakt zu anderen menschlichen Gemeinschaften mit ihren verschiedenen Möglichkeiten der Beeinflussung und der Entlehnung von Kulturgütern.

Je geringer die Einwirkungsmöglichkeiten auf die Umwelt sind, desto mehr wird die Behauptung in ihr durch die *Anpassung* zu erreichen gesucht. Die bestmögliche Anpassung an eine bestimmte Umwelt kann derart spezialisiert sein, daß eine Änderung der Kultur oder ein Wechseln der Umgebung ebensowenig mehr durchführbar sind wie die Entlehnung eines Kulturelementes aus einer andersartigen Umwelt. Dagegen erzwingt bzw. verlangt die jeweilige Umgebung nicht auch eine bestimmte Kultur, vielmehr hängen Wahl und Ausnutzung der Umweltsbedingungen von der Artung der Kultur ab[13]). Eine dieser zusagenden Umwelt wird gern als Vorzugsgebiet, eine den gegebenenfalls verdrängenden Nachbarn unpassende als Rückzugsgebiet aufgesucht.

II. RASSE

Ein weiterer — allerdings oft weit überschätzter — Faktor bei der Entwicklung der Völker und ihrer Kulturen ist die *Rasse*. Sie bedeutet die Gruppierung von Individuen gemäß ihrer Übereinstimmung in

---

[13]) Jäger und Sammler und Pflanzer im Urwald, Hirtennomaden und Jäger und Pflanzer in der Steppe!

erblich bedingten körperlichen Merkmalen. Diese sind nicht statisch
unveränderlich, sondern einem ständigen Wandel unterworfen. Er
wird bewirkt einmal durch Mutationen, also zufälligen und sprung-
haften Veränderungen der Gene als Träger der vererblichen Eigenschaften, sodann durch die seit Urzeiten ständig erfolgenden Rassen-
mischungen. So sind die Rassen nicht nur zeitlicher Veränderung
unterworfen, sondern es sind auch ihre Übergänge fließend und die
Abgrenzungen der einzelnen Rassen nur sehr willkürlich vorzunehmen.
Als Leitform einer Rasse dient meist ein in Wirklichkeit nur selten
„rein" vorkommender Idealtypus.
Die Herausbildung der hauptsächlichsten Rassenzweige der Menschheit muß in außerordentlich langen Zeiträumen vor sich gegangen sein,
wobei sie durch leichtere Isolierungsmöglichkeit in der zu jenen Zeiten
nur sehr dünn bevölkerten Ökumene gefördert wurde. Wirksam
waren hierbei Auslese und Siebung der durch Mutationen (späterhin
auch durch Mischungen) entstandenen Varianten; die an die Umweltbedingungen besser angepaßten wurden im Lebenskampf wie in den
Fortpflanzungsmöglichkeiten begünstigt, die minder angepaßten aus-
gemerzt. Der Prozeß der allmählichen Herausbildung leichter rassen-
mäßiger Differenzierung in Gau- und Standestypen läßt sich auch
heute noch in Europa nachweisen bis zu in verkehrsungünstigen
Isolationsgebieten oder in sich absondernden Ständen und Berufen mit
verhältnismäßig starker Inzucht lebenden Bevölkerungsgruppen.
Noch schwieriger ist die Frage der Erbbedingtheit von geistig-seelischen Anlagen, also deren Zuordnung zu bestimmten Rassen, zu
beantworten. Wahrscheinlich sind eher das Trieb- und Gefühlsleben
und die Charaktereigenschaften in etwa rassenbedingt als die Intelli-
genz. Bei dieser lassen sich allenfalls die Richtung, nicht aber der
Grad auf rassenmäßige Besonderheiten zurückführen. Die Übereinstimmung des ganzen Menschengeschlechts in den geistig-seelischen
Anlagen ist überraschend groß.
Wo häufig Verschiedenheiten der Leistungen und des Verhaltens als
Rasseneigentümlichkeiten angesehen werden, erweisen sie sich meist
als Ergebnisse der Einwirkung der landschaftlichen und sozialen Umwelt und der geschichtlichen Entwicklung der betreffenden Bevölkerung und vor allem seines Kulturgefüges. Diese prägen ja in
stärkstem Maße nicht nur die materiellen Schöpfungen, sondern vor
allem auch den Charakter, die geistigen Zielsetzungen und das
seelische Verhalten. Umgekehrt vermag auch die Kultur auf die

Rassenbildung einzuwirken, indem die soziale Siebung eine Auslese der dem Idealtypus des betreffenden Kulturmusters am besten entsprechenden Individuen bedingt, dagegen eine Ausmerzung der nach ihren Veranlagungen Verachteten, die vielleicht in einem anderen Kulturgefüge unbeanstandet oder gar erwünscht sein mögen.

Es verdient festgehalten zu werden, daß auch die altertümlichsten Kulturen heute von Rassen der Homo Sapiens-Gruppe getragen werden; die Frühformen sind längst ausgestorben. Lediglich in Australien, vereinzelt in Melanesien und Südamerika, sind altertümliche Rassenelemente festgestellt worden, die zwar neandertaloid wirken, aber stammesgeschichtlich nichts mit dem Neandertaler zu tun haben. Auch die afrikanischen Pygmäen weisen gestaltlich primitive Merkmale auf; die Weddiden und Protomongoliden Südasiens weniger spezialisierte, also altertümlichere, Züge als die übrigen rezenten Rassen. Bemerkenswert ist ferner, daß früheuropide Rassen sich einst durch ganz Nordeurasien bis Ostsibirien erstreckten und hier vereinzelt ihr Blut heute noch spürbar ist. Da die Entstehung und Entwicklung der alten Hochkulturen sich vor allem im Bereiche europider Rassen vollzog, sind diese auch — u. U. nur als dünne und bald vermischte Oberschicht — die Träger ihrer Ausbreitung nach Afrika und Asien gewesen. Ebenso wird heute ein europides Rassenelement als am Aufbau der polynesischen Bevölkerung beteiligt angenommen.

III. SPRACHE

Wenn sich auch Sprachenkreise ebensowenig wie Rassenkreise mit bestimmten Kulturkreisen decken, so ist doch die *Sprache* von ungleich größerer Bedeutung als die Rasse für das Leben und die Erhaltung von Völkern und Kulturen. In ihr drücken sich Geist und Gemüt einer Menschengruppe am reinsten aus. Sie prägt dem Individuum das Weltbild seiner Gemeinschaft auf, erzieht es zu gemeinsamem Denken, Fühlen und Handeln.

Der geistige Gehalt einer Sprache wird ausgedrückt durch die Art der Bildung der bedeutungsunterscheidenden Laute oder Phoneme, des Begriffe formenden Wortschatzes und der zusammengesetzte Sachverhalte darstellenden Grammatik. So unendlich viele Möglichkeiten es hierzu gibt, so viele Denkweisen ergeben sich daraus.

Ein altertümliches Merkmal einiger afrikanischer und asiatischer Sprachen ist darin zu sehen, daß als altes und früher sicher weiter verbreitetes Ausdrucksmittel Tonhöhenunterschiede gleicher Silben verwendet werden, wodurch diese eine verschiedene inhaltliche oder grammatische Bedeutung erlangen. Eine alte und bei fast allen Sprachen vorhandene sprachliche Unterscheidung ist die von kleinen und großen Dingen.

Vielfältig sind die Möglichkeiten der Wortbildung mittels Veränderungen der Wurzel, mittels der Wurzel vorgesetzter, eingeschobener oder nachgesetzter Silben bzw. Bestimmungsworte (Präfixe, Infixe, Suffixe), die aus ursprünglich selbständigen Wörtern entstanden sind. Damit lassen sich nicht nur verschiedene Wortarten (Substantive, Verben, Adjektive usw.) bilden, sondern auch die Darstellung formal differenzieren. Ferner können hierdurch Gegenstände oder Vorgänge in zusammengehörige Gruppen eingeteilt werden, deren Klassifizierung von der Kultur der betreffenden Sprachgemeinschaft abhängt und die z. B. den indogermanischen und semitischen Sprachen mit ihrem grammatischen Geschlecht oft völlig fremd ist (z. B. nach Personen, Geschlecht, Belebtem, Größe, Material, Doppeltem, Kollektivem, Flüssigem, Gerät, Werkzeug, Tätigkeit, Ort, Abstraktem usw.).

Kennzeichnend für die meisten Sprachen von Naturvölkern sind ihr durch großen Wortschatz und Formenmannigfaltigkeit ermöglichter großer Ausdrucksreichtum, besonders im Hinblick auf Tiere, Pflanzen, Verwandtschaftsbeziehungen und Vorgänge, denen im Leben der betreffenden Gemeinschaft eine besondere Bedeutung zukommt. Das Denken ist vorwiegend gefühlsmäßig und anschaulich, eng an Einzelnes und Konkretes gebunden. Der fast allgemeine Mangel an Abstraktionsfähigkeit deutet auf Bewußtseinsenge und Unbeholfenheit. Es muß jedoch betont werden, daß jede Sprache alle überlieferten wie neu erworbenen Kulturwerte ihrer Gemeinschaft auszudrücken vermag.

Wie Rasse und Kultur ist auch die Sprache einem ständigen Wandel unterworfen. Sie paßt sich den umweltlichen wie vor allem den kulturellen Veränderungen an und schafft neue Ausdrucksmöglichkeiten für veränderte oder neu erworbene Kulturelemente. Bei der eigenständigen Entwicklung wird der Wortschatz durch Umbildungen von Wörtern des vorhandenen Sprachstoffes bereichert und auch die Syntax durch Sinnentleerung und neue Sinnerfüllung gewandelt. In vielen Südsee- und Indianer- und manchen afrikanischen Sprachen ergeben sich häufig Veränderungen durch Wortmeidungen infolge Tabuierungen, wodurch die Sprachzersplitterung gefördert wird. Bei Trennungen und Isolierungen von ursprünglich einheitlichen Sprachgemeinschaften entstehen durch in verschiedenem Sinne erfolgenden Sprachwandel neue Sprachen, aus Grundsprachen Tochtersprachen.

Neben der obengenannten eigenständigen Sprachentwicklung ist auch der Einfluß fremder Sprachen wirksam. In den Berührungszonen zweier Sprachgebiete entwickelt sich meist Zweisprachigkeit, welche die Übernahme von Lehnwörtern gestattet. Mit fremden Kulturelementen werden auch deren sprachliche Benennungen angenommen, dazu oft auch grammatisch fehlende Formwörter. Je tiefgehender die kulturelle Beeinflussung ist, desto stärker die Durchsetzung der betreffenden Sprache mit Fremd- und Lehnwörtern.

Außer der Entlehnung kann eine Sprachmischung auch durch Sprachtausch von rassisch und ethnisch abweichenden Trägern erfolgen, z. B. von überlagernden Herrenschichten, die oft genug auch einer Mehrheit ihre Sprache aufgezwungen haben. Bei Übernahme durch die ethnisch fremde Unterschicht (Substrat) geschieht die Umgestaltung der Sprache weniger im Wortschatz als durch lautliche und grammatische Veränderungen.

Ausgesprochene Mischsprachen sind selten und vorzugsweise als Verständigungsmittel zwischen kulturell und ethnisch sehr verschiedenen Einheiten, vor allem als Handelssprachen, entstanden. Die Bedürfnisse von Eroberervölkern und Kolonialmächten nach weitverbreiteten Verkehrssprachen ließ diese oft riesige Gebiete in kurzer Zeit erobern. So setzten etwa die Spanier die von den Inkas begonnene Ausbreitung der Khechua-Sprache in Südamerika fort, förderten die Holländer die Verbreitung des Malayischen in Indonesien, die afrikanischen Kolonialmächte die mancher afrikanischen Sprachen.

Die Verbreitung von Sprachen geschieht also vornehmlich durch Wanderung, kulturelle und politische Vormachtstellung und durch den Handel. Bei Ausbreitung einer Sprache über ihr Heimatgebiet hinaus tritt eine Abschleifung ihrer lautlichen und grammatischen Besonderheiten und Komplizierungen zu einem bequemeren Werkzeug ein. So ergibt sich eine Vereinfachung des Formenreichtums wie auch eine Bereicherung des Wortschatzes durch Entlehnung oder Neubildung.

Eine systematische Klassifizierung aller Sprachen ist noch nicht erreicht worden, und die herkömmliche Einteilung wird gegenwärtig von den Sprachforschern als unhaltbar angesehen. Wir müssen daher bis zur Klärung dieser Probleme auf eine Wiedergabe verzichten.

IV. GESELLUNG

1. Volk — Stamm — Staat — Nation

Rasse, Sprache und Kulturkreis decken sich nicht mit Völkergrenzen. Beinahe in jedem Volk sind verschiedene Rassenelemente vertreten, während wiederum ganz andersgeartete Völker aus den gleichen Rassenbestandteilen zusammengesetzt sein können. Auch Mitglieder derselben Sprachfamilie bilden oft kulturell sehr verschiedene Volkstümer (z. B. Magyaren: Ostjaken!), ebenso können Völker des gleichen Kulturkreises in ihren leiblichen und geistig-seelischen Besonderheiten stark voneinander abweichen. Der unterschiedliche „Volksgeist" verleiht auch der in den Grundzügen gleichen Kultur ihre besondere Färbung. Mit dem Begriff „*Volk*" benennen wir eine Bevölkerung in geschlossenem Wohngebiet, die durch gemeinsame Sprache, Kultur und historisches Schicksal verbunden ist und sich auch dieser Zusammengehörigkeit und Andersartigkeit gegenüber den Nachbarn bewußt ist. Ein solches Volksbewußtsein ist das Ergebnis einer sehr späten Entwicklung und bei Naturvölkern recht selten.
Meist ist bei diesen der *Stamm* die größte bewußte Einheit. Aus ihnen bilden sich erst unter gemeinsamer Führung die Völker. Als „Stamm" bezeichnen wir eine Einheit, die ebenfalls einheitliche Sprache, Lebensweise und gemeinsames Siedlungsgebiet besitzt und wirtschaftlich unabhängig ist. Das Bewußtsein gemeinsamer Abstammung und evtl. das Vorhandensein eines Stammesgottes geben die geistigseelische Verbundenheit. Auf früheren Entwicklungsstufen kann der Stammesbegriff sowohl an die gemeinsame Verwandtschaft wie an den gleichen Wohnraum gebunden sein. Als politische Einheit wirken Stämme erst auf höherer Kulturstufe bzw. bei besonderer kriegerischer Veranlagung, auch dann meist erst im Notfall unter feindlichem Druck; oft sind sie in sich befehdende Gruppen gespalten. Bei den frühesten Kulturen ist ein Stammesbegriff überhaupt nicht entwickelt.

Noch später als Stamm und Volk tritt als rein politische Bildung der *Staat* auf. Er ist weder an eine einheitliche Rasse noch Sprache, Volkstum oder Kultur gebunden. Er ist dadurch gekennzeichnet, daß eine Anzahl von Gemeinschaften unter einer einheitlichen institutionellen Führung zusammengeschlossen ist. Dabei muß er im festen Besitz eines bestimmten Territoriums sein, über die Gewalt zur Aufrechterhaltung der Ordnung im Inneren und über die Macht zur Behauptung seiner Selbständigkeit gegen äußere Gegner verfügen (wobei die Kriegführung nunmehr Angelegenheit der ganzen Gemeinschaft wird). Ein Staat ist fast stets das Ergebnis eines Überschichtungsvorganges, indem entweder eine soziale Klasse die Herrschaft über die übrigen innerhalb einer Bevölkerung gewinnt oder indem letztere von einer fremden Erobererschicht unterworfen wird.

Der Begriff „*Nation*" hat noch keine eindeutige und allgemein anerkannte Umgrenzung gefunden. Sie wäre wohl am besten zu definieren als eine Bevölkerung, die aus einem einheitlichen Volkstum — manchmal aber auch mehreren — besteht, eine feste staatliche Organisation sowie genügend Machtfülle zur Selbstbehauptung und das Bewußtsein geschichtlich gewordener politischer Zusammengehörigkeit besitzt, ferner von der Umwelt als Nation anerkannt wird.

Bei Anwendung der Begriffe „Stamm", „Volk", „Staat", „Nation" müssen wir uns stets bewußt bleiben, daß dies nur Abstraktionen sind, die dem Sachverhalt nur selten voll entsprechen. Sie wurden vom europäischen Betrachter geprägt, um eine Handhabe zur Ordnung der Fülle der Erscheinungen zu haben, also als Klassifikationsmittel. Vor allem ist zu beachten, daß diese Gebilde so wenig wie Rassen, Sprachen und Kulturen keine unveränderlichen Größen darstellen. Sie sind vielmehr einem ständigen Wandel unterworfen. Ihre Dauer mag nur ganz kurze Zeit betragen oder Jahrhunderte, obwohl in diesem Falle ihre biologische und kulturelle Zusammensetzung sich gänzlich verändert haben kann (vgl. etwa das heutige „deutsche Volk" mit dem des frühen Mittelalters!).

2. Ethnische Einheit (Ethnos)

Den völkerkundlichen Tatbeständen werden wir am besten gerecht, wenn wir menschliche Gruppenbildungen — zumindest sofern die oben angeführten Begriffe nicht völlig sinngemäß angewandt werden können — mit dem neutralen Begriff der „*ethnischen Einheiten*"[14]

---

[14] Ich folge hier *S. M. Shirokogoroff* [54, 55].

belegen. Diese sind von veränderlicher Größe, sprachlich und kulturell einheitlich, innerhalb der Einheit heiratend (endogam) und ihrer Existenz bewußt. In ihnen werden sowohl die erblichen Bedingungen fortgepflanzt und verändert (= biologische Anpassung) wie das Geistesgut überliefert und neu geformt (= kulturelle Anpassung). Eine ethnische Einheit ist demgemäß nicht stabil, sondern im zeitlichen Ablauf gesehen der dynamische Effekt des Gleichgewichts zwischen zentripetalen und zentrifugalen Kräften, welche Bildung und Zerfall der Einheiten bewirken. (Bei zu starker zentripetaler Bewegung ergibt sich eine Einbuße an Kraft zur lokalen Anpassung an die sich verändernden Umweltsbedingungen und somit ein Verlust der Vitalität besonders unter den Bedingungen des interethnischen Gleichgewichts; überwiegt die zentrifugale Bewegung, so geht der Zusammenhang zwischen den neu geformten Einheiten und damit die Lebenskraft (Vitalität) der größeren Einheit verloren.)

Das *innerethnische Gleichgewicht* ist gegeben, wenn die funktionale Beziehung zwischen der Menge der Bevölkerung, dem durch sie besiedelten Territorium und ihrer biologischen und kulturellen Anpassung konstant ist. Die Änderung eines dieser Elemente ergibt eine entsprechende Änderung eines oder beider der anderen Elemente, andernfalls wird das innerethnische Gleichgewicht gestört. Z. B. kann eine Veränderung der Bevölkerung als Anstoß zur Veränderung der Kultur und/oder des Territoriums wirken; eine Verkleinerung des Siedlungsgebietes gleicht sich durch eine Verminderung der Bevölkerung oder durch erhöhte bio-kulturelle Anpassung aus. Bei positiven Impulsen befindet sich die Einheit im Wachstumsprozeß (bez. ihrer Anzahl wie ihres Territoriums und ihrer bio-kulturellen Anpassung), bei negativen im Niedergang. (Damit erscheinen der historische Aufstieg bzw. Niedergang mancher ethnischer Einheiten und die Grenzen des potentiellen Wachstums in neuem Licht). Das Veränderungstempo und die Reaktionsfähigkeit auf den Wandel der kulturellen Erscheinungen sind begrenzt, u. a. durch die physiologischen Bedingungen und durch die Unmöglichkeit eines wesentlichen Wechsels des geistig-seelischen Komplexes während einer Generation. Wenn während eines zyklischen Prozesses der Veränderungen und Neuanpassungen deren Tempo und damit die geistig-seelischen Spannungen über die für die betr. Einheit typische und mögliche Grenze hinausgehen, ergeben sich daraus verschiedene Funktionsstörungen oder auch der völlige Zusammenbruch der Einheit.

Durch *zentripetale Bewegung* wachsen Gruppen zu ethnischen Einheiten zusammen. Eine Anzahl von diesen formen das *interethnische Milieu*. Die Beziehungen untereinander werden bestimmt durch das besondere System des interethnischen Gleichgewichts. Je stärker die durch die Größe ihrer Bevölkerung, Territoriums und Anpassungskraft gegebene Macht einer Einheit ist, einem um so stärkeren *interethnischen Druck* vermag sie zu widerstehen.

Wenn eine ethnische Einheit ein großes Gebiet mit Gegenden verschiedenartiger Umweltsbedingungen besetzt hält, aber keine gemeinsame soziale Organisation — mit Ausnahme einer nur zur Organisierung des Widerstandes gegen interethnischen Druck funktionierenden Führung — schafft, kann die lange Anpassung an die lokalen Bedingungen der einzelnen Gegenden zu einer weitgehenden Differenzierung der Lokalgruppen führen, die ihrerseits neue ethnische Einheiten werden und damit eine *zentrifugale Bewegung* einleiten können. Dies ist nicht möglich, wenn eine ethnische Einheit ein komplexes System wirtschaftlicher Organisation mit Spezialisation in nicht territorial unterschiedlichen Bevölkerungsgruppen entwickelt hat. In diesem Falle verläuft der Differenzierungsprozeß entlang den Linien der sozialen Struktur, d. h. in vertikaler Richtung. Dessen Mechanismus als Form einer zentrifugalen Bewegung ist derselbe wie bei regionaler Differenzierung. Beide ergeben sich aus der Notwendigkeit der Anpassung und sind insoweit nützlich für die Einheit. Doch können bei zu intensivem Prozeß solche neu geformten und gut organisierten *sozialen Einheiten* alle Züge typisch ethnischer Einheiten annehmen (einschließlich einer Sondersprache, Klassenbewußtsein usw.), wobei dann der Zusammenhalt zwischen ihnen nur durch gleichzeitig starke zentripetale Bewegung, starken interethnischen Druck usw. aufrechterhalten werden kann. (Vollkommene Stabilisation solcher als legal anerkannten Einheiten liegt bei endogamen Kasten vor.)

Bei zu schwacher zentripetaler Bewegung kann eine frühere Einheit in neue Einheiten zersplittern, damit ihre Widerstandskraft verlieren und von stärkeren ethnischen Einheiten aufgesogen werden oder in Klassenkämpfen untergehen.

Je stärker die zentripetalen und zentrifugalen Bewegungen sind, desto stärker ist die Anpassungsfähigkeit und Widerstandskraft der Einheit. Ist die Differenz zwischen beiden Bewegungen gleich 0, dann ist die absolute Stabilität der Einheit im System der sich bewegenden inner- und interethnischen Gleichgewichte erreicht. (Daher können auch sehr kleine ethnische Einheiten inmitten starker Einheiten kontinuierlich überleben). Auf Überwiegen der zentripetalen Bewegung folgt Erstarrung, auf das der zentrifugalen Zerfall. Der Prozeß der Erstarrung wie des Zerfalls geht bei Einheiten mit zahlreicher Bevölkerung und unter starkem interethnischen Druck im Vergleich zu kleinen Einheiten mit größerer und ständig anwachsender Geschwindigkeit vor sich.

Bio-kulturell besser angepaßte ethnische Einheiten können zu verschiedenen historischen Zeiten als *„führende ethnische Einheiten"* Vorbilder für andere werden. Eine wichtige Bedingung hierzu ist u. a. die Entwicklung neuer Formen der kulturellen Anpassung (neue technische Erfindungen, neue Formen des Sozialsystems, wesentlicher Wandel im geistig-seelischen Komplex). Solche innere Anpassung erlaubt der Einheit, zahlenmäßig zu wachsen und mächtiger als die Nachbarn zu werden. Bei sich ergebendem interethnischen Ungleichgewicht vermag eine solche führende ethnische Einheit ihre früheren Grenzen zu überschreiten und durch Einverleibung schwächerer Einheiten eine Nation oder ein Reich zu bilden. Auch bei interethnischem Gleichgewicht wird sie ihren Einfluß geltend machen und den von ihr geschaffenen Kulturkomplex im ganzen oder als „Kulturelemente" verbreiten, oft auch ohne Ausbreitung ihrer Träger.

V. KULTUR

Wir haben im vorhergehenden bereits mehrfach von „kulturell" und „Kultur" gesprochen und müssen uns nun um eine Erläuterung dieses Begriffes bemühen. *„Kultur"* ist die organisch gewachsene und gefügte Verbindung aller Errungenschaften menschlicher Geistestätigkeit — d. h. allen Wissens, Könnens und aller Einrichtungen auf den Gebieten der Wirtschaft, Gesellung, Glaubenswelt, Kunst und Wissenschaft —, welche der sie tragenden ethnischen Einheit den Daseinskampf und die Erhaltung des innerethnischen Gleichgewichts ermöglichen. Wir können den oben angeführten Begriff der Kultur auch noch weiter unterteilen, indem wir den Vorgang der durch stetige Anpassung erreichten Vervollkommnung von namentlich technischen Fertigkeiten und Kenntnissen und die durch sie erlangte Ausrüstung an „materieller Kultur" *„Zivilisation"* nennen. „Kultur" wäre dagegen die Art, wie eine bestimmte ethnische Einheit gemäß ihrer

Anlage und Tradition die Gegenstände der Zivilisation auswählt und subjektiv verarbeitet, wie sie die Umwelt und deren Ausstattung zur Gestaltung ihrer gemeinschaftlichen Lebensführung ausnutzt und die Zivilisation mit ihrem Geist durchtränkt und in eine besondere Form prägt. Eine Kultur ist demnach an eine bestimmte ethnische Einheit gebunden, eine gleichartige zivilisatorische Ausrüstung kann sich dagegen über verschiedene ethnische Einheiten erstrecken.

Daraus ergibt sich eine Reihe von Folgerungen: Die Gegebenheiten und Gesetzmäßigkeiten von Umwelt, Rasse, Wachstum und Wandel von „Bevölkerungen" (*Populationen*) sind bestimmende Faktoren gleicherweise für Mensch wie Tier. (In gewisser Weise kann auch die Sprache dazu gerechnet werden, soweit wir sie als artbedingtes Verständigungsmittel auffassen.) Wir haben es hierbei also mit Problemen der Naturwissenschaft zu tun, während die Kultur als Ergebnis der Verstandestätigkeit in den Bereich der Geisteswissenschaft gehört. Kultur ist demnach die eigentlich menschliche Errungenschaft, die alle Menschen verbindet und sie vor den Tieren auszeichnet. Trotz aller Instinkt- und Intelligenzleistungen haben auch die höchststehenden Tiere keine Kultur geschaffen, während es keine „kulturlosen" Menschen gibt. Unterschiede innerhalb der Menschheit können wir nur in bezug auf Art, Entwicklungsrichtung und -höhe machen. Auch zwischen Naturvölkern niedrigster Kulturstufe und höchstzivilisierten Völkern bestehen nur Grad-, jedoch keine Wesensunterschiede. Die Bedeutung der Zivilisationshöhe wird oft überschätzt: Einer raffinierten Vervollkommnung der Technik kann eine Verarmung und Verflachung der geistigen Kultur, ein Niedergang der Schöpferkraft des freischaffenden Geistes, insbesondere auf dem Gebiete der Kunst und eine Verkümmerung der Gemütskräfte gegenüberstehen. Demgegenüber kann eine ärmliche zivilisatorische Ausrüstung verbunden sein mit einer höchstentwickelten Gesellschaftsordnung, einem tief verinnerlichten Gemütsleben, bewundernswerter philosophischer Weisheit, erstaunlichen Kunstschöpfungen.

Die Kultur ist keine bloße Summe von einzelnen Kulturelementen — d. h. Gegenständen der zivilisatorischen Ausrüstung, Formen der Gesellung und Glaubenswelt, Gestaltungen der Kunst usw. —, sondern in gewisser Weise ein lebendiger ganzheitlicher Organismus, dessen Glieder in funktionellem Zusammenhang miteinander verbunden sind. Jede Änderung des einen wirkt sich auf die anderen aus, der evtl. Verlust eines von ihnen beeinträchtigt die Gesamtheit. Daraus ergibt sich die Tatsache, daß Kulturelemente nur dann von fremden ethnischen Einheiten entlehnt werden, wenn sie in die Struktur der eigenen Kultur ohne deren Schädigung eingefügt werden können und dies oft auch erst nach einer gewissen Umformung, die bis zur Funktionsänderung (etwa vom Gebrauchs- zum Kultgegenstand usw.) gehen kann. Denn eine Kultur wird Entlehnungen wie Neubildungen immer ihrem eigenen Gepräge anzupassen bestrebt sein und diesen damit einen Ausdruck ihres besonderen „Geistes" verleihen.

Letzterer äußert sich vor allem in der Wert- und Zielsetzung der Gemeinschaften, die verschiedenen Kulturelementen ein besonderes Gewicht beilegen. So kann eine ethnologische Einheit mehr nach Vervollkommnung der zivilisatorischen Ausrüstung, die andere nach vertiefter Religiosität, die dritte nach einer besonderen Gestaltung der Gesellung streben oder durch eine völlige Durchdringung des Denkens mit magischen Vorstellungen bzw. mit einem besonderen Mythos gekennzeichnet sein. Einmal mag man sich etwa nach dem Idealbild des Gebefreudigen, des Kriegers, des Weisen, des Heiligen, des Familienvaters usw. ausrichten. Nach diesem „inneren Kulturbild" wird das äußere „Gepräge der Kultur" bzw. das „Kulturmuster" ausgeformt, das die Ganzheit der betreffenden Kultur durchdringt.

Erfassen wir mit einem „Kulturmuster" die Sonderkultur einer bestimmten ethnischen Einheit, so können wir mit einem „Kulturgebiet" (*culture area*) den gegenwärtig feststellbaren charakteristischen Zusammenhang verschiedener Kulturelemente in einem bestimmten geographischen Gebiet bezeichnen. Hieran können Kulturen verschiedenster Art und Entstehung beteiligt sein, ohne daß eine organische und dauerhafte Verbindung vorzuliegen braucht.

Haben wir es dagegen mit einem charakteristischen Komplex von Kulturelementen aus allen zum Funktionieren einer Kultur nötigen Lebensbereichen zu tun, die innerlich organisch zu einer bestimmten Struktur zusammengewachsen sind, so sprechen wir von einem *„Kulturkreis"*. Sehen wir hierbei von lokalen Besonderungen ab und berücksichtigen wir mehr die allgemeinen Hauptzüge, so erstrecken sich Kulturkreise meist über einen größeren Raum und werden von mehreren ethnischen Einheiten, zumindest von einer größeren „führenden ethnischen Einheit", getragen. Die jüngeren Kulturkreise enthalten naturgemäß Elemente der älteren und deren charakteristische Zusammensetzung ergibt ihr besonderes Gepräge. Oft werden auch solche Kulturelemente älterer Entwicklungsstufen als „Überlebsel" durch lange Zeiträume weitergeschleppt, die jeden Nutzen und jede Funktion bereits verloren haben.

Betrachten wir die Kulturkreise in ihrer zeitlichen Abfolge, so erscheinen sie als „*Kulturschichten*". Wir kommen damit zur geschichtlichen Entwicklung der Kultur, die wir an den räumlichen Lagerungen und Schichtungsverhältnissen der Kulturkreise ablesen können. Für die Entwicklung und den Wandel der Kultur als des geistig-seelischen Komplexes einer ethnischen Einheit gelten die gleichen Gesetze wie für letztere, d. h. das oben erwähnte funktionale Verhältnis zwischen Bevölkerung, Umwelten und Anpassung wirkt sich auf die Gestaltung der Kultur aus.

So beeinflussen die physischen Bedingungen einer ethnischen Einheit das Funktionieren ihrer Kultur. Selbst kleine Änderungen oder unvollkommenes Funktionieren des physiologischen Komplexes können Änderungen im geistig-seelischen Komplex verursachen. Unter sich verändernden Bedingungen des Bevölkerungswachstums in einer zyklischen Periode bleibt der geistig-seelische Komplex nicht der gleiche, weder als Anpassungsform noch in seinem Charakter (hoffnungsvoll, aggressiv, ruhig, hoffnungslos, passiv usw.). Die Bildung der Kultur und ihrer weiteren Veränderungen hängt stark von der Bevölkerungszahl und dem auswählenden Mechanismus der für geistige Arbeit am besten geeigneten Persönlichkeiten — d. h. der Schöpfer neuer Ideen — ab. Damit ist der geistig-seelische Komplex eng verbunden mit den biologischen Bedingungen und der numerischen Stärke der ethnischen Einheit. Ist letztere groß, so werden dadurch das Auftreten, Wirken und die Resonanz schöpferischer, führender Persönlichkeiten und der kulturelle Austausch zwischen den verschiedenen Bevölkerungsgruppen begünstigt und damit das Entwicklungstempo und die Entfaltung der Kultur gefördert. Eine größere Bevölkerungsdichte sichert auch eher eine ungestörte Überlieferung der Kulturgüter und deren Bewahrung vor äußeren Einflüssen, die horizontale Schichtung in geordneten Staaten mit der Bildung intel-

---

Bilder der Tafel III

Oben links: Lava-Figur, *Marquesas-Inseln*, Polynesien
Oben Mitte: Weibliche Figur. *Hawaii*, Polynesien
Oben rechts: Figur der Gottheit *Sope*, *Nukuor*, Mikronesien
Unten: Versammlungshaus mit Vorhalle, *Maori*, Neuseeland, Polynesien

lektueller Schichten und damit stetigen Ansporn zu weiterem Kulturfortschritt.

Auch an die oben angeführten Schwankungen des innerethnischen Gleichgewichtes und an den Druck des innerethnischen Milieus muß sich der geistig-seelische Komplex ständig neu anpassen. Im System des ethnischen Milieus ist der geistig-seelische Komplex besonders wichtig, denn der Zusammenhalt der ethnischen Einheit wird gerade mit seiner Hilfe erreicht. Ihn müssen die Reaktionen der Einheit — ausgedrückt in der Wiederanpassung der zivilisatorischen Ausrüstung, der sozialen Organisation usw. — zuerst durchlaufen. Ebenso wirkt sich der Einfluß des interethnischen Milieus auf die ethnische Einheit vor allem auf der kulturellen Ebene aus. Änderungen in den räumlichen wie ethnischen und sozialen Umwelten verursachen Störungen oder Änderungen des Kulturgefüges.

Bei der Kulturentwicklung wirken Faktoren von innen und außen. Zu Entdeckungen und Erfindungen wird der Mensch am wenigsten durch müßige Spielerei angeregt als vielmehr durch den Daseinskampf dazu gezwungen. Besonders bei Störungen des innerethnischen wie des interethnischen Gleichgewichts und bei einem Wechsel der Umwelt führt der Zwang zu besserer Anpassung oft zu direktem Experimentieren. Das Bemühen um die Erhaltung des innerethnischen Gleichgewichts kann allerdings auch eine freiwillige Isolierung von allen fremden Einflüssen und damit Stagnation und Hemmung des Kulturfortschritts veranlassen. Neben den großen genialen Erfindungen sind auch die schrittweisen kleinen Verbesserungen von großer Bedeutung für den Kulturfortschritt. Dessen eigentliche Träger sind auch bei den Naturvölkern die Talente und Genies, die bahnbrechende Neuschöpfungen erfinden. Damit diese aber dauernde Bedeutung erlangen, müssen sie von einer genügend großen Bevölkerungszahl der betreffenden Einheit verstanden und aufgenommen werden. (Dies ist z. B. auch bei Einsicht in den Nutzen der Erfindung dann nicht der Fall, wenn durch deren Einführung das überkommene Kulturgepräge und damit das innerethnische Gleichgewicht beein-

---

Bilder der Tafel IV

Oben links und unten links: Klappmaske, gestattet dem Tänzer die Mensch-Tier-Verwandlung darzustellen. *Bilchula*, Nordwestamerika
Rechts: Totempfahl, *Haida*, Nordwestamerika

trächtigt würde.) Bei einer Anpassung an besondere Umweltsver-
hältnisse kann sich eine einseitig spezialisierte Entwicklung und nach
Erreichen des Anpassungsoptimums ein Stillstand der Kulturentwicklung ergeben. Auch Verarmung und Rückschritt sind — besonders bei Verdrängung in unwirtliche Gebiete — möglich und manche
Völker so erst sekundär primitiv geworden.
Außer durch Spezialisierung wird der Kulturfortschritt auch durch
Entlehnung fremden Kulturgutes bewirkt. Dieses unterliegt wie die
Erfindungen innerhalb der ethnischen Einheit dem Prozeß der Auslese und Siebung. Nur diejenigen Kulturelemente werden übernommen,
die sich dem betr. Kulturgepräge einfügen lassen und sie werden dazu
oft erst in starkem Maße umgeformt. Damit kommen wir zur Ausbreitung von Kulturkreisen und Kulturelementen, dem wichtigsten
Faktor im Prozeß der ethnischen Differenzierung. Jeder Kulturkreis
und jedes Kulturelement besitzt ein gewisses und unter sich wie in
den verschiedenen ethnischen Milieus unterschiedliches Ausbreitungspotential. Je größer deren Verbreitungsgebiet und je weiter vom Ent-
stehungzentrum entfernt, desto mehr verlieren sie ihre Funktion der
Differenzierung ethnischer Einheiten.
Die kulturelle Ausbreitung geschieht einmal im Gefolge eigentlicher
Völkerwanderungen — wobei der Kulturkomplex als Ganzes mitgeführt wird —, durch überlagernde Erobererschichten, durch Entlehnung im Kontakt mit Nachbarn sowie durch Übertragung meist
nur einzelner Kulturelemente durch Händler, Missionare, fahrende
Spielleute, fremde Frauen usw. Dabei können manche Kulturelemente
oft in erstaunlich kurzer Zeit riesige Strecken durchwandern. Begünstigt sind hierbei vor allem Zivilisationsgüter, die von großem
praktischem Nutzen sind; Genußmittel; Dinge, welche die Sensations-
lust, die Eitelkeit oder den Unterhaltungstrieb befriedigen oder die
soziales Aussehen verschaffen. Wesentlich schwerer zu übertragen sind
Elemente der sozialen Ordnung und der Glaubenswelt. (Es ist gar nicht
selten, daß von hochgeschätzten höheren Kulturen gerade Luxusgüter
von den ärmeren Nachbarn übernommen werden. Elemente höher
kultivierter Völker oder höherer sozialer Schichten finden sich häufig
als „gesunkenes Kulturgut".) Eine große Rolle bei der Ausbreitung
von Kulturelementen spielen die „führenden ethnischen Einheiten",
die neue Formen kultureller Vervollkommnung mit sich führen.
Das verschiedene Ausbreitungspotential der Kulturelemente macht
es verständlich, daß sie in einer größeren räumlichen Entfernung vom

Ausgangspunkt nicht mehr den früheren Zusammenhang zu ihrem ursprünglichen Kulturkreis aufweisen, sondern mit Elementen anderer Kulturkreise sich vermischen oder auch als unorganischer Fremdkörper in einer Kultur auftreten. So ist es recht schwierig, nur nach der geographischen Verbreitung einer Reihe von Kulturelementen Kulturkreise — insbesondere ältere und bereits überlagerte — gegeneinander abzugrenzen, da deren zu fordernder funktioneller Zusammenhang zu einer organischen Struktur oft nur schwer festzustellen ist. Das gleiche gilt in bezug auf das verschiedene Entwicklungstempo. Am Anfang der Kulturentwicklung stehende, wenig differenzierte Kulturkreise mit geringem Besitz an Kulturgütern weisen ein außerordentlich langsames Entwicklungstempo auf, das fälschlich oft mit Stillstand überhaupt verwechselt wurde. Da bei ihrer nach Jahrtausenden zählenden Entwicklungszeit die Wahl des Zeitpunktes, zu dem ihre Ausbreitungsgrenzen bestimmt werden sollen, von geringer Bedeutung ist, lassen sie sich nahezu als statische Gebilde betrachten. Je höher entwickelt und zeitlich jünger die Kulturkreise sind, desto schneller verläuft ihre Entwicklung und Wandlung und desto schwieriger wird die Abgrenzung ihres Areals zu einem gewissen Zeitpunkt. Diese Tatsache erklärt, warum bei dem gegenwärtigen Stande der ethnologischen Wissenschaft die kulturhistorische Erfassung gerade der jüngeren Kulturkreise noch nicht abgeschlossen sein kann. Ihre Aufstellung muß notwendigerweise etwas schematisch sein und kann nur die größeren allgemeinen Züge umfassen und muß dabei die Differenzierung in verschiedene lokale Sonderprägungen unberücksichtigt lassen.

C. FORMEN DER KULTUR

I. WIRTSCHAFT

Je primitiver und geringer entwickelt eine Zivilisation ist, desto ausschließlicher ist alles Denken und Handeln auf die Gewinnung der Nahrungsmittel gerichtet, desto eindringlicher prägt die *Wirtschaft* alle übrigen Zweige des Kulturlebens, erweist sie sich als Grundlage der Kultur. Nicht nur drückt sich die Wirtschaftsform auch in allen Formen des Denkens — also in der „geistigen Kultur" — und im Gesellungsleben aus, sondern auch die sozialen Einrichtungen haben wie die religiösen Kulte und die magischen Praktiken zum großen Teil der Wirtschaftsführung zu dienen und damit die materielle Existenz des Einzelnen wie der Gemeinschaft zu sichern. Es muß daher bei der Betrachtung der einzelnen Kulturzüge die Wirtschaft an den Anfang gestellt werden.

Am prägnantesten hat *W. Koppers*[15]) die Wirtschaft definiert als „die mit zweckbewußten Mitteln planmäßig geübte Fürsorge von seiten des Menschen im Interesse seines körperlichen Daseins". Die Wirtschaftsführung sichert also in erster Linie das Leben des Menschen durch die Beschaffung von Nahrungsmitteln, durch Kleidung und Behausung gegen die Unbilden der Witterung und Waffen gegen tierische und menschliche Feinde, ferner durch Erzeugung aller für seine Lebensführung notwendigen bzw. für seine Wohlfahrt wertvollen Geräte und Güter.

Damit umfaßt der Begriff der Wirtschaft außer den Methoden der Wirtschaftsführung den stofflichen Kulturbesitz, d. h. alle die Gegenstände und Prozesse, die für die menschliche Existenz wichtig sind und die Art und Weise seiner Erzeugung, d. h. die Technik. Unter letzterer verstehen wir die Umwandlung von Naturprodukten in Kulturgüter durch zielbewußte Arbeit, die auf der in Erfahrung niedergelegten Einsicht in die Naturverhältnisse und in die Gesetzmäßigkeit der Naturvorgänge beruht.

---

15) [16].

1. *Wirtschaftsführung*

Das menschliche Wirtschaften zeichnet sich durch *Fürsorge für die Zukunft* aus. Wenn auch auf niedrigsten Kulturstufen unter entsprechenden Umweltverhältnissen oft nur geringe Nahrungsvorräte für nur kurze Zeit angelegt werden, so zeigt sich die planende Voraussicht doch zumindest in der Herstellung von Geräten für *dauernden* Gebrauch. Damit erweist sich selbst der „primitivste" Mensch als weit überlegen gegenüber den Tieren auch höchster Instinkt- und Intelligenzleistungen. Somit ist die Wirtschaft als eine nur dem Menschen eigentümliche Kulturleistung gekennzeichnet.

Zur Wirtschaft gehört nicht nur die Beschaffung und Erzeugung von Nahrungsmitteln und Kulturgütern, sondern auch deren Verteilung und Verbrauch und arbeitsteilige Organisation. Damit ist ein enger Zusammenhang mit den gesellschaftlichen Verhältnissen gegeben; der Mensch kann nicht als isoliertes Einzelwesen wirtschaften, sondern nur als Mitglied einer Gemeinschaft. Somit stehen die Methoden der Wirtschaftsführung mit den Formen der sozialen Organisation in funktionaler Wechselwirkung. Wirtschaft und Gesellschaft haben sich *gleichzeitig* als Funktionen der Kultur entwickelt, die Wirtschaftsformen prägen in entscheidender Weise die Gesellschaftsformen, wie letztere auch wieder auf erstere zurückwirken.

Von der Volkswirtschaft der Hochkulturen, die — meist unter Beteiligung am Welthandel — durch organisierte Produktion und Verteilung der Sachgüter das Leben eines ganzen Volkes bzw. einer ganzen Nation oder eines Reiches zu sichern sucht, unterscheidet sich die Wirtschaft der Naturvölker nur in den Formen und nach dem Grade der Entwicklung, nicht aber im Wesen. Sie ist gekennzeichnet vor allem durch eine nur schwach entwickelte Technik und durch die geringen Möglichkeiten der Naturbeherrschung, wodurch der Zwang zur spezialisierten Anpassung an die Umwelt besonders groß ist. Sodann durch die Kleinheit der Wirtschaftseinheit — oft nur Familie, Sippe, Siedlung als selbstgenügsame (autarke) ökonomische Einheiten —, welche Arbeitsteilung, Produktion von Überschüssen, Warenaustausch und Verkehr sich nur schwach oder gar nicht entwickeln lassen mit allen Folgen einer Hemmung des Kulturfortschritts.

Bei unserer Betrachtung der Bildung von ethnischen Einheiten hatten wir für deren inneres Gleichgewicht die Konstante zwischen Be-

völkerungsmenge, besiedeltem Gebiet und kultureller Anpassung gefunden. Diese Faktoren sind naturgemäß auch für das Wirtschaftsleben wirkende Kräfte.

Wenden wir uns zunächst dem Siedlungsgebiet, also der geographischen
Umwelt zu. Je geringer die kulturelle Entwicklung ist, desto stärker
beeinflußt die Umwelt mit Klima, Bodengestaltung, Tier- und
Pflanzenwelt und sonstigen Rohstoffen die Ernährung, Wohnweise,
Kleidung und die Ausgestaltung des stofflichen Kulturbesitzes. In der
Ausnutzung der naturgegebenen Hilfsquellen beobachten wir einen
— allerdings in seiner Ausprägung an die betreffende Wirtschaftsform
gebundenen — großen Erfindungsreichtum. Die Spezialisierung in
der Anpassung führt oft dazu, daß ein vorherrschender Rohstoff der
ganzen Wirtschaftsführung seinen Stempel aufdrückt. Naturgemäß
bedingen die verschiedenen Rohstoffvorkommen auch die Standorte
und Entwicklung bestimmter Techniken (z. B. der Metallgewinnung!).

2. Technik

Aus dem stofflichen Kulturbesitz ragt die *Feuererzeugung* als eine der
wichtigsten Erfindungen hervor. In der allmählichen Gewöhnung an
den Gebrauch des Feuers — zunächst aus zufälligen Bränden an-
geeignet — haben wir einen der bedeutungsvollsten Schritte unserer
Vorfahren auf dem kulturellen wie biologischen Wege zur Menschwerdung zu sehen. (Einfluß der durch Feuer zubereiteten Nahrung
auf die Stoffwechselvorgänge!) So kennen auch weder die Urgeschichte
noch die Völkerkunde Menschen ohne die Verwendung des Feuers.

Ein weiteres Zeichen aller menschlichen Kultur sind die Erfindung
und Verwendung von *Werkzeugen*, „setzt dieses doch die Kenntnis
eines gewollten Zweckes und des Zusammenhanges von Ursache und
Wirkung voraus" (*Obermaier*). Wohl gibt es in der Natur mannigfache
Gegenstände, die ohne bzw. ohne weitgehende Bearbeitung als Werk-
zeuge oder als deren Vorbilder dienen können (Knüttel und Steine
zum Schlagen; Knochen, Hölzer, Tierzähne und -stachel, Fischgräten,
Dornen zum Stechen, Bohren und Nähen; Bambus- und Steinsplitter,
Muschelschalen usw. zum Schälen und Schneiden usw.), aber deren
dauernde und spezialisierte Verwendung und Weiterentwicklung als
„Projektion menschlicher Organe" zu kraftsparenden eigentlichen
Werkzeugen zeugt doch von der menschlichen Denkfähigkeit und

Erfindungsgabe. Die wichtigsten Grundformen unserer heutigen Werkzeuge sind bereits von den Naturvölkern geschaffen worden!

Die *Technik* der Naturvölker kann naturgemäß nicht so rationell und produktiv arbeiten wie die der modernen europäisch-amerikanischen Zivilisation. Vor allem bedingt die Unvollkommenheit der Hilfsmittel einen außergewöhnlich großen Arbeits- und Zeitaufwand. Arbeiten, die ein besonders großes Maß von handwerklicher Geschicklichkeit, Erfahrung und Einsicht in Naturprozesse verlangen oder die für die Gemeinschaft besonders wichtig sind (z. B. Bau großer Kriegsboote, Metallgewinnung und -verarbeitung, Herstellung von Kunstwerken usw.) sind oft mit magischen Meidungsvorschriften belegt und mit zauberischen Praktiken oder religiösen Zeremonien verknüpft; ihre Verfertiger werden leicht als mit zauberischer Fähigkeiten begabt angesehen (z. B. Schmiede in Afrika).

3. Arbeitsteilung

Neben der landschaftlichen Umwelt und der kulturellen Anpassungsfähigkeit sind die *gesellschaftlichen Verhältnisse* für die Wirtschaftsführung von Bedeutung. Die kleinste Wirtschaftseinheit ist stets eine *Gruppe* von Menschen, auf den niedersten Kulturstufen meist die blutsverwandte Familie, Sippe oder die Siedlungsgemeinschaft. Bereits hier ist eine Arbeitsorganisation und Differenzierung nach Leitenden und Ausführenden, nach Alter und Geschlecht zu finden.

Die *Arbeitsteilung* nach dem Geschlecht ist die urtümlichste und stets beibehaltene, da sie den biologischen Unterschieden und Eigentümlichkeiten entspricht. Zunächst obliegt der Frau natürlich die Aufzucht der Kinder. Dadurch in ihrer Bewegungsfreiheit behindert, ist sie mehr an den Lagerplatz bzw. das Heim gefesselt. Demgemäß hat sie hier die Nahrung zuzubereiten, das Feuer zu unterhalten und auch die Behausung zu bauen. Meist trägt sie auch zur Beschaffung der Nahrungsmittel bei, indem sie entsprechend ihrer geringeren Kraft im Umkreis des Lagers Kleingetier herbeischafft und vor allem für die pflanzliche Nahrung sorgt. Die relative Ortsgebundenheit und Muße während der langwierigen Essenbereitung und des Feuerunterhaltens geben der Frau Gelegenheit zur Ausführung weiterer Dauerarbeiten, wie Herstellung der Kleidung und der vorwiegend von ihr benutzten Geräte, Flechtereien, Töpfereien usw. Diese Dauerarbeiten sind zwar meist recht eintönig (und als langweilig den Männern wenig zusagend), erfordern aber Sorgfalt, rationelle Zeiteinteilung und Vorausdenken und liegen wohl im allgemeinen der weiblichen Veranlagung. Die Frau ist die geborene „Arbeiterin".

Die Tätigkeiten des Mannes sind dagegen vorzugsweise jene, die körperliche Kraft und Ausdauer, Mut und Gewandtheit erfordern. Wo langwierige Arbeiten nicht zu umgehen sind, sucht er sie durch Beteiligung mehrerer und durch rhythmische Geräusche oder Arbeitsgesänge kurzweiliger zu gestalten. Seine ureigenste Aufgabe ist die Existenzsicherung seiner Angehörigen, vor allem deren Verteidigung und Ernährung mit Fleisch. So ist die Jagd die urtümlichste Beschäftigung des Mannes, die wesentlich abwechslungsreicher als die Frauenarbeit ist und die er auch dann noch auszuüben sucht, wenn sie nicht mehr Grundlage der Wirtschaft ist. Sie wird dann zum Sport, dem sich die Männer sowieso in jeder Form — besonders zur körperlichen Stählung und Übung in Geschicklichkeiten — gern widmen. Die durch Tausende von Generationen der Menschheitsentwicklung vom Manne betriebene Jagd hat in ihm einen Hang zur Abwechslung und zum Abenteuer geweckt, den er in späteren Entwicklungsstufen auch durch Kriegszüge und kühne Entdeckerfahrten, Sport und Spiel, und — in vergeistigter Form — durch Denksport und Abenteuer des Geistes, nicht zuletzt auf den Gebieten der Dichtkunst, Wissenschaft und Philosophie — zu befriedigen sucht. Die Abneigung der männlichen Angehörigen von Naturvölkern gegen eintönige, langwierige oder ihnen aufgezwungene Arbeiten — vor allem, wenn sie deren praktischen Nutzen für sich selbst nicht einzusehen vermögen — wird von Europäern oft zu Unrecht als „angeborene Faulheit" ausgelegt. Diese zeigen sie bei Arbeiten ihres eigenen Interessenbereiches durchaus nicht und können z. B. für die Ausschmückung ihrer Geräte oder ihres Gemeinschaftseigentums erstaunlich viel Zeit und Energie verwenden. Es ist zu berücksichtigen, daß sie bei ihrem Tagewerk, das die Anspannung aller Fähigkeiten verlangt, körperlich und geistig sehr ermüden und entsprechend Muße zur Erholung benötigen. Ferner obliegt vor allem den Männern die Durchführung von — oft außerordentlich viel Zeit erfordernden — religiösen Zeremonien und Kulten, magischen Praktiken, „staatsbürgerlichen Pflichten" wie Ratsversammlungen, Schlichtung von Rechtshändeln usw., die in ihren Augen mindestens ebenso wichtig sind wie die Beschäftigungen der Frauen.

Wenn auch auf frühen Kulturstufen nahezu jeder alle nötigen Handfertigkeiten beherrscht, so finden sich doch hier auch schon die Anfänge weiterer arbeitsteiliger Differenzierung. Die Unterschiede in
der Begabung für verschiedene Tätigkeiten und Techniken führt zur
Spezialisation einzelner, die die Erzeugnisse ihrer Geschicklichkeit
zunächst in kleinerem Kreise austauschen. Eine Entwicklung zu
berufsmäßigen *Handwerkern* kann jedoch erst in einer zahlreichen und
vielfältiger strukturierten Gesellschaft erfolgen, die sowohl Produktion
wie Verteilung von Überschüssen und dem Handwerker die Existenz
allein von seiner spezialisierten Tätigkeit gestattet. Bei der Entstehung von Handwerken beobachten wir die Auswirkung sowohl einer
regional unterteilenden wie einer horizontal schichtenden Gliederung
innerhalb einer Wirtschaftseinheit. Zunächst wird das Gewerbe als
Familientradition gepflegt, wobei ebensowohl — besonders bei iso-
liertem Vorkommen der benötigten Rohstoffe — handwerklich
differenzierte Siedlungsgemeinschaften entstehen wie in horizontale
Schichtung sich auswirkende Berufsstände und Kasten. Hierbei
können die Gewerbe von freien Handwerkern des eigenen Volkes oder
von (auch volksfremden) Sklaven ausgeübt werden. In den Städten
der alten Hochkulturen wirkten beide Prinzipien zusammen und sind
nicht zuletzt Ursache für deren raschen Kulturfortschritt gewesen.
Während die *Arbeitsteilung* die Herstellung verschiedener Erzeugnisse
zu gleicher Zeit innerhalb einer Wirtschaftseinheit bezweckt, so die
Gemeinschaftsarbeit die Zusammenfassung vieler Kräfte zu einer einheitlichen großen Leistung, die von wenigen oder von einzelnen nicht
erzielt werden kann. Sie findet sich gerade in den frühen Kulturstufen
ausgeprägt, in denen die Arbeitsteilung nur schwach entwickelt ist.
Der Zusammenschluß zu Arbeitsgemeinschaften ist vielfach die
Voraussetzung zur Erzielung höherer Erträge bzw. Leistungen, wie
z. B. bei Jagd und Fischfang, aber auch beim Bodenbau, bei dem
allerdings nicht nur die Technik dies nahelegt, sondern auch der Reiz
der Geselligkeit und des Wettbewerbes arbeitsfördernd wirkt; desgleichen bei der Errichtung von Gemeinschaftsbauten, Häusern,
Booten usw. In der hochbäuerlichen Familienwirtschaft kommt es nur
noch bei besonderen Gelegenheiten in der Form der „Bittarbeit" zu
Gemeinschaftsarbeit. In staatlich organisierten Gesellschaften wird
dagegen wieder häufiger davon Gebrauch gemacht, z. B. bei Durchführung von Kanalisierungsarbeiten, Bauten für Herrscher und Gottheiten, Wegebau, Befestigungen usw. Selbstverständlich ist der Zu-

sammenschluß bei kriegerischen Auseinandersetzungen. Häufig spielen die Jungmannschaften eine besondere Rolle bei den Gemeinschaftsarbeiten. Bei ihnen ist auch die Scheidung in Ausführende und Leitende ausgeprägt, wobei als letztere sowohl die für die Tätigkeit besonders Tüchtigen, die „Meister", wie auch Häuptlinge und Priester wirken können.

Die Arbeitsorganisationen, angefangen von den Jagdscharen, Bootsgemeinschaften usw. bis zu den Zünften und Handwerkerkasten haben außerordentlich gemeinschaftsbildend gewirkt und oft die Blutsbande bei der gesellschaftlichen Organisation in den Hintergrund gedrängt. Die Differenzierung in spezialisierte Gewerbe und Berufe führte ferner zur Ergänzungswirtschaft und damit ebenfalls zu höheren Formen der Gesellung wie zur Bereicherung und Entwicklung des stofflichen Kulturbesitzes.

4. Produktionsverteilung

Verschiedenen Formen der Produktion entsprechen auch verschiedene Formen der *Verteilung der Produkte.* Je geringer die Arbeitsteilung entwickelt ist, desto weniger Waren stehen für einen Austausch zur Verfügung. Auf den primitiveren Wirtschaftsstufen werden so die Nahrungsmittel in erster Linie innerhalb der Wirtschaftseinheit (Familie, Sippe, Erwerbsgruppe) verteilt. Darüber hinaus gilt es als selbstverständlich, jedem Gast wie in Notfällen allen Bedürftigen mit zu teilen. Oft hat sich ein bestimmtes Verteilungsschema herausgebildet, das jedem Angehörigen einer Wirtschaftseinheit einen Anteil an den Erträgen des Einzelnen sichert. Durch diese gegenseitige Hilfe werden die Wechselfälle des Beuteglücks aufs beste ausgeglichen. Eine Gelegenheit zur Güterverteilung an alle Genossen bilden ferner Festlichkeiten aller Art. Beim Austausch von Erzeugnissen der Handfertigkeit, von Wertgegenständen usw. spielt nicht nur der wirtschaftliche Gesichtspunkt eine Rolle, sondern auch das Bestreben, ohne Rücksicht auf den sofortigen materiellen Nutzen durch Geschenke Freundschaftsbeziehungen zu unterhalten oder soziales Ansehen zu gewinnen.

Der wechselseitige Austausch von Produktionsüberschüssen an (bestimmten) Nahrungsmitteln und Gewerbeerzeugnissen, Dienstleistungen und Rohstoffen bedeutet nicht nur eine wirtschaftliche Hilfe und Ergänzung für die einzelnen Wirtschaftseinheiten, sondern lockert auch ihre bisherige Selbstgenügsamkeit (Autarkie) auf und macht sie voneinander abhängig. Mit steigendem Güteraustausch wird so ihr Zusammenschluß zu größeren Wirtschaftseinheiten mit gesteigertem Wirtschaftspotential gefördert bzw. bewirkt. Dieser Vorgang ist eine der stärksten wirkenden Kräfte bei der oben angeführten zentripetalen Bewegung zur Bildung größerer ethnischer Einheiten, höherer Gesellungsformen und neuer Kulturkreise.

Ein Erfordernis hierfür ist die entsprechende Ausgestaltung der *Verkehrsmittel*. Damit ist ein Anreiz gegeben sowohl zum Ausbau von Wegen, Brücken und Kanälen, wie zur Entwicklung der Transportmittel (Boote und Schiffe, Trag- und Zugtiere, Schleifen, Schlitten, Wagen usw.). Mit der Knüpfung eines dichteren Verkehrsnetzes ist auch die festere Verbindung der betroffenen Wirtschaftseinheiten zu einer Verkehrsprovinz gegeben. In ihnen macht sich die Notwendigkeit geltend, Tauschmöglichkeiten zwischen verschiedenen Wirtschaftsgruppen außer durch die anfänglichen und auch weiterhin beibehaltenen mehr zufälligen und seltenen Gelegenheiten der Besuche und Festlichkeiten durch Abhaltung von *Märkten* an festliegenden und häufigeren Zeitpunkten zu fördern. Voraussetzung hierzu ist die Seßhaftigkeit wenigstens eines Tauschpartners und des ungehinderten Zutrittes zu den Marktplätzen. Diesem dienen sowohl deren Neutralisierung und Unverletzlichkeitserklärung wie der häufig von einer Marktpolizei aufrechterhaltene Marktfrieden, oft selbst in Kriegszeiten. Die Abhaltung von Märkten wird ebensosehr von Städten gefördert, wie marktgünstige Verkehrsknotenpunkte deren Errichtung begünstigen.

Der *Handel* der Naturvölker — bis weit in die Wirtschaftsstufen der frühen Hochkulturen hinein — ist durch das Fehlen von Münzgeld wie überhaupt allgemeingültiger fester Wertmaßstäbe gekennzeichnet. Ihre Naturalwirtschaft kennt als Tauschmittel und Bezahlung nur die Gegengabe von Gebrauchs- und Verbrauchsgütern. Ihre Höhe unterliegt keinen festen Normen, sondern nach der betreffenden Kulturstufe verschiedenem Herkommen, wobei die Wertmaßstäbe örtlich, zeitlich (Mode!) und nach dem Ansehen der Tauschpartner[16]) wechseln können.

---

[16]) Die „Unverschämtheit" der dem Europäer gegenüber oft geltend gemachten Preisforderungen seitens Eingeborener ist also — ebenso wie deren „Betteln" — häufiger der Ausdruck der Hochschätzung des Weißen als Ausfluß der Unkenntnis der Werte der betreffenden Tauschobjekte.

Wir haben unter den Vorformen des eigentlichen (Münz-) *Geldes* zwischen *Traditionsgeld* und *Nutzgeld* zu unterscheiden. Ersteres kann aus praktisch verwertbaren Dingen wie Vieh oder handwerklichen Erzeugnissen — vor allem, wenn sie nur selten, wie Luxusartikel höherer Kulturen, oder schwer, z. B. nur mit großem Arbeitsaufwand, zu beschaffen sind — bestehen oder aus an sich nutzlosen (z. B. Steingeld von Yap). In beiden Fällen ist aber ihre Kaufkraft dem jeweiligen Herkommen gemäß nur auf bestimmte Objekte beschränkt (z. B. Brautkauf, Erwerb von Opfertieren usw.). Es dient auch oft weniger rein wirtschaftlichen Zwecken als der Mehrung des sozialen Ansehens, das mit seinem Besitz bzw. mit seiner Verteilung verbunden ist (weshalb es auch gern zu Schätzen angehäuft wird) sowie der Knüpfung und Unterhaltung von Freundschaftsbanden[17].

Einen Übergang zum Nutzgeld bildet das am häufigsten anzutreffende Schmuckgeld. Seinen Wert erhält es einerseits durch die Schwierigkeit seiner Erlangung (auf weite Entfernung einzuhandelnde Rohstoffe von lokal begrenztem Vorkommen wie bestimmte Vogelfedern, Muscheln und Schnecken, Steinsorten vom Quarz bis zum Edelstein, Metalle usw.) und/oder durch großen Arbeitsaufwand bei seiner Herstellung. Gilt es als Wertsymbol nur für bestimmte Tauschobjekte oder dient es nur zur Erhöhung des Ansehens, so stellt es Traditionsgeld dar, wird es dagegen als am Körper besonders leicht zu sichernder und anzuhäufender Schmuck und gleichzeitig als Wertmesser für verschiedenartige Produkte und Dienstleistung verwendet, so ist es als Nutzgeld anzusehen. Letztere Funktion wird durch seine meist gegebene Teilbarkeit gefördert.

Reines Nutzgeld sind Wertsymbole wie Vieh, Genußmittel (Salzstangen, Tabakrollen, Kolanüsse, Kakaobohnen, Ziegeltee usw.), Felle und Gebrauchsgeräte oder Teile derselben (Beil- und Hackenklingen, Speer- und Pfeilspitzen). Als Wertmesser und Zahlungsmittel besser geeignet als das oben angeführte *Naturalgeld* sind Metalle, teils wegen ihrer relativen oder absoluten Beständigkeit (Edelmetalle), teils wegen ihrer leichten Teilbarkeit nach genormten Gewichtsmaßen. Zunächst werden sie noch in der Form des Nutzgeldes (Geräte) verwendet, dann als (verkleinerte) Symbole solcher (zuerst im China des ersten Jahrtausends vor Chr.); weiterhin als Rohmaterial,

---

[17]) Aus diesem Grunde sind auch Gabenaustausch und Tauschhandel oft
     schwer voneinander zu trennen.

z. B. in Ring- und Barrenform, oder in eigenwilligen Gestalten gleichen Gewichts (afrikanisches Eisengeld).

Der Übergang vom Vorgeld zum *Münzgeld* geschah in den frühen Hochkulturen. Voraussetzung war ja nicht nur die Metallgewinnung, sondern auch die Entwicklung fester Maßnormen (wobei die babylonischen mit ihrer 60- und 12-Teilung die Grundlage nicht nur der vorderasiatischen, sondern auch der europäischen — noch im heutigen englischen Münzsystem nachlebend —wurden) und das Bedürfnis, für die ausgedehnten Wirtschaftsräume der Großstaaten einen einheitlichen Wertmesser und ein leicht umlaufendes Zahlungsmittel zu schaffen. Das Schlagen von Münzgeld entwickelte sich aus der Stempelung. von abgewogenen Gold-, Silber- und Elektron- (Gold-Silberlegierung-) Stücken als Garantie des Gewichtes und der Reinheit zunächst im lydischen Reich (König Kroisos!), das im 7. und 6. Jahrh. v. Chr. als Erbe des Hethiterreiches den Handel in Kleinasien und in der Ägäis beherrschte. Ihnen folgten als erste die übrigen anatolischen und griechischen Städte wie vor allem das Perserreich, das als Prägestempel seiner Geldmünzen zuerst ein Königsbild verwendete.

5. Wirtschaftsformen

Nach der Art und Weise der Wirtschaftsführung einer bestimmten Wirtschaftseinheit benennen wir die *Wirtschaftsformen*. In ihrer kulturhistorischen Entwicklung betrachtet, stellen sie *Wirtschaftsstufen* dar. Im Bereiche der Naturvölker ergibt sich als wichtigste Gliederung die nach aneignenden und nach produktiven Wirtschaftsformen. Bei ersterer werden durch Einsammeln und Erbeuten (Fangen, Jagen) die von der Natur freiwillig gebotenen Gaben entgegengenommen, bei letzterer werden durch Anbau von Pflanzen und Zucht von Tieren sowie durch Umwandlung von Naturprodukten durch technische Vorgänge Naturgüter von Menschen erzeugt und damit die Naturvorgänge beeinflußt. Der Übergang zur Produktionswirtschaft war die folgenschwerste Umwälzung in der Menschheitsgeschichte, von größerer Bedeutung noch als die Erfindung der Metallbearbeitung. Wurde doch dadurch nicht nur die Ernährung dichterer Bevölkerungen reichlicher und vor allem sicherer, sondern wurden vor allem Produktionsüberschüsse ermöglicht, deren Wirkung auf die Wirtschafts- und Kulturentwicklung wir oben besprochen haben. Die einzelnen Wirtschaftsstufen werden wir im Kapitel D untersuchen.

II. GESELLUNG

Wir hatten einleitend gesagt, daß das Wirtschaftsleben auch die Gesellung beeinflußt. Die Zusammenhänge zwischen Wirtschaftsform und Gesellschaftsform sollen im Kapitel D behandelt werden. Zunächst müssen wir uns einen Überblick über *Arten und Formen des Gesellungslebens* verschaffen.

Die Vorstellung, daß am Beginn des menschlichen Gesellungslebens eine förmliche Übereinkunft („contrat social") gestanden habe, ist ebenso abwegig wie die vom „Kampf aller gegen alle", von jedem Individuum für sich allein geführt. Auch bei den kulturell primitivsten Vertretern der heute lebenden Menschenrassen finden wir ein geregeltes Gemeinschaftsleben. Wir können also annehmen, daß die Menschheit bereits seit ihrem Beginn ein geregeltes Gesellungsleben besaß, zumal auch die nächstverwandten Menschenaffen vorzugsweise in Gruppen zusammenleben und die biologischen Gegebenheiten des Menschen (Schutzbedürftigkeit der schwangeren Frau, lange hilflose Kindheit) eine wenigstens zeitweilige — aber doch über mehrere Jahre sich erstreckende — Familienbildung erzwingen. So dürfen wir die gesellschaftsbildenden Triebe und Instinkte: Geschlechts- und Herdentrieb, Elterninstinkt, Bereitschaft zur gegenseitigen Hilfe wie zur Ein- und Unterordnung bei gleichzeitigem Streben nach Behauptung des dem Einzelnen als zukommend erachteten Platzes und Ranges in der Gesellschaft als aus der vormenschlichen Entwicklungsstufe ererbt ansehen. Sie erfuhren ihre Differenzierung und Weiterbildung mit der Entwicklung der Wirtschaftseinheiten.

Beim Zusammenschluß zu Gruppen können wir „*Sympathie- und Zweckverbände*" unterscheiden. Wir müssen dabei aber berücksichtigen, daß eine schematische Trennung nicht möglich ist, da einerseits bei letzteren häufig auch freundschaftliche Bande mitwirken wie auch erstere meist irgendwelche Zwecke verfolgen.

1. Verwandtschaftsverbände

Fast überall auf der Welt ergeben die verwandtschaftlichen Beziehungen die engsten sozialen Bindungen und stellen die *Verwandtschaftsverbände* die stärksten gesellschaftsbildenden Kräfte dar. Die Urzelle der Gemeinschaft ist die *Familie,* in ihrer ursprünglichen Form als *Kleinfamilie* aus Eltern, Kindern und eventuell Enkeln bestehend. Ihre Funktionen bestehen in Aufzucht der Kinder, Erwerb des gemeinsamen Lebensunterhaltes als Wirtschaftseinheit mit geschlechtlicher Arbeitsteilung und häufig als Kultgemeinschaft zur Ausübung der religiösen Zeremonien (Ahnenkult!).

Bei Pflanzern und Bauern, wie vor allem bei Viehzuchtnomaden, ist häufig die Familie zur *Großfamilie* erweitert, d. h. es bewohnen die Einzelfamilien der verheirateten Söhne (oder Töchter) zusammen eine Heimstätte und wirtschaften gemeinsam. Die Leitung aller Angelegenheiten ruht in den Händen des meist mit alleiniger Verfügungsgewalt ausgestatteten Vaters (bzw. bei mutterrechtlichen Verhältnissen der Mutter). Die Ursache der Großfamilienbildung dürfte in wirtschaftlichen Verhältnissen zu suchen sein, da sowohl die Bearbeitung des gemeinsamen Bodenbesitzes als auch Hüten und Schutz der Viehherden die Zusammenfassung möglichst vieler verwandter Arbeitskräfte unter einheitlicher Leitung als besonders günstig erscheinen lassen.

Darüber hinaus umgreift das Zugehörigkeitsgefühl meist alle Abkömmlinge eines gemeinsamen Ahnen, die sich als *Sippe* blutsverwandt wissen. Sie spielt in allen Wirtschaftsstufen eine bedeutende Rolle, die fast nur in der modernen Großstadtzivilisation ihre frühere Bedeutung eingebüßt hat. Es ist zu bedenken, daß die Naturvölker ja keinen modernen Rechtsstaat mit polizeilich gesicherter Ordnung und, wie auch die meisten exotischen Hochkulturen, keine Sozialversicherung kennen. Schutz und Hilfe in allen Lebenslagen und wirtschaftliche Sicherheit kann dem Einzelnen daher am ehesten nur die fest zusammenhaltende Sippe gewähren. Auch sie steht unter der Führung eines Ältesten, bildet häufig eine Wirtschaftseinheit, auch mit gemeinsamem Besitz an Acker- und Weideland oder Jagdgründen, und eine Kultgenossenschaft. Auf frühen Kulturstufen ist sie oft die größte wirtschaftliche, soziale und politische Einheit. (Die höheren Einheiten wie Stamm, Volk, Nation haben wir im Kapitel B IV bereits besprochen.) Sozial bedeutsam ist sie ferner dadurch, daß häufig die Heiratsverbindungen von den Sippen (die stets exogam sind) geknüpft werden, oft genug gegen den Willen der Betroffenen. Die Sippenmitglieder sind dazu erzogen, das Wohl der Sippe ihren eigenen Interessen voranzustellen und einer für den anderen einzustehen.

In einigen Kulturen (vorwiegend mit einer auf Jagd und gleichzeitigem primitivem Bodenbau basierenden Wirtschaft) wird die Ver-

wandtschaft nicht, wie es uns „natürlich" erscheint, aus den Bluts-
banden abgeleitet, sondern eine bestimmte Gruppe fühlt sich verwandt auf Grund einer gemeinsamen Abhängigkeit von bzw. Übereinstimmung mit einer bestimmten Tierart, daneben auch Pflanzen- oder
Mineralienart bzw. einem besonderen Naturphänomen. Diese Übereinstimmung wird erklärt entweder durch eine in der Vorzeit bestandene
Beziehung zwischen dem Ahnherrn der Menschengruppe und dem
mythischen Vorfahren der betreffenden Tierart — der meist als Helfer
und auch Kulturheros auftrat —; oder aus einer direkten Abstammung
bzw. Hervorgehen der betreffenden Menschengruppe von einer solchen
Tier- oder Pflanzenart oder auch durch eine irgendwie bedeutsame
mythische Beziehung zu einem Naturwesen bzw. -erscheinung. Diese
gelten gewissermaßen als das Wappen — das „*Totem*" — der Gruppe.
Eine solche durch „mystische" Verwandtschaft gebildete Gruppe
nennen wir „*Clan*", auch wenn sie — in einigen Fällen — keine
Totems besitzt. Die Vererbung des Totems und damit die Zugehörigkeit zu einem Clan wird stets einseitig (unilateral) gerechnet, wie
bei der blutsverwandten Sippe, bei herrschendem Vaterrecht patrilinear, bei Mutterrecht matrilinear. Damit werden die Linien der
Blutsverwandtschaft durchschnitten, wenn auch ursprünglich die
Clans sich aus Familiengruppen entwickelten und ihre Exogamie auf
die Blutsverwandtschaftsexogamie zurückzuführen ist.
Sozial bedeutsam ist dieser *Clan-Totemismus* dadurch, daß er nur
Heiraten außerhalb des Clans (Clan-Exogamie) gestattet, größere und
über die Blutsverwandtschaft hinausreichende feste Gesellschafts-
verbände schafft, meist als zeremoniale und politische Einheit auftritt, oft auch als Wirtschaftseinheit — insbesondere durch Beschaffung spezieller Nahrungsmittel oder Monopolisierung gewisser
Gewerbe durch die einzelnen Clans —, wodurch eine Spezialisierung
und Differenzierung gefördert wird. Ein Verständnis des Wesens des

---

Bilder der Tafel V

Oben: Eine Pygmäin ritzt ihrem Gatten die Stirnhaut mit einem Pfeil, um in
die Wunde eine Zaubermedizin zur Sicherung einer erfolgreichen Jagd ein-
zureiben. *Ba-Mbuti*, Belg.-Kongo
Unten links: Sippenältester vertreibt ein Gewitter mittels einer Zauberpfeife.
Ba-Mbuti-Pygmäen, Belg.-Kongo
Unten rechts: Jäger mit Pfeil und Bogen, ein Stellnetz für die Treibjagd
auf dem Kopf. *Ba-Mbuti-Pygmäen*, Belg.-Kongo

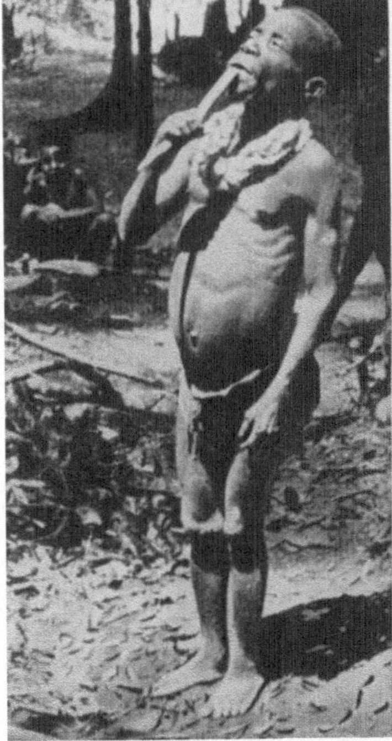

Totemismus werden wir gewinnen, nachdem wir im nächsten Abschnitt Klarheit über das Denken und die Glaubenswelt der Naturvölker gewonnen haben.

Eine weitere künstliche Verwandtschaft ist ferner vielfach bekannt unter den Formen der Adoption, der Blutsmischung (Blutsbrüderschaft) und des Namenstausches.

Wir haben soeben gesehen, daß eine der wichtigsten Funktionen der Verwandtschaftsverbände die der *Heiratsregelung* ist. Die früher von evolutionistischen Theorien vertretene Auffassung, daß zu Beginn der Menschheitsentwicklung wahllose und ungeregelte Geschlechtsbeziehungen (Promiscuität) bestanden hätten, aus denen sich erst allmählich über eine angebliche „Gruppenehe" die Einzelehe entwickelt hätte, hat sich längst als falsch und als Mißdeutung bzw. Verallgemeinerung vereinzelter und nur auf entwickelteren Kulturstufen als Ausnahmen vorkommender außerehelicher Geschlechtsbeziehungen und der klassifikatorischen Verwandtschaftsnamen oder als wissenschaftlich unzulässige Ausdeutung von Sagen und Mythen herausgestellt. In Wirklichkeit finden wir in allen Kulturstufen die Einrichtung der *Ehe* in irgendeiner Form. Fast durchweg wird sie als die natürliche Äußerung des Geschlechtslebens betrachtet und als Pflicht jedes Erwachsenen gegenüber der Gemeinschaft erachtet, um durch Erzeugung und Aufzucht einer möglichst zahlreichen Nachkommenschaft die wirtschaftliche und politische Stärke und den Bestand der betreffenden Einheit zu sichern.

Unter den *Eheformen* ist die der *Einehe* (Monogamie) am verbreitetsten und herrscht vor allem auf der frühesten Kulturstufe vor, sie steht somit am Beginn der gesellschaftlichen Entwicklung. Dies wird vor allem durch biologische und wirtschaftliche Gegebenheiten bedingt: die durchschnittlich gleiche Häufigkeit von Knaben- und Mädchengeburten läßt das soziale Gleichgewicht in einer Gesellschaft, die Ehelosigkeit verabscheut, nur durch die Einehe aufrechterhalten. Da hier ferner der Mann zur Lebensführung der spezifischen Arbeits-

---

Bilder der Tafel VI

Oben links: Neulinge des *kurángara*-Bundes werden zur magischen „Kraft"-Übertragung mit heiligen Kulthölzern berührt. *Unambál*, Nordwest-Australien
Oben rechts: *Kurángara*-Tänzer, *Unambál*, Nordwest-Australien
Unten: Känguruh-Tanz, *Zentralaustralien*

leistungen der Frau ebenso bedarf wie jene dessen und des männlichen Schutzes; da ferner ein Mann nur in seltenen Ausnahmefällen mehr als eine Familie ernähren kann — da die wirtschaftlichen und gesellschaftlichen Verhältnisse keine Anhäufung von Reichtümern erlauben —, ist auch aus diesen Gründen die Einehe die Regel. Selbst in den genannten Ausnahmefällen sträuben sich die Sippenältesten meist gegen eine eventuelle Vielweiberei (Polygynie), da dann zwangsläufig entsprechend viele junge Männer ohne Ehepartner bleiben müßten. Moralische Erwägungen spielen eine geringere Rolle, da gerade bei den monogamen Frühkulturen die Ehebande noch verhältnismäßig locker und Ehescheidungen häufig sind. Erst nach der Geburt von Kindern pflegen diese Ehen fester und beständiger zu werden.

Vielehe in Gestalt der Polygynie tritt erst in geschichteten Gesellschaften auf, wo reiche Männer — vor allem Häuptlinge — die Mittel zur Erlangung mehrerer Frauen aufbringen können. Maßgeblich hierfür sind nicht nur sexuelle Beweggründe (oft wird eine langfristige Enthaltsamkeit bis zur Entwöhnung eines Neugeborenen nach evtl. einigen Jahren gefordert, so häufig in Afrika), sondern auch die Tatsache, daß mehr Frauen mehr Arbeitskräfte und damit Vermehrung des Wohlstandes und des sozialen Ansehens bedeuten. Ferner knüpfen Heiraten ja auch freundschaftliche Beziehungen zu anderen Sippen bzw. sozialen Einheiten und werden daher von führenden Persönlichkeiten auch aus politischen Gründen geschlossen.

Vielmännerei (Polyandrie) ist auf einige indische und tibetische Stämme und Polareskimo beschränkt. Sie scheint auf Mädchenmangel und Armut zu beruhen, so daß nur ein Mädchen als gleichzeitige Gattin mehrerer Brüder erworben werden kann[18]).

Das Gegenstück besteht gelegentlich im freien Zugang zu Schwestern der Frau bzw. in der Mitheirat der jüngeren Schwester. Häufiger wird

---

[18]) Strenggenommen liegt auch hier — wie z. B. auch auf Tahiti — formal nur eine Ehe zwischen einer Frau und *einem* Manne vor, der der soziale Vater aller ihrer Kinder ist. Er gewährt jedoch den unverheirateten Männern seines Haushaltes, in erster Linie also seinen jüngeren Brüdern, z. T. aber auch nicht blutsverwandten Haushaltsangehörigen und Klienten, Zugang zu seiner Frau, um ihrer Gefolgschaft und Arbeitsleistungen sicher zu bleiben. Sexuelle Rechte auf die Frau des älteren Bruders, aber auch des Clangenossen — namentlich der eigenen Altersklasse — sind auch sonst als nebeneheliche Verhältnisse nicht selten.

diese nach dem Tode der älteren geheiratet *(Sororat)*; wohl vorwiegend aus dem Grunde, um die bereits angeknüpften freundschaftlichen Beziehungen zwischen den Sippen nicht aufzulösen, den Brautpreis nicht zurückgeben zu müssen und eventuell vorhandenen Kindern eine verwandte Stiefmutter zu geben.

Nicht selten hat der jüngere Bruder das Recht oder auch die Pflicht, die Witwe seines älteren Bruders zu heiraten *(Levirat)*, vor allem um dieser wirtschaftliche und soziale Sicherheit zu geben.

Durch Verschmelzung von Polyandrie und Polygynie ist in Tibet und in Indien bei den Toda eine Form der *Gruppenehe* entstanden. Diese findet sich auch in Ostsibirien und Australien, wobei hier der Schutz zeitweilig alleinstehender Frauen beabsichtigt ist. Da hier die Gruppenehe meist nur zeitweilig (bei Abwesenheit der Ehemänner) und nur für einige bereits verheiratete Paare in Kraft ist, sind letztere Formen weniger zur Vielehe als vielmehr zu *nebenehelichen Verhältnissen* zu rechnen.

Darunter fallen auch Ehen auf Zeit, Probeehen, sexuelle Beziehungen zu Schwestern und Basen bzw. Brüdern und Vettern des Ehepartners und sexuelle Orgien bei Festen, die vor allem der magischen Fruchtbarkeitssteigerung dienen.

Prostitution ist als Gastprostitution, d. h. Zurverfügungstellung der Ehefrau oder Tochter an einen geehrten Gast, bereits in ungeschichteten Gesellschaften bekannt und wird gelegentlich auch von Witwen mit laxer Moral oder aus Not ausgeübt.

Für die meisten Wildbeuter- und Pflanzerkulturen ist eine geduldete oder geförderte voreheliche *freie Liebe* der Jugendlichen — in den von den Exogamievorschriften gezogenen Grenzen — kennzeichnend. Erst vorwiegend in den vaterrechtlichen (patriarchalischen) höheren Bauern- und Stadtkulturen wie vor allem bei den asiatischen Hirtennomaden — hier wohl bestimmt durch den züchterischen Gedanken der Blutsreinheit und des Wunsches nach Geburt legitimer Erben — wird streng auf voreheliche Keuschheit der Mädchen geachtet und diese bei der Heirat einer Probe unterzogen.

Um die fast überall heftig verabscheute Blutschande (die auch bei sexueller Beziehung nicht blutsverwandter Angehöriger gleicher totemistischer Clans vorliegen würde!) mit Sicherheit zu verhindern, sind gewisse Personenkreise — vor allem Eltern, Geschwister und Verschwägerte — oft außerordentlich weitgehenden strengen Meidungsvorschriften unterworfen und sind *Heiratsordnungen* aufgestellt. Diese schreiben

4 *

„Außenheirat" (Exogamie) der Angehörigen verwandter Gruppen
(Sippen, Clans) oder der gleichen Siedlung (Lokalexogamie) vor.
Größere soziale Einheiten (Stamm, Kaste, Stand) bevorzugen oder
fordern dagegen meist „Binnenheirat" (Endogamie). Ferner ist besonders bei Pflanzerkulturen die Teilung des Stammes oder der Lokalgruppe in zwei exogame Hälften häufig. Trifft dieses „*Zweiklassensystem*" mit Totemclans zusammen, so werden diese zum Teil durchschnitten bzw. in bestimmter Anzahl auf die beiden Stammeshälften
— die dann „Phratrien" genannt werden — aufgeteilt. Oft fordert
oder verhindert die Heiratsordnung Heiraten unter bestimmten Verwandten, z. B. werden vorwiegend bei mutterrechtlichen Pflanzern
„Kreuzgeschwisterehen" (Mutterbrudertochter–Vaterschwestersohn),
bei vaterrechtlichen Hirtennomaden Ehen unter Bruderkindern
(„Parallelvettern") bevorzugt. Geschwisterehen (meist unter Halb-
geschwistern) kamen und kommen gelegentlich in Fürsten- bzw.
Adelsgeschlechtern von Hochkulturen bzw. hochkulturlich beein-
flußten Kulturen vor, aus Sorge um die Reinhaltung des königlichen
Blutes und um die göttlichen königlichen Kräfte und Privilegien von
beiden Elternseiten her vererben zu können. (Wobei oft auch der Gedanke der Gleichsetzung von König und Königin mit als Geschwister
angesehenen Gestirnen [Mond, Sonne, Venus] mitwirkt.)
Für die Nachkommenschaft aus den Ehen kann die *Nachfolge* („Deszendenz"), d. h. ihre Zugehörigkeit zur väterlichen oder mütterlichen
Verwandtschaftsgruppe (Sippe, Clan, Phratrie) und damit die Vererbung der Verwandtschaftsnamen, des Besitzes an materiellen und
geistigen Gütern und Vorrechten verschieden geregelt werden. Werden
beide Elternteile hierbei annähernd gleich bewertet, so sprechen wir
von bilateraler Deszendenz, überwiegen väterliche oder mütterliche
Seite, so von unilateraler, entweder patrilinearer oder matrilinearer
Deszendenz. Die Gesellschaft ist dann also vaterrechtlich oder mutter-
rechtlich organisiert. Dies bedeutet nicht unbedingt auch gleichzeitig
Vater*herrschaft* (*Patriarchat*) oder Mutter- bzw. Frauen*herrschaft*
(*Matriarchat*); letztere ist ein Ausnahmefall. Auch bei matrilinearer
Deszendenz kann der Vater durchaus das Familienoberhaupt sein oder
können Männer die Leitung der sozialen Gemeinschaft innehaben,
wie umgekehrt auch in einer patriarchalen Gesellschaft die Frauen oft
genug eine bestimmende Rolle in der Familie spielen oder Einfluß auf
die Angelegenheiten der Gesellschaft nehmen können. Mischungen
beider Gesellschaftsformen äußern sich z. B. in verschiedener Erb-

folge der Namen, des Besitzes an materiellen Gütern, Kultgegenständen, Funktionen, Zugehörigkeit zu Heiratsgruppen, Rängen,
Kulteinheiten usw. Da auch in einer mutterrechtlichen Gesellschaft
die Frau des männlichen Schutzes bedarf — z. B. auch gegenüber
eventueller Willkür des Mannes —, so tritt hier besonders der Bruder
als Beschützer der Schwester auf (auch in vaterrechtlicher Gesellschaft gegenüber der unverheirateten Schwester) und übernimmt er
oft deren Kindern gegenüber die sozialen Funktionen des Vaters
(*Avunkulat*), vererbt auch an diese statt an seine eigenen Kinder.
Da bei der hier häufigen Kreuzvetternehe der Neffe meist auch
Schwiegersohn wird, kommen die diesem gewährten Begünstigungen
indirekt auch wieder der Tochter zugute. Die Entstehung von Vater-
und Mutterrecht und deren Zugehörigkeit zu bestimmten Kulturschichten werden wir später behandeln.

Die verwandtschaftlichen Beziehungen werden in den *Verwandtschaftsnamen* ausgedrückt, wobei entsprechend der Vielfalt der sozialen Systeme eine große Mannigfaltigkeit der Verwandtschaftsbezeichnungen
anzutreffen ist. Neben dem den Indogermanen wie den meisten eurasischen Pflugbau und Viehzucht treibenden Völkern eigenen, die
Gradnähe der Blutsverwandtschaft *beschreibenden* System sind *klassi-
fizierende* Systeme weit verbreitet. Hierbei werden vor allem Gruppen
von Personen mit dem Sprechenden gegenüber gleicher sozialer
Stellung oder Bindung zusammengefaßt oder Verwandte mit besonderer Funktion herausgehoben. (Etwa durch Hervorhebung der
Deszendenzlinie: gleiche Benennung für Großvater und Enkel oder
für Vaterbruder und dessen Söhne, oder durch Betonung der Generation: gleiches Wort für die generationsgleichen Verwandten (letzteres Namenssystem gab Anlaß zur irrtümlichen Voraussetzung einer
früheren Gruppenehe). In stärker geschichteten Gesellschaften wird
die Vielfalt der Verwandtschaftsbezeichnungen wieder eingeschränkt,
da dann die soziale Stellung des Einzelnen durch seine Zugehörigkeit
zu einer bestimmten Familie oder Sippe, Kaste, Stand, Klasse usw.
genügend deutlich ausgedrückt werden kann.

2. Zweckverbände

Neben den Verwandtschaftsverbänden sind *Zweckverbände* von großer
Bedeutung, die oft die Rolle der Blutsverwandtschaft und der Familie
weit in den Hintergrund drängen. Hier ist zunächst die Unterteilung

der Gesellschaft nach dem Lebensalter zu nennen. Fast durchwegs werden in größeren ethnischen Einheiten oder Lokalgruppen die Jugendlichen zwischen Pubertät und Heirat in *Mädchen- und Burschenschaften* zusammengefaßt. Sie stehen unter der Leitung eines Vorstehers aus ihren Reihen, der über Disziplin, Beachtung der Anstandsregeln und — bei Bestehen erlaubter Liebesverhältnisse — der Exogamievorschriften zu wachen hat und gemeinsame Unternehmungen leitet. Besonders in Pflanzerkulturen besitzen vor allem die Junggesellen, häufig auch die Mädchen, je ein gemeinsames Schlaf- und Klubhaus. Kulturhistorisch älter als das Junggesellenhaus ist das *Männerhaus*, in dem auch die Verheirateten nicht nur ihre Mußestunden verbringen, sondern auch vielfach handwerkliche Arbeiten verrichten, Beratungen und Gerichtssitzungen abhalten und Feste feiern, daneben dient es auch oft als Gästehaus, der Aufbewahrung von Kultgegenständen und bei Clanorganisation als Schlafhaus.
Diese Altersschichtung hat in manchen Gebieten eine weitere Ausgestaltung zur Staffelung der ganzen Bevölkerung — vorwiegend der männlichen — in *Altersklassen* erfahren. Hierbei bilden die zu einer Jugendweihe zusammengefaßten Geburtsjahrgänge jeweils eine Altersklasse, die auch nach der Heirat nicht aufgelöst wird, sondern das ganze Leben hindurch eine festgefügte und zum gegenseitigen Beistand verpflichtete Einheit bildet. Sowohl Junggesellen wie Verheiratete werden dabei häufig in mehrere Stufen von verschiedenen Rängen, Pflichten und Vorrechten unterteilt.
Diese Jugendbünde und Altersklassen sind von größter sozialer Bedeutung. Sie pflegen nicht nur den Kameradschaftsgeist und die Traditionen, sondern gewährleisten zu einem beträchtlichen Teil den Bestand der sozialen Einheit durch gemeinsame Ausführung von wirtschaftlichen Arbeiten, Festen, kultischen Zeremonien usw. und durch den Schutz gegen äußere Feinde, den die Altersklassen als gleichzeitige militärische Einheiten übernehmen.
In ähnlicher Weise wirken sich *Männerbünde* und Bruderschaften aus, die besonders bei höheren Jägern und Fischern wie Pflanzern verbreitet sind. Manchen Totemclans Nord- und Südamerikas vergleichbar, dienen sie jeweils bestimmten, für das Gedeihen der Einheit wichtigen Zwecken. So haben sie etwa militärische, polizeiliche und medizinische Funktionen und nicht zuletzt religiöse und magische, etwa zur Erzielung von Regen, Fruchtbarkeit, Jagdglück oder im Ahnenkult usw.

Die Männerbünde haben die Neigung zur Absonderung und Geheimhaltung ihrer Praktiken und Riten, so daß sie oft als *Geheimbünde* auftreten. Während den bisher behandelten Männerbünden und Altersklassen ein starker Antrieb zu staatlichem Denken und zentripetale Kräfte zur Bildung ethnischer und nationaler Einheiten innewohnt, tritt mit den Geheimbünden ein zentrifugales Moment auf, zumal sie auch ein Ausbreitungsbestreben über die lokalen und ethnischen Einheiten hinaus besitzen und zu interethnischen Beziehungen führen. Sind auch Entstehungsursachen und Hauptziele der Geheimbünde im oben angeführten Dienst an der Allgemeinheit wie am einzelnen Mitglied (z. B. Erwerbung bzw. Steigerung der magischen Kräfte, eine Art „Versicherung" gegen Notstände verschiedenster Art durch solidarische Hilfeleistung) zu suchen, so haben sie doch oft einen terroristischen Charakter angenommen. Vor allem werden die Uneingeweihten — insbesondere die Frauen — eingeschüchtert, materielle Vorteile von ihnen erpreßt und Strafen bei Verstößen gegen Sitte und Brauch über sie verhängt, wobei manchmal sogar vor Morden nicht zurückgeschreckt wird. Auch zu Opfern kannibalischer Orgien werden sie ausersehen, sofern der Glaube besteht, durch den Genuß von Menschenfleisch übernatürliche Kräfte erlangen zu können. Die aus den terroristischen Entartungserscheinungen des Geheimbundwesens früher gezogene Schlußfolgerung, es wäre als Gegengewicht gegen die wirtschaftliche Überlegenheit der Frauen in mutterrechtlichen Pflanzerkulturen entstanden, kann nicht bewiesen werden. Ebensowenig kann als der ausschließliche Zweck der *Maskierung* der in den Geheimbundriten handelnd auftretender Männer deren Unkenntlichmachung angesehen werden, ursprünglich „sind" sie die in den Masken versinnbildlichten Geistwesen. Die naturvölkischen Geheimbünde leben ebenso in den altorientalischen und antiken Mysterienkulten und in den bis heute politisch wirksamen ostasiatischen Geheimgesellschaften fort; wie auch ihre *Maskentänze*, die ein mythisches Urzeitgeschehen darstellen, die Wurzel des Dramas bilden. Wenn auch im Gegensatz zu den nach Gesellung mit den Geschlechtsgenossen strebenden Männern die Frauen mehr Sinn für Häuslichkeit und Familienleben aufweisen, haben sie doch auch hin und wieder Frauenbünde nach dem Vorbild der männlichen gebildet.

Zur Aufnahme in einen Bund ist eine Einweihungszeremonie *(Initiation)* — fast stets mystischen Charakters — erforderlich, die ursprünglich auf die Jugendweihen zur Umwandlung der Kinder in

Erwachsene und vollberechtigte Gemeindemitglieder zurückgeht. Solche Initiationen sind auch mit dem Aufrücken in häufig bestehende höhere Grade der Bünde verbunden. Damit haben wir eine Wurzel der Rangabstufung auch innerhalb einer ethnisch einheitlichen Gesellschaft vor uns. Der Eintritt in bzw. das Aufrücken innerhalb eines Bundes erfordert nun oft die Erlegung einer „Aufnahmegebühr" in Gestalt von Zahlungen oder Ausrichten von kostspieligen Festen. Namentlich in Melanesien hat sich dadurch eine ausgesprochen „kaufmännische" Sinnesart entwickelt: Das ganze Trachten geht dahin, Wohlstand zu erwerben, um sich in höhere Grade „einkaufen" zu können, dadurch ebenso größeres soziales Ansehen wie Steigerung der magischen Fähigkeiten und Möglichkeit zur leichteren Erwerbung von Reichtum zu verschaffen. Auch in Nordwest-Amerika ist die Behauptung des an sich ererbten sozialen Ranges an den Besitz von Wohlstand gebunden, aber die fieberhaft gesammelten Reichtümer müssen bei Festlichkeiten zerstört oder verschenkt werden, um Rivalen im sozialen Ansehen übertrumpfen zu können!

3. Soziale Schichtung

Eine solche, an den unterschiedlichen Besitz von Reichtümern gebundene, *soziale Schichtung* ist naturgemäß erst in Wirtschaftsstufen denkbar, die bereits die Möglichkeit der Anhäufung von Produktionsüberschüssen, Zahlungsmitteln und kostbaren Wertgegenständen (Thesaurierung) entwickelt haben. Das ist seit der Ausbildung der Pflanzer-, Bauern- und nomadistischen Viehzüchterkulturen der Fall. Da nunmehr eine Arbeitskraft mehr Güter erzeugen kann als zu ihrem Unterhalt benötigt werden, kommt es hier auch schon zu ihrer Ausbeutung. Das erste Opfer ist die Pflanzbau treibende Frau, die besonders bei Bestehen der Sitte des polygamen Frauenkaufes — in extremer Form in den Harems afrikanischer Häuptlinge — wirtschaftlich vor allem als Wohlstand erzeugende Magd fungiert.

Sodann tritt hier auch offene *Sklaverei* auf, sei es als freiwillige oder erzwungene Schuldsklaverei von Angehörigen der eigenen ethnischen Einheit, sei es bei Angehörigen fremder ethnischer Einheiten, die im Krieg oder auf Sklavenjagden erbeutet wurden. (Sklaven wurden in bestimmten Kulturen auch aus religiös-magischen Gründen eingebracht, um kultische Menschenopfer darbringen zu können.)

Ferner haben die eurasischen Hirtennomaden eine bestimmte Form der *Hörigkeit* entwickelt: Viehzüchter, die durch Verlust ihrer Herden infolge von Seuchen oder anderen Unglücksfällen ihre Existenzgrundlage verloren haben, verdingen sich als Knechte bei Großherdenbesitzern, bis ihnen später der ihnen zustehende Anteil am natürlichen Nachwuchs der Herden wieder die Aufstellung einer eigenen Herde gestattet.

Den stärksten Anstoß zu gesellschaftlicher Schichtung bot die *Überlagerung* durch fremde ethnische Einheiten. Immer wieder sind ethnische Einheiten durch kulturell oder politisch-militärisch überlegenere unterworfen und in verschiedene Grade der Abhängigkeit gebracht worden. Vor allem am Beginn der Entwicklung zur Hochkultur stehende frühbäuerliche Einheiten und die zu Hirtenkriegern entwickelten Viehzüchternomaden haben in der Alten und Neuen Welt oft erstaunlich große Bevölkerungen als *Adels*schicht überlagert und damit kulturelle Umwandlungen von weltpolitischem Ausmaß eingeleitet. Außerdem bildete sich ein Adel auch auf innerethnischer Grundlage, sei es aus den oben angeführten Rangklassen, aus erblich gewordenem Häuptlingstum, Nachkommen von Fürsten und aus Sippen und Clanen, die innerhalb ihrer ethnischen Einheit die politische Führung errungen haben (und anschließend oft die Ausbreitung ihrer Macht auch über fremde ethnische Einheiten erstreben, z. B. Zulu in Afrika, Inka in Peru). Bei längerem Andauern der Überschichtung wachsen Adel und Unterworfene meist zu einem Volkstum zusammen und wird aus der ethnischen eine soziale Schichtung (ein Vorgang, der seit frühgeschichtlichen Zeiten die Bildung auch der antiken und heutigen europäischen nationalen Einheiten maßgeblich beeinflußt hat).

In arbeitsteilig differenzierten Wirtschaftseinheiten gewinnen verschiedene Berufsgruppen leicht eine verschiedene soziale Bewertung und tragen besonders bei der Praxis der Endogamie und bei religiöser Absonderung und Fundierung zur sozialen Schichtung bei als *Berufsstände* und *Handwerkerkasten* (aus welchen auch die mittelalterlichen Zünfte hervorgingen). Sehr häufig sind beide aus unterworfenen ethnischen Einheiten hervorgegangen.

Die oben angeführten Fälle von Sklaverei und Hörigkeit ergaben noch keine eigentliche *Klassengesellschaft*: Bei der Ausbeutung der weiblichen Arbeitskraft wurde es als im Wesen der geschlechtlichen Arbeitsteilung liegend und somit als „natürlich" empfunden; Sklaverei und Hörigkeit betrafen meist nur einen kleinen Personenkreis, der auch oft soziale Aufstiegsmöglichkeiten besaß und in diesen Fällen wie auch bei den Ständen und Kasten war die Gesellschaftsordnung durch religiöse Sanktionierung verwurzelt, so daß ein Klassenbewußtsein gar nicht aufkommen konnte. Erst in den alten Hochkulturen gewann die Sklaverei einen zahlenmäßig so großen Umfang und als unlösbarer Bestandteil der Wirtschaftsführung eine so bedeutende Rolle, daß seitdem von einer Klassenschichtung mit Klassenbewußtsein gesprochen werden kann.

Für die Gesellschaftsform ist die Form der *Führung* wichtig und kennzeichnend. Ungeschichtete Verbände kennen noch keine eigentliche „Herrschaft", in ihnen wird Autorität vorwiegend durch persönliche Tüchtigkeit erworben. Danach werden einzelne oder mehrere Mitglieder von der Gemeinschaft mit bestimmten Führungsfunktionen im Wirtschafts- und Gesellungsleben betraut. Bei größeren Verbänden von Jägern, Pflanzern und Viehzüchtern sind es vorwiegend die Ältesten bzw. Vorsteher der Familien, Sippen und Clane, daneben auch andere angesehene Männer, welche die *Ratsversammlungen* bilden (in mutterrechtlichen Gesellschaften haben auch die Frauen ein gewichtiges Wort mitzureden). Auch wenn sich bereits ein Häuptlingstum gebildet hat, wird seine Macht von der Ratsversammlung oft weitgehend eingeschränkt, und noch bei manchen alteuropäischen Pflugbauvölkern lag bzw. liegt die oberste Gewalt bei der Volksversammlung. In der „Ältestenherrschaft" (*Gerontokratie*) dürfen wir die Anfänge der Demokratie erblicken. (Erstere lebte noch weiter im altrömischen Senat, und die griechische Geschichte zeigt den ständigen Kampf zwischen dem Prinzip der „Volksherrschaft" und dem Herrschaftsanspruch Einzelner — Monarchen oder Tyrannen).

Sippen- und Clanälteste genießen vor allem in den Pflanzerkulturen — aber auch bei frühen Viehzüchtern und Bauern — besondere Autorität, da in ihnen in stärkerem Maße die in der Ahnenkette vererbte Lebenskraft des Sippengründers wirksam ist, die ihnen erst die eigentliche Fähigkeit zur Ausübung ihres Amtes verleiht. Sie sind als verkörperte Ahnherren die Mittler zu den das Schicksal der Lebenden beeinflussenden Ahnen und zur Gottheit. Somit haben sie auch fast immer kultische Funktionen, haben Opfer darzubringen, für Regen und Fruchtbarkeit zu sorgen usw. Wir haben hierin die Wurzel sowohl für die Entstehung eines Priesterstandes wie des erblichen *Häuptlings-*

tumes vor uns. (Die von Ratsversammlungen gewählten Häuptlinge sind fast immer nur für eine befristete Zeit, für bestimmte Funktionen und Anlässe und selten in der Einzahl vorgesehen, entsprechend den frühmittelalterlichen „Herzögen".)

Aus dem Priesterhäuptling entwickelt sich stetig in den größeren, geschichteten Verbänden der frühen Hochkulturen und ihrer Vorstufen bzw. Ausstrahlungen der *Gottkönig*. Mit der Ausgestaltung der Hochgötter gilt nun seine übernatürliche Kraft als von diesen übertragen, ja er wird zum Teil mit ihnen gleichgesetzt (mit Sonne oder Mond oder als „Sohn des Himmels" angesehen). Seine Heiligkeit ist so groß, das alles von ihm Berührte für profane Zwecke oder gewöhnliche Leute unverwendbar (tabu) wird, daher wird er auf Schultern oder in Sänften getragen, reitet oder fährt er bzw. tritt auf Matten oder Teppiche usw. Seine von ihm ausstrahlende Kraft ist unter Umständen so gewaltig, daß weniger „starke" Menschen davor geschützt werden müssen, sei es, daß sie den Anblick des Königs durch Verhüllen bzw. Wegblicken vermeiden, sei es, daß der König sein Antlitz hinter Schleiern, Vorhängen oder in einer Abschließung verbirgt.

Mit dem Gottkönigtum verbunden ist eine etiquettenreiche Hofhaltung und eine *Beamtenhierarchie*, geführt von vier Erzbeamten. Dabei sollen die Staatsämter mit dem König als Vertreter der Gottheit an der Spitze — wie die Einteilung und Ordnung der Provinzen und Städte — die Ordnung und das Wirken des Kosmos widerspiegeln. Von der übernatürlichen Kraft des Königs geht ein Teil an die Beamten bei ihrer Amtseinsetzung (Investitur) über, wie der König davon auch dem gesamten Lande durch feierliche Umzüge mitteilen kann.

Die magische Kraft des Gottkönigs soll seinem Lande Segen in jeder Hinsicht verbürgen. Folgerichtig werden evtl. unfähige Regierung, Auftreten von Mißwuchs, Seuchen, Unglück im Krieg usw. als Zeichen der erlahmenden bzw. fehlenden Kraft des Königs, das Wohl seines Landes zu fördern, angesehen und wird daraus das Recht auf seine Absetzung abgeleitet. In den ursprünglichen Phasen des Gottkönigtums — die sich z. B. in afrikanischen Reichen bis vor kurzem erhalten hatten — mußte daher der König bei Anzeichen von Schwäche (Krankheiten, Erlöschen der Manneskraft) oder nach einer festgelegten Dauer seiner Regierungszeit von eigener Hand den Zwangstod sterben bzw. wurde an ihm durch seine Beamten der *rituelle Königsmord* vollzogen. Ferner gab es hier den Brauch, daß Rivalen den König zum Zweikampf herausfordern konnten, wobei deren Sieg auch ihre magische Überlegenheit und damit die Rechtmäßigkeit ihrer Besitznahme des Königsthrones erwies. In den festgefügten altorientalischen Hochkulturen haben zwar die vergotteten Könige ihren Zwangstod abschaffen können (in Babylonien mußte dafür jährlich ein Scheinkönig den Opfertod sterben), doch wurde hier wie bis in die neueste Zeit in China der Sturz einer unfähigen Dynastie aus den genannten Gründen als rechtmäßig erachtet.

Eine zweite Wurzel des Königstums finden wir im Herrschaftsanspruch *militärischer Eroberer*. Deren Ursprung geht zurück auf die ursprünglich nur für die Dauer des Feldzuges gewählten *Kriegshäuptlinge* (unternehmungslustige und militärisch begabte Führerpersönlichkeiten — insbesondere Angehörige von Adelsschichten, nicht thronberechtigte Prinzen usw. —), die mit einer treuen Gefolgschaft Länder erobern und *Feudalstaaten* errichten, wobei ihre Gefolgsleute als Vasallen mit Provinzen, Orten und Ämtern belehnt werden, aus deren Naturaleinnahmen sie somit besoldet werden. Außerdem werden sie — bei dem Fehlen einer Geldwirtschaft — vom König für ihre Verdienste mit Geschenken und Wertsachen, Hörigen und Sklaven belohnt. Der Herrscher trägt oft auch keine Bedenken, Angehörige des unterworfenen Volkes — seien es Adlige, seien es Sklaven — in seinen Kriegeradel bzw. in den Stand seiner Ministerialen aufzunehmen.

Die Institutionen des Feudalismus und der von Gott- bzw. Priesterkönigen regierten, religiös fundierten Staaten sind im Laufe der geschichtlichen Entwicklung der alten Hochkulturen mannigfache Mischungen eingegangen. Fast immer aber haben auch die militärischen Ursupatoren nach einer religiösen Begründung und Rechtfertigung ihres Herrschaftsanspruches gesucht. Eine Synthese beider Systeme liegt in der Idee des *Kaisertums* vor, das seine auch durch militärische Machtmittel erfolgten Reichsgründungen in göttlichem Auftrag und mit dem Ziel der Herstellung einer „gottgewollten" Ordnung vollzogen wissen will.

Die bis heute politisch wirksamen zentrifugalen und zentripetalen Kräfte im Staatsleben finden wir seit dessen Anfängen: Gerontokratie wie das aus den Sippenältesten hervorgegangene Dorfhäuptlingstum wirken einer großräumigen Staatenbildung und zentralistischer Führung entgegen; im Wesen des Feudalismus liegt seine Tendenz zur Zerspitterung und oft plötzlichem Zerfall des Staates begründet, da die Vasallen stets geneigt sind, sich politisch unabhängig zu machen. Dagegen müssen militärische Eroberer notwendig zur Behauptung ihrer Macht eine straffe zentralistische Führung einrichten und entwickeln die hierarchisch gegliederten und in der einen Person des vergotteten Königs gipfelnden Reiche starke zentripetale Kräfte von größerer Dauer.

4. Zwischenvölkische (interethnische) Beziehungen

Mit der Entwicklung des staatlichen Lebens wandeln sich auch die Formen der *interethnischen Beziehungen.* Sie werden in erster Linie von den sozialen Einheiten unterhalten, die jeweils in der Gesellschaft die führende Rolle spielen. Das sind zum Beispiel bei den Wildbeutern die Sippen und Lokalgruppen, die friedliche Beziehungen durch Tauschhandel, Geschenkaustausch und gemeinsame Feste — für die meist eine Zeit des Burgfriedens eingehalten wird — pflegen. *Kriegerische Auseinandersetzungen* — die Sache nur der betroffenen Gruppen sind — ergeben sich bei Grenzverletzungen der Jagdgebiete, Übergriffen gegen Frauen und den sich daraus unter Umständen entwickelnden Vergeltungs- und Blutrache-Fehden. Deren endliche friedliche Beilegung erfordert langwierige Verhandlungen, wobei sich bereits insofern Keime diplomatischen Verkehrs entwickeln, als durch Abzeichen ausgewiesene „Parlamentäre" (Boten) unverletzlich sind. Bei den politisch fester organisierten Pflanzern mit stark jägerischem Einschlag (z. B. Prärieindianer) spielt die Ruhmsucht als Ursache für Kriegszüge eine bedeutende Rolle. Sie werden vorwiegend auf die Initiative von ehrgeizigen Einzelpersönlichkeiten mit einer um sich gescharten Gefolgschaft von Jünglingen — für die erlangter Kriegsruhm oft Voraussetzung für soziale Rechte bedeutet — unternommen. Sie sind selten Angelegenheiten des ganzen Stammes, mit Ausnahme von Verteidigungskriegen gegen mächtige Feinde (Europäer!), wobei manchmal große diplomatische Fähigkeiten in der Bildung von Militärbündnissen entwickelt wurden.

Die ausgesprochenen Pflanzer kennen kriegerische Auseinandersetzungen vor allem aus religiösen Gründen in der Form der Kopfjagd, die eine magische Fruchtbarkeitssteigerung bewirken soll. Sie hatten endlose Fehden im Gefolge, die bis zur völligen Ausrottung ganzer Bevölkerungen (Neu-Guinea!) führten. Friedliche Beziehungen werden durch das entwickelte Marktwesen und die oben angeführten Geheimbünde gefördert. Die Ausbreitung geschieht jedoch mehr in friedlicher Weise in der Form der „Unterwanderung" in kleineren Einheiten, wodurch in oft erstaunlich kurzer Zeit große Gebiete besetzt wurden (Afrika, Süd-Amerika). Kriegerische Verwicklungen bis zu „Volkskriegen" ergaben sich mehr bei höher entwickelten frühbäuerlichen Kulturen mit verhältnismäßig großer Bevölkerungsdichte, wenn bei starker Vermehrung und bei Naturkatastrophen (Dürre, Überschwemmungen) der Bevölkerungsdruck zur Expansion und Verdrängung der Nachbarn zwang.

Rinder, Schafe und Ren züchtende Hirtennomaden auf primitiver Entwicklungsstufe und in kleineren Gruppen bewegen sich verhältnismäßig friedlich bzw. in Symbiose (Transhumanz) zwischen Pflanzern, Bauern und Jägern. Nach ihrem Anwachsen zu größeren Verbänden, besserer Bewaffnung seit dem Aufkommen der Metalle und vor allem seit der Züchtung von Zug- und Reittieren (Pferde, Kamele) gewinnen sie über die seßhaften Pflanzer und Bauern eine so große militärische Überlegenheit, daß sie für Jahrtausende kriegerische Auseinandersetzungen größter geschichtlicher Bedeutung einleiteten. Durch ständige Raubzüge zur Erbeutung der so hochgeschätzten Viehherden (= Kapitalsanlage!) ständig in militärischer Übung gehalten und ebenso die Raubüberfälle auf Karawanen als ruhm- und ehrenvolle Betätigung ansehend, wurden sie zum Schrecken ihrer friedlichen Nachbarn und zu Begründern von Staaten und Adelsschichten (s. oben). Erst nachdem bei diesen Hirtenkriegern — nicht ohne hochkulturlichen Einfluß, sowohl seitens der frühen Hochkulturen wie der Europäer (Afrika) — wie in den Reichen gottähnlicher Könige eine feste staatliche Organisation mit institutioneller Führung erwachsen war, wurde auch der Krieg zu einer Angelegenheit der ganzen sozialen Einheit und entstanden große, festgegliederte und zum Teil stehende Heeresverbände.

Auch in den frühen Hochkulturen gibt es noch religiöse Kriegsursachen (Beschaffung von Menschenopfern, Ausbreitung der eigenen Religion und Weltordnung), doch treten nun auch wirtschaftliche Erwägungen stark in den Vordergrund: Mit der arbeitsteiligen produktiven Wirtschaft sind ausnutzungsfähige und kostbare Werte entstanden, die zu erbeuten sich lohnt: menschliche Arbeitskraft in Gestalt von Sklaven und Hörigen, fruchtbare Landschaften, Viehherden, Handelsgüter produzierende und Schätze bergende Städte.

5. Recht

Wenn auch für die innerethnischen Beziehungen ein kodifiziertes *Recht* und ein eigener Richterstand erst von den Hochkulturen geschaffen wurden, so besitzen doch bereits die frühesten Kulturen eine *Ethik* und Begriffe für Recht und Unrecht. Überall finden wir bei den Naturvölkern Lebensordnungen, deren Regeln durchaus Rechtsnatur besitzen und oft in Sprichwörtern festgelegt sind. Das brauchtummäßige *Gewohnheitsrecht* bezieht seine Wirksamkeit weniger aus der Gewöhnung, sondern wie Sitte und Ethik vor allem aus der religiösen Verankerung. Sie alle sind heilig und werden von den übernatürlichen Mächten geschützt und überwacht, welche die Normen gesetzt haben. Daher ist die ständige Furcht vor der auf Gebotsübertretungen automatisch folgenden übernatürlichen Bestrafung psychologisch wirksamer als die Angst vor menschlicher Vergeltung.

Das Rechtsbewußtsein ist naturgemäß abhängig von der Kulturstufe, doch läßt sich ein durchgehender Unterschied der naturvölkischen zur europäischen Ethik feststellen: Nach europäischer Auffassung wird eine Person durch eine andere *als Individuum* geschädigt und ist individuell zu entschädigen und werden Strafen heute zur Abschreckung und Besserung verhängt. Bei den Naturvölkern hingegen wird der Betroffene als *Glied seiner* engeren oder weiteren *Gemeinschaft* und damit auch diese geschädigt; ebenso ist durch einen Rechtsbruch natürlich auch die ganze Gemeinschaft (Sippe, Clan usw.) des Übeltäters betroffen und für dessen Vergehen solidarisch haftbar. Daraus ergibt sich eine starke erzieherische Einwirkung der sozialen Einheit auf ihre Angehörigen, um keine nachteiligen Auswirkungen des Rechtshandels auf sich zu ziehen; andererseits auch geschlossenes Eintreten für jene und der Brauch, an Stelle des eventuell nicht belangbaren Täters Vergeltung an einem beliebigen Angehörigen zu üben (z. B. Blutrache). Damit ist die Scheidungslinie zwischen privatem und öffentlichem Recht nicht streng zu ziehen.

Da nun die Verwandtschaftsgruppe (blutsverwandte Sippe oder mystisch verwandter Totem-Clan) die Funktion hat, die vom Ahnherrn von der Gottheit empfangene und durch die Ahnenreihe weitergegebene magische Lebenskraft zu bewahren und ungeschwächt an die Nachkommen weiterzugeben, so muß natürlich jedes ungesühnte Vergehen gegen die von den übernatürlichen Kräften eingesetzte Seinsordnung der Gemeinschaft deren Lebenskraft verhängnisvoll

schwächen oder gar zerstören. Nur daraus wird es verständlich, daß
vor allem Verwandtenmord, sexuelle Vergehen (Incest wird nicht nur
unter Blutsverwandten, sondern auch unter totemistisch „Verwandten" als „Blutschande" angesehen!), Hexerei, Übertretungen
von totemistischen Tötungs- bzw. Speiseverboten (= wegen der Verwandtschaft mit dem betreffenden Tier) wie überhaupt Vergehen
gegen göttliche Gebote (z. B. auch Unterlassen kultischer Handlungen) als schwerste Verbrechen und schlimmste Schädigungen der
ganzen Gemeinschaft — auf die ja dadurch auch die übernatürlichen
Strafen gezogen werden — am stärksten verabscheut werden.
Bei Rechtsbrüchen tritt weniger der Gedanke an „Bestrafung" in
europäischem Sinne als an *Wiedergutmachung*, d. h. vor allem die
Wiederherstellung der Seinsordnung, in den Vordergrund. Auch bei anscheinend rein materiellen Schädigungen fühlt sich der Geschädigte
auch in seiner Lebenskraft gemindert und gilt daher als berechtigt,
verhältnismäßig hohe Entschädigungen zu fordern (von Europäern
z. B. bei Negern oft als „Gerissenheit" und „Erpressung" mißver-
standen). Materielle Wiedergutmachungen sind entsprechend ein
Mittel zur Wiederherstellung des geminderten Lebensranges des Geschädigten. (Bei den häufigen gefürchteten Verfluchungen kann diese
nur durch öffentliche Zurücknahme der Verwünschung erfolgen.)
Durch Tötung eines Angehörigen ist dessen Sippe nicht nur in ihrem
wirtschaftlichen und militärischen Potential, sondern auch in ihrer
Lebenskraft geschädigt. Deren Wiederherstellung und Ausgleich des
gestörten Gleichgewichts ist nur möglich, indem entweder der geschädigten Sippe neues Leben übergeben wird in der Person eines
Angehörigen der Töter-Sippe — sei es ein Mädchen als künftige Mutter
oder ein adoptierter Kriegsgefangener —, oder wenn der feindlichen
Sippe ein Leben genommen wird (Blutrache!). Erst bei entwickelter
Geldwirtschaft kann eventuell die Zahlung von „Wergeld" als Ersatz
erfolgen.
Vergehen gegen Personen und Mächte höheren Lebensranges (Sippen-
und Clanälteste, Häuptlinge, Priester, Gottkönige, Ahnen, Geister

---

Bilder der Tafel VII

Oben links: Plankenhaus, *Haida*, Nordwestamerika
Oben rechts: Original-Skalp eines Europäers, im Besitz des Häuptlings
„Broken Arm", *Sioux*, Nordamerika
Unten: Lager mit Windschirmen aus Palmblattmatten. *Punan*, Borneo

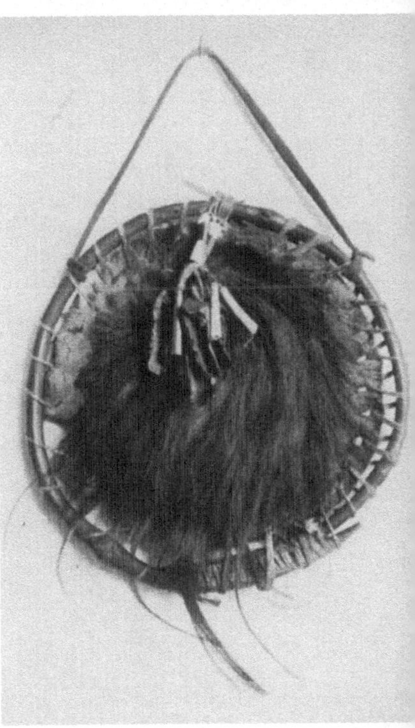

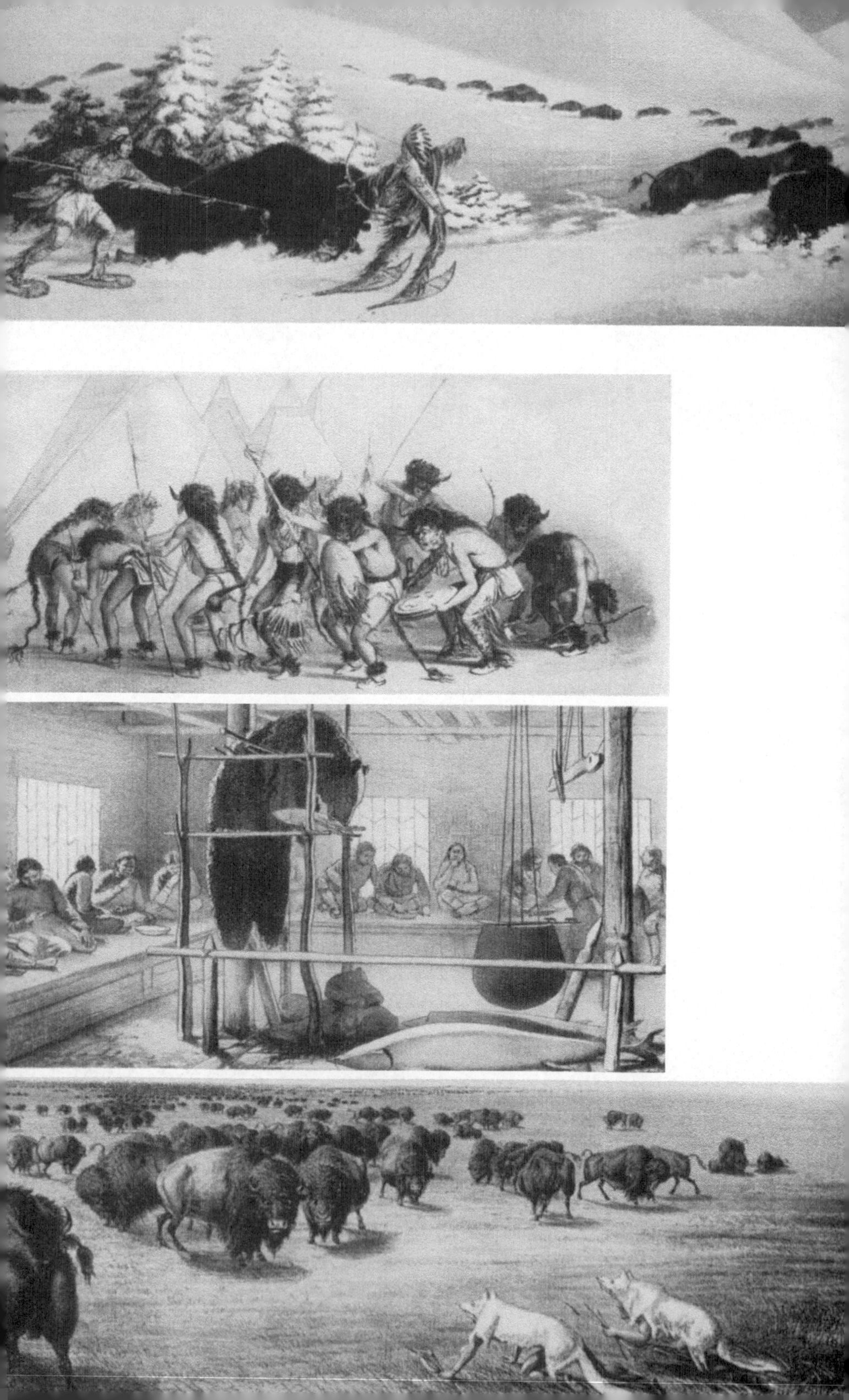

und Gottheiten) gelten als Schändung der göttlichen Seinsordnung und damit als besonders folgenschwer für die ganze Gemeinschaft. Deren Wiedergutmachung hat als Ziel die Wiederherstellung der durch die Sünde befleckten Seinsordnung und öffentliche neuerliche Anerkennung des beleidigten Lebensranges. Mittel hierfür sind Beichte und Buße und Beseitigung der vergegenständlichten Sünde durch rituelle Reinigung (Waschung) — auch der ganzen Gemeinschaft bzw. der ganzen Siedlung — sowie Übertragung der Sündensubstanz auf ein Schlachtopfer („Sündenbock", Sühneopfer). Erweisen sich Sühnemaßnahmen als wirkungslos, die gefürchteten oder eingetretenen übernatürlichen Strafen abzuwenden, so wird zur Rettung der Gemeinschaft der Sünder getötet. Auch wenn jemand durch Hexerei (selbst ohne Zauberhandlungen, z. B. durch „Bösen Blick") sich als durch und durch böse, als Lebensvernichter, erwiesen hat, setzt sich die Gemeinschaft gegen ihn zur Wehr, notfalls durch Tötung und letztlich sogar Unschädlichmachung seines Leichnams (besonders in Negerafrika).

Als mindestens ebenso wirksam wie materielle und körperliche Strafen gelten magische Strafen; denn diese verursachen eine Minderung oder den Verlust der Lebenskraft des Bestraften. Ähnliches bewirkt die Ächtung bzw. Ausstoßung aus der Gemeinschaft (wodurch diese sich gleichzeitig von den auf den Sünder gezogenen übernatürlichen Strafen freihält); denn dadurch wird der Übeltäter nicht nur rechtlos, sondern verliert ebenfalls seine — an die Sippe gebundene — Lebenskraft. Der feste Glaube an unbedingt auf Verfehlungen gegen göttliche Gebote folgende übernatürliche Strafen führt oft zu Erkrankungen, ja Todesfällen infolge Autosuggestion.

Im Gegensatz zu den Hochkulturen gibt es bei Naturvölkern keinen öffentlichen Kläger; es ist Sache des Geschädigten, Klage zu erheben und in ungeschichteten Gesellschaften ohne starke Führungsgewalt auch, sich selbst Genugtuung zu verschaffen (unter Umständen in Form des Zweikampfes). Sippenälteste und Häuptlinge mit richter-

---

Bilder der Tafel VIII

Oben: Büffeljagd auf Schneeschuhen. *Prärieindianer*, Nordamerika
Mitte: Büffeltanz zur Erzielung reicher Jagdbeute, Nordamerika
Unten: Bärenfest. Beim Festmahl ist der abgehäutete Bär Ehrengast.
Giljaken, Ostsibirien
Unten: Büffeljagd in Wolfmasken, *Prärieindianer*, Nordamerika.

lichen Funktionen stellen in Gerichtsverhandlungen oft (z. B. in Afrika) nur den Schuldigen, nicht aber das Strafmaß fest. Zur Rechtsfindung wird gern (besonders in Afrika) das Gottesurteil (Ordal) in mannigfacher Form herangezogen.

Bezüglich des *Eigentumsrechtes* gilt bei den Naturvölkern der Grundsatz, daß alles selbst Erarbeitete oder durch Schenkung oder Vererbung Erworbene Privatbesitz ist (mit Ausnahme von Sklavenarbeit). In den Wildbeuterkulturen wird dieses Besitzrecht jedoch dadurch eingeschränkt, daß von der Jagd- und Fangbeute ein mehr oder weniger großer Teil an die Jagd- bzw. Lagergenossen abzugeben ist. Das Schweifgebiet ist Gemeineigentum der Sippen oder Clans — mit Ausnahme von Frucht- und Honigbäumen usw., die dem Erstaneigner verbleiben. Ebenso ist das Weidegebiet der Hirtennomaden Gemeinbesitz des Stammes bzw. gegebenenfalls der Großfamilien oder Geschlechter.

Dem Gesetz des Besitzerwerbes durch Arbeit folgend, wird in den frühen Stufen des Bodenbaues das von der Frau bearbeitete Feld (bzw. Garten, wie noch in bäuerlichen Verhältnissen) und dessen Produkte ihr Sondereigentum. Mit dem Anwachsen der wirtschaftlichen Bedeutung des Pflanzertums wird — besonders in mutterrechtlichen Kulturen — der bestellte Boden Besitz der Großfamilien oder Sippen. Jagd- und Fischgründe bleiben daneben —bis in die Bauernkulturen — Gemeineigentum der Siedlungsgemeinschaft bzw. der Clane. Ein solches besteht unter Umständen auch an Feldern, die für gemeinnützige Zwecke gemeinsam bestellt werden wie an anderen Dingen, die in Gemeinschaftsarbeit erstellt wurden (Versammlungs- und Kulthäuser, Boote, Kultobjekte usw.).

Das Besitz- und Erbrecht an Sondereigentum richtet sich nach der Gesellschaftsform (Vaterrecht, Mutterrecht usw.); manche Rechte sind an bestimmte Personen oder Gruppen gebunden und oft religiös oder magisch bestimmt.

6. Der Einzelne und die Gemeinschaft (*Sitte und Brauch im Lebenslauf*)

Wir haben gesehen, daß bei den Naturvölkern der Einzelne unvergleichlich fester in eine kleinere oder größere Gemeinschaft eingeschlossen ist und vorwiegend nur als deren Glied betrachtet wird als dies in den atomisierten Gesellschaftsverhältnissen der modernen Großstädte der Fall ist. Daraus hat man folgern wollen, daß der

„Primitive" überhaupt nur kollektivistisch denken und handeln könne. Dies ist in diesem Ausmaß unzutreffend. Auch in der naturvölkischen Gesellschaft ist die Möglichkeit zur Entfaltung und Durchsetzung der *Persönlichkeit* gegeben. Ohnedem wäre ja ein Kulturfortschritt überhaupt nicht möglich gewesen. Zweifellos ist bei ihnen der Einzelne eng an Sitte und Brauch gebunden — wie übrigens auch, zumeist nur unbewußt, in der euramerikanischen Zivilisation! —, doch vermag er das Herkommen auch zu sprengen und neue Formen an Stelle der alten zu setzen. Die Naturvölker haben ebenso geniale Erfinder wie willensstarke und militärisch und politisch hochbegabte Führerpersönlichkeiten, schöpferische Künstler und Denker hervorgebracht.

Das Verhältnis von Individuum zur Gemeinschaft läßt sich an den Stationen des *Lebenslaufes* verfolgen: Dieser ist in mehrere Abschnitte unterteilt: Der Beginn eines neuen wird als Übergang in eine andere Lebensform mit anderen geistig-seelischen Eigenschaften und Kräften als höchst bedeutsam angesehen und wird daher durch Namenswechsel und andere *Übergangsriten* hervorgehoben. In dieser Zeit gilt der Betreffende als stark gefährdet und des Schutzes der übernatürlichen Mächte besonders bedürftig.

Die Fürsorge für einen neuen Erdenbürger beginnt schon vor seiner *Geburt*: Die Schwangere muß sich nach den Gedankengängen der sympathetischen Magie verschiedener Speisen und Tätigkeiten enthalten, um Schaden vom Kinde fernzuhalten und diesem erwünschte Eigenschaften zu verleihen. Die Geburt selbst geht meist unter Beachtung bestimmter magischer Vorsichtsmaßnahmen vor sich: Die Wöchnerin und vor allem das Neugeborene werden durch Talismane gegen böse Einflüsse geschützt, letzterem durch Amulette Förderung zu geben versucht. Je höher entwickelt die betreffende Kultur ist, desto reicher ist auch das Zeremoniell der Aufnahme des Kindes in die Gemeinschaft, bei der meist die Sippen- oder Clanältesten mitwirken, gegebenenfalls auch Priester. Damit verbunden ist die *Namensgebung*. Sie ist höchst bedeutungsvoll, weil der Name das innere Wesen, das Sein des Menschen ausdrückt und damit ein Teil von ihm ist. Da vor allem in den Kulturen der Pflanzer und höheren Jäger die Vorstellung von der Wiedergeburt der Individualität eines Ahnen (nicht des Verstorbenen selbst, der weiterwirkt) in einem Nachfahren herrscht, so wird dem Kinde der Name *des* Vorfahren gegeben, der nach der Überzeugung der Mutter (Träume, besondere

5*

Erlebnisse) oder des Wahrsagers in ihm zurückgekehrt ist. So besitzen oft Sippen oder Clane eine Reihe ihnen eigentümlicher und meist nicht übertragbarer Personennamen, die ihre besondere Individualisationen ausdrücken. Von diesen „inneren" Namen sind diejenigen zu unterscheiden, die im Verlauf des Lebens beim Übergang in eine neue Seinsform verliehen werden (z. B. bei der Aufnahme in den Kreis der Erwachsenen bei der Initiation, in einen neuen Rang, Klasse, Funktion [Häuptling, Priester, Zauberer usw.] usw.) und hierfür oft eine Eignung bzw. Verstärkung der Lebenskraft bewirken sollen. Schließlich sind noch sich selbst oder von anderen zugelegte Nenn-Namen (darunter die europäischer Herkunft) häufig, die ein bestimmtes Ereignis oder persönliche Eigentümlichkeit usw. auf kürzere oder längere Zeit festhalten.

Die *Erziehung* setzt bereits im frühen Kindesalter ein, weniger durch planmäßige Unterweisung, als durch Zuhören und Beobachten der Erwachsenen, deren Tätigkeiten im Spiel nachgeahmt werden bzw. denen bei ihren Verrichtungen geholfen wird. Ziel der Erziehung ist die Ertüchtigung für den Lebenskampf als vollwertiges Mitglied der Gemeinschaft. Hierbei setzt bereits die fortwirkende Siebung und Auslese ein, welche gemäß dem Kulturgepräge vorbildliche Eigenschaften oder Verhaltensweisen fördert bzw. anerzieht, dem Ideal nicht entsprechende Charaktere unterdrückt oder ausmerzt bzw. deren Träger nicht zu sozialem Ansehen oder Aufstieg gelangen läßt.

Als wichtigster Einschnitt im Leben wird der Abschluß der Kindheit und der Eintritt in das Mannesalter empfunden und (bei höheren Jägern und Pflanzern) durch *Jugendweihen* bzw. *Reifefeiern* festlich begangen. Ihr Sinn liegt vor allem darin, den Einzuweihenden für den Übergang zum eigentlichen vollen Leben vorzubereiten und zu stärken, ihn in alle Geheimnisse des Daseins als erwachsenes Mitglied der Stammes-Gemeinschaft einzuweihen („Initiation") und in diese feierlich aufzunehmen. Als Zeitpunkt wird, den biologischen Gegebenheiten Rechnung tragend, durchschnittlich das Pubertätsalter gewählt. Bei der Notwendigkeit, die Initiation jeweils für eine größere Anzahl Jugendlicher in Abständen von einigen Jahren durchzuführen, werden jedoch fast immer mehrere Jahrgänge hierzu — oft aus einem größeren Siedlungsgebiet — zusammengefaßt. Sie müssen unter der Obhut älterer Leiter von ihren Familien getrennt abseits der Siedlungen einige Zeit in einem Lager leben und erhalten hier den förmlichen Abschluß ihrer Erziehung („Buschschule"). Neben Unterricht und Prüfung in Handfertigkeiten und Tätigkeiten zur Gewinnung des Lebensunterhaltes werden Tänze erlernt, wird die Charakterfestigkeit durch Standhaftigkeits- und Mutproben erhärtet und Aufklärung über das Geschlechtsleben gegeben. Von größter Wichtigkeit ist die Einführung in die Glaubensvorstellungen, Traditionen, Riten und Geheimnisse der ethnischen Einheit.

Bereits in den Wildbeuterkulturen beginnend, in den Pflanzerkulturen zu voller Blüte gelangt, wird dabei die Glaubenswelt dramatisiert, die mit der Weltschöpfung verbundene Stammesgeschichte als Mythos des Urzeitgeschehens durch Geister und Dämonen verkörpernde Masken handelnd dargestellt, deren Stimmen im Brummen der heiligen Schwirrhölzer, im Gebrüll von Blashörnern oder im Tuten und Schrillen von Trompeten und Flöten ertönen. Bei strengster Geheimhaltung vor Uneingeweihten werden als Höhepunkt der Initiation den zutiefst erschütterten und unvergeßlich beeindruckten Initianden das Geheimnis und die Bedeutung der Masken und Riten enthüllt.

Je nach dem Kulturgepräge und den herrschenden Glaubensvorstellungen wird die eine oder andere Seite der Jugendweihe mehr betont oder werden zusätzlich neue Gedanken hereingebracht. Werden etwa in Steppenjägerkulturen die Jünglinge der jugendkräftigen Sonne angeglichen und ihre nunmehr erlangte Zeugungskraft durch Sexualoperationen (Beschneidung) und eventuelle Orgien betont, so andererseits in Pflanzerkulturen der Gedanke der Wiedergeburt. Da hier das Leben der Pflanzen und Menschen untereinander und wohl auch zum Phasenwechsel des Mondes in eine innere Beziehung gesetzt und Vergehen und Neuaufsprießen, Leben und Sterben, Tod und Geburt bzw. Wiederauferstehen in einen unauflöslichen und notwendigen Zusammenhang gebracht sind, müssen auch die Initianden diesen Mythos symbolisch erleben und erleiden: Nach ihrer Entführung durch „Geister" in den Busch gelten sie als „gestorben"; in der Initiation durchkriechen sie etwa ein Grab oder werden von einem mythischen Ungeheuer verschlungen, um danach als die neuen und vollreifen Stammesmitglieder wieder aufzuerstehen. Diese Neugeburt wird unterstrichen etwa durch Verleihung neuer Namen, durch angebliches Nichtmehrkennen der Angehörigen oder der Sprache usw. Die eventuell bei der Initiation von den (meist tierischen) Geistwesen empfangenen Wunden vernarben zu den Stammesabzeichen.

Im allgemeinen gilt die Aufmerksamkeit vor allem der Weihe der Jünglinge. Die Reifefeier der Mädchen hat natürlicherweise in der festlichen Begehung der ersten Menstruation — ebenfalls unter Anwendung magischer Schutz- und Kräftigungsmaßnahmen — einen mehr individuellen Charakter. Nur in mutterrechtlichen Verhältnissen kommt sie an Bedeutung der männlichen Initiation gleich oder übertrifft sie in selteneren Fällen auch. Die große ethische und soziale Bedeutung der Jugendweihe erklärt, daß sie von den christlichen Missionen auch bei den christianisierten Eingeborenen selten völlig ausgerottet werden konnte und im Gegenteil neuerdings einsichtige Missionen wie Kolonialverwaltungen diese Institution — unter Ausschaltung orgiastischer Züge — zu erhalten bemüht sind. Ein letzter Nachhall dieser mystischen Aufnahme in die Gemeinschaft der Erwachsenen liegt in der christlichen Firmung bzw. Konfirmation vor.

Bei Bestehen der Institution von Jugendweihen ist deren Vollzug Vorbedingung für die oft bald folgende *Eheschließung*. Auch sie bedeutet den Übergang in einen neuen Seinszustand, sowie die Inbeziehungsetzung des „Heils", der Lebenskraft und der Ahnenwelt der beiden Sippen bzw. gegebenenfalls der Individualitäten und magischen Kräfte der beiden Clans. Sie ist daher von größeren Gefahren bedroht und gegen diese durch Übergangsriten magisch zu schützen. Nur auf den frühesten Kulturstufen sind die Formen der Werbung und Eheschließung verhältnismäßig einfach und nüchtern (öffentliche Bekanntmachung); später rankt sich — besonders in den Bauern- und Hirtenkulturen — ein reich entwickeltes Brauchtum darum, das vor allem Fruchtbarkeit sichern soll und die neue, höhere Würde der Frau zum Ausdruck bringt (Brautkrone!).

Mit Ausnahme mutterrechtlicher Kulturen siedelt die Frau in die soziale Einheit des Mannes über und gehen dadurch ihre Wirtschaftskraft wie ihre Nachkommenschaft ihrer eigenen Verwandtschaftsgruppe verloren. Für diesen Verlust muß von Seiten des Bräutigams eine Entschädigung gewährt werden: Wildbeuter bevorzugen die Stellung einer Braut aus der Bräutigamssippe für einen Heiratskandidaten der Brautsippe (Tauschehe), womit das biologische und wirtschaftliche Potential beider Sippen ausgeglichen bleibt. In den produzierenden Kulturen erhält die Entschädigung materielle Gestalt, je nach der Wirtschaftsform in Gebrauchsgegenständen, Vieh, Nutz-, Schmuck- und Münzgeld bestehend (*Brautgeld*). Dazu kommen noch die für die Gästebewirtung nötigen Nahrungs- und Genußmittel. Es ist jedoch irrig, darin den Kauf der Braut gleich einer Ware zu sehen. Es kommen in dieser Richtung zwar Entartungen vor, Sinn und Funktion der „*Kaufehe*" sind jedoch im allgemeinen andere: Ausdruck der Wertschätzung der Braut und deren Sicherstellung vor schlechter Behandlung oder leichtfertiger Scheidung, denn nur bei nachgewiesenem Verschulden der Frau (z. B. auch Kinderlosigkeit) wird bei einer Ehescheidung der oft recht hohe Brautpreis zurückgezahlt. Eine ausgesprochene Bereicherung durch den Brautpreis kann auch nur selten stattfinden, da der Vormund der Braut damit wieder eine Braut für ein männliches Familien- oder Sippenmitglied kauft. Damit wandert das Brautgeld oft von Familie zu Familie und wird als ein Band angesehen, das freundschaftliche Beziehungen zwischen den Sippen knüpft. Außerdem festigt es die Ehebande und läßt erst nach voller Bezahlung die Kinder ihrem Vater gehören. An Stelle einer Tauschehe oder eines Teiles oder des ganzen Brautpreises kann unter Umständen die *Dienstehe* treten. D. h. der Bräutigam bzw. Ehemann widmet seine Arbeitskraft für kürzere oder längere Zeit (z. B. bis zur Geburt des ersten Kindes) seinem Schwiegervater und wohnt dann meist auch für diese Zeit bei jenem. (Nur in mutterrechtlichenVerhältnissen siedelt der Mann ganz in die soziale Einheit der Frau über.)

Die *Mitgift* der Braut besteht stets in deren Habe und meist auch in dem zur Gründung des neuen Hausstandes nötigen Hausrat. Dazu treten aber bei Bauern und Hirten oft auch Gaben an Sach- und Geldwert, die manchmal den Brautpreis zu einem beträchtlichen Teil ausgleichen. Ferner haben hier meist auch die Brauteltern die oft recht kostspieligen Hochzeitsfeierlichkeiten ganz oder zum Teil auf ihre Kosten auszurichten. Um diese zu sparen, ist es nicht selten, daß in beiderseitigem Einverständnis die Komödie eines *Brautraubes* gespielt wird. Dieses kommt auch (fast immer mit Einwilligung des Mädchens) vor, wenn der Bewerber den Brautpreis nicht erschwingen kann oder wenn die Sippen der Eheschließung Hindernisse in den Weg legen. Es ist jedoch nicht statthaft, aus dem gerade im bäuerlichen Brauchtum weitverbreiteten zeremoniellen Brautraub auf eine ursprüngliche Sitte der Raubehe zu schließen. Vielmehr dramatisieren diese Bräuche nur die schmerzliche Trennung der Braut von ihrer Sippe und die jungfräuliche Scheu vor dem Ehevollzug.

Dieser ist das Angriffsziel böser Geister, die verscheucht (Polterabend!) oder über die Person der Braut getäuscht (Verschleierung, Vertauschen) werden müssen. Desgleichen gilt — namentlich im Umkreis Südasiens — die Defloration als für beide Partner gefährlich. Daher läßt man sie hier von Fremden oder von mit besonderen magischen Kräften begabten Männern vornehmen, wie Priester (Brahmanen!) oder Häuptlingen usw. Im Feudalismus entstand daraus das Erstrecht der Fürsten und Herren auf die Brautnacht (jus primae noctis).

Ehelosigkeit wird überall als unnatürlich verabscheut, erst in den Hochkulturen entstand das religiös begründete Zölibat. Zeitlich befristete Enthaltungsgebote — zur Ansammlung größerer magischer Kraft — sind jedoch seit den Wildbeuterkulturen bekannt, vor allem vor der Ausführung besonderer Unternehmungen, wie gefährlicher Jagden, Kriegszüge, Schmelz- und Schmiedearbeiten usw. Das Gegenteil, orgiastische Exzesse, beruht stets auf dem Wunsch, durch Analogiehandlungen Fruchtbarkeit für Pflanze, Tier und Mensch zu sichern und kann für alle wie für bestimmte Personenkreise (in Hochkulturen auch Priesterinnen, Prinzessinnen usw.) Pflicht sein. Die in den altorientalischen Hochkulturen wie im heutigen Indien bekannte Tempelprostitution geht zurück auf die Vorstellung der Steigerung der Lebenskraft durch Verkehr mit Personen übernatürlicher Kraftbegabung sowie auf den öffentlich vollzogenen Ritus der „Heiligen Hochzeit" zwischen den irdischen Vertretern der Gottheit (Priester, Gottkönige) als ständig notwendige Wiederholung der göttlichen Hochzeit zwischen Himmel und Erde, welche die Aufrechterhaltung der Weltordnung und Segen für das Land verbürgt.

Der *Tod* berührt wieder in der sozialen Einheit des Verstorbenen einen größeren Kreis; entsprechend der herrschenden Glaubensvorstellung gibt es auch eine Vielzahl von *Bestattungssitten*. Da der Tod nur selten als „natürliches" Verlöschen der Lebenskraft, sondern meist als Eingriff übernatürlicher Mächte und Kräfte angesehen wird, herrscht in den ursprünglichsten Verhältnissen das Grauen vor dem Todesereignis und der Todesursache wie die Furcht vor einer eventuellen Rache des Toten vor. Daher wird hier der Tote ausgesetzt und der Sterbeort schleunigst verlassen. Die Vorstellung, daß der Tote in irgendeiner Form weiterexistiert („lebender Leichnam"), hat weitreichende und sich im Totenkult auswirkende Folgen. Z. B. in dem Bestreben, die Fortexistenz durch sorgfältige Erhaltung des Leichnams mittels Mumifizierung und sorgfältige Grabanlagen zu sichern. Diese Bemühungen haben im altägyptischen Totenkult ihre höchste Ausgestaltung erfahren. Ferner muß er das für sein jenseitiges und dem diesseitigen ähnliches Leben Notwendige und Angenehme erhalten, wie Speise und Trank, Amulette, Habe, Schmuck, Toilettegeräte usw. Ihren barbarischen Höhepunkt erreichte die Totenfürsorge in der Abschlachtung der Frauen und Diener der Herrscher in den alten Hochkulturen und in manchen rezenten afrikanischen Königreichen, um ihren Herren im Jenseits weiter zu dienen — nachlebend in der indischen Witwenverbrennung. Mit der Ausgestaltung der Idee einer vom Körper unabhängigen Seele erfährt auch die anfänglich vorherrschende einfache Erdbestattung eine Änderung: Nach der Verwesung des Fleisches wird die Seele frei zum Gang in das Totenreich: Daher werden einige Zeit nach dem Tode erneute Feierlichkeiten abgehalten, wird der Totenseele ihr Weg durch magische Riten erleichtert (und die Rückkehr zu den Lebenden möglichst verwehrt), eventuell die Knochen erneut beigesetzt („sekundäre Bestattung"). Ebenso könnte die seit der jüngeren Steinzeit weitere Verbreitung findende Leichenverbrennung die Loslösung der Seele vom Körper bezweckt haben. Auch der ursprüngliche Sinn der mit Ausnahme Afrikas anzutreffenden Sitte der Bestattung auf Bäumen oder Plattformen ist noch nicht einwandfrei geklärt; möglicherweise sollte sie den Abflug der Seele in das Totenreich erleichtern, wie die Bootsbestattung die Seele dorthin fahren läßt.

Ferner gilt es, die fortexistierenden Ahnen nicht zu erzürnen, sondern durch Verehrung und Opfergaben günstig zu stimmen. Ihren fördernden Einfluß sucht man sich auf mancherlei Art zu sichern, etwa durch Aufbewahren (und eventuelles Tragen) der Schädel (oder Unterkiefer), durch Bestattung im Hause oder unter dem Versammlungs- und Ratsplatz (Megalithkultur). Die Lebenskraft des Sterbenden sucht man sich unter Umständen einzuverleiben durch Einatmen ihres letzten Atemhauches oder, noch wirkungsvoller, durch Verzehren der Leichen (Endokannibalismus).

III. GLAUBENSWELT

Die Formen der Wirtschaft und Gesellung prägen das Denken und das Weltbild; andererseits wirkt die Vorstellungswelt aber auch auf erstere, etwa indem sie — in vielleicht im Grunde unökonomischer Weise — bestimmte Wirtschaftsformen erzwingt, die Aufnahme bzw. Entwicklung an sich nützlicher anderer verhindert oder indem sie mit Ahnenkult und Totemismus die Gesellungsweisen in bestimmte Bahnen lenkt. Wegen dieses unaufhörlichen Zusammenhanges zwischen Denken und Lebensführung kann der Sinn so mancher oben angeführter gesellschaftlichen Institution erst ganz verstanden werden, nachdem wir uns über die Glaubenswelt der Naturvölker Klarheit verschafft haben. Darunter wollen wir alle Vorstellungen verstehen, die sich ihr Denken von der Welt, ihrer Entstehung, ihrer Gesetze und der in ihr wirkenden Kräfte gebildet hat. Der Ausdruck „Religion" wird hier vermieden, da sich über deren Begriffsbestimmung die Religionshistoriker nicht einig sind. Meist werden darunter nur die Stifter- bzw. Hochgottreligionen verstanden, nicht jedoch Kraftglaube und Magie, Animismus, Manismus, Totemismus usw. Damit würden aber ebenso große Teile der Menschheit für areligiös erklärt sowie ein Verständnis der Wurzeln der Religionsentwicklung erschwert werden. Zweifellos besitzen die letztgenannten Erscheinungen aber nicht nur einen soziologischen Aspekt, sondern haben den Glauben an übernatürliche Kräfte und Mächte und das Gefühl der Bindung (re-ligio) an sie und der Abhängigkeit von ihnen zum Inhalt. Wir fassen sie daher mit der Religion unter dem Begriff der „Glaubenswelt" zusammen.

1. Denken

Das *Denken* der Naturvölker ist zu Unrecht häufig als grundlegend vom europäischen Denken verschieden, als un- bzw. „prälogisch" hingestellt worden. In Wirklichkeit zeigen sie in den Bereichen und Äußerungen ihrer eigenen Kultur treffsichere Beobachtungsgabe und Scharfsinn, denken sie — soweit sie den ursächlichen Zusammenhang der Umwelterscheinungen erkennen können — innerhalb ihrer Denksysteme durchaus folgerichtig „logisch" und handeln sie dementsprechend vernunftgemäß. Dies zeigen vor allem ihre Wirtschaft und erfindungsreiche Technik; ohnedem hätten sie weder existieren noch ihre Kultur fortentwickeln können.

Die feststellbaren Unterschiede sind vor allem umweltbedingt: In ihren kleinen Gemeinschaften hatten die Naturvölker weder die Gelegenheit zur Aneignung größerer Erfahrungen und umfassenderen Wissens noch gar die Möglichkeit zur wissenschaftlichen Erforschung der Naturgesetze. Ferner konnte durch die verhältnismäßig starke Isolierung der Gemeinschaften und durch den Mangel einer Schrift das von einzelnen erarbeitete Wissen meist keinem größeren Kreise mitgeteilt oder auf die Dauer der Nachwelt überliefert werden, ging vielmehr allzu häufig mit dem Tode seines Trägers wieder verloren. Die Selbständigkeit des Denkens wurde behindert durch die soziale Vorrangstellung der neuerungsfeindlichen Alten und durch die starke Bindung des Einzelnen an seine Gemeinschaft, die ihn weniger als Individuum denn als Glied einer Gruppe denken und handeln läßt. Zur geistigen Selbstzucht fehlen die Voraussetzungen einer entsprechenden Schulung. Aus alledem ergeben sich schwerwiegende Folgen: Engbegrenzter Gesichtskreis, mangelnde Übersicht über größere Zusammenhänge, Haften am Einzelnen und dadurch geringe Abstraktionsfähigkeit. Das gefühlsmäßige Denken überwiegt das kritische; das stark zweckbestimmte und ichbezogene Wollen läßt leicht den inneren und ursächlichen Zusammenhang außer acht, setzt Wunschbilder an die Stelle der Wirklichkeit, unterscheidet Ursache und zeitliche Abfolge, Realität und Vorstellung nicht scharf voneinander. Auf Grund äußerlicher Ähnlichkeiten oder fälschlich angenommener Wesensgleichheit werden Dinge und Erscheinungen miteinander verknüpft, die keinen realen und ursächlichen Zusammenhang besitzen; in ungehemmtem Gedankenablauf werden zufällige Ideenverbindungen und irrationale Komplexvorstellungen gebildet. Es herrscht somit ein „assoziatives", „analogisches" Denken vor.

2. Kraftglaube (Dynamismus)

Dies alles sind Feststellungen, die vielfach auch auf das vorwissenschaftliche Denken breiter Bevölkerungskreise Europas zutreffen. Wesentlicher dürfte folgender Unterschied sein: Während in der klassischen abendländischen Philosophie der Substanz- und statische Seinsbegriff eine hervorragende Rolle spielen, treten dagegen im naturvölkischen Denken Eigenschaften, Wirkungen und vor allem Kräfte in den Vordergrund. Der „Primitive" gewinnt aus seinen Naturbeobachtungen folgende Erkenntnisse: Die Pflanzen haben spezielle „Kräfte", mit denen sie die Menschen nähren, heilen oder ihnen durch ihr Gift schaden. Die Tiere besitzen „Kräfte", mit denen sie oft die Menschen übertreffen, sei es durch ihre Stärke, Schnelligkeit, Flug- und Tauchvermögen usw.; und wenn sie etwa auch dem geschicktesten Jäger zu entgehen wissen, dann hat dieser nicht zufällig Pech gehabt, sondern es war eben seine „Kraft" derjenigen der Tiere unter-

legen oder sie haben sich unsichtbar gemacht, etwa in einen Stein
verwandelt. Desgleichen stellt man bei manchen Menschen Kräfte und
Fähigkeiten fest, die weit über das „natürliche" Durchschnittsmaß
hinausragen: der eine besitzt erstaunliche körperliche Kräfte oder
Geschicklichkeit, der andere weist eine überragende handfertige oder
geistige Begabung auf, die als Ausfluß seiner höheren Lebenskraft
angesehen werden. Dazu kommt noch eine im Vergleich zu uns
wesentlich intensivere Beobachtung und Übung der erst neuerdings
wissenschaftlich untersuchten parapsychologischen Erscheinungen
und Kräfte des Unterbewußtseins wie Gedankenlesen, Hellsehen,
Suggestion und Hypnose und dgl., worin manche Personen Erstaun-
liches leisten. Es ist den Naturvölkern ferner bekannt, daß sich verflucht oder „behext" wissende Menschen seelisch oft so nieder-
gedrückt sind, daß sie *dadurch* zu Fehlhandlungen neigen und daher
Mißerfolge in ihren Handlungen erzielen oder erkranken. Ja, es sind
Fälle bezeugt, daß „Primitive", die sich aus magischen Gründen
einem sicheren Tode ausgeliefert glaubten, auch tatsächlich — durch
Selbstsuggestion und ohne organische Erkrankung — gestorben sind.
Solche Fälle werden natürlich als Beweis für die Wirksamkeit des
Fluches oder Zaubers angesehen und vertiefen den Glauben daran un-
gemein. Sodann wird aus der ererbten Familienähnlichkeit im äußeren
Erscheinungsbild wie in Charakter und Begabung auf eine Fortexistenz
der „Lebenskraft" der Ahnen in ihren Nachkommen geschlossen.
Aus alledem erhellt, daß es für diese vorwissenschaftliche Denkungsart
der meisten Naturvölker nur folgerichtig ist, das Bestehen geheimnis-
voller — und in der europäischen Betrachtungsweise als „übernatürlich" bezeichneter — Kräfte in der belebten und unbelebten
Natur anzunehmen, die — auch aus der Ferne — aufeinander ein-
wirken, die übertragen und gelenkt, gestärkt und vermindert werden
können. Da nicht nur jedem Lebewesen eine spezifische „Lebenskraft", sondern auch den Pflanzen, Mineralien, Elementen und Naturerscheinungen eine bestimmte „Kraft" zugeschrieben wird, wird also
letzten Endes jedes Sein als Kraft vorgestellt. Vom äußeren Erscheinungsbild wird diese Kraft unterschieden und als die innere
Natur jedes Seinswesens, als das Ding an sich, seine Idee, beim
Menschen als seine Persönlichkeit, aufgefaßt. Diese *dynamistische* Weltauffassung finden wir bereits bei den ethnologisch frühesten Kulturen
und können sie archäologisch auch in der europäischen Altsteinzeit
nachweisen. Ihren Höhepunkt hat sie in den entwickelteren Jäger-

kulturen und bei den Pflanzern erlebt, wirkte aber auch in den frühen Hochkulturen noch kräftig nach. (Interessanterweise steht das moderne physikalische Weltbild, das den substantiellen Materiebegriff entthront hat und in erster Linie mit Energien und Kraftfeldern rechnet, diesem primitiven Dynamismus — natürlich auf einer höheren Bewußtseinsebene — näher als der mechanischen Physik der vergangenen Jahrhunderte!)

In völkerkundlichen Schriften ist dieser Kraftbegriff unter der austronesischen Bezeichnung *mana* — entsprechend für Nordamerika als *manitu* (Algonkin), *orenda* (Irokesen), *wakonda* (Sioux) — bekannt geworden, hier jedoch anfänglich fälschlich als unpersönliche, das ganze Weltall durchdringende Macht bzw. Kraft beschrieben worden, an der die einzelnen Seinswesen in verschiedenem Grade teilhaben. Eingehendere Untersuchungen haben jedoch ergeben, daß auch in diesen Gebieten die mana-Kraft bzw. -Macht als eine spezifische dem einzelnen Gegenstand bzw. Subjekt anhaftet (und zum Teil personifiziert ist). Dagegen ist es sehr wahrscheinlich, daß dieser Dynamismus die Grundlage gebildet hat für den indischen Brahmanismus und chinesischen Taoismus mit ihrer das ganze Weltall durchdringenden göttlichen Kraft.

Die dynamistische Weltauffassung hat verschiedene schwerwiegende Folgen gezeitigt: Zunächst ist sie der Urgrund der *Magie*. Diese wird häufig mit Zauberei gleichgesetzt, wie wir sehen werden, nicht ganz zu Recht. Begrifflich wollen wir Magie bestimmen als die Beherrschung, Lenkung und Anwendung der oben angeführten magischen, d. h. der zumeist weder physikalisch noch chemisch noch psychisch aufzufassenden Kräfte durch vernunftbegabte Wesen. Als solche haben nicht nur Menschen, sondern auch ihre fortexistierenden Ahnen, gegebenenfalls Geister und Dämonen, sowie Gottheiten zu gelten. Ein fast immer vorgestelltes höheres Wesen hat als Weltschöpfer oder Heilbringer auch die in Wirkungszusammenhang stehenden magischen Kräfte geschaffen und den Menschen mit der Magie ein äußerst wirkungsvolles Mittel der Lebensfürsorge in die Hand gegeben. Ja vor allem in den agrarischen und frühen Hochkulturen haben sie den Menschen den direkten Auftrag gegeben, durch Vornahme bestimmter und streng überlieferter magischer Kulthandlungen den Fortbestand der Welt und ihrer Ordnung zu gewährleisten, zum Teil auch die Gottheiten darin zu unterstützen oder deren Weiterexistenz zu sichern.

Aus dem weiten Bereich der Magie ist die Vornahme magischer Handlungen durch Menschen zur Erreichung persönlicher Zwecke ohne höheren Auftrag als *Zauberei* abzugrenzen. Die Naturvölker fühlen sich ständig bedroht von überlegeneren Mächten, als welche ebensowohl Naturkatastrophen, Mißwachs, schädliche Tiere, Krankheiten und Seuchen unter Tieren und Menschen — deren wirkliche Erreger nicht bekannt sind —, Mißerfolge auf der Jagd, im Krieg und bei allen möglichen Tätigkeiten usf. gerechnet werden und für die meist ein persönlicher Verursacher namhaft gemacht wird. Es ist daher verständlich, daß der Primitive unablässig bemüht ist, sich und die Seinen dagegen zu schützen, seine Lebenskraft soviel wie möglich zu stärken und Einfluß auf die fremden Kräfte und Mächte zu gewinnen. Da ihm wissenschaftliche Kenntnisse der Naturgesetze fehlen, bewertet er magische Kräfte und Handlungen dementsprechend auch nicht als „übernatürlich".

Das nächstliegende passive magische Mittel besteht in der *Meidung* aller Personen, Dinge und Örtlichkeiten, die durch den Besitz besonders mächtiger Kräfte gefährlich sind, und dementsprechend sind eine Unmenge von Meidungsgeboten aufgestellt worden. Am bekanntesten sind die Verbote gewisser Speisen für bestimmte Personen, besonders wenn sie sich in einem gefährdeten Zustand befinden (noch nicht initiierte Kinder, Krieger und Jäger, Schwangere usw.), oder in einer bestimmten magischen Beziehung zu den Speisen stehen (s. Totemismus). Gewisse Personen und Objekte, z. B. Tote und Menstruierende, in manchen Fällen Frauen überhaupt, „infizieren" gewissermaßen den Berührenden mit dem in ihnen steckenden Schädlichen, lassen sie erkranken oder Mißerfolg bei den beabsichtigten Unternehmungen haben. Bei alldem vermischen sich praktische Erfahrungen von Unbekömmlichkeit, Infektionen usw. mit magischen Vorstellungen (z. B. der Übertragung der realen und magischen Schwäche des Weibes auf den Jäger oder Krieger). Ferner gehören dazu die Verbote bestimmter Handlungen, z. B. des Geschlechtsverkehrs vor gefährlichen Unternehmungen, um die Kraft des Jägers, Kriegers oder Schmiedes auch in magischem Sinne nicht zu schwächen oder für magische Ausübungen, z. B. Wahrsagen, Schamanisieren usw. die Herbeiführung ekstatischer Zustände, Visionen u. dgl. zu fördern. Andere Handlungen sind zu unterlassen, um nicht unbeabsichtigt als „Modellhandlungen" analoge Handlungen der übernatürlichen Mächte hervorzurufen; aus dem gleichen Grunde sind ihre Namen nicht zu nennen, da diese nicht nur eine Benennung darstellen, sondern einen Wesensteil ihres Trägers.

Für diese magischen Verbote hat sich die polynesische Bezeichnung *tabu* eingebürgert, obwohl sie strenggenommen nicht den ganzen Verbotskomplex begrifflich deckt. Tabu sind ganz besonders manahaltige Objekte und Personen, die daher für den weniger „Kräftigen" gefährlich sind. Verwandte Vorstellungen finden wir in bezug auf die Gottkönige der alten Hochkulturen und ihre rezenten Ausläufer, die zu auffälligen Sitten geführt haben: Da bereits der Anblick der von übermächtiger Kraft geladenen Gottkönige (und evtl. Kultgegenstände) vom gewöhnlichen Sterblichen nicht ohne Schaden ertragen werden kann, entzieht man sich ihrem Anblick entweder durch deren Verhüllung bzw. Abschließung oder durch eigenes Abwenden. Das von polynesischen Fürsten Berührte wird für andere tabu, daher dürfen sie nicht auf den nackten Erdboden, sondern nur auf untergelegte Matten (in verwandten frühen Hochkulturen auf auch Felle und Teppiche) treten bzw. müssen getragen werden (magischer Ursprung der Sänfte!). Diese Tabuierung ist auch die Wurzel des Asylrechtes: durch freiwilliges Berühren des Königs bzw. Kultgegenstandes verfällt der Verfolgte dem König oder Gott und ist damit für seine Verfolger unangreifbar geworden.

Zur Vermeidung magischer Gefahren werden ferner *Vorzeichen* (omina) beachtet und wird das *Wahrsagen* mittels vielfältiger Orakel zu Rate gezogen (letztere auch zur Ausfindigmachung verschiedener Übeltäter). In differenzierten Gesellschaften hat sich häufig ein Stand von Wahrsagern gebildet. Nicht selten versetzen sie sich durch Narcotica, Tänze, Trommeln u. ä. in Trance und machen gegebenenfalls Gebrauch von der Fähigkeit des Gedankenlesens und Hellsehens und von der psychologischen Erfahrung, daß z. B. Missetäter durch ihr Schuldgefühl sich leicht ungewollt selbst verraten, was etwa vielen Wahrheitsproben oder *Ordalen* (fälschlich „Gottesurteil" genannt, obwohl eine Gottheit meist gar nicht mitwirkt) zum Erfolg verhilft.

Ein besonders beliebtes Mittel, die eigene Lebenskraft zu stärken und sich gegen schädigende Einflüsse zu schützen bzw. Heim, Feld und Vieh gegen die Einwirkung magischer Kräfte zu sichern, sind *Amulette* und *Talismane.* Da die spezifischen Kräfte von Lebewesen in bestimmten Körperteilen und Organen konzentriert gedacht werden, so werden besonders diese, ganz oder teilweise, als Amulette verwendet bzw. je nach dem Verwendungszweck zu Zauber-„Medizinen" gemischt — die wieder zu einem großen Teil den Inhalt von Amuletten bilden —, um ihre „Kräfte" dem Besitzer nutzbar zu machen. (In schriftbesitzenden Kulturen werden gern Zauber- und Segenssprüche, magische Formeln und Zitate aus heiligen Schriften als Amulette verwendet, denen auch von benachbarten schriftlosen Völkern hohe Wirksamkeit zugeschrieben wird.)

Noch besser wird dieser Zweck unter Umständen erreicht durch direkte Einverleibung der krafthaltigen Substanzen, z. B. durch Einreiben von Partikeln, Saft, Blut, Asche usw. in die aufgeritzte Haut, woraus sich die Sitte der Narbentatauierung (Skarifizierung) herleiten dürfte; sodann am sichersten und einfachsten durch Essen (bzw. Trinken). Aus dem Wunsch, sich die Lebenskraft eines erschlagenen Feindes oder eines verstorbenen Angehörigen anzueignen, ist auch die Sitte des *Kannibalismus* hervorgegangen (nicht aus dem physiologischen Bedürfnis nach mangelnder Fleischnahrung; solche vereinzelten Vorkommnisse sind Entartungserscheinungen des Kannibalismus). Rituelle *Opfermahlzeiten* stiften einen magischen Bund zwischen deren Teilnehmern, da alle dadurch der gleichen magischen Kraft teilhaftig werden. So finden wir diese auch noch bis in Hochkulturen als Institution bei Schließung von Bündnissen, Anknüpfung von (Gast-) Freundschaften, Verwandtschaftsbeziehungen und als „Kommunion" bei der Stiftung von religiösen Bünden beibehalten.

Die irgendeinem Ding innewohnende magische Kraft ist zumeist auch in allen seinen Teilen, selbst wenn sie vom Ganzen entfernt wurden, vorhanden gedacht, so etwa die Wachstumskraft und Fruchtbarkeit eines Baumes auch in seinen Zweigen und Blättern; die von einem Lebewesen auch in seinen Exkrementen, Speichel, Atem, entfernten Haaren, Nägeln usw., selbst in seinen Fußspuren, Abbild und Namen.

Bilder der Tafel IX

Oben links: Inneres eines Sippenhauses, *Mi-Sangha*, Südkamerun
Oben rechts: Straßendorf mit Sippenhäusern, *Mi-Sangha*, Südkamerun
Mitte: Sippengehöft-Siedlung mit Kegeldachhäusern am terrassierten Berghang. *Latuka*, Ostsudan
Unten links: Aufbringen des Lehmverputzes an einem Giebeldachhaus, Südkamerun
Unten rechts: Kuppelhütte mit Eingangstunnel aus Schneeblöcken (*iglu*), *Polareskimo*

Desgleichen haben alle Dinge, die in inniger Verbindung mit einem Menschen standen — wie besonders seine Kleidung und Geräte —, einen Teil seiner Lebenskraft aufgenommen. Daher können auch solche losgelösten Dinge bei einer Berührung die betreffenden Kräfte übertragen und so ebensowohl zur Steigerung der eigenen Lebenskraft wie zur Fruchtbarkeitsmagie und zum Schadenszauber verwendet werden (= „pars pro toto").

Die magischen *Abwehr-* und *Aneignungs*handlungen und -mittel führten uns in das Gebiet der *passiven Magie*, während die *Berührungsmagie* sowohl zu dieser als auch zur *aktiven Magie* gerechnet werden kann. Letztere erstrebt, handelnd auf das Naturgeschehen einzuwirken und dem eigenen Willen zu unterwerfen. Dazu werden einmal die angeeigneten Kräfte in ihrer Auswirkung gegen das zu beeinflussende Objekt gelenkt, wobei nach dem soeben Gesagten auch (losgelöste) Teile das Ganze vertreten und den magischen Einfluß darauf weiterleiten können. Bei der in der aktiven Magie und Zauberei anzutreffenden starken Willensanspannung und bei den früher genannten parapsychologischen Erfahrungen ist es verständlich, daß auch dem Wort allein, vor allem wenn es in besonders wirksame Formeln gekleidet ist, dem ausgesprochenen Wunsch selbst in die Ferne Wirkungsmöglichkeit zugesprochen wird (= Zauberspruch, Fluch und Segen).

Am häufigsten ist aber der sogenannte *Analogiezauber*, d. h. der Versuch, durch *Nachahmung* der gewünschten Ergebnisse diese herbeizuführen, durch *Modellhandlungen* den gewollten Vorgang vorwegzunehmen und ihn dadurch in naher Zukunft zu erzwingen. Dabei wird von dem Grundsatz ausgegangen, daß „Gleiches Gleiches erzeugt". Als „Gleiches" gelten dabei sowohl (scheinbare) Ähnlichkeiten im Äußeren, im Verhalten, in den Wirkungen oder eine durch assoziative Gedankenketten hergestellte magische Beziehung. Aus

---

Bilder der Tafel X

Oben: Erdofen. In die mit Blättern ausgelegte Grube werden heiße Steine zum Dünsten des Schweinebratens gelegt. *Mbovamb*, Hagengebirge, Neuguinea
Mitte links: Frauen graben mit dem Grabstock Taroknollen aus. *Trobriand-Inseln*, Brit.-Neuguinea
Mitte rechts: Eine Mutter geht mit Grabstock und Tragnetz zur Feldarbeit. *Mbovamb*, Hagengebirge, Neuguinea
Unten: Bau eines Plankenbootes. *Trobriand-Inseln*, Brit.-Neuguinea.

diesen Ähnlichkeiten wird auf eine Gleichartigkeit der jeweils wirkenden Kräfte geschlossen und daraus die Benutzbarkeit der einen durch die andere im Dienste der Menschen gefolgert. Bei magischen Zeremonien können also z. B. Rauch oder Baumwollflocken Wolken erzeugen, ausgesprengtes Wasser Regen herbeiführen, Löwenkrallen Löwenmut und -kraft verleihen, ein durchbohrtes Abbild oder Kleidungsstück den Dargestellten bzw. den Besitzer töten oder krank machen, Nachahmung von brünstigen Tieren deren Vermehrung fördern, sexuelle Orgien die Fruchtbarkeit von Mensch und Pflanze sichern (gipfelnd in der althochkulturlichen „heiligen Hochzeit" des Gottkönig- bzw. Priesterpaares als Stellvertreter des Himmelsgottes und der Erdgöttin) usf. in einer Unzahl von magischen Riten und Bräuchen.

Sehr leicht bewirken Zauberhandlungen neben dem Nutzen für den Zaubernden gleichzeitig eine Schädigung einer anderen Person. Wird ein solcher *Schaden-* bzw. *Angriffszauber* vorsätzlich ausgeübt, um jemanden in seiner Lebenskraft zu schädigen, ihn gar zu töten oder zumindest dem Willen des Zaubernden zu unterwerfen, so sprechen wir von *schwarzer Magie* bzw. *Hexerei.* Für Angriffszauber bedient man sich der oben angeführten magischen Wirkungsmittel wie auch, besonders in Afrika, der sogenannten *Fetische.* Das sind Gegenstände — z. B. Bildwerke —, die ihre magische Kraft entweder durch eingefügte Zaubermedizinen erhalten haben oder dadurch, daß ein bestimmter Geist seinen Wohnsitz darin genommen hat. Hexerei als böswillige Lebensvernichtung und -minderung gilt als schwerstes Verbrechen gegen Gott und die Seinsordnung wie gegen die Gemeinschaft. Diese setzt sich gegen Hexer unerbittlich zur Wehr. In leichteren Fällen, wie zorniger Verwünschung, mag der Übeltäter zur Zurücknahme seines Vernichtungswillens und Wiedergutmachung angehalten werden, in schwereren Fällen entledigt man sich seiner durch Tötung. Bleiben Hexer unbekannt oder zu mächtig, um sie anklagen bzw. bestrafen zu können, so sucht man ihnen durch Gegenzauber entgegenzuwirken.

Aus psychologischen Gründen ist geschlossen worden, daß der *Nahzauber* entwicklungsgeschichtlich älter sein soll als der *Fernzauber.* Diese Theorie ist durch die Tatsachen nicht zu stützen, da wir schon bei ethnologisch ältesten Völkern beides nebeneinander finden. Da nach der gleichen psychologischen Theorie der „Primitive" nur bei dem, was er unmittelbar mit seinen Händen bzw. mit den darin ge-

haltenen Werkzeugen erreichen kann, das „Bewußtsein der eigenen
Macht über den Eintritt des Ereignisses", bei einer in die Ferne zie-
lenden Handlung jedoch das Gefühl der Unsicherheit bezüglich seines
Wissens und Könnens habe, könnte daraus auch das Gegenteil gefolgert werden: weil eben der „Primitive" mit seinen Werkzeugen kau-
sal nicht in die Ferne wirken konnte, suchte er dies durch „Zauber-
kausalität", d. h. durch Einsatz magischer Mittel, zu erreichen.

3. Ahnenkult (*Manismus*)

Der Dynamismus hat ferner an der Entstehung eines weiteren Vor-
stellungskreises maßgeblich mitgewirkt, dem *Manismus*[19]). Er ist aus
folgenden Gedankengängen erwachsen: Die existenznotwendige
Lebenskraft wie evtl. weitere spezielle magische Kräfte und Fähigkeiten wurden dem ersten Menschen bzw. Stammesvater von einem
höheren Wesen verliehen und durch die Ahnenreihe den Lebenden
weitergegeben. Diese Lebenskraft geht also mit dem Tode nicht zugrunde; folglich verfügt der Verstorbene wenigstens eine Zeitlang
noch über zumindest einen Teil seiner Kräfte und kann somit noch
weiterwirken. Erinnerungs- und Traumbild des Verstorbenen gelten
als Beweise für seine Fortexistenz, wie auch Familienähnlichkeit für
die Rückkehr des Ahnen in den betr. Nachgeborenen.
Daraus ergibt sich die Notwendigkeit, zu den Verstorbenen in
irgendeiner Form Stellung zu nehmen. In den Anfängen der Kulturentwicklung scheint die Angst vor dem Tode, das Grauen vor dem
als ansteckend gefürchteten Todesereignis und damit die Furcht
vor den Toten überwogen zu haben. Demgemäß wird dieser entweder überhaupt nicht bestattet und die Stelle seiner Aussetzung
gemieden, oder er wird in seinem (möglichst entlegenen) Grabe gefesselt oder mit Steinen beschwert, um ihn am „Umgehen" zu
hindern. Die Vorstellung, daß der Tote — noch nicht in Leib und
geistiges Prinzip (Seele) gespalten — als ganzer, als „lebender Leichnam", vor allem in der Nähe seiner Grabstätte, weiterexistiere, hat
sich sehr lange lebendig erhalten. Sie war die Ursache der *Grabriten*.
Um den Toten zu besänftigen, wurden ihm wenigstens die wichtigsten
Gegenstände seiner Habe sowie Speise und Trank so lange in und an
das Grab gegeben, als er (im Bewußtsein seiner Angehörigen) weiter-

---

[19]) Von lat. Manen = Geister der Abgeschiedenen.

6*

lebte. Pflicht der Angehörigen ist es, dem Toten durch Grabbeigaben und magische Begräbnisriten die Reise in das Jenseits und dort eine glückliche Weiterexistenz zu sichern. Das Jenseits wird entsprechend den diesseitigen Verhältnissen vorgestellt. Entweder ist es ein schauerlicher Ort mit trübseligen Existenzbedingungen (Hades), häufiger wird dort das irdische Leben, befreit von aller Sorge und Not, fortgeführt. Sind die Jenseitsbedingungen ausgesprochen paradiesisch, so bedarf der glückliche Tote der Fürsorge seiner Angehörigen nicht mehr, und der Totenkult verkümmert. Das Totenreich wird naturgemäß vorwiegend unterirdisch vorgestellt, aber auch (bei Jägern) im Walde, im Himmel, in der Gegend der untergehenden Sonne, (bei Wandervölkern) in der Urheimat. Bei sozialer Differenzierung gestaltet sich auch das Leben im Totenreich unterschiedlich: Adlige und Herrscher haben es besser, Sklaven, evtl. auch Frauen, können unter Umständen überhaupt nicht in das Paradies gelangen. Mit der vor allem durch den Bodenbau ermöglichten Seßhaftigkeit und Ausbildung einer festen Überlieferung wie stärkeren Sippenzusammenhaltes erfährt der (befristete) Totenkult eine reiche Ausgestaltung zum (dauernden) *Ahnenkult.* Wie die Familien-, Sippen- und Clanältesten über stärkere Kräfte als die Nachgeborenen verfügen, die sie zum Nutzen ihrer Angehörigen anwenden, so wird dies auch von den verstorbenen Ahnen vorausgesetzt. Sie bleiben auch nach dem Tode in die innige Gemeinschaft der Lebenden einbezogen. Nicht nur um ihr Wohlwollen zu erhalten, sondern auch als Gliedern der Sippe wird ihnen wie den Alten und Kranken die übliche nötige Unterstützung zuteil, werden ihnen Opfer und Verehrung dargebracht. Lebende und Tote haben einander nötig, besitzen wechselseitig Rechte und Pflichten. Fehlende Fürsorge seitens der Lebenden läßt die Verstorbenen das Totenreich nicht erreichen und als haßerfüllte Totengespenster herumirren oder in ihrer Existenz ganz erlöschen. Folglich ist es das größte Unglück, ohne rituelle Beerdigung fern von den Angehörigen oder ohne sorgende Nachkommen zu sterben.

Die Toten ihrerseits haben die Pflicht, das Wohl ihrer Angehörigen mittels ihrer (nach dem Tode evtl. gesteigerten) magischen Kräfte zu fördern. Um einen möglichst engen Kontakt mit den Verstorbenen herzustellen, geht man dazu über, sie in oder nahe bei den Siedlungen, auch im Hause selbst, zu bestatten. Ihre Lebenskraft sucht man sich anzueignen, indem man ihre Schädel — in denen die Lebenskraft konzentriert ist — aufbewahrt oder andere Körperteile (als „pars pro toto", wie Kinnladen, Haare, Zähne, Phallus (ostafrikanischer Könige) usw., als Amulette bei sich trägt. Daraus entwickelte sich der Reliquienkult wie aus dem Schädelkult mit dem Ahnenbild die Plastik. Wie die Verstorbenen in den Ahnenfiguren Aufenthalt nehmen können, so können sie auch bei bestimmten Gelegenheiten in Gestalt von Masken der Geheimbünde unter den Lebenden handelnd auftreten. Durch Träume und Orakel geben sie ihren Angehörigen Ratschläge (Nekromantik).

Vor allem für die agrarischen Kulturen sind die Ahnen wichtig geworden. Da sie ja meist in die die Pflanzen hervorbringende Erde eingegangen sind, können sie entweder selbst die Fruchtbarkeit der Pflanzen bewirken oder zumindest vermitteln, ebenso die nötigen Regenfälle. Dies mag so weit gehen, daß sie sich selbst in den Feldfrüchten verkörpern (Indonesien). Da in diesen Kulturen die Fruchtbarkeiten von Pflanze, Tier und Mensch in Beziehung miteinander gesetzt werden, so sind die Ahnen — die ja bereits die Lebenskraft an ihre Nachkommen weitergegeben haben —, auch für deren Kindersegen verantwortlich. Ferner wird von den Pflanzern der ewige Kreislauf des Werdens und Vergehens der Pflanzenwelt zutiefst erlebt und mit Geburt und Tod im Menschenleben gleichgesetzt; daraus wird ebenso die Notwendigkeit des Todes als Voraussetzung für neues Leben erschlossen wie aber auch die Zuversicht gewonnen, daß das Sterben in eine Auferstehung mündet. Hieraus folgt wieder die Gewißheit, daß der Ahne in einem Nachfahren seiner Sippe bzw. Clans wiedergeboren wird. Dabei kehrt nicht eigentlich der (weiterexistierende) Verstorbene zurück, sondern seine Lebenskraft geht in das Neugeborene ein, seine Individualität reinkarniert sich in ihm. Als Ausdruck seines weiterwirkenden Lebenseinflusses wird den Ahnen als „Besitzer" das Neugeborene vorgestellt. Dieses erhält als Zeichen der Wesensgleichheit mit jenem Ahnen dessen Namen als Zeichen derselben Individualität.

Zur höchsten Entfaltung wurde der Ahnenkult von den Bodenbauern der Alten Welt gebracht. Bei ihnen wurde das Höchste Wesen oft ganz in die Ferne und Untätigkeit zurückgedrängt, auch wohl als Urheber vom Stammvater ersetzt. Dieser wird meist als der Kulturbringer angesehen, der den Menschen die wichtigsten Kulturgüter vermittelt hat. Die Ahnen sind es auch, die die Innehaltung ihrer Gebote, die Bewahrung der überlieferten Sitten und Gebräuche überwachen und ihre Verletzung durch Entziehung ihres wohltätigen

Lebenseinflusses bestrafen. Die heutigen Institutionen, die Art und Weise des Stammeslebens, gewinnen dadurch ihre moralische Berechtigung und religiöse Weihe, daß sie als von den Ahnen in der mythischen Urzeit angeordnet erklärt werden. Aus dieser hervorragend wichtigen Rolle der Ahnen erklärt es sich, daß deren Kult das soziale und religiöse Alltagsleben dieser Völker beherrscht und den Ahnen stets Verehrung gezollt werden muß.

Da ein Familienvater in einer — stets erwünschten! — zahlreichen Nachkommenschaft sich selbst verstärkt und seinem Leben Fortdauer sichert, muß er seinen Nachkommen wohlwollen, sein Einfluß aus dem Jenseits kann also nur gut sein. Senden die Ahnen trotzdem Unheil, so kann ihnen daraus kein Vorwurf gemacht werden, die Schuld muß in einer Verfehlung der Lebenden gegenüber den Ahnen gesucht werden. Mit einer solchen können sie als die Nachgeborenen und damit im Lebensrang Niedrigeren zwar nicht die höhere Lebenskraft der Altvordern — wie auch der Ältesten — mindern, wohl aber sie durch hochmütige Leugnung ihres höheren Lebensranges beleidigen und damit die Seinsordnung stören. Eine Wiedergutmachung ist nur möglich durch erneute Anerkennung des höheren Lebensranges, durch reuevolle Sühneopfer, evtl. durch rituelle magische „Reinigung" der Siedlung und ihrer Bewohner bzw. Wegschaffung der vergegenständlichten „Sünde".

4. Seelen- und Geisterglaube (Animismus)

In der älteren Ethnologie spielte der *Animismus* [20]) eine große Rolle, d. h. die Vorstellung von Seelen als den die geistigen Eigenschaften bedingenden Wesenheiten, die vorgeburtlich in den Leib eingegangen diesem Existenzfähigkeit und Individualität geben, die sich vom Körper lösen können und so die Grundlage für den Geisterglauben bilden. Von einigen Autoren wird vom Animismus noch der *Animatismus* unterschieden, nach dem die ganze Natur beseelt und damit belebt sei; der Animismus sei bei nahezu allen Naturvölkern zu finden, und aus ihm habe sich die Religion entwickelt. Spätere und neuere Untersuchungen haben seinen räumlichen und zeitlichen Geltungsbereich stark eingeschränkt und sehr oft als Fehldeutungen

---

[20]) Von lat. anima = Seele.

der Aussagen der Naturvölker erwiesen, denen häufig christlich-europäische Begriffe unterlegt wurden.

So ist etwa die *Organ-* oder *Körperseele* (in Indonesien auch „Seelenstoff" genannt), deren Träger bestimmte Organe bzw. das Blut oder der Atem (= Hauchseele) sind, nichts anderes als die schon geschilderte Lebenskraft. Von dieser ist die *Bildseele* zu unterscheiden, die sich in Erinnerungs-, Traum- und Spiegelbild wie im Schatten manifestiert. Der Dualismus von Körper und Seele ist wohl aus dem Todeserlebnis entstanden: Da nach dem Ausweis des Traum- und Erinnerungsbildes der Tote trotz Verwesung seines Leichnams fortexistierte, mußte diese Wesenheit vom Körper getrennt sein[21]).

Die allmählich neben der dynamistischen entstandene animistische Auffassung stellt sich die Bildseele meist in Gestalt eines (oft ganz kleinen) Menschen vor; aber selten in europäischem Sinne unmateriell-geistig, vielmehr doch als ganz feine Substanz bzw. Fluidum. Denn eine Unterscheidung in Materie und Geist findet nur selten statt. Geht die Seele nach dem Tode in das Seelenland ein, so kann sie evtl. auch die Gestalt eines Vogels annehmen; auch als Leichenwurm oder Erdtier (Schlange) mag sie sich zeigen. Traumerlebnisse sind dem Animisten ferner ein Beweis dafür, daß seine Seele sich auch bei Lebzeiten zeitweilig vom Körper zu lösen vermag. Dabei kann sie unter Umständen von einem Zauberer oder Geist gefangen werden oder sich verirren, was Bewußtlosigkeit und Siechtum erklärt. Dem Tode entgeht der Betreffende nur dann, wenn es dem Geisterbeschwörer oder Schamanen gelingt, die Seele zurückzuholen.

Auch beim Verlassen des Körpers nach dem Tode drohen der Seele mannigfaltige Gefahren. Wie in der Vorstellungswelt vom lebenden Leichnam versuchen daher die Hinterbliebenen auf vielerlei Weise, die Totenseele sicher ins Seelenland zu geleiten und an einer evtl. Rückkehr und Belästigung der Lebenden als Gespenst zu hindern. Die Seele kann unter Umständen nach dem Tode auch in andere Wesen eingehen; diese Vorstellung hat die Idee der Seelenwanderung begründet. Läßt ein Mensch seine Seele oder Lebenskraft bei Lebzeiten zeitweilig in ein Tier eingehen (Wertiere, Vampyre), so kann

---

[21]) Es sei aber betont, daß die Anfänge der Seelenvorstellungen zwar in die Wildbeuterkulturen zurückreichen, diese ihre eigentliche Ausgestaltung aber erst später erfahren haben. Viele Naturvölker kennen keinen Dualismus; wenn sie vom weiterexistierenden Toten sprechen, meinen sie nicht seine Seele oder Geist, sondern seine Ganzheit, den „lebenden Leichnam".

sie durch diese den Seelenstoff (= Lebenskraft) anderer Menschen fressen, d. h. sie krank machen bzw. töten. Verwandt damit ist die Vorstellung des „anderen Ichs" (alter ego) in Tiergestalt, das unlösbar mit dem Menschen soweit verbunden ist, daß beide das gleiche Schicksal erleiden (Nagualismus). Sowohl alter ego wie Seele können unter Umständen auch als Schutzgeist fungieren.

Die Geisterwelt des entwickelten Animismus wird in erster Linie von den Totengeistern gestellt. Tiergeister, besonders individuelle, sind z. T. nach deren Vorbild gestaltet. Daneben dürften aber auch ältere dynamistische Vorstellungen mitgewirkt haben, welche gewissermaßen die Wesenheit und Kräfte einer Tiergattung verdichteten und personifizierten, so zu den ihre Spezies repräsentierenden mythischen Urtieren oder Urahnen der Tiere bzw. „Eigner", „Herren" oder „Hüter" der Tiere gelangend, die so charakteristisch für die Jägerkulturen sind. Die übrigen Naturgeister sind nur z. T. animistisch, wobei die Vorstellung von Bedeutung war, daß Seelen bzw. Geister in Naturdingen bzw. angefertigten Gegenständen — freiwillig oder gezwungen — ihren Aufenthalt nehmen können. (Dies besagt jedoch selbst in Hochburgen des Animismus nicht, daß *alle* Dinge mit *eigener* Seele begabt seien. Wird evtl. manchen Geräten eine eigene Individualität zugeschrieben, so weniger im Sinne der Beseelung als vielmehr des Kraftgeladenseins. Die Idee der Allbeseelung ist erst die Frucht philosophischer Spekulation in Hochkulturen, wobei der Animismus in Verbindung mit dem Dynamismus seine tiefste Vergeistigung im Brahmanismus wie Taoismus und abendländischen Pantheismus erfuhr.) Andererseits können Naturgeister — wie auch Totengeister — aus der dynamistischen Gedankenwelt entstanden sein als Personifikationen von Naturkräften bzw. der Lebenskraft. Die angenommene Möglichkeit, daß Geister der verschiedensten Art in Menschen eingehen und von ihnen Besitz ergreifen können, führte zur Vorstellung der „Besessenheit", mit der vor allem psychische Erkrankungen und mediale Fähigkeiten (wie das Wahrsagen im Trancezustand) erklärt werden und die wieder zur Institution der Geisterbeschwörer und der Geisteraustreibung (Exorzismus) geführt hat.

Ebenfalls nichtanimistische ganzheitliche Verkörperungen von Naturkräften sind die mit besonderer magischer Macht und eigenem Willen begabten *Dämonen*, meist nach menschlichem Vorbild, aber auch tiergestaltig gedacht. Sie bilden eine Zwischenstufe zu den Göttern.

Bei deren Vorhandensein im Weltbild sind sie ihnen aber untergeordnet, da sie meist von jenen geschaffen und mit Macht begabt wurden und ihr Wirkungsbereich gemäß der von ihnen verkörperten Naturkräfte bzw. -dinge begrenzt ist. Sie treten in den mythischen Kultdramen handelnd auf und genießen wohl auch selbst einen Kult, können aber von Menschen, die mit besonderen magischen Kräften begabt sind, auch mittels magischer Riten oder Kulthandlungen beeinflußt bzw. beherrscht werden. Bei höher entwickelten Naturvölkern und vor allem in den frühen Hochkulturen sind sie gelegentlich zu echten Göttergestalten weiterentwickelt worden, z. B. durch Vermischung mit der Gestalt des Heilbringers und indem sie in ein Vertrauensverhältnis zu den Menschen traten.

Nicht zu vergessen ist, daß die Vorstellungen von Dämonen, Geistern, lebender Leichname, Seelen, Lebenskraft, Personifikationen von Kräften und die davon wieder zu unterscheidende Idee der Individualisation im allgemeinen von den Naturvölkern nur selten klar voneinander geschieden werden, vielmehr oft fließend ineinander übergehen, sich vermischen oder nebeneinander bestehen. Das Aufkommen neuer Ideen bewirkt nicht gleichzeitig das Verschwinden der alten Vorstellungswelt.

5. Totemismus

Ganz aus der dynamistischen Geisteshaltung erwachsen und demgemäß mit magischen Vorstellungen durchtränkt ist der *Totemismus*. Seine soziologischen Auswirkungen hatten wir bereits erwähnt; nunmehr handelt es sich darum, seine weltanschauliche Seite kennenzulernen und damit dem Verständnis seines Wesens und Ursprungs näherzukommen.

Seine typischste Ausprägung hat der Totemismus im *Gruppen-* oder *Clantotemismus* erreicht. Dessen hauptsächlichste Elemente sind folgende: Eine Gruppe (= Clan) fühlt sich verwandt nicht auf Grund einer Blutsverwandtschaft, sondern einer gemeinsamen mystischen Beziehung zu einem *Totem*. Als solche fungieren in erster Linie (und ursprünglich wohl allein) Tiere, daneben auch Pflanzen, Naturerscheinungen und -gegenstände. Es sind dies letzten Endes Verkörperungen bzw. Symbole der in diesen Wesen bzw. Erscheinungen sich äußernden Kräfte, in Nordamerika stellenweise auch der alles durchdringenden Lebenskraft. Tiertotems sind gewöhnlich die tierischen Stammväter der betreffenden Tierart — gewissermaßen die zusammenfassende Personifizierung des Wesens und der magischen Kräfte dieser Gattung — oder mythische tierhafte Wesen der Urzeit. Häufig haben sie die Fähigkeit, sich in Menschen zu verwandeln und umgekehrt, da letzten Endes eine Wesensgleichheit der „Kräfte" von Tier und Mensch vorausgesetzt wird. Die Verwandtschaft der Clanmitglieder gründet sich auf deren Teilhaberschaft an den magischen Kräften ihres Totems, die in besonderem Maße in den Clanältesten konzentriert sind — woraus deren Autorität entspringt. Diese magischen Kräfte des Totems bzw. die Lebenskraft überhaupt hatte der Clangründer vom Totem erworben und über die Kette der Nachfahren an die Lebenden weitergegeben. Beim Tode geht diese Lebenskraft entweder (z. B. durch den letzten Hauch des Sterbenden) an seinen ältesten Sohn über oder in ein Totemtier (Metempsychose). Dadurch kann sich die Lebenskraft des Clans nicht vermindern, sondern bleibt erhalten.

Der Erwerb der Lebenskraft durch den Urahn und damit die Begründung der Totem-Verwandtschaft kann auf verschiedene Art erfolgt sein: 1. durch direkte Abstammung vom mythischen Totem, 2. durch seitliche (laterale) Verwandtschaft, d. h. die Stammväter der Menschen und der betreffenden Tiergattung sind Geschwister, von einem gemeinsamen menschlichen oder tierhaften Urahnen (Urahnin) abstammend; 3. durch Parallelverwandtschaft. Letztere gründet sich etwa auf eine in mythischer Urzeit erfolgte Begegnung des Clangründers mit dem Totem, bei welcher Gelegenheit er von diesem irgendeine Hilfe erfuhr, z. B. Rettung aus Gefahr, Belehnung mit Kulturgütern oder magischen Kräften bzw. Praktiken, oder daß er durch Tötung und Essen des Totemtieres sich dessen magische Kräfte aneignete.

Der fest in seiner Sippe verwurzelte „Primitive" deutet sich die Beziehung zu seinem Totemtier als gleich der unter Sippengenossen. Daraus entstand eine Art brüderlicher Lebensgemeinschaft mit jenen, mit gegenseitigen Rechten und Pflichten und Hilfeleistung. Hieraus ergaben sich weitere Folgerungen: einmal das Heiratsverbot zwischen Clanangehörigen, die ja entweder überhaupt abstammungsmäßig als miteinander verwandt gedacht sind, zumindest durch die Teilnahme an derselben clangebundenen Lebenskraft sozusagen mit der gleichen Polarität geladen sind. Zum anderen eine verehrende Scheu und Hochachtung vor dem Totem, das vor allem nicht gegessen und getötet

(vernichtet) werden darf, zumal es ja auch ein nach dem Tode ver-
wandelter Clangenosse sein kann. Man geht ihm möglichst auch
aus dem Wege, berührt es nicht, nennt es evtl. auch nicht mit dem
eigentlichen Namen. Ungewollte Übertretungen dieser Tabus müssen
mit Reinigungs- und Versöhnungsriten gesühnt werden, um schwerste
Folgen für den Täter wie seinen Clan zu verhüten. Eine seltene Ausnahme bildet das rituelle Essen eines Totemtieres; durch diese
Kommunion führen die Beteiligten sich aufs neue die Kräfte ihres
Totems zu (Australien). Das Totem gilt als Helfer des Clans und
erfährt wohl auch Anrufungen und Opfer. Ebenso sucht man es
gelegentlich magisch zu beeinflussen, z. B. durch (erotische) Tier-
tänze und durch andere Riten, welche die Vermehrung der Totem-
spezies und dadurch auch der Lebenskraft des betreffenden Clans
bezwecken, wobei auch für die anderen Clans des Stammes ein wirtschaftlicher Nutzen erreicht wird.

Die Übereinstimmung zwischen Totem und Totemclan wird auf verschiedene Weise zum Ausdruck gebracht: Zunächst in dem Namen des
Clans wie seiner Angehörigen, die sich auf das Totem, seine Erscheinung und sein tatsächliches wie magisches Wesen, eventuell auch
auf mythische Beziehungen der Clanahnen zum Totem und auf
totemistische Heiligtümer, Riten und Funktionen des Clans beziehen.
Jeder Clan besitzt eine beschränkte Zahl nur ihm eigentümlicher der-
artiger Personennamen, in denen sich der Clan individualisiert. Zur
Aufrechterhaltung des inneren Wesens des Clans erhalten Neugeborene
immer wieder die Namen verstorbener Clanmitglieder zugeteilt. Sodann wird das Abbild oder das Symbol des Totems gewissermaßen als
Wappen an dem Eigentum des Clans und seiner Mitglieder dargestellt, und diese selbst suchen sich im Äußeren ihrem Totem anzugleichen, tragen wohl auch dieses bzw. Teile von ihm als Abzeichen.
Die Übereinstimmung mag so weit gehen, daß man natürliche oder
magische Eigenschaften oder Fähigkeiten seines Totems zu besitzen
glaubt, zum wenigsten ist dies bei den Riten der Fall.

Vom eigentlichen oder Clantotemismus ist der *Individualtotemismus*
zu unterscheiden. Er hat mit dem ersteren die enge Verbindung mit
dem Tier und ein — noch stärkeres — Hervortreten der Magie gemein
und wurzelt im Glauben, von einem Tier individuell magische Kräfte
erhalten zu können und dieses Tier als Helfer für das ganze Leben gewinnen zu können. Dagegen hat dieses Verhältnis keine gesellschaftliche Auswirkung gefunden, die magische Beziehung zum Tier er-

streckt sich niemals auf eine ganze Gruppe, bleibt vielmehr stets an den einzelnen gebunden, der sie auch nicht vererbt. Die magische Kraft seines Individualtotems überträgt man sich vorwiegend durch Amulette aus Teilen des betreffenden Tieres, zu deren Erlangung das Tier getötet werden darf. Von großer Bedeutung ist in dieser Kulturschicht ein Busch- und Jagddämon — der unter Umständen mit der Gestalt des Höchsten Wesens zusammenfallen kann — als „Herr" bzw. „Eigner der Tiere". Er und eventuell ihm untergeordnete Helfer, „Hüter des Wildes" = immaterielle Kontrolleure der einzelnen Tierarten, geben die Erlaubnis zum Töten ihrer Tiere und dem Jäger Jagdglück. Ihr Wohlwollen muß sich also der Jäger sichern, und oft sucht er sie individuell als Helfer zu gewinnen. Ursprünglich werden diese durchaus dynamistisch als Personifizierungen bzw. Manifestationen magischer Kräfte gedacht. Später dringen animistische Gedankengänge ein und wandeln sie zu Schutzgeistern um. Solche spielen eine große Rolle als Hilfsgeister der Schamanen, die sie in zum Teil absichtlich herbeigeführten Trancezuständen, in durch Fasten, Narcotica, großen körperlichen Anstrengungen wie Tanzen usw. erzeugten Visionen zu erkennen und an sich zu binden trachten. Auf die gleiche schamanistische Weise verläuft nun auch die Schutzgeistersuche durch den Einzelnen im Individualtotemismus (Indonesien, Nordamerika). Ein besonderer Einzelfall des Schutzgeisterglaubens ist der schon erwähnte Nagualismus. Der sog. „Geschlechtstotemismus", d. h. die Zuordnung je eines Totems an alle Männer bzw. Frauen der ethnischen Einheit, ist eine vereinzelte (australische) Sekundärform und wahrscheinlich als Übertragung totemistischen Gedankengutes auf primitive Wildbeuter zu erklären.

Als geistigen Inhalt des Clantotemismus haben wir die Verschmelzung der Idee einer engen Verbindung des Menschen mit dem Tier (die bis zur Wesensgleichheit und Lebensgemeinschaft gehen kann) mit dem Gedanken der Generationenfolge, durch die magische Kräfte aus der Urzeit her vom Ahnherren auf die lebenden Nachkommen weitergegeben werden (und wodurch die Abstammung des einzelnen von Bedeutung wird) kennengelernt. Damit erweist sich der Clantotemismus als eine komplexe Erscheinung, deren Wurzeln in ältere Schichten hinabreichen müssen. Mit seiner Aufteilung der ethnischen Einheit in mehrere Gruppen mit verschiedenen Urahnen und — im höchst entwickelten Stadium — auch mit verschiedenen Funktionen, hat er größere Seßhaftigkeit und Bevölkerungsdichte zur Voraussetzung.

Der Versuch einer Ableitung des Clantotemismus vom Individualtotemismus ist nicht haltbar, da letzterer sich als eine einseitige
Spezialisierung einer jägerischen Geisteshaltung — die ihre charakteristische Ausprägung mit Schutzgeistersuche erst durch spätere
schamanistische Einwirkung erfuhr — erwiesen hat. Somit kann der
Individualtotemismus entwicklungsgeschichtlich nicht älter als der
Clantotemismus sein. Die stützenden Belege der materiellen Kultur
werden wir in der kulturhistorischen Untersuchung in Kap. D III
heranziehen.
Wir können dagegen die Grundlagen der beiden oben angeführten
Elemente des Clantotemismus in einer älteren Wildbeuterkultur
nachweisen, die sich in Trümmern im tropischen Afrika und bei subarktischen nordasiatischen Großwild- und Seesäugerjägern und
Fischern erhalten hat und von hier in die zirkumpolare Arktis ausstrahlte. Sie darf auch sowohl für das eurasiatische Paläolithikum wie
ehemals für die asiatischen Tropen und Subtropen vorausgesetzt
werden. Hier ist mit entwickelten Jagd- und Fangmethoden auch bereits die dynamistische Weltanschauung mit magischen Praktiken, die
vor allem dem Jagdzauber und der Fruchtbarkeit von Jagdtier und
Mensch dienen, entwickelt. In täglichem Umgang mit dem Tier ist
der Jäger mit ihm aufs innigste vertraut geworden, es ist ihm Er-
halter des Lebens, Spender seiner Lebenskraft und magischer Kräfte.
In seiner Abhängigkeit vom Tier behandelt es der Mensch mit Ehr-
furcht und sucht seinen Beistand zu gewinnen. Er erlebt das Tier nicht
als völlig wesensverschieden von sich selbst, gesteht ihm vielmehr
häufig gleiche oder auch überlegene „Kräfte" und damit gewissen
Tierklassen einen gleichen oder höheren Rang in der Seinsordnung wie
den Menschen zu und sieht wesensmäßige Übereinstimmungen, Analogien, zwischen beiden. So setzt er auch ebenso voraus, daß Tiere sich
in Menschen verwandeln können und umgekehrt, und daß Tiere ihm
als Helfer im Lebenskampf dienen und als Schöpfer oder Heilbringer
auftreten können.
Von zentraler Bedeutung wurde der schon erwähnte „Herr der Tiere",
der den Menschen Jagdglück spendet und die Tötung seiner Tiere
für Nahrungszwecke erlaubt. Er kann die getöteten Tiere aus ihren
Knochen wieder beleben. Daher wird das getötete Tier — namentlich
Großwild wie Elefant und Bär — um Entschuldigung wegen der
angeblich versehentlichen oder von anderen vorgenommenen Tötung
gebeten, werden daher eventuell Trauerriten wie beim Tode eines

Menschen abgehalten und wird das Tier beauftragt, im Jenseits seinen Brüdern bzw. seinem Herrn von der ehrenvollen Aufnahme unter den Menschen zu berichten, andere Genossen zur Tötung zu schicken, bzw. dem Herrn der Tiere die Bitten der Menschen um weiteres Jagdglück zu überbringen. Es ist also ein *Tierkult* entstanden, der auch nicht eßbare Raubtiere, wie Löwen und Tiger (und Krokodile), einbezogen hat. Der „Herr der Tiere" gilt nun hier meist als *Stammvater der Menschen*, als der — mondmythologisch bezogene — erste Mensch. Häufig tritt er in Tiergestalt, etwa als eines der oben angeführten großen Tiere, auf. Da er als der Stammvater der ganzen Menschheit, zumindest der ganzen ethnischen Einheit angesehen wird, ist diese Vorstellung auch — nicht ganz zutreffend — „Stammestotemismus" genannt worden. Als echter Stamm*vater* der Menschen verschafft er ihnen Nahrung und damit Leben und Lebenskraft — ein Charakterzug, den die Urahnen auch in den späteren Kulturen beibehalten haben. Wie den Tieren vermittelt er auch den Menschen — in den Initiationen — Wiedergeburt, also Ewigkeit, wozu er als gleichzeitiges Mondwesen auch besonders geeignet ist. Wie die toten Tiere zu ihm zurückkehren, so kommen häufig auch die verstorbenen Menschen zu ihm — ein Zug, der auch im entwickelteren Manismus fortbesteht.

Dieser „*Stammestotemismus*" splittert nun mit der weiteren Entwicklung auf: Vom „Herrn aller Tiere" spalten sich teils selbständige „Herren bzw. Eigner" der verschiedenen Tierarten ab, teils als dem ersteren untergebene „Tierhüter". Ebenso wird der Stammvater der Menschen in die Gestalten der Urahnen verschiedener Gruppen aufgespalten. Hierzu mag eine höhere Entwicklung des Sippenzusammenhaltes sowie die zentripetale Bildung größerer Einheiten auch aus einander fremden Gruppen beigetragen haben, welche geneigt waren, den von ihnen verehrten Stammvater als den ihrer eigenen Gruppe dem der anderen entgegenzustellen.

In der Folgezeit geht die Entwicklung zwei verschiedene Wege: Bei den dem schweifenden Jägertum — in höherer Ausbildung zur Fernjagd — Treubleibenden in Richtung auf den Individualtotemismus, d. h. der Einzelne sucht für sich persönlich einen Tierhelfer zu gewinnen. Der andere Weg ist durch die größere Seßhaftigkeit bestimmt: Aus der Sammeltätigkeit der Frau hat sich im Schoße der Wildbeuterwirtschaft der erste primitive Bodenbau entwickelt und mit diesem eine neue Geistigkeit, die zunächst noch für lange Zeit *neben* der alten Jägermentalität besteht. Der Bodenbau hat vor allem Seßhaftigkeit und größere Bevölkerungsdichte ermöglicht; diese aber erfordert eine stärkere gesellschaftliche Differenzierung. Auch sie knüpft zunächst an das Gegebene an und entwickelt Lokalgruppe und Sippe zu größerer Bedeutung und damit auch die Idee der Abstammung und blutsmäßigen Bindung. (Verstärkt durch das mit Boden- und Hausbesitz von größerer Bedeutung gewordene Erbrecht.) Der Ausgleich mit der jägerischen Geisteshaltung vollzieht sich nun derart, daß die blutsverwandte Lokalgruppe für sich Verbindung zu den Tierherren sucht: *ihr* Stammvater war es, der eine Beziehung zu einem solchen eingegangen war, und über die Kette der Ahnen überträgt er die Lebenskraft des nunmehr zum Totem gewordenen Tieres auf die Lebenden. Die Lebensgemeinschaft *aller* Menschen mit der gesamten Tierwelt ist zu der *einer* Menschengruppe mit einer speziellen Tierart geworden, der tierische Stammvater zum Clan-Ahnen, und die Sippenexogamie wird auf den Clan übertragen. Somit sind jägerische Tierverbundenheit und pflanzerische Abstammungsidee und Ahnenkult zum frühen dynamistischen Clantotemismus zusammengewachsen.

Mit der im Ahnenkult zu größerer Bedeutung gelangten Blutsverwandtschaft wird allmählich ein tierischer Stammvater als unvereinbar angesehen und der Vorstellung einer Parallelverwandtschaft der Vorzug gegeben. Die dichter gewordene Bevölkerung erforderte eine Differenzierung nach den gesellschaftlichen Funktionen, und es lag nahe, den einzelnen Clans der ethnischen Einheit verschiedene Aufgaben, politische wie soziale und zeremoniale, zuzuteilen. In der Folgezeit geht die Entwicklung in Richtung auf eine reichere Differenzierung des Clantotemismus, wobei ein neues Element eine hervorragende Bedeutung gewinnt: die Inbeziehungsetzung der Menschenwelt zum Kosmos. Diese war bei den Wildbeutern in bescheidenem Maße vorhanden; nur war hier gemäß dem engen Horizont der kleinen nomadisierenden Gruppen das Weltbild noch verhältnismäßig einfach und naiv. Die Welt war klein und beschränkt, man fand mit wenig Prinzipien, die sie regierten, sein Auskommen. Neben dem bereits geschilderten Mana waren es wenige meist personifizierte Mächte, die die Welt und vor allem die Kulturgüter und Gesetze erschaffen bzw. den Menschen vermittelt hatten und eventuell die Innehaltung ihrer Gebote überwachten: Sei es ein Urheber[22], sei es neben ihm oder selbständig ein Heilbringer, die tierische Buschgottheit oder der

---

[22] Siehe Kap. C III, 6.

menschliche Stammvater oder auch eine Naturgottheit wie vor allem
der Mond, auch Himmel oder Sonne.

Nunmehr hatte sich mit der Aufnahme des Bodenbaues und mit seß-
haftem Leben, Entwicklung und Spezialisierung vieler Gewerbe und
Verkehrsmittel, höherer Methoden der Jagd und des Fischfanges das
Wissen vermehrt und der Gesichtskreis räumlich und zeitlich aus-
geweitet. Der Kosmos war größer geworden, und dem mußte sich das
Weltbild anpassen. Mit dem Bodenbau waren viele Naturdinge zu
neuer Bedeutung gelangt: Die Erde als fruchtbare Hervorbringerin
der Nahrungspflanzen und als Aufenthaltsort der abgeschiedenen
Ahnen, der Himmel mit seinen atmosphärischen Erscheinungen und
befruchtendem Regen; das Wasser als Fruchtbarkeitsspender für die
Pflanzen wie als · Nahrungsspender bei Fischfang und Meeresjagd.
Auch die Polarität zwischen Mann und Weib wurde tiefer erlebt, war
die Frau doch als erster Pflanzer zu wirtschaftlich größerer Bedeutung
gelangt und wurden Aussaat und Fruchttragen der Pflanzen mit dem
Leben des Menschen und besonders der Frau in Beziehung gesetzt.
War früher eine Mehrzahl von in der Welt wirkenden Prinzipien oder
ein einziges angenommen worden, so setzt sich nun ein „kosmo-
logischer Dualismus" durch mit vielen assoziierten Gegensatzpaaren:
männlich—weiblich, Himmel—Erde, Erde—Wasser, oben—unten,
Tiere der Luft bzw. des Wassers und der Erde usw., Gestirne unter
sich, auch die verschiedenen atmosphärischen Erscheinungen und
Himmelsrichtungen, eventuell auch die wichtigsten Nahrungsmittel
und Medizinen werden dualistisch bezogen. Soziologisch wirkte sich
dieser Dualismus in einer Teilung der ethnischen Einheit in zwei
Hälften aus, die zu den oben angeführten Gegensatzpaaren in Beziehung gesetzt wurden und verschiedene soziale und kultische Funktionen erhielten. Mit Übernahme der Exogamie auf diese Hälften entstand das früher erwähnte Zweiklassensystem.

Bilder der Tafel XI

Oben: Übermodellierte Ahnenschädel und Kopfjagdtrophäen in einem Ver-
sammlungshaus. *Sepik*, Neuguinea
Mitte links: Kulthaus. *Kaiser-Wilhelms-Land*, Neuguinea
Mitte: Kopfjagdtrophäe, *Jivaro*, Ecuador
Mitte rechts: Frauen stellen den Reichtum ihrer Gatten an Muschelschalen
zur Schau. *Mbovamb*, Neuguinea
Unten: Schlitztrommeln in Menschengestalt. Neue Hebriden

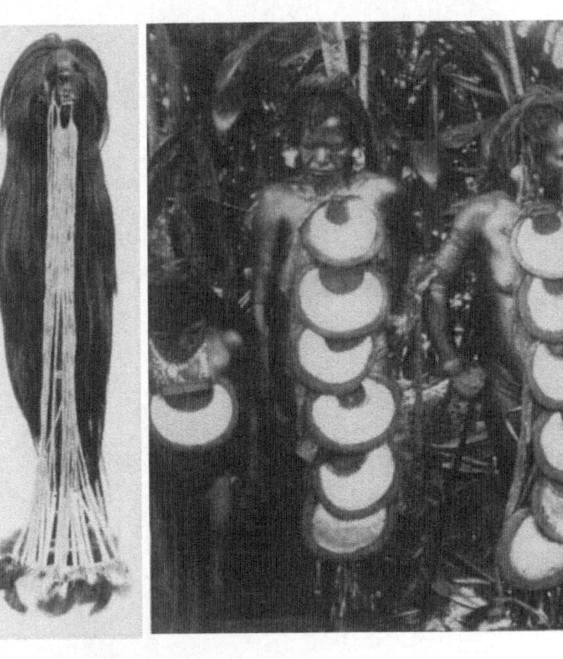

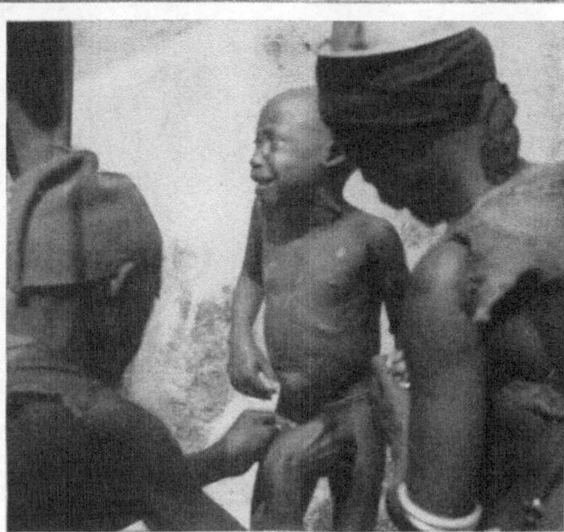

Wir sehen also deutlich das Bestreben am Werke, das menschliche Leben nach den im Kosmos erschauten Gesetzen zu ordnen. Je differenzierter die Gesellschaft, desto komplizierter die Ordnung und um so vielfältiger die Gesetze, um ihren Bestand und ihr reibungsloses Funktionieren aufrechtzuerhalten. Bei einer nur schwach entwickelten Führungsinstitution mit kaum nennswerten Machtmitteln, um die Innehaltung der Gesetze zu erzwingen, kann diesen Gesetzen Autorität und Wirkungsmacht nur verliehen werden, wenn sie eine religiöse Weihe erhalten, d. h. wenn sie von übernatürlichen Mächten (in der Urzeit) eingesetzt wurden und überwacht werden, bzw. wenn sie mit den Gesetzen des Kosmos in Übereinstimmung stehen.

Die kosmologische Orientierung äußerte sich nicht nur in der Ausbildung des Zweiklassensystems, sondern differenzierte auch das Clanwesen. Die an Zahl angewachsenen Clans werden auf die zwei Klassen aufgeteilt und wirken zu mehreren zusammen auf Grund der mythischen und kosmologischen Beziehungen zwischen den verschiedenen Totems. Familien und Sippen waren schon immer auch Kultgemeinschaften und zeremoniale Einheiten; als solche werden nun auch die Clans in ihrem Wirken koordiniert und in ein differenziertes Ganzes integriert. Die Clans besitzen nun auch mehrere, auf Grund kosmologisch-mythischer Beziehungen magisch verbundene Totems (linked totems) oder — nach nordamerikanischer Benennung — „Lebenssymbole". Als solche wirken nunmehr entsprechend dem in Aufnahme gekommenen Bodenbau nicht nur Tiere und Teile von solchen, sondern auch Pflanzen und Naturerscheinungen und -dinge, d. h. Verkörperungen bzw. Symbole aller Naturkräfte oder auch Manifestationen der alles durchdringenden unpersönlichen Lebenskraft. In den Rituallegenden und in den zeremoniellen Rezitationen der Clans werden sie erklärt, in den mimischen Kultaufführungen dargestellt und gegebenenfalls in besonderen heiligen Objekten im Besitz

---

Bilder der Tafel XII

Oben: Nach der Beschneidung werden die Knaben in den Männerbund aufgenommen. *Ron*, Nigeria
Mitte links: Ein Initiationsleiter bei der Beschneidungszeremonie in Leopardenmaske. *Ba-Bali*, Belg.-Kongo
Mitte rechts: Dem verängstigten frischbeschnittenen Knaben wird eine Schutzhülle angelegt. *Ron*, Nigeria
Unten: Frischbeschnittene Mädchen in Zeremonialtracht. *Ba-Kulia*, Ostafrika

der Clans verkörpert. Die Attribute und Benennungen der Clans, ihrer und ihrer Mitglieder Lebenssymbole bzw. Totems werden jetzt nicht nur nach einem Totemtier gewählt, sondern auch nach den ritualen und zeremonialen Funktionen, den Heiligtümern wie den oben angeführten kosmischen Entsprechungen. So hat sich im höchstentwickelten Clantotemismus (Südsee, Amerika) ein tiefdurchdachtes System von magischen Beziehungen herausgebildet, die wie ein Netz alle Erscheinungen des Kosmos mit allen Lebensäußerungen des Menschen, mit seinen individuellen und sozialen Tätigkeiten und mit seiner Umwelt verknüpfen und diese religiös erleben lassen.

6. Höchstes Wesen

Im vorstehenden haben wir Glaubensvorstellungen kennengelernt, die auch ohne Göttergestalten ein religiöses Leben ermöglichen. Daneben, unabhängig von oder in Beziehung zu den geschilderten Anschauungen, finden wir aber bereits in den ältesten faßbaren Kulturen — in diesen sogar häufig besonders ausgeprägt — die Vorstellung von einem persönlichen *Höchsten Wesen*. Es wird vor allem als *Urheber*, d. h. als Ursache der ganzen Welt oder zumindest der für den Menschen wichtigsten Dinge der Umwelt, d. h. der Erdformationen, Naturerscheinungen und besonders der Menschen, Tiere und Pflanzen angesehen. Die Weltschöpfung wurde von ihm bewirkt entweder als Verfertigung, entsprechend dem Schnitzen oder Töpfern, oder als Emanation oder durch Hervorrufen der Dinge, manchmal auch durch Kombinationen dieser Erschaffungsakte. Zuweilen wird die Entstehung der ganzen Welt noch gar nicht als Problem erfaßt und gilt dann das Höchste Wesen weniger als „Schöpfer" denn als „Transformer", Umwandler der bereits bestehenden Welt, indem er die *gegenwärtige* Weltordnung herstellte.
Die Fürsorge des Urhebers für seine Kinder, die Menschen, zeigt sich vor allem darin, daß er sie mit Lebenskraft und magischen Kräften begabte, sie mit den nötigen Kulturgütern und Kenntnissen — einschließlich der Zaubermittel — austattete, zur Ordnung ihres Gesellungslebens Gesetze gab und für eventuelle Übertretung Strafen verhängte und vor allem die religiösen Zeremonien und Riten einsetzte. Durch diese wurde der Bestand der Welt und der Menschheit gesichert und letzterer die Beherrschung bzw. Einflußnahme auf die Naturerscheinungen und das Weltgeschehen ermöglicht.

Die Tatsache der Welt-Schöpfung bedingt logischerweise die Zu-
schreibung von Allmacht, Allwissenheit und Ewigkeit an das Höchste
Wesen. Wegen seiner Erschaffung der Menschen und gezeigten Fürsorge für diese gilt er meist als gütig und gerecht, wegen des von ihm
verhängten Todes wird er jedoch zuweilen auch als böse gefürchtet
oder als ethisch indifferent angesehen. Die häufige Anrede „Vater"
bzw. „Großvater" meint nicht eine genetische Vaterschaft, sondern
bezieht sich auf die Erschaffung der Menschen und ist gleichzeitig
Ausdruck von Verehrung, Liebe und Vertrauen.
Nach vollbrachter Weltschöpfung hat sich der Urheber wieder
zurückgezogen — oft wegen eines Ungehorsams der Menschen gegen
seine Gebote. Es war naheliegend, ihm als überirdischem Wesen als
Wohnung den Himmel zuzuweisen. Durch die Übergabe des den Bestand der Welt und ihrer Ordnung sichernden Kultes an die Menschen
hat das Höchste Wesen auf fernere ständige persönliche Einflußnahme
auf seine Schöpfung verzichtet und sich in nahezu völlige Untätigkeit
(„Otiosität") zurückgezogen. Zwar werden bisweilen Naturerscheinungen als seine Äußerungen, und Verhängnisse — wie z. B. Todes-
fälle — auf seine Einwirkungen zurückgeführt. Aber diese sind doch
häufig mehr automatischer Art, etwa als Strafen, die durch Vergehen
gegen seine einmalig eingesetzten Gebote kraft deren ständiger Wirksamkeit von selbst ausgelöst werden. Es ist verständlich, daß durch
diese Otiosität das Höchste Wesen im religiösen Denken und Leben der
Naturvölker meist ganz in den Hintergrund gedrängt ist und mehr
eine theoretische Rolle spielt, während im Alltag die dem Menschen
näheren Mächte, Ahnen, Geister und Dämonen von ungleich größerer
Wichtigkeit sind. Daher empfängt das Höchste Wesen auch keinen
Kult und nur gelegentlich, in Fällen der Bedrängnis, unzeremonielle
Anrufungen.
Die Gestalt des Urhebers ist eng verwandt mit einer Gruppe höherer
Wesen vom Typus des *Heilbringers*, der ersteren sowohl verdrängen
wie mit ihm sich mischen oder zusammenwirken kann, wenn er nicht
überhaupt als einzige Gestalt eines Höchsten Wesens auftritt. Die
Heilbringer besitzen zwar weniger Machtfülle als der Schöpfergott,
haben auch weniger mit der Erschaffung des Weltalls zu tun, stehen
aber dem Menschen näher als Urheber seiner Kulturgüter und des
Kultes und als zum Teil ständig in sein Leben fürsorglich eingreifende
helfende Macht und besitzen daher eine größere Wichtigkeit im
religiösen Leben.

7*

Bei ausgesprochenen Jägervölkern spielt die wichtigste Rolle der bereits besprochene *Jagd-* bzw. *Buschgott*, der „Herr der Tiere", als manchmal einziges Höchstes Wesen. Er wird vor jedem Beutegang um Erfolg angerufen, er treibt dem Jäger das Wild zu, lenkt wohl auch gar seinen Pfeil. Ganz der jägerischen Geistigkeit und den Gepflogenheiten der Beuteverteilung unter die Mitglieder der Jagdschar entsprechend wird dem Buschgott als erstem ein Stückchen des erbeuteten Wildes zugeteilt, das ihm als am Jagderfolg Mitbeteiligten zukommt. Desgleichen wird ihm vom ersten Sammelergebnis bestimmter Pflanzen und Früchte wie wilden Honigs ein Teil geopfert. Diese Erstlingsopfer (Primitialopfer) sind in diesem Sinne Anerkennung seines Eigentumsrechtes über die Nahrungsmittel wie Ausdruck des Dankes und der Bitte um weitere Beute[23]). Der Buschgott ist auch für die soziale und geistige Existenz der Menschen von hervorragender Bedeutung: hat er doch die *Jugendweihen* (Initiationen) eingesetzt (s. S. 68 f.), eventuell auch kultische Geheimbünde. (In den Fällen, wo ein einziges Höchstes Wesen sowohl Schöpfer wie Heilbringer ist, wird natürlich diesem die Einsetzung der Initiation zugeschrieben.)

Zu den Heilbringern gehören ferner die vielfältigen mythischen Gestalten der eigentlichen *Kulturbringer* bzw. *-heroen*, die den Menschen die Kulturgüter, Wissen und Kult vermittelten, insbesondere die Kenntnis der Feuerbereitung, der Zeugung, der Nutzpflanzen, der Handwerke usw. Sie können ebensowohl Abspaltungen vom Höchsten Wesen sein wie mythische Erhöhungen historischer Persönlichkeiten (in Afrika z. B. häufig der erste Schmied). Da das Höchste Wesen nach der Erschaffung der Welt meist auf ein weiteres Eingreifen verzichtet hat, bedurfte es direkt der Einführung eines Kulturbringers, der die Einzelheiten der Schöpfung vollendet und die irdischen und menschlichen Verhältnisse regelt. Sofern das Höchste Wesen als nur gütig und gerecht angesehen wird, muß das Böse in der Welt, insbesondere die Einführung des Todes, einem Gegenspieler zugeschrieben werden, als welche meistens eine Heilbringer- bzw. Transformergestalt fungiert. Sie handelt oft in recht menschlicher Weise, zuweilen als boshafte Streiche ausführender Schalk (Trickster). Ist die Vorstellung vom Höchsten Wesen besonders lebendig, so wird der Heil-

---

[23]) Aus diesem an den Buschgott gerichteten Erstlingsopfer ist fälschlich geschlossen worden, daß es zum Kult des Schöpfergottes gehöre.

bringer als in seinem Auftrag handelndes und ihm untergeordnetes
Wesen, als Mittler zwischen ihm und den Menschen, betrachtet.
Heilbringer finden sich seit den Jägerkulturen in allen Kulturkreisen
und leben noch im Mythos der Hochkulturen fort (Prometheus!), in
den Messiasgestalten sind sie ganz vergeistigt und auf die Zukunft
gerichtet.
Mit Zügen des Kulturbringers ist häufig auch die bereits erwähnte
Gestalt des *Stammvaters* ausgestattet oder auch ganz mit ihm ver-
schmolzen. Als erster Mensch der Urzeit gibt er die Lebenskraft und
Kulturgüter den Nachkommen weiter, wacht über das Wohl der
Schöpfung, die zuweilen sogar ihm zugeschrieben wird. Schließlich
sei noch erwähnt, daß Kulturheroen — namentlich bei Viehzüchtern —
auch als *Söhne des Himmels* angesehen und mit den irdischen Königen
als ihren lebenden Repräsentanten gleichgesetzt werden.
Die Tatsache, daß bereits in ältesten Kulturen — wenn auch nicht in
allen — die Gestalt eines Höchsten Wesens anzutreffen ist, hat zu
heftigen wissenschaftlichen Auseinandersetzungen, aber auch zu
Idealisierungen sowohl dieses Glaubens wie seiner Bekenner geführt.
Insbesondere ist daraus von einigen Religionsforschern das Bestehen
eines „Urmonotheismus" gefolgert worden, von dem alle anderen
Glaubensvorstellungen nur spätere Häresien, d. h. verdunkelnde
Abfälle vom ursprünglichen reinen Gottesglauben seien[24]). Die
Theorie eines „Urmonotheismus" ist bereits mehrfach widerlegt
worden; es genüge daher der Hinweis darauf, daß beim „Höchsten
Wesen" kaum von einem eigentlichen Gott gesprochen werden kann,
da ihm dauernde Wirksamkeit und Kult fehlen. Noch weniger haben
wir es bei ihm mit einem Eingott zu tun, da neben ihm stets noch
andere höhere Mächte wirksam sind, die seine Macht und sein Eingreifen einschränken und oft sogar allein mehr Verehrung als das
Höchste Wesen genießen; es fehlt somit vor allem der Glaube, daß
das Höchste Wesen einen einzig vorhandenen göttlichen Willen ver-
körpere.
Die oben angeführten Gestalten des Höchsten Wesens und der Heilbringer sind jedoch leicht zu verstehen als Erzeugnisse des menschlichen Fühlens und Denkens, die wichtige seelische und geistige

---

[24]) Wenn in der Vorstellung eines Höchsten Wesens sogar der Beweis für ein
persönliches Verweilen Gottes unter den ersten Menschen, denen er seine
Wirklichkeit offenbart habe, gesehen wird, so ist dies natürlich Sache des
Glaubens und nicht der wissenschaftlichen Beweisführung.

Bedürfnisse befriedigen. Wie den vorher erwähnten persönlichen und unpersönlichen „übernatürlichen“ Mächten (Geister, Dämonen, Mana usw.) liegt auch ihnen das — allen Religionen gemeinsame — religiöse Erlebnis des *Numinosen*[25]) zugrunde. D. h. des (dem Menschen gegenüber) „ganz Anderen“ (Mysterium, Mirum), das ebenso als das völlig „Unnahbare“ — bis zum Grauen Erweckenden (tremendum) — wie als das „Übermächtige“ (majestas) voller ungeheurer „Kraft“ und „Heiligkeit“ (sanctum, augustum) faszinierend erscheinen kann. Sie beantworten ferner die vom Kausaltrieb gestellten Fragen nach der Ursache der Welt, ihrer Geschöpfe und Ordnung. Da nun das unwissenschaftliche Denken seine Vorstellungen nach dem eigenen menschlichen Bilde und Verhalten gestaltet, so wird in allem ein *persönlicher* „Verursacher“ gesucht, auf den menschliche Eigenschaften und Verhaltungsweisen übertragen werden (Anthropomorphismus) und der seine Schöpfungen analog den menschlichen Verfertigungen und Ausscheidungen, etwa als ein übermächtiger Zauberer, vollbringt. Weil aber der Mensch zweckbewußt handelt, so ist es auch die Weltschöpfung, die in der Erschaffung des Menschen gipfelt und zu dem Zweck vorgenommen wurde, ihm dienliche Dinge und Geschöpfe zur Verfügung zu stellen. Des weiteren geben die Schöpfungsmythen Antwort auf die für die Lebensfürsorge wichtige Frage: wie müssen wir uns verhalten, um uns das Wohlwollen der Höheren Mächte zu gewinnen? Die Gestalt des gütigen Vatergottes gibt ferner gerade den Kulturärmsten das beruhigende Gefühl, in ihrem harten Lebenskampf auf die Hilfe einer höheren Macht vertrauen zu dürfen. Nicht zuletzt spielt auch das bereits erwähnte Bedürfnis eine Rolle, die gegenwärtigen menschlichen Verhaltensweisen und Gesetze durch deren angebliche Einsetzung in der Urzeit seitens einer höheren Macht zu sanktionieren.

Es scheint, daß man mit mehrfacher Entstehung von Höchsten Wesen aus verschiedenen Wurzeln rechnen muß: In erster Linie aus einer Verkörperung der in der Welt wirkenden Macht bzw. aller magischen Kräfte und der Lebenskraft, mit welchen Ausdrücken das Höchste Wesen oft direkt benannt wird. Es besitzt ja diese Kräfte in höchster Fülle und Vollendung, ist dadurch zur Weltschöpfung befähigt und eventuell Ursprung der menschlichen Lebenskraft. Den Vorgang der Personifizierung der unpersönlichen „Macht“ können

---

[25]) [139].

wir noch in Nordamerika verfolgen, wo das früher erwähnte „manitu" zum Teil eine verschwommene persönliche Gestalt gewonnen hat; in Afrika scheint hinter manchen Höchsten Wesen noch die ursprünglich unpersönliche Macht bzw. Lebenskraft hervor. Außer in der Gestalt des Welt-Schöpfers werden die magische Kraft wie auch Naturerscheinungen ebenfalls in den Transformern bzw. Heilbringern verkörpert. Sie sind ebenso Ausgangspunkte für die Gestaltungen von Höchsten Wesen wie der Stammvater bzw. die Gesamtheit der Ahnenschaft. Sodann wird auch das gesamte Weltall zum Höchsten Wesen verkörpert, was auch in Benennungen wie „Universum", „Weltall", „Allgeist" zum Ausdruck kommt.

Als Gebilde der menschlichen Phantasie sind die oben angeführten Urheber von mannigfacher Gestalt, je nach der Kulturstufe, Umwelt und historischen Schicksale der betreffenden Menschen. Auch sind sie nicht immer fest umrissen, vielmehr oft nur verschwommen gefaßt; wenn nicht gar ehrlich eingestanden wird, daß über die Gestalt des Höchsten Wesens nichts ausgesagt werden könne, da noch niemand es gesehen habe. Selbst in der gleichen ethnischen Einheit gehen naturgemäß die Aussagen darüber auseinander, je nachdem ob ein nüchtern denkender Alltagsmensch oder ein spekulativ und religiös Veranlagter befragt wurden.

Der Personifizierungsdrang hat in allmählich anwachsendem Maße sämtliche Naturerscheinungen und -kräfte, Elemente und Gestirne erfaßt, sie zu Dämonen gestaltet und schließlich zu machtvoll wirkenden und kultisch verehrten Gottheiten erhöht. Begünstigt wurde dieser Vorgang dadurch, daß die atmosphärischen Erscheinungen und der Lauf der Gestirne (vor allem der Phasenwechsel des Mondes) leicht als Willensäußerungen selbständiger persönlicher Wesen aufgefaßt werden können und zusammen mit den Elementen Erde, Wasser und Feuer als wichtig für die Lebenserhaltung angesehen werden. Insbesondere war es der Himmel, der durch seine Erhabenheit, Allgegenwart und für die Menschen so wichtigen Erscheinungen wie Gewitter, Regen und Sturm zu besonderer Bedeutung gelangte. Da in ihm sowieso meist das Höchste Wesen seinen Wohnsitz hat, war es naheliegend, den Himmel sowohl zu einem *Himmelsgott* zu personifizieren, wie ihn häufig mit der Gestalt des Höchsten Wesens zusammenfallen zu lassen. In archaischen Hochkulturen wurde er oft — die irdischen Machtverhältnisse widerspiegelnd — als Himmelskönig die untergeordneten Gottheiten und das Universum regierend zur höchsten Gottheit. Von den Hirtenkriegern wurde er als Höchstes Wesen um so bereitwilliger übernommen, als sie in ihren Steppen und Wüsten bei Tag und Nacht von seiner Erhabenheit wie Allgegenwart, aber auch schreckenbringenden Furchtbarkeit zutiefst beeindruckt waren.

Die Abhängigkeit der Göttervorstellungen von den sozialen Verhältnissen wird besonders deutlich in den höher entwickelten Kulturen. In stärker differenzierten und staatlich organisierten Gesellschaften werden die kultisch verehrten Ahnen zu *Sippengöttern*; über sie wie über lokale Bedeutung genießende Gottheiten wird eine „Führungsschicht" von höheren Landes- bzw. Staatsgottheiten gesetzt. Diese können wieder ursprüngliche Sippen- oder *Stammesgötter* einer ethnischen Gruppe sein, die sich — von innen oder außen gekommen — als Herrenschicht über die Bevölkerung gelegt hat. Mit der Ausbildung der verschiedenen Gewerbe werden *Tätigkeitsgötter* zu diesen in Beziehung gesetzt; ebenso wie abstrakte Begriffe (Fruchtbarkeit, Reichtum, Krieg, Krankheiten usw.) zu Gottheiten personifiziert werden. Dabei wirkt in jedem Gottesbegriff der dynamistische Machtgedanke mit, da die Gottheiten eben durch ein Maß von speziellen „Kräften" ausgezeichnet sind, welches das von Magiern und Dämonen weit übersteigt. Je nach den gesellschaftlich bedingten Bedürfnissen werden also den Gottheiten (des verschiedensten Ursprungs) spezielle Funktionen zugewiesen. Wie bereits erwähnt, wurde in den monarchischen Großstaaten an die Spitze des Götterstaates ein *Götterkönig* gesetzt. Dieser wiederum war nicht selten der Landes- bzw. Stammesgott eines Eroberervolkes oder der Lokalgott einer zu größerer Macht gelangten Stadt. Die Götter der unterworfenen Länder und Städte wurden dem eigenen Pantheon eingefügt, um ihre Kräfte dem Wohle des eigenen Staates dienstbar zu machen. In den archaischen und feudalen Hochkulturen, die dem Betätigungsdrang einzelner kriegerischer Helden viele Möglichkeiten boten, konnten solche — etwa als Reichsgründer oder Kulturheroen — ebenfalls vergottet werden, hatten sie durch ihre Erfolge doch ihre Geladenheit mit übernatürlicher „Macht" bewiesen. Die uralte Vorstellung des „Höchsten Wesens" als Weltenschöpfer konnte in den Hochkulturen nicht nur — durch Verschmelzung mit der Gestalt des jeweiligen höchsten Gottes im Pantheon — fortleben, sondern sie erfuhr hier bisweilen durch philosophische Durchdringung seiner Idee noch eine gedankliche Vertiefung und Ausgestaltung wie ethische Erhöhung.

Ebenfalls das Ergebnis hochkulturlichen philosophischen Denkens — auf der Grundlage tiefer religiöser Ergriffenheit — ist der *Pantheismus*, dem der ganze Kosmos einschließlich seiner Geschöpfe von einer einzigen sich in der ganzen Natur offenbarenden göttlichen Kraft durchdrungen erscheint. In Verbindung mit den zäh weiterlebenden dynamistischen Anschauungen von der Möglichkeit der Einverleibung magischer Kräfte und mit dem animistischen Besessenheitskult wurde der Pantheismus von ekstatisch veranlagten Persönlichkeiten zu den mystischen Sekten innerhalb der Weltreligionen entwickelt, deren Anhänger durch Versenkung, Trance und Ekstase das Erlebnis der Aufnahme Gottes in sich, der Verschmelzung mit ihm, erfahren.

Das Entstehen eines echten *Monotheismus* ist eine einmalige und religionsgeschichtlich späte historische Erscheinung. Er ist sowohl bei seinem ersten Auftreten als mosaischer Jahveglauben wie in dessen späteren Ausgestaltungen des Christentums und Islams eine typische *Offenbarungsreligion*, die Schöpfung von gottbegeisterten Propheten, die ihr eigenes übermächtiges Gotteserlebnis ihrer Gefolgschaft aufzwangen. In der Jahvegestalt sind viele ältere Glaubensvorstellungen zusammengeflossen: eine auf animistischer Grundlage erwachsene Naturgottheit (= Sturmdämon), vor dessen schrecklicher Gewalt die Menschen zitterten; die dynamistische Idee der übernatürlichen „Macht" — die sich auch in den vielen Tabugeboten und der mosaischen Auffassung der Sünde als ritueller Unreinheit ausdrückt —; die altorientalische Vorstellung des strengen Weltenherrschers und der alte Urheberglaube. Nur ist letzterer ebenfalls stark voluntaristisch[26] umgebildet, insofern als die Weltschöpfung durch einen bloßen Willensakt und — mit Ausnahme der Erschaffung der Menschen — nicht mehr durch Verfertigungen vollzogen wird. Ferner kam dazu noch die (schon vorhandene) pantheistische Spekulation von einem einzigen im Kosmos wirkenden Prinzip. Die Durchsetzung Jahves gegenüber den zunächst noch als real anerkannten Göttern der Umwelt zum einzigen Gott hatte außer diesen religionshistorischen Voraussetzungen auch politische: Die in den altorientalischen Reichen bereits ausgebildete Idee der Weltherrschaft, die hier gleichzeitig die Weltgeltung der eigenen Religion beinhaltete; die politisch schwierige Lage des jüdischen Volkes zwischen den orientalischen Großstaaten,

---

[26] Von lat. voluntas = der Wille.

die es der Gefahr eines Zusammenbruches als ethnische Einheit nahe-
brachte; und schließlich die politische Weisheit der jüdischen Propheten und Priester, welche die zentripetale Wirkung der Erhöhung
ihres Nationalgottes zum einzigen Gott über alle Völker und damit
die Möglichkeit zur Aufrechterhaltung des nationalen Zusammen-
haltes und die Erlangung der Weltherrschaft auch ohne entsprechende
militärische Machtmittel erkannten und diese Idee entsprechend
fanatisch propagierten. Diesen unduldsamen Fanatismus wie Weltherrschaftsanspruch haben auch die beiden folgenden monotheistischen Religionen als einzige auf der Welt beibehalten.

7. *Mythos*

Die im vorstehenden geschilderten Glaubensvorstellungen werden
nun von vorwissenschaftlich denkenden Völkern nicht in klare,
dogmatische Lehrsätze gefaßt, sondern in anschaulichen *Mythen*
erzählt. Das erwähnte Bestreben, das Weltgeschehen als unveränderlich und ewig anzusehen und die heutigen menschlichen Einrichtungen durch die Anordnung höherer Mächte in der Urzeit zu
sanktionieren (und damit zu stabilisieren), läßt als Hauptinhalt der
Mythen die Weltschöpfung, das Urzeitgeschehen und die damals
erfolgte Einführung aller menschlichen Lebensäußerungen — insbesondere des Todes und der Zeugung, der sozialen Institutionen,
religiösen Kulte und Feste und die Erwerbung aller menschlichen
Fähigkeiten und Kenntnisse durch Urheber, Heilbringer und Stammväter — hervortreten.
Inhalt und Form der Mythen sind naturgemäß verschieden je nach der
Kultur und den religiösen Bedürfnissen. In den Jägerkulturen
spielen *Tier*mythen eine große Rolle, in denen Tiere als Urheber von
Naturerscheinungen und als Kulturbringer auftreten und viel von
Verwandlungen von Dämonen und Menschen in Tiere und umgekehrt
die Rede ist. Daneben traten schon bei den Wildbeutern einfache
Naturmythen auf, die dann bei Pflanzern und Bauern eine äußerst
mannigfaltige Ausgestaltung erfahren. Die Mythenbildung knüpfte
hierbei an auffallende Naturvorgänge an, die durch regelmäßige Veränderungen bzw. Wiederholungen oder Eigenbewegungen und plötz-
liches Auftreten den Eindruck von gesetzmäßigem Verlauf oder von
willkürlichen Handlungen hervorrufen. Sie legen es dem analy-
sierenden und anthropomorphisierenden Denken nahe, für die Ver-

änderungen von Naturerscheinungen willens- und machtbegabte persönliche Wesen als Verursacher bzw. als Lenker der Naturkräfte anzunehmen oder diese Erscheinungen direkt zu personifizieren. Mythenbildend wirken da neben irdischen Vorgängen (z. B. Vegetationserscheinungen), Tages- und Jahreszeitenverlauf und atmosphärischen Erscheinungen, vor allem die Gestirne (*Astralmythen*). Von ihnen ist es insbesondere der Mond, der durch seine eindrucksvollen Phasenwechsel, Gestalt und Lauf die Phantasie entzündet und eine Unzahl von *Mondmythen* hervorgebracht hat. Wegen seines immer wieder erneuerten Entstehens, „Sterbens" und „Wiederauferstehens" wird er mit Geburt, Tod, Unterwelt und ewigem Leben in Beziehung gesetzt; wegen seines Gleichlaufes mit der weiblichen Menstruation ebenfalls mit dem Geschlechtsleben, Zeugung und Fruchtbarkeit und mit letzterer nochmals als angeblicher Spender des befruchtenden Taues. Da er als erster den Tod erleidet, steht er in Analogie zum Stammvater, der den Tod als erster Mensch an sich erfährt. Mit diesen Gedankenverbindungen spielt der Mond bereits bei vielen Wildbeutern eine Rolle, die zur beherrschenden in der Mythologie der Pflanzer verstärkt wird. Denn in deren Denken steht die Fruchtbarkeit im Vordergrunde und hat zum Teil die Frau eine sozial wichtigere Stellung, teils aus wirtschaftlichen Gründen, teils eben wegen der Gleichsetzung menschlicher Fruchtbarkeit mit der vegetativen. Auf das „Zerstückeltwerden" des abnehmenden Mondes wird wiederum das für neues Pflanzen-„Leben" erforderliche Zerstückeln der zur Aussaat bestimmten Knollenfrüchte (der ältesten Kulturpflanzen) bezogen. Damit wird der Gedanke in der Geistigkeit der Pflanzer fest verankert, daß Zeugung und Tod in innigem inneren Zusammenhang stehen, der Tod notwendige Voraussetzung für neues Leben und dieses ewig ist. Als letzte Folgerung ergab sich daraus die Tötung menschlichen Lebens — in der Form der in Vegetationskulten dargebrachten Opfer[27], des Kannibalismus[28] und der Kopfjagd — damit menschliches Leben neu gezeugt bzw. fortbestehen oder die Erde neue Frucht hervorbringen könne. Auch nach Aufnahme der Körnerfrüchte in den Anbau bleibt dieses Weltbild — mit entsprechenden Veränderungen — bestehen: Die Personifizierung des Pflanzenkleides der Erde — als Gottheit oder Gottkind — erleidet das

---

[27] Als Vertreter der ebenfalls zerstückelten Erd-, Mond- oder Vegetationsgottheit.

[28] Als Gleichsetzung mit dem Pflanzenessen zur Gewinnung von Leben.

Schicksal des Mondes: zu wachsen, getötet zu werden und in die
Unterwelt (= Unsichtbarkeit) einzugehen, um daraus zu neuem
Leben wieder aufzuerstehen.

Mythologisch weniger bedeutsam als der Mond ist die Sonne. Eine
Sonnenmythologie scheint zuerst in Steppenjägerkulturen entwickelt
worden zu sein, um dann bei Hirtenkriegern und besonders in den
alten Hochkulturen größere Bedeutung zu erlangen. In letzteren erforderte der Bewässerungsackerbau die Aufstellung eines genauen
Kalenders, wozu der Sonnenlauf geeigneter als der Mondumlauf war.
Dieses Bedürfnis veranlaßte ferner die Beobachtung der Planeten-
läufe durch den Tierkreis, die Entwicklung von Mathematik und
Astronomie als Hilfswissenschaften für die Kalenderberechnung wie
für die zur Erkennung des göttlichen Willens und Schicksalsverhän-
gung dienende Astrologie. Die gelehrten Priester der alten Hochkulturen gestalteten aus Natur und Astralmythen und kosmischen Duali-
täten großartige und tiefsinnige Kosmogonien und Kosmologien, die
zwar in Einzelheiten je nach der räumlichen und zeitlichen Kulturentwicklung Verschiedenheiten aufweisen, aber doch im Grunde alle
miteinander verwandt sind. In China blieben sie bis in die Neuzeit
lebendig.

Neben Tieren und Naturerscheinungen sind auch die sozialen Einrichtungen — als deren Erklärung — sowie historische Persönlichkeiten und Ereignisse mythenbildend.

8. Kult

a) Formen des Kultes. In enger und wechselseitig aufeinander ein-
wirkender Verbundenheit zum Mythos steht der *Kult.* Dieser bezweckt
durch bestimmte Handlungen eine Verbindung des Menschen zu den
höheren Mächten — seien sie persönlich oder unpersönlich aufgefaßt —
aufrechtzuerhalten und auf letztere magisch einzuwirken, sie zum
eigenen Nutzen zu lenken. Einen Kult genießt das Wesen oder Ding,
dem nach den jeweiligen Anschauungen eine besondere übernatürliche
Macht innewohnt, d. h. heilig ist. Kultische Riten gelten als um so
wirksamer, je treuer ihre überlieferten und durch das Alter (= Einsetzung durch Ahnen bzw. Heilbringer!) geheiligten Formen inne-
gehalten werden. Zu den wichtigsten Kulthandlungen gehört das *Kultdrama.* Es ist die Darstellung des mythischen Urzeitgeschehens, ruft
den Mythos durch traditionell festgelegte Rezitationen immer wieder

in Erinnerung und macht ihn durch mimische Maskentänze — oft in packend dramatischer Form — anschaulich. Inhalt und Form sind von der Weltanschauung abhängig. Meist handelt das Drama von der Weltschöpfung und dem Wirken der Höheren Mächte, seien es Heilbringer, Ahnen, Tier-, Natur-, Fruchtbarkeitsdämonen, Verkörperungen der Gestirne und ihrer sich in heiligen Zahlen ausdrückenden Umläufe bzw. Phasenbildungen oder, in den Hochkulturen, der Hochgötter. Gern wird die Einführung der dem Menschen wichtigsten Kulturgüter und Institutionen sowie der Verlust des Paradieses, d. h. des gottnahen Lebens ohne Arbeit und Mühsal, Zeugung und Tod, geschildert und Erklärungen für die Entstehung der letzteren gegeben. Da Zeugung und Tod in innerem Zusammenhang stehen, mußte die Einführung des einen die des anderen im Gefolge haben und somit die entweder in der Urzeit den Menschen gegebene oder von der Gottheit zugedachte Unsterblichkeit verlorengehen.

Die Darsteller des Kultdramas erhalten durch die Hülle ihres Maskenkleides auch das Wesen der dargestellten Mächte, „sind" diese selbst; unter Umständen können sie aber abwechselnd auch als menschliche Gegenspieler auftreten. Wenn in den die Verleihung der Fruchtbarkeit an die Menschen darstellenden Kultfesten oft alle Heiratsordnungen, unter Umständen sogar die strengen Exogamiebestimmungen, durch sexuelle Orgien durchbrochen werden, so erklärt sich dies daraus, daß die Darsteller in diesem Falle eben keine gewöhnlichen Menschen sind, sondern übernatürliche Mächte verkörpern und deren Kräfte auf die Mitmenschen dadurch übertragen.

Wie der Kult durch die ihm zugrunde liegenden Mythen gestaltet wird, so wirkt er auch wieder auf jene zurück, insbesondere durch die Notwendigkeit, unverständlich gewordene Kulthandlungen durch Erfindung neuer Mythen oder Details zu erklären. Nicht zuletzt beflügeln die Kulthandlungen und ihre Darsteller die künstlerische Phantasie, prägen anschauliche Bilder von den Höheren Mächten.

Auf das naturvölkische Kultdrama, das einen besonders hohen Entwicklungsstand in der Megalithkultur und in den frühen Hochkulturen erreicht hatte, gehen auch das antike Drama — das noch Maskierungen und Tierdämonen kannte —, die Mysterienspiele, die alpenländischen Perchtenläufte usw. wie als letzter Ausklang der Fasnacht-Mummenschanz zurück.

Die Veranstaltungen der kultischen Dramen, Wettspiele (= Sinnbilder des Kampfes und Laufes der Gestirne und Jahreszeiten und der sie verkörpernden Dämonen), Jagd- und Ackerbauriten und Totenfeste wie die Rezitationen der Mythen, dienen vor allem magischen Zwecken. Sie sollen die Höheren Mächte beeinflussen, die gewünschte Wirkung durch Modellhandlungen (Analogiezauber) erzielen und die Welt, ihre Ordnung und ihren Bestand wie die Überlieferung aufrechterhalten[29]).

Weitere wichtige Kultmittel sind *Gebet* und *Opfer*. Das Gebet ist zunächst bei den Sammlern und Jägern — und individuell natürlich auch in späteren Kulturen noch häufig — eine Anrufung der Höheren Mächte (um Mitleid zu erregen und Hilfe zu erlangen) ohne vorgeschriebene Form, der augenblicklichen Lage entsprechend. Später wird ihm, namentlich in den Priesterreligionen, eine festgeprägte und den verschiedenen Zwecken angepaßte Form verliehen, unter Umständen auch mit bestimmten rituellen Handlungen und Haltungen verknüpft. Deren genaue Beachtung gewährleistet dann einen magischen Zwang auf die angerufene Gottheit, so daß in diesem Falle Gebet und Zauberspruch identisch werden.

Mit einem Gebet oder zumindest Anrufung wird meist das Opfer verbunden. Bei ihm haben wir mehrere Formen mit verschiedenen Inhalten zu unterscheiden: Wir hatten bereits gesehen, wie das Erstlingsopfer der primitiven Sammler und Jäger den Anteil des Höchsten Wesens bzw. des „Herrn des Wildes" am Beuteertrag darstellt, ihn als Besitzer und Spender der Nahrungsmittel anerkennt und Ausdruck der Verehrung und Dankbarkeit ist. Ohne seine Darbringung wäre zugleich ein weiterer Beuteerfolg in Frage gestellt. Auch das Speise- und Trankopfer an die Verstorbenen als Anfang des Ahnenkultes stellt die Fortführung eines sozialen Brauches über den Tod hinaus dar, genügt der Pflicht zur Versorgung der bedürftigen Angehörigen und sichert deren Wohlwollen. Wie man sich ferner die Gunst lebender Mächtiger durch Geschenke erkauft, so die der Höheren Mächte durch Gabenopfer.

Hierbei wirken z. T. auch noch Gedankengänge des Totenkultes nach, insofern als auch Gottheiten als ständiger Opferdarbringung bedürftig angesehen werden, um ihre Macht bewahren und ihre Kraft zum wohltätigen Wirken aufrechterhalten zu können. Damit aber gewinnt

---

[29]) Da der mythische Sinnbezug vieler Zeremonien oft bereits verschüttet ist und z. T. erst von der neueren Forschung aufgedeckt wurde, hat man darin lange nur bloße und häufig unverständliche Zauberhandlungen sehen wollen.

der Mensch ein wirksames Mittel, sie in seinem Sinne zu beeinflussen. Wertvollstes und wirksamstes Opfer ist dabei das des Blutes — als Lebensträger — von Tieren und Menschen, sowie von Körperteilen. Das daraus — besonders in den höheren Pflanzerkulturen und in den frühen Hochkulturen — sich entwickelnde *Menschenopfer* ist aber nicht mehr Opfer im oben angeführten eigentlichen Sinne, sondern ein Zaubermittel: Auf magische Weise bewirkt es eine Stärkung (bzw. Verjüngung) der Gottheiten, seien sie Gestirns- oder Naturgötter (Vegetationsgötter), und damit den Fortbestand der Welt. Zu gleichem Zweck und in gleichem Sinne haben auch Gottkönige der frühen Hochkulturen zur magischen Stärkung ihrer eigenen „Kräfte" oder der ihrer vergotteten Ahnen Menschenopfer beansprucht. Dieses steht natürlich in engem Zusammenhang mit der typisch pflanzerischen Fruchtbarkeitsmagie, die mit der früher erwähnten Gleichsetzung von pflanzlichem und menschlichem Leben Töten, Zerstückeln (und Essen) als notwendige Voraussetzung zu neuem bzw. ewigem Leben ansieht. In der Megalithkultur und in den frühen Hochkulturen wird dieser Gedankenkreis noch erweitert durch die Analogien zwischen dem Vergehen und Wiederauferstehen sowohl der Gestirne wie der Vegetation in den Jahreszeiten mit Tod und Wiederauferstehen und ewigem Leben des Menschen. Da zudem auch Tod und Zeugung in eine Gedankenverbindung gebracht wurden, wonach neues Leben nur nach Tötung eines alten gezeugt werden kann, ergab sich aus dieser Art des magischen Denkens die religiöse Fundierung sowohl des Menschenopfers wie der Kopfjagd — und des daraus abgeleiteten Skalpierens — und des Kannibalismus.
Neben den blutigen Opfern kommen auch — seltener — unblutige als *Weihe* von Menschen und Tieren an die Gottheit vor, wobei erstere sich deren Dienste zu widmen haben; letztere — namentlich bei Hirtennomaden — von jeglichem Dienst für die Menschen befreit werden.
Opfer können ferner der *Versöhnung* mit Menschen wie höheren Mächten und zur *Sühnung* von Schuld und Sünde dienen. Dabei sollen blutige Opfer die Kraft haben, den Einzelnen wie die Gemeinschaft „reinzuwaschen", in milderer Form können sie ohne Tötung durch Kasteiung vollzogen werden. Diese finden wir schon in den frühesten Kulturen, ausgeprägt besonders in den frühen Hochkulturen. Einem Sühneopfer kann auch der Sinne zugrunde liegen, daß die Verfehlung ein Vergessen und damit eine Schändung der von der

höheren Macht gegebenen Seinsordnung darstelle. Dann hat das Opfer — den S. 108 f. ausgeführten Gedankengängen folgend — eine dramatische Wiederholung des Urzeitgeschehens zum Inhalt und drückt damit das Erinnern des Schuldigen und seine erneute Anerkennung der Seinsordnung aus.

Eine verdinglichte Sünde kann auch einem „Sündenbock" aufgeladen werden oder auf mechanische Weise von der Gemeinschaft entfernt werden. Damit kommen wir zum naturvölkischen *Sünden*begriff. Er faßt die Sünde vor allem als Vergehen gegen die Gebote der Höheren Mächte, insbesondere gegen Tabugebote, deren Bruch den Betreffenden in den Zustand ritueller „Unreinheit" versetzt. Dieser Gedanke bleibt bis in die Hochkulturen hinein lebendig, erst die Stifterreligionen wandeln ihn zum ethischen Sündenbegriff. Auch der Gegenpol, das „Heilige", wird zunächst rein magisch aufgefaßt: als das positiv von höherer Macht und Kraft Geladene. Es ist damit dem Menschen unheimlich wie gefährlich, sofern er nicht durch den Besitz besonderer magischer Kräfte oder durch Ausübung vorgeschriebener Zeremonien geschützt ist. Das Heilige ist hier somit noch ohne Bezug zur Ethik, Ausgangspunkt sowohl für die magischen Tabugebote wie für die eigentlich religiöse Sittlichkeit. „*Heil*", d. h. magische Macht, besitzt nicht nur der Einzelne, sondern auch seine Sippe oder Stamm, sein Verlust (z. B. auch durch rituelle Befleckung) bedeutet auch noch im Germanischen „Unheil". Ebenso bedeutet noch im Lateinischen *sacer* sowohl „heilig" wie „verflucht". Die Reinigung von der Sünde wird durch rituelle Zeremonien bewirkt, z. T. direkt durch Waschungen der Menschen wie ihrer Siedlungen; auch die (öffentliche) Beichte spielt dabei eine Rolle, insbesondere in gefährdeten Zuständen oder vor der Vornahme wichtiger Handlungen. Um in den Zustand der Heiligkeit zu gelangen, müssen vor allem die rituellen Gebote streng befolgt werden, auch wohl magische Zeremonien vorgenommen werden, wobei gern auf das zur Steigerung der physischen und magischen Kräfte stets beliebte Mittel der Enthaltsamkeit zurückgegriffen wird.

Bilder der Tafel XIII

Oben: Flotte von *Tahiti* bei einer Totenfeier. Polynesien
Unten links und rechts: Menhire und Dolmen als Rastplätze für Ahnenseelen und als Ratssitze für die Lebenden auf dem gepflasterten Dorfplatz. *Nias* bei Sumatra

b) Träger des Kultes sind vor allem die für dies Amt durch Besitz größerer magischer Kräfte, durch Weihe oder Schulung besonders geeigneten Männer. Unter ihrer Leitung treten bei Vorhandensein von Geheimbünden auch deren Mitglieder handelnd auf, unter Umständen bei Festen auch eine größere Zahl vollwertiger (initiierter) Angehöriger der ganzen Gemeinschaft. (Ältere) Frauen können fast nur in mutterrechtlichen Kulturen eine bedeutendere Rolle im Kult als Priesterinnen, Seherinnen, Geheimbundleiterinnen (und Zauberinnen) spielen. Da die Familien, Sippen und Clans die ursprünglichen Kultgemeinschaften darstellen, sind auch ihre Ältesten — die ja von ihren Vorfahren einen höheren Anteil an magischen und Lebenskräften ererbt haben und daher in einem höheren „Seinsrang" stehen — die ersten Mittler zwischen den Angehörigen ihrer Gemeinschaften und den Höheren Mächten. Diesen haben sie sowohl verehrend zu dienen wie entsprechend dem dynamistischen Weltbild magischen Zwang auf sie auszuüben. Auf dieser Entwicklungsstufe sind also Priester und Zauberer noch in einer Person vereinigt. Im Ahnenkult dagegen bleibt den Familien- und Sippenhäuptern nur die Funktion des *Priesters*. In den höher entwickelten größeren und in verschiedene Berufe und Stände bzw. Klassen differenzierten ethnischen Einheiten bildet sich auch ein Stand von offiziellen Priestern heraus, denen der Kult der Gottheiten sowohl der einzelnen Stände, Tätigkeiten usw. wie der verschiedenen Regionen der politischen Einheit und der Stammes- bzw. Staatsgötter obliegt. Zu letzteren wurden in den geschichteten Gesellschaften häufig die Ahnen bzw. die Götter der führenden Schicht bzw. Sippe erhoben; ihre Priester, zumindest die höheren, wurden dann meist von den herrschenden Familien — oft in erblicher Amtsfolge — gestellt. In manchen vorwiegend religiös ausgerichteten frühen Hochkulturen konnte die Priesterschaft auch die politische Führung erringen, so wie auch auf niedrigerer Kulturstufe

---

Bilder der Tafel XIV

Oben: Schlingenstabwebgerät für Bastfasern. *Yap,* Mikronesien
Mitte links: Häuptling mit Gesichtstatauierung im Flachsmantel. *Maori,* Neuseeland
Mitte rechts: Reigentanz der Krieger in eisernen Rüstungen. *Nias* bei Sumatra
Unten: Ein *Maori*-Häuptling wird gefüttert, da er die Speisen durch Handberührung *tabu* machen würde

8 Dittmer, Allgemeine Völkerkunde

mancher Häuptling nicht gegen den Willen der Priester oder der Geheimbundführung zu regieren wagt.

Die Verehrung der Höheren Mächte findet naturgemäß vor allem an ihren Aufenthaltsorten statt: Die der Ahnen also an ihren Gräbern, im Hause vor ihren Relikten (Schädelkult) oder vor den ihren Kräften bzw. Seelen als Aufenthalt dienenden Ahnenfiguren. Als Ort ihrer Aufstellung und zur Aufnahme der Opfer entwickelte sich der Altar, der später für den Götterkult nahezu verbindlich wurde. Der hochentwickelte Ahnenkult der Megalithkultur verbindet die Grabstätte des Dorf- bzw. Clangründers gern mit dem Versammlungsplatz — so daß die Ahnenseelen an den Ratssitzungen teilnehmen können —, der gleichzeitig den Veranstaltungen kultischer Feste, Dramen, Wettspiele usw. dient. Dies wirkt sowohl in der hellenischen Agora, den südostasiatisch-ozeanischen Kultplätzen und den Tempel- und Ballspielanlagen der altamerikanischen Hochkulturen wie in der beliebten Verbindung von Tempel- bzw. Kirchenbauten mit Festplätzen und in der Aufnahme von Heiligengräbern in den Gotteshäusern der altweltlichen Hochkulturen nach.

Tätigkeitsgötter werden vor allem in ihren Symbolen und an den Orten der Gewerbeausübung verehrt, Naturgötter an den Stätten ihres Wirkens, an Quellen, in heiligen Hainen und in umfriedeten und tabuierten Plätzen, die auch Götterbilder enthalten können (templum). Kultfiguren und heilige Objekte werden zum Schutz gegen Witterungseinflüsse im Freien gern unter ein Dach bzw. in einen Schrein gestellt. Aus ihm wie aus dem Grabhaus und — in den Hochkulturen — aus dem heiligen Palast haben sich die Gotteshäuser entwickelt. Der Himmelsgott wird bei Nomaden ohne Kulthaus verehrt; bei einigen frühen agrarischen Hochkulturen wird dagegen sein Wohnsitz wie der der astralen und anderen Hochgötter auf die Erde verlegt, und zwar unter anderem auf eine Stufenpyramide als Abbild des Weltberges.

Während die Priester Ahnen und Götter kultisch zu verehren haben, sind für die Behandlung und Beeinflussung der anderen Mächte und Geister — insbesondere der unheilvollen — *Zauberer* bzw. Magier notwendig. Ihnen obliegt der Schutz der Gemeinschaft wie des Einzelnen vor allem durch magische Kräfte herbeigeführtem Übel, nicht zuletzt die Heilung der auf magische Ursachen zurückgeführten Krankheiten, Bekämpfung von Schadenszauberei, Wahrsagen, Sicherung der Fruchtbarkeit, z. B. Herbeizaubern von Regen bzw. Ab-

wenden von Wetterschäden (Afrika), Herstellung von Amuletten und
Fetischen, im Animismus Austreiben von Geistern usw. (Die Grenze
zum Priester ist nicht immer ganz scharf zu ziehen, haben wir doch
gesehen, daß auch im religiösen Kult von magischen Zwangsmitteln
Gebrauch gemacht wird. Wenn Hochreligionen keinen Stand legaler
Zauberer mehr neben sich dulden, so müssen die Priester z. T. auch
als Magier wirken, z. B. „Teufel" und Geister austreiben — was als
Exorzismus noch im Katholizismus nachwirkt.) Vorbedingung für die
Kunst des Zauberers ist natürlich der Besitz entsprechender magischer
Kräfte und Fähigkeiten. Sie können entweder im Laufe des Lebens
von Zauberkundigen erworben werden, insbesondere als Mitglied von
Geheimbünden oder als „Zauberlehrling", oder man hat sie von den
Vorfahren ererbt. Letzteres gilt vor allem für die Sippen- und Clanältesten vieler totemistischer und pflanzerischer Kulturen, weshalb
auch ihre Häuptlinge häufig gleichzeitig Magier und Regenmacher
sind. Mit einer Differenzierung der Gesellschaft bildet sich auch ein
Stand spezialisierter Magier heraus: Wahrsager, Medizinmänner,
Zauberer verschiedenen Grades und für bestimmte Anliegen. Von den
legal für das Wohl der Gemeinschaft praktizierenden und daher
sozial (hoch) anerkannten Magiern sind die Zauberer zu unterscheiden,
die privatim für ihren eigenen Nutzen und damit häufig zum Schaden
anderer zaubern, wir nennen sie am besten *Hexer*. Ihnen gilt der ganze
Zorn der Gemeinschaft, die sich gegen sie unerbittlich zur Wehr setzt
und sie bei Entdeckung schwer, oft mit dem Tode, bestraft — falls sie
hierfür nicht als zu mächtig angesehen werden. Die Hexenfurcht kann
das Leben ganzer Völker vergiften (Westafrika). Wird als Ursache von
Verhexung das Wirken böswilliger Verstorbener festgestellt, die durch
Opfer usw. nicht zu beeinflussen sind, so werden sie durch Pfählen
ihrer Leichen bzw. nachträglicher Verbrennung ihrer Gebeine un-
schädlich gemacht.

Die Verfügungsgewalt des Magiers über besondere magische Kräfte
bzw. Hilfsgeister befähigt ihn zu tieferer Erkenntnis der Natur und
des Wirkens personifizierter und unpersönlicher Kräfte und dazu, sie
für den gewünschten Zweck als Medizinmann richtig auswählen und
wirken lassen zu können. So bedarf es auch erst dieser seiner Kraft
und bestimmter Riten, um die heilenden Kräfte von Medizinen zu
erwecken. Zum Beruf des Zauberdoktors und Wahrsagers fühlen sich
besonders seelisch unausgeglichene (hysteroide) Personen berufen und
oft gegen ihren Willen gedrängt; die leicht in Trancezustände —

8*

gefördert durch Selbsthypnose, Narcotica, Tanz, Rassel- und Trommel-klang — fallen können. Ein ekstatischer Zustand zeigt das Eingehen übernatürlicher Kräfte bzw. von Geistern in seine Person an. Ein gewiegter Wahrsager und Medizinmann nutzt natürlich auch seine geschulten psychologischen Kenntnisse, hypnotischen und telepathi-schen Fähigkeiten zur Beeinflussung seiner Mitmenschen aus und hilft seinem Ansehen auch wohl durch mancherlei Tricks, Taschenspieler-kunststücke, Bauchreden usw. nach.

Die Institution des Medizinmannes erfuhr unter Einbeziehung des früher erwähnten Schutzgeistglaubens eine Sonderentwicklung zum *Schamanen*. Dieser ist dadurch gekennzeichnet, daß er stets ein Hysteriker (nicht selten auch eine Frau) ist, der dank seiner psycho-pathischen Veranlagung größeren Einfluß auf seine vegetativen Körperfunktionen nehmen kann. In ekstatischen Zuständen mit Visionen und Halluzinationen von Geistern zeigt sich seine — oft plötzliche — Berufung zum Schamanen, der er nachgeben muß, um seinen anomalen Bewußtseinszustand zu beenden. Nach einer längeren Schulung durch einen erfahrenen Schamanen muß der Novize seine Fähigkeiten unter Beweis stellen, um öffentlich anerkannt zu werden. Je nach seiner Macht verfügt er über eine kleinere oder größere Anzahl meist tierischer Hilfsgeister. In durch Selbstsuggestion, Trommeln und Tänze, evtl. auch durch Narcotica, herbeigeführten Trance-zuständen — oft mit parapsychologischen Erscheinungen — verkehrt seine Seele mit Geistern bzw. läßt er seinen Hilfsgeist in sich eingehen oder verwandelt sich in ihn durch sein Kostüm (= symbolische Tier-verkleidung). So reist er in die Geisterwelt, wo er Auskunft über wichtige Stammesangelegenheiten (Krankheiten, Jagd, Krieg usw.) und Kenntnisse der Mittel zur Abwehr von Unheil erlangt, verirrte Seelen von Kranken wieder einfängt, mit feindlichen Geistern kämpft usw., wobei er seine Erlebnisse usw. durch aus ihm sprechende Geister den Zuhörern mitteilt (s. Abb. 1 u. T. XXII). Im Unterschied zum geisteskranken Psychopathen kann jedoch der Schamane zum *gewollten* Zeitpunkt in Trance fallen („Kontakt mit den Geistern bekommen") und seine anomalen Bewußtseinszustände unter Kontrolle halten oder in seiner Sprache „Herr der Geister" bleiben, statt von ihnen „be-herrscht zu werden". Der Schamanismus scheint in animistischen Kul-turen Südasiens entstanden zu sein, von wo er mit frühen Entwick-lungsformen nach Indonesien, Afrika und Vorderasien ausstrahlte, in letzterem bis heute in Besessenheitskulten spürbar. Seine spezielle

Ausprägung der oben beschriebenen Art hat er jedoch bei den arktischen und subarktischen Jägern und Viehzüchtern gefunden. Von der
Massenhysterien anscheinend fördernden Natur dieser Gebiete und der
hier anzutreffenden einfachen Gesellschaftsstruktur begünstigt, ist der

Abb. 1.   Tanzmaske, *Eskimo*, Alaska

Schamanismus hier zur beherrschenden sozialen und weltanschaulichen
Institution geworden, wobei der Schamane ein dementsprechend hohes
soziales Ansehen genießt. Er ist nicht nur zur privaten Krankenheilung
und als Wahrsager wichtig, sondern übt mit seinen öffentlichen
Séancen eine unerläßliche sozialpsychologische Funktion aus, da er das
seelische Gleichgewicht seiner Gemeinschaft aufrechterhält. Dieses
bricht leicht zusammen mit Massenpsychosen schlimmster Art im

Abb. 2.   Schamanistische Kultstätte. *Jenissejer*, Nordsibirien

Gefolge („böse Geister beherrschen die Einheit"), wenn der Schamane aus irgendeinem Grunde nicht mehr tätig ist und kann erst durch erneutes Schamanisieren (evtl. eines neuen Schamanen) wiederhergestellt werden (= „Bannung der Geister").

9. Wurzeln und Wirkungen der Religion

Bei unseren Untersuchungen über die Glaubenswelt haben wir gesehen, daß sie aus der jeweiligen Vorstellungswelt von in einer bestimmten Gesellschaftsform mit bestimmter Wirtschaftsweise wurzelnden Menschen gestaltet wurde, um deren geistig-seelischen Bedürfnissen zu genügen. Das Erlebnis von Naturerscheinungen, -kräften und Mächten, die mit den vorhandenen Kenntnissen und

Denkmitteln verstandesmäßig nicht faßbar waren, führte zur Vorstellung des Ungewöhnlichen, Kraftgeladenen, „Numinosen" — Heiligen —, und forderte zur Aufrechterhaltung des seelischen Gleichgewichts wie zur Erhöhung und Erbauung der Menschen eine Begegnung mit kultischen Handlungen. Das intellektuelle Suchen nach Erkenntnis erbrachte das hartnäckige Bestreben, die Welt, ihr Wesen und ihre Kräfte sowie die Stellung des Menschen in ihr und zu ihnen mit der Vernunft zu erfassen und mit dem Denken zu bewältigen. Das Gefühl der Abhängigkeit von höheren Mächten — seien sie unpersönlich oder personifiziert aufgefaßt — führte zu dem Bestreben, sie als Helfer im Lebenskampf zu gewinnen. Dies geschah entweder durch Unterwerfung unter ihren Willen, Anerkennung und Verehrung oder durch den Versuch, sich ihnen gegenüber selbst zu behaupten und demgemäß sie durch magische Mittel zu beeinflussen bzw. zu zwingen.

Da das letzte Kriterium der Religion das Erlebnis des „Heiligen", der Glaube an und die Verehrung einer höheren Macht ist, wir diese aber bereits in den frühesten erfaßbaren Kulturen vorfinden, so leitete sich daraus die Berechtigung ab, Religionen mit persönlichen Gottesvorstellungen bzw. Hochgöttern nicht isoliert von den übrigen Glaubensvorstellungen wie Dynamismus, Animismus, Manismus usw. zu behandeln. Diese lassen sich auch keinesfalls als ein angeblicher Abfall von einem „reineren" Hochgottglauben erklären, und es besteht kein Grund, das gleichzeitige Bestehen eines Glaubens an ein Höchstes Wesen neben Dynamismus, Magie, Animismus usw. zu leugnen. Auch die lange Zeit die Gemüter erregende Frage nach dem zeitlichen und abstammungsmäßigen (genetischen) Verhältnis von Religion und Magie löst sich, wenn die Magie als ein Sonderfall des Kraft-Macht-Glaubens erkannt wird. So wie Religion und Magie sich nicht gegenseitig ausschließen, so sind sie auch nicht auseinander ableitbar, standen jedoch in einem „steten Ineinander"; denn dynamistisches Denken war von Beginn an in den religiösen Glaubensvorstellungen wirksam und daher konnten magische Mittel ebensowohl im religiösen Kult angewandt werden als auch fehlen.

Echt religiöses Leben ist nicht an eine bestimmte Form gebunden, es konnte sich auch im Dynamismus, Manismus und Animismus entfalten. Die älteren Glaubensvorstellungen bilden auch die Wurzeln der Hochreligionen: Aus dem Dynamismus wurde das Erlebnis der Heiligkeit und übernatürlichen Macht geschöpft und wurden Riten zu deren Behandlung geschaffen; Urheberglaube und Manismus steuerten die Personifizierung göttlicher Wesen (einschließlich der Gestirne) bei als Schöpfer, Allvater, Weltherrscher und Heilbringer; aus dem Animismus wurden die Vorstellungen Gottes als eines geistigen Wesens und der unsterblichen Seele als Grundlage der Individualität übernommen.

Die Frage nach der Rolle der Religion für die Kultur und deren Entwicklung läßt sich nicht eindeutig beantworten. Zweifellos hat sie mit ihren Kulten die Künste stark befruchtet und gefördert. Dem zivilisatorischen Fortschritt hat die Religion weit weniger gedient, ist dieser doch in erster Linie dem vernunftgemäßen Denken zu danken, das unablässig neue Mittel ersonnen hat, um den wirtschaftlichen und gesellschaftlichen Bedürfnissen zu genügen — wozu eben unter anderem auch religiöse Riten und kultische Handlungen dienten. Die frühen Hochkulturen mit ihrer Entwicklung von Mathematik und Astronomie (und Astrologie) zur Erkennung der auf das irdische Geschehen einwirkend gedachten kosmischen Gesetze bilden eine nur scheinbare Ausnahme: Sie bezweckten damit ja doch, die irdische Ordnung zu verbessern und die Lebensfürsorge wirksamer zu machen, d. h. vor allem die ackerbaulichen Verrichtungen durch Aufstellung eines genauen Kalenders zu sichern. Die Einkleidung der Anfänge der Wissenschaft in ein religiöses Gewand war zeitbedingt und es mußte abgestreift werden, um die Entwicklung der eigentlichen Wissenschaften zu gewährleisten. Dagegen haben religiöse Anschauungen und Vorschriften, die sich den Veränderungen der Umweltbedingungen wie des Wirtschafts- und Gesellschaftslebens meist nur sehr zögernd anpassen, dem Kulturfortschritt häufig große und oft entscheidende Hemmungen bereitet. Auch hinsichtlich der Ethik steht die Religion im Zwielicht: Einerseits konnten oft Sozialgesetze nur durch ihren Anschluß an vorausgesetzte urzeitliche göttliche Gebote oder kosmische Ordnungen sanktioniert und dadurch mangels ausreichender Führungsmacht wirksam gemacht werden, andererseits wirkten sich manche religiöse Gebote auch wieder grausam lebensvernichtend aus (z. B. Kopfjagd, Menschenopfer, Kannibalismus usw.). Ethisches Verhalten wird nicht durch die Religion an sich bewirkt, sondern durch soziale Notwendigkeiten; auch Völker ohne Hochreligionen bzw. ohne personifizierte Gottheiten oder Eingott handeln ethisch, während dagegen auch monotheistische Religionen durch Fanatismus und Weltherrschaftsanspruch Ströme von Blut vergossen haben.

IV. KUNST

Als Wurzeln der *Künste* finden wir das Bestreben, seelische Spannungen und Affekte zu entladen bzw. zu vergeistigen und Bedürfnisse der Gesellschaft und des Kultes zu befriedigen. Die Kunst durchdringt das Leben — auch des Alltags — der Naturvölker viel intensiver und ist ihnen ein weit unentbehrlicheres Lebensbedürfnis als bei uns; ihre eingehendere Behandlung ist daher angebracht.

1. *Tanz*

Als älteste künstlerische Äußerung dürfen wir wohl den *Tanz* ansehen, der gerade in den frühesten Kulturen im Vordergrund steht. Er bietet eine hervorragende Gelegenheit, seelische Spannungen motorisch zu entladen, Lust- und Unlustgefühlen durch Betätigung des primären Instrumentes, des menschlichen Körpers, Ausdruck zu geben. So genügt der profane Tanz von den Anfängen an einem individuellen und gesellschaftlichen Bedürfnis und ist er eines der beliebtesten Entspannungsmittel geblieben, ohne das kaum eine naturvölkische Gemeinschaft zu denken ist. Da nun magisch-religiöse Handlungen besonders affektgeladen sind, so ist es nicht verwunderlich, daß wir den Tanz ebenfalls von Beginn an in engster Verbindung mit dem Kult, als eines der wichtigsten Kultmittel, finden. Bei nahezu allen kultischen Handlungen kann er angetroffen werden, bei Gebet, Opfer, Beschwörung, bei Jagd- und Fruchtbarkeitsmagie, bei Initiationen, im Totenkult usw. und nicht zuletzt im Kultdrama, bei dem die maskierten Handelnden fast stets tanzend auftreten.

Die Gestaltung der Tänze richtet sich nach Zweck und Inhalt und ihre Formen sind entsprechend mannigfaltig. Sehr alt sind — namentlich im kultischen Bereich — Tänze, welche die Bewegungen und Fähigkeiten von Tieren, Dämonen, Göttern und Menschen nachahmen und damit ursprünglich magische Absichten verfolgten. Zu ihnen gesellen sich profane Unterhaltungstänze, welche körperliche Gewandtheit und rein künstlerische Ausdrucksmittel — in erster Linie den Rhythmus — pflegen. Beide Tendenzen durchdringen sich naturgemäß. Ausführend sind sowohl Einzelpersonen wie eine größere Tänzerschar, wobei die Geschlechter sowohl getrennt für sich wie auch gemeinsam und zusammen mit Einzel- (Vor-) Tänzern wirken können, nur der uns geläufigste Paartanz ist den Naturvölkern — außer in Einzelphasen von Werbungstänzen — nahezu unbekannt. Erwähnt sei noch, daß von asiatischen Hochkulturen höchstentwickelte Tanzformen als Sitz- und Gestentänze sich nach Ozeanien verbreitet und maßgeblichen Einfluß auf die Gestaltung des asiatischen Schauspieles gewonnen hatten. Mit aufs äußerste durchgebildeter und verfeinerter Gestik und Mimik werden hierbei die auftretenden Akteure, ihre Charaktere, Handlungen und Erlebnisse oft mehr symbolisiert als realistisch dargestellt.

2. Musik

Mit dem Tanz war seit Urzeiten die *Musik* aufs engste verbunden und bis in unsere Konzertmusik wirken noch — zumindest thematisch — Tanzformen nach. Takt und Rhythmus des Tanzes werden betont durch markante Geräusche, hervorgerufen zunächst durch Körperschlag, Schlag-, Rassel- und Klapperinstrumente, die erst später zu eigentlichen Musikinstrumenten weiterentwickelt werden. Dazu tritt für sich allein wie als Begleitung des Tanzes verwendet die menschliche Stimme. Wie der Tanz dient sie sowohl der Affektentladung wie dem Kultus. Dabei treffen wir bereits im Beginn auf zwei *Gesangsstile*: Der Sprechgesang des Zauberers und Priesters wird in Form und Inhalt von seinem magischen bzw. rituellen Zweck bestimmt und verwendet daher unter Umständen auch Imitationen von Tier- und Geisterstimmen, Schreie, Verstellen der eigenen Stimme mittels Näseln, Kopfstimme usw. Er ist durch vorwiegend freien Rhythmus und schwankende Intonation gekennzeichnet und stellt die Wurzel des Rezitativs dar. Der liedhafte „ariose“ Stil dagegen entwickelt sich aus dem Singsang mit zunächst sehr einfach und eng gebauten Melodien und entfaltet allmählich rein musikalische Formprinzipien, denen in den höheren Kulturen dann auch der rezitative Stil angepaßt wird. Bei den Naturvölkern herrscht der Gemeinschaftsgesang vor, der — anscheinend zuerst bei nigritischen Völkern — aus dem Variieren der gleichen Melodie durch zwei oder mehr Sänger auch zur Mehrstimmigkeit führt.

Eine besonders enge Verbindung mit dem Kult weist die *Instrumentalmusik* auf: Dem Klang der Rassel-, Klapper- und Schlaginstrumente wird die Kraft zur Verscheuchung feindlicher und zur Herbeirufung guter Geister und Dämonen zugeschrieben. Deren Stimme wird durch das Brausen des Schwirrholzes, durch das Verstellen der menschlichen Stimme mittels Anblasen eines Blattes („Mirliton") oder „geborstenen Rohres" sowie durch Hineinheulen in Schallrohre nachgeahmt; aus letzteren entwickelten sich die Blasinstrumente. Die Tonerzeugung durch schwingende Saiten wurde zuerst am Musikbogen entdeckt, von dem die verschiedenen Klassen der Saiteninstrumente abstammen. Ihr durch Zupfen und Schlagen erzeugter zarter Klang wurde besonders von den frühen altweltlichen Hochkulturen und den höheren Gesellschafts-Schichten der neuzeitlichen asiatischen Hochkulturen geschätzt (den amerikanischen blieben sie fremd, die dafür Blasinstrumente pflegten), wogegen die Streichinstrumente erst spät aus der Volksmusik in die Kunstmusik Eingang fanden.

Die in ihrem Beginn nur eintonigen Instrumente waren zunächst außer als Geräusch- und Signalinstrumente musikalisch nur als Rhythmusinstrumente zu verwenden. Eine eigentliche Instrumentalmusik konnte daher erst mit der Schaffung von melodiefähigen Instrumenten entstehen. Dies geschah zunächst durch Reihung mehrerer eintoniger Instrumente verschiedener Tonhöhe. Bei den Schlaginstrumenten werden so Xylophone, Metallophone, Klangplatten-, Gong-, Glocken- und Trommelspiele entwickelt; bei den Blasinstrumenten Panflöte und Mundorgel; bei den Saiteninstrumenten Zithern, Bogenlauten (= mehrere Musikbogen in einem Schallkörper), Harfen, Leiern usw. Diese Entwicklung dürfte in erster Linie den Pflanzerkulturen und ihren hochkulturlichen Nachfolgern zu verdanken sein. Melodiefähige Eintoninstrumente entstanden dadurch, daß man deren schwingende Teile veränderlich machte, etwa durch abgreifendes Verkürzen der Saiten (Lauten, Geigen, Zithern) oder durch Verkürzen der Luftsäule in Blasinstrumenten mittels Grifflöchern oder verschiebbarem Verschluß (Stempelflöte).

Die Festlegung der Tonabstände bei gereihten Instrumenten erfolgte im ältesten System durch Überblasen von Pfeifenröhren[30]): Der erste Überblaston ergibt den Grundton des nächsten Rohres, der — um eine Oktave vermindert — einen Abstand von einer zu großen Quarte bzw. zu kleinen Quinte hat. Dieser „Blasquintenzirkel" schließt sich nach 23 Quintenschlägen und ermöglicht verschiedene Arten von Tonleitern. Der Grundton der Panpfeifen- und Xylophonstimmung in *allen* Erdteilen ist nun derjenige, der durch das Anblasen eines 23 cm

---

[30]) [160].

langen Rohres gewonnen wird. Dieses Maß aber ist höchst bemerkenswerterweise der altchinesische Fuß, der zum altsumerischen in einer festen Beziehung steht. Wir finden hier also für die Instrumentenstimmung eine außermusikalische Maßnorm verwendet. Das gleiche gilt für die jüngeren Prinzipien der Festlegung der Saitenlängen bzw. der Grifflochabstände der Flöten und Schalmeien, für die ebenfalls ursprünglich die metrischen — und nicht musikalischen — Maße der alten Hochkulturen verwendet wurden. Der Grund hierfür liegt in dem früher erwähnten kosmologischen Denken der alten Hochkulturen: Auch die Musikinstrumente und deren Töne sollten den heiligen Maßen und Ordnungen des Kosmos entsprechen und diese widerspiegeln. Die Musik hatte in den altorientalischen Hochkulturen nicht nur kultische Handlungen zu begleiten, sondern auch bis heute die Menschen ethisch zu beeinflussen, d. h. sie im Einklang mit den Gesetzen des Kosmos leben zu lassen[31]).

Das Beispiel mancher weltweit verbreiteter Musikinstrumente — und der dadurch bedingten Musizierstile — zeigt, daß diese wie viele andere bei heutigen Naturvölkern angetroffenen Kulturgüter „gesunkenes Kulturgut" der alten Hochkulturen sind.

Die in einem Gebiet vorherrschenden Instrumente pflegen mit ihrem Tonsystem die Stimmung der übrigen Instrumente zu beeinflussen. Wegen der verschiedenartigen Stimmungen, Tonqualitäten und Spielweisen der einzelnen Instrumente wird im instrumentalen Zusammenspiel eine genaue Übereinstimmung (Konsonanz) der Stimmen weder erreicht noch erstrebt. Bei Naturvölkern wie in der kultischen Musik der höheren Kulturen herrscht daher die Unabhängigkeit der einzelnen Instrumente voneinander (Polyphonie) vor, aber auch beim heterophonen Zusammenspiel ist die Übereinstimmung nur sehr vage. Bereits bei Naturvölkern treffen wir Gesangsbegleitung durch Instrumente (meist heterophon), Zusammenwirken von instrumentalen und vokalen Solostimmen mit dem Orchester, gern auch Solopartien abwechselnd mit Orchester- bzw. Chorpartien. Wie die Ausbildung verfeinerter Instrumente vor allem den alten Hochkulturen zu danken ist, so auch die damit in Beziehung stehende Ausbildung fester Tonsysteme.

---

[31]) Im kaiserlichen China bestand bis zur Neuzeit ein „Ministerium der Gesetze, die im Großen All wurzeln". Dessen Musikamt hatte die Innehaltung der oben angeführten Maßnormen der Musikinstrumente zu überwachen.

3. Bildende Kunst

Magisch-religiöser Ursprung, soziale Funktion und Zweckbestimmtheit sind bei der *bildenden Kunst* besonders ausgeprägt. In erster Linie — und in den Anfängen ausschließlich — dient sie wie die Religion der Lebensfürsorge durch ihre magisch-religiösen Wirkungen. Sei es in der Jagd-, Wetter- und Fruchtbarkeitsmagie, im Kult der Ahnen und Gottheiten bzw. Dämonen, in der Lieferung von Kultobjekten für die im Dienste der Gemeinschaft tätigen Kultgenossenschaften, Schutz- und Zauberfiguren für den Einzelnen oder in der Anbringung religiöser Symbole auf Gegenständen des Kultes wie des alltäglichen Gebrauches. In sozial geschichteten Gesellschaften arbeitet sie zur Befriedigung der Ruhmsucht und des Luxusbedürfnisses der herrschenden Schichten bzw. Personen. Erst zuletzt ist sie für ein rein profanes Schönheitsbedürfnis des Einzelnen tätig.

Die Wahl der Ausdrucksmittel, formale Gestaltung und Bedeutungsinhalte der Kunstwerke, hängen von der geographischen und sozialen Umwelt der Künstler ab. Erstere wirkt unmittelbar ein durch die von ihr gebotenen bzw. vorenthaltenen Rohstoffe, mittelbar durch die Möglichkeiten, die sie einer bestimmten Wirtschaftsform bietet; letztere bestimmt die sozialen Funktionen von Kunst und Künstler und läßt das Kulturgepräge sich in den Kunstwerken widerspiegeln. Der Künstler ist dem Denken seiner Gemeinschaft verhaftet, das auch die künstlerische Geschmacksrichtung bestimmt. Diese ist vorwiegend konservativ, nicht nur aus Trägheit, sondern weil eben durch eine Anknüpfung an die von den Kulturheroen bzw. Ahnen geschaffenen Institutionen und Werke und deren treue Bewahrung eine Sanktionierung der gegenwärtigen Verhältnisse gesucht wird. So verbürgt auch nur die genaue Nachahmung überlieferter Kunstformen die „Echtheit" und magisch-religiöse Wirksamkeit eines Kunstwerkes.

In Gesellschaften ohne spezialisierte Handwerke werden Kunstwerke und kunstgewerbliche Erzeugnisse meist im eigenen Haushalt angefertigt, und auch in höheren Kulturen ist jeder zu ihrer Herstellung für den eigenen Bedarf befugt. Dabei pflegen die Frauen als Verfertigerinnen der Tonwaren, Geflechte und Gewebe für ihre vorwiegend geometrische Ausschmückung zu sorgen, deren Stil sich oft wesentlich von den Erzeugnissen der Männer unterscheidet. Diesen bleiben Holzschnitzereien, Stein- und Metallbearbeitung vorbehalten. Mit der Differenzierung der Gesellschaft in gewerbliche Tätigkeitsgruppen entsteht auch ein Stand von Kunsthandwerkern. Sei es, daß diese als Einzelpersonen neben dem allgemein üblichen Nahrungserwerb Kunstwerke auf Bestellung liefern, sei es, daß das Kunsthandwerk als Familiengewerbe betrieben wird, in welchem Falle Tradition wie Vererbung der künstlerischen Begabung zu höheren Leistungen und zur Verfestigung des Stiles führen. Auch die Konzentrierung gewisser Kunsthandwerke in bestimmten Dörfern kommt vereinzelt vor. Unter Hochkultureinfluß entsteht eine höfische Kunst, wobei spezialisierte Kunsthandwerker ausschließlich für die Bedürfnisse des Hofes und Adels arbeiten.

Da die künstlerische Befähigung häufig als Zeichen der Begabung mit überdurchschnittlicher magischer Macht angesehen wird, gilt auch das Kunstwerk oft als „Kraft"-geladen und rückt der Künstler in den Kreis der Zauberer und Priester. So sind es auch vorwiegend diese, welche künstlerisch gestaltete Kultobjekte und Zaubergegenstände verfertigen, bei deren Herstellung sowieso die verschiedensten magischen Gebote und Verhaltensweisen beachtet werden müssen, um ein Gelingen des Werkes und dessen magische Wirksamkeit zu sichern. Das gilt auch bei der Herstellung von Versammlungshäusern und Kriegsbooten, die in Gemeinschaftsarbeit hergestellt werden. Kultobjekte der Geheimbünde können natürlich nur von Geheimbundmitgliedern angefertigt werden. Die Künstler erfreuen sich stets einer hohen sozialen Stellung und allgemeinen Wertschätzung.

Die Ausprägung bestimmter Kunststile war von so vielen, auch rein zufälligen und historisch einmaligen Faktoren abhängig — wobei auch Wanderungen und Entlehnungen von Stilelementen eine große Rolle spielen —, daß ihre Verbreitung sich nur selten mit der bestimmter Völker und Kulturen deckt. Bezüglich der Kunst der hauptsächlichsten Kulturkreise läßt sich nur hinsichtlich Zweck und Bedeutung der Kunstwerke ein allgemeiner Überblick geben, während die formale Gestaltung auch innerhalb des gleichen Kulturkreises sehr verschiedene Wege gehen kann, deren Erörterung im einzelnen ebenso den Rahmen dieser Arbeit sprengen würde wie hinsichtlich der Musikstile [32]).

Während die auf altpaläolithischer bzw. holzzeitlicher Kulturstufe lebenden rezenten primitiven Wildbeuter so gut wie keine bildende Kunst kennen, bezwecken die höher entwickelten Jäger der Steppen

---

[32]) Vgl. [157].

und der arktischen Gebiete mit ihren Tierdarstellungen eine zauberische Sicherung des Jagdertrages. Die hier ebenfalls auftretenden szenischen Darstellungen mit Jagden, Tänzen und Kämpfen dürften nur scheinbar Schilderungen historischer Ereignisse sein, in Wirklichkeit jedoch die Aufgabe haben, den dargestellten Handlungen auf magische Weise Erfolg zu gewährleisten und durch die Wiedergabe mythischen Urzeitgeschehens den Fortbestand der Welt zu bewirken.

Im Kulturkreis der gruppentotemistischen Jäger-Fischer mit beginnendem Pflanzenbau wollen die Tierdarstellungen ebenfalls das Gedeihen der betreffenden Tierart und damit der mit ihnen verbundenen Clans erreichen; die Schilderungen der mythischen Erlebnisse der Clangründer führen den oben angeführten Gedanken fort; die Darstellungen des Totems wie der zu ihm zurückführenden Ahnenkette sollen den Nachkommen die magischen Kräfte der Vorfahren übermitteln. Die schon bei den Steppenjägern in Erscheinung tretende Maske gelangt hier mit den Ge-

Abb. 3. Tanzmaske, *Eskimo*, Alaska

heimbünden zu größerer Bedeutung, die sich bei den Pflanzern noch steigert. Sie bezweckt, die Verstorbenen oder Geister und Dämonen im Kreise der Menschen handelnd auftreten zu lassen; denn mit der Anlegung der Masken-Hülle wird ihr Träger der Dargestellte selbst, gewinnt dessen Wesen und Kräfte und kann so böse Mächte bekämpfen oder in den früher besprochenen Kultdramen als übernatürliches Wesen handeln.

Die seßhaften Pflanzer sorgen sich in erster Linie um Fruchtbarkeit und diese sichernde Mächte und stellen die Kunst in deren Dienst, vor allem im Kult der Ahnen, Dämonen der Fruchtbarkeit, der Erde, des Wassers oder sonstiger mythischer Wesen. Um sie zu ehren oder ihren

Abb. 4. Tanzmaske, *Ba-Luba*, Belg.-Kongo

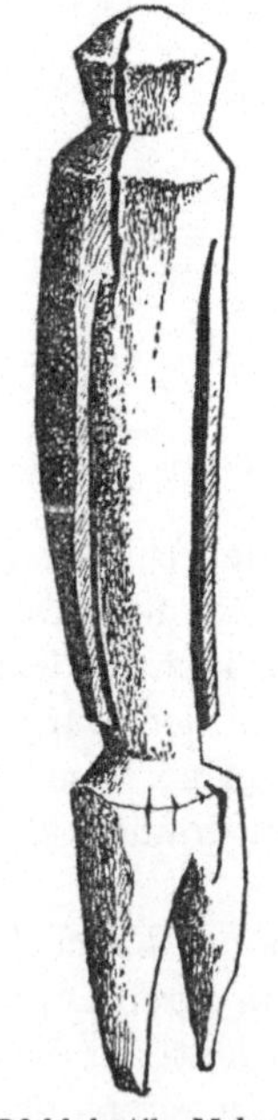

Abb. 5. Pfahlplastik, *Moba*, Nordtogo

Kräften bzw. Seelen einen Aufenthaltsort im Kontaktbereich der Menschen zu geben, werden Ahnen-, Grab-, Dämonen-, Schutz- und Zauberfiguren geschnitzt; Masken hergestellt; Kult- und Gebrauchsgeräte mit Symbolen versehen, um Segen zu sichern, Unheil abzuwehren.

In der Megalithkultur tritt allmählich neben und an die Stelle der Holzplastik die Steinskulptur, werden Rind und Büffel wie in den Kult so damit auch in die Darstellung einbezogen, wird im Ahnenkult besonders der Stammes- oder Dorfgründer auch durch Kunstwerke geehrt. Die betontere soziale Schichtung steigert den Wunsch nach Anerkennung des sozialen Ranges und Ansehens und befriedigt ihn durch Denkmäler, welche die eigenen Taten und die der Ahnen rühmen sollen.

Die Viehzüchter fallen durch ihre Kunstarmut, insbesondere durch ihren Mangel an Plastik auf. Im Nomadismus entfällt mit einem schollenverbundenen Grab- und Ahnenkult auch der Anreiz zur Herstellung schwer transportierbarer Ahnenfiguren. Dafür pflegen namentlich die asiatischen Hirtenvölker eine entwickelte Zierkunst.

Mit den frühen Hochkulturen treten sowohl Götter- und Königsdarstellungen auf wie ein handwerklich hochentwickeltes und vor allem für die Bedürfnisse des Hofes und der Tempel arbeitendes Kunsthandwerk, das nun auch das rein ästhetische Prinzip der „Kunst um der Kunst willen" pflegt.

Bezüglich der formalen Gestaltung ist anzumerken, daß Wert auf materialge-

rechtes Arbeiten gelegt wird; die zur Verfügung stehenden Rohstoffe sind daher von
großer Bedeutung. Am meisten verwendet
wird wegen seiner leichten Formbarkeit das
Holz, das fast stets als walzenförmiger
Block Gestalt und Form beeinflußt, zumal
bei der naturvölkischen Kunst alle Skulpturen — auch die seltenen Gruppendarstellungen — aus einem Holzblock gehauen
werden; das Anfügen von Einzelteilen geschieht erst unter hochkulturlichem Einfluß. DieAhnenfigur ist als „Pfahlplastik"
aus dem Schädelkult über den „Schädel-
pfahl" entstanden, wobei zunächst eine rea-
listische Wiedergabe angestrebt wird.
Bei der Darstellung solch übernatürlicher
Wesen wie Geister und Dämonen kann der
Künstler seine Phantasie stärker als bei den
Ahnenfiguren spielen lassen und zu formal

Abb. 6.
Ahnenfigur mit Ahnenschädel,
Geelvinkbai, Holl.-Neuguinea

wie inhaltlich sehr ausdrucksstarken Leistungen gelangen. Aus der
unterschiedlichen Bedeutung der menschlichen Gestalt erklärt sich
das eventuell gleichzeitige Vorkommen naturferner wie naturnaher
Gestaltung.

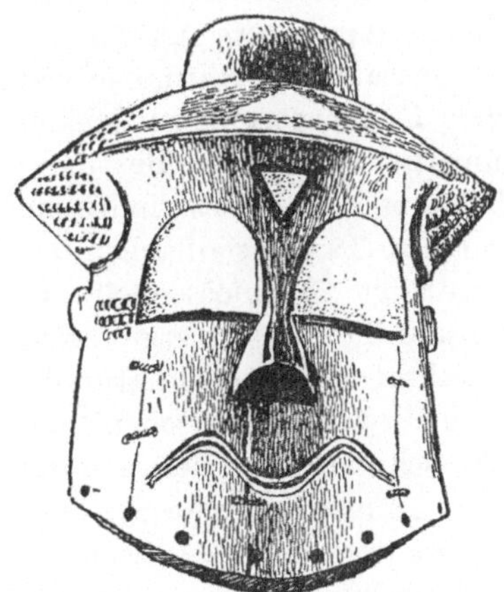

Abb. 7.
Tanzmaske, *Ba-Kuba*, Belg.-Kongo

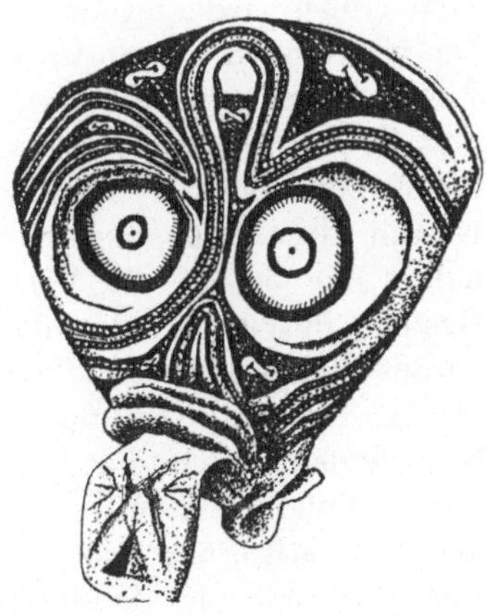

Abb. 8. Tanzmaske aus bemaltem
Rindenstoff, *Baining*, Neupommern

Für die naturvölkische Kunst gilt ganz allgemein, daß sie vorwiegend auf die Gestaltung des Wesentlichen, der „Idee", gerichtet ist und kein bloßes Abbilden eines Modelles kennt. Es findet stets eine geistige Transformation des Vorstellungsbildes statt, eine Neuschöpfung durch Synthese plastischer bzw. flächiger Formelemente. Daher kann die Wiedergabe eines Naturvorbildes wohl natur*nahe* sein, natur*alistisch* ist sie jedoch nur als seltene Ausnahme, die sich stets als hochkulturliche Beeinflussung erweist und das bewußte Erleben einer von ihren Gemeinschaftsbindungen weitgehend gelösten Individualität voraussetzt. Die Schematisierung von Naturformen durch den primitiven Realismus ist zwar häufig nur durch technisches und geistiges Unvermögen bedingt, sehr bald setzt jedoch eine künstlerische Umbildung ein: Im Bestreben, der Bedeutungsvorstellung stärksten Ausdruck zu verleihen und das Typische zu betonen, wird durch Weglassen des bedeutungs- und erscheinungsmäßig Unwesentlichen und Zufälligen vom Naturbild immer mehr abstrahiert, gelegentlich bis zur „kubistisch" anmutenden absoluten Form oder zum geometrischen Ornament. Die anatomischen Proportionen werden oft mißachtet, um die Umrisse des materialgegebenen Raumes auszufüllen und/oder das erscheinungs- und bedeutungsmäßig Wichtige zu betonen. Bei natürlicher Proportionierung werden dagegen unwichtige Einzelheiten weggelassen; denn um des harmonischen Gleichgewichts der Formen willen dürfen diese nicht unter ein gewisses gleichmäßiges Größenmaß sinken, müssen daher formal und funktionell wichtige Züge größer wiedergegeben werden, als es ihnen in natura zukäme.

Die wichtigsten Formprinzipien sind: Gegensatz und Harmonie von Linien, Massen und Flächen, Parallelismus der Körperteile zur Mittel- und Frontalebene des Körpers; rhythmische Gliederung, Betonung der Vertikalachse; Symmetrie. Bei Holzfiguren bleibt die zylindrische Gestalt des Baumstammes als unsichtbare Tangentialflächen erhalten, sie betont die Vertikale und bedingt Geschlossenheit der Gestalt; in Verbindung mit Symmetrie und Frontalität ergibt sich daraus die strenge Statik und Monumentalität der meisten naturvölkischen Plastik. Reihung, Symmetrie und Rhythmus herrschen auch beim Ornament. Es hat als Wurzeln die schmückende Verwendung von Sinnbildgestalten, technisch gegebene geometrische Formen und die Schematisierung von naturnahen zu geometrischen Gestalten.

Der Ausdruck von Gefühlen wird nur selten und dann erst in den späteren Stilen beabsichtigt; in Gruppendarstellungen — selbst beim

Mutter-Kind-Motiv — sind nur selten seelische Beziehungen zwischen den Figuren wahrnehmbar. Dagegen ist das Bestreben deutlich, Geistwesen so schrecklich und furchterregend wie möglich darzustellen.

Bezüglich des Stilwandels ist festzustellen, daß die bildende Kunst zu den konservativsten Kulturelementen gehört, deren einmal gültig gewordene Gestalten und Formen mit zäher Beharrlichkeit bewahrt werden. Selten können Künstler von der Tradition stark abweichende Neuerungen durchsetzen, müssen sie sich doch dem Denkhorizont ihrer Gemeinschaft anpassen, um Verständnis und Gefolgschaft zu finden. Da Neuerungen erst dem Prozeß der Siebung und Anpassung unterworfen sind, erfolgt ein Stilwandel allgemein nur in kleinen Schritten und in langsamem Tempo. Dabei verläuft die Entwicklungskurve um so flacher, je älter die betreffenden Kulturen sind, so daß sie nahezu konstant traditionelle Formen über Jahrtausende bewahren, während bei jüngeren bereits nach einigen Jahrhunderten oder wenigen Generationen ein deutlicher Stilwandel zu bemerken ist.

Von außen kommende Einflüsse auf die Stilentwicklung werden durch Handel und wandernde Künstler herbeigeführt, sodann durch die nicht seltene Übernahme von als besonders wirkungskräftig angesehenen religiösen Kulten und Geheimbundinstitutionen auch von fremden ethnischen Einheiten. Damit wandern dann naturgemäß auch die fast stets künstlerisch gestalteten Kultobjekte wie Masken, Kultfiguren, Tanzschilde usw. Besonders nachhaltig wirkt natürlich die Überlagerung oder Zuwanderung fremder Bevölkerungselemente. Es muß noch betont werden, daß der Einfluß der alten Hochkulturen auf die naturvölkische Kunst bisher weit unterschätzt worden ist. Von hier gelangten manche Werkarten, Motive und Gestaltungsweisen zu den Naturvölkern, wo sie — vielfach gewandelt — als „gesunkenes Kunstgut" weiterleben.

4. Dichtkunst

Auch die *Dichtkunst* ist aus der Glaubenswelt erwachsen, dient zunächst sozialen Bedürfnissen, dem Kult und der Magie. Dabei ist die *Lyrik* engstens mit Musik und Tanz verbunden; denn bis in die Hochkulturen hinein sind Gedicht und Lied identisch. Bezeichnenderweise umfaßt ja noch das lateinische *carmen* die Begriffe „Gesang" und „Gedicht", aber auch „Zauberspruch", „Orakelspruch", (in Verse

gefaßte) „Gesetzesformel", und haben das englische und französische *charm(e)* davon nur die Bedeutung „Zauber(spruch)" behalten. Es erhellt daraus, daß auch in der Antike wie bei vielen Naturvölkern religiös-kultische wie Zaubersprüche sowohl in eine gebundene Form gebracht als auch gleichzeitig gesungen wurden (vgl. die Liturgie). Dabei scheint in den Anfängen die Bindung des Lied- bzw. Gedichtinhaltes in eine feste Form, sei es Versmaß oder Reim, mehr eine magische als ästhetische Wirkung bezweckt zu haben. In der Folge können wir wie bei der bildenden Kunst und Musik so auch bei der Dichtkunst feststellen, daß nicht nur bei profanen Werken, sondern auch bei magisch-religiösem Inhalt und Zweck die Form künstlerischen Prinzipien unterworfen wird. Als solche finden wir Reihung, Rhythmus, Wiederholung, Parallelismus, End- und Stabreim, wobei für die Auswahl der Mittel natürlich die jeweiligen Sprachgesetze maßgebend sind. (Eine angemessene Würdigung der ästhetischen Werte naturvölkischer Dichtkunst ist wegen der Unmöglichkeit einer gleichzeitig form- wie inhaltsgetreuen Übersetzung dem mit der betreffenden Sprache und Denkart nicht völlig vertrauten Europäer leider versagt.)
Eine Loslösung der Lyrik aus ihren magisch-religiösen Bindungen und ihre Dichtung nur mit ästhetischer Absicht erfolgte in steigendem Maße in höher entwickelten Kulturen, insbesondere in den Hochkulturen, wo das Hofleben einen verfeinerten Kunstgenuß begünstigte und von wo aus fahrende Sänger die neuen Formen der Dichtkunst in das Volk verbreiteten. Nicht selten wird von Naturvölkern ein „Urheberrecht" an Liedern anerkannt, so daß ihr Vortrag nur ihrem Dichter und Komponisten bzw. seiner Sippe oder Clan erlaubt ist. Dichtungen profanen Inhaltes sind rezenten Naturvölkern schon auf der Wildbeuterstufe bekannt, vor allem als Liebeslyrik, Wiegenlieder, Trauerklagen, Kriegs- und Triumphgesänge, in höher entwickelten Kulturen auch Heldenlieder und Lobpreisungen der Mächtigen; dazu werden auch Ereignisse des Alltages in dichterische Form gebracht. Vor allem zeichnen sich hierin die Eskimos aus, die sogar Naturschönheiten und ihre Jagd- und Reiseerlebnisse besingen, sowie in „Sängerwettstreiten" den Gegner durch schmähende Streitgesänge zu besiegen suchen. Es liegt jedoch die Vermutung nahe, daß sich auch die heute profanen Gesänge aus ursprünglich magischen und religiösen Gesängen entwickelt haben.
Die *Prosadichtung* wurzelt im Mythos, dessen Bedeutung für Religion und Kult wir bereits besprochen hatten. Mit einem allmählichen Ver-

blassen seiner Glaubensinhalte, Loslösung aus dem kultischen Bereich und Einbeziehung in die Lebenssphäre des Menschen wandelt er sich zum *Märchen*, das nur zur Unterhaltung erzählt wird. In ihm sind die göttlichen Mächte in den Kreis des Menschen getreten, werden Heilbringer zu Märchenhelden, die weiterhin mit magischen Kräften begabt, ihre Abenteuer mit dämonischen Mächten bestehen, jedoch nunmehr ohne Bezug auf Heilswahrheiten. Eine sehr altertümliche und weitverbreitete Form stellt das Tiermärchen dar, das noch sehr viel Mythengut der Jägerkulturen mit ihren Tierdämonen, tiergestaltigen Heilbringern und Dämonen bewahrt. Neben den mythischen Stoffen trugen auch Träume zum Inhalt von Märchen bei. Verbinden die Erzähler den Mythen- oder Märchenstoff mit Örtlichkeiten ihrer Umgebung oder mit geschichtlichen Ereignissen, so haben wir es mit *Sagen* zu tun. Die allmähliche Entwicklung des früher besprochenen Kultdramas zum weltlichen *Schauspiel* findet erst in den Hochkulturen statt, wobei die Idealgestalten der betreffenden Gesellschaftsform die früheren Gottheiten und Kulturheroen ersetzen und zunächst noch viele übernatürliche Abenteuer zu bestehen haben und noch im engsten Kontakt mit der dämonischen Welt stehen. Auch im griechischen Drama ist ja die Beziehung zum religiösen Kultdrama noch sehr deutlich zu spüren. Eine Profanierung einzelner — ursprünglich zum Kultdrama gehöriger — Gestalten zu burlesken und die Zuschauer belustigenden Figuren können wir vereinzelt bereits bei Naturvölkern feststellen, vor allem wenn ihr ehemals kultisch-religiöser Sinn nicht mehr verstanden wird, oder wenn sich die Glaubenswelt in einem Umbruch befindet. Das *Heldenepos* ist wie das Heldenlied ein Kennzeichen der Hirtenkrieger- und feudalen Kulturen.

V. WISSENSCHAFT

Unsere Untersuchungen des Denkens und der Glaubensvorstellungen der Naturvölker machen es verständlich, daß diese keine eigentliche *Wissenschaft* entwickeln konnten. Deren Beginn finden wir erst in den frühen Hochkulturen, und auch in diesen bleibt sie bis zum Ausgang des Mittelalters noch durchaus dem assoziativen, magischen und mythischen Denken verhaftet und auch bei praktischer Zielsetzung noch weitgehend religiösen und sozialen Belangen dienstbar, an eine „freie Grundlagenforschung" wurde noch nicht gedacht. So wurden hier Schriftsysteme — die Voraussetzung für jede wissenschaftliche Betätigung und Überlieferung wie zur Schulung des klaren logischen Denkens — von Priesterschulen entwickelt und gepflegt, um Religionssysteme, Kultvorschriften, Gesetze, astronomische Beobachtungen u. dgl. festlegen und räumlich und zeitlich verbreiten zu können. (Erst einige Jahrtausende später wurden die Begriffs- und Silbenschriften für die Bedürfnisse des Handels durch die unvergleichlich leichter zu erlernende Buchstabenschrift ersetzt und damit das Bildungsmonopol des priesterlichen Schreiberstandes gebrochen und dem Mittelstand der Zugang zur Bildung mit allen ihren Folgen geebnet. Auf diesem Wege konnte allerdings die chinesische Schrift wegen der einsilbigen Tonsprache nicht folgen.) Mathematik, Astronomie und Musikwissenschaft wurden betrieben, um mystische Zahlenspekulationen zu verfolgen und in ihnen die kosmischen Gesetze ergründen, wie für Wahrsagezwecke einen (astrologischen) Kalender aufstellen zu können. Erstere erbrachten aber auch den praktischen Vorteil, einen Bauernkalender berechnen, wie Methoden zur Landvermessung und zu der für die Architektur und Technik wichtigen Berechnung von Rauminhalten, Kreisumfängen (z. B. von Wagen- und Schöpfrädern!) u. dgl. gewinnen zu können. Von größter Bedeutung waren ferner die hierbei entwickelten und auch für die Steuererhebung und den Handel in den neugebildeten Großstaaten unerläßlichen einheitlichen Zahl- und Maßsysteme. Chemische Kenntnisse wurden weiterentwickelt in der Nahrungsbereitung (Konservieren, Gären, Backen, Destillieren) und in den Verhüttungs- und Schmelzprozessen von Metallen und Glas. Die Geologie wurde wichtig für die Beschaffung von Rohstoffen vornehmlich für die Metallurgie. Länder- und völkerkundliche Beobachtungen waren sowohl für den Handel als auch für die Kriegführung von Bedeutung.

Wenn wir auch die Anfänge der Wissenschaft erst in den Hochkulturen finden, so reichen sie doch mit ihren Wurzeln weit in die Kulturen der Naturvölker hinab. So finden wir etwa als Vorläufer der Begriffs- und Lautschriften die Bilder- und Sinnbildschrift, die als Gedächtnisstütze für Rezitationen, auf Botenstäben (hier gleichzeitig als diplomatisches „Beglaubigungsschreiben“ dienend), zur Verdeutlichung von mythischen und historischen Begebenheiten, gelegentlich auch für Orakelzwecke, verwendet wird. Dem gleichen Zweck und vor allem Berechnungen dienen Kerbstöcke und Knotenschnüre (welch letztere nicht nur in Amerika, sondern auch in Ozeanien, Tibet und Altchina bekannt waren). Eingehende astronomische Kenntnisse und Zeitberechnungen sowohl für die Zwecke des Ackerbaues wie der Hochseeschiffahrt wurden in der Megalithkultur erworben und angewandt. Die naturvölkische Heilkunde beruhte neben all den magischen Praktiken doch auch auf rationalem medizinischem und vor allem gutem pharmazeutischem Wissen und seiner vernunftgemäßen Anwendung — und konnte auch unsere Medizin bereichern. Chemische Kenntnisse wurden ebenso bei der Nahrungsbereitung — man denke nur an die Entgiftungsmethoden des Manioks und an die Alkoholgewinnung — wie beim Gerben, Färben, Töpfern usw. verwendet. Die Zahl der technischen Erfindungen der Naturvölker ist Legion und beweist, daß jene sehr wohl zu rationalem Denken und Anhäufung von Wissen fähig waren. Unzählige Genies und Talente aller Rassen legten die Grundlagen für die zivilisatorische Entwicklung der Hochkulturen und damit auch für unsere technische Zivilisation und Wissenschaft.

D. KULTURENTWICKLUNG

Wir hatten uns im vorstehenden bemüht, einen Überblick über die
auf das Völker- und Kulturleben einwirkenden Kräfte und über
Wesen, Entstehung und Entwicklung der wichtigsten *Kulturformen* zu
gewinnen. Dabei war es nicht immer möglich gewesen, in jedem
Einzelfalle die Zugehörigkeit zu einem bestimmten Kulturkreis zu
vermerken. Es darf jedoch nie außer acht gelassen werden, daß sich
die erwähnten Kulturelemente und Kulturen nicht überall finden und
daß die Kulturentwicklung nicht gerad- und einlinig verlaufen ist.
Um die behandelten Kulturelemente und ihre Entwicklungsphasen
kulturhistorisch richtig einordnen zu können, ist es daher notwendig,
einen kurzen Abriß der Kulturschichten und -stufen zu geben. Dieser
kann notwendigerweise nur schematisch sein und nur das Typische
herausgreifen. Selbstverständlich haben sich in den verschiedenen
Umwelten und oft langen Zeiträumen die mannigfachsten Abweichungen vom Grundtypus entwickelt. Ebenso fanden ständig Kontakt-
und Mischungserscheinungen mit benachbarten Kulturen statt, die
hier unberücksichtigt bleiben müssen[33]).

---

[33]) Der Verf. ist sich der Schwierigkeit einer Ordnung der ungeheuren Vielfalt
des Völker- und Kulturlebens zu einem schematischen Abriß und dessen
hypothetischen Charakters bewußt, glaubt aber, dem heutigen Forschungs-
stande so weit wie möglich nahe gekommen zu sein. Die im Flusse befindliche kulturhistorische Durcharbeitung des schon vorhandenen Materials
und die noch zu erwartenden Ergebnisse der in letzter Minute unternom-
menen Feldforschung werden noch Verfeinerungen der Untersuchungsmethoden und noch manche Änderung an dem entworfenen Bilde ergeben.
Ob sie grundsätzlicher Natur sein werden, muß der Zukunft überlassen
bleiben. Letzten Endes hängt es nicht nur von den Forschungsergebnissen,
sondern ebenso vom Standpunkt des Betrachters ab, ob aus den skizzierten
größeren Kulturkreisen noch weitere, räumlich kleinere oder nur kurzfristig
existierende Kulturkreise und -schichten herauszulösen sind oder ob die
Gemeinsamkeiten für wichtiger als die trennenden Momente und damit die
Zusammenfassung zu größeren Einheiten als angebrachter zu erachten
sind. Für beide Betrachtungsweisen lassen sich Gründe finden. Um zu einem
noch sichereren Bilde der kulturhistorischen Entwicklung zu gelangen,
wäre eine noch gründlichere Erfassung der rezenten Kulturgebiete (culture
areas) in allen Erdteilen, die genauere Abgrenzung ihres inneren Kulturwandels gegen äußere Kulturbeziehungen und damit die Herausarbeitung

Zuerst erhebt sich die Frage, wieweit die Völkerkunde überhaupt an Hand ihres Quellenmaterials und mit ihren Methoden die Kulturentwicklung zurückverfolgen kann. Da müssen wir zunächst beachten, daß sie ihre Schlüsse nur aus der Untersuchung und dem Vergleich kulturgeschichtlich *rezenter* ethnischer Einheiten ziehen kann, d. h. noch heute bzw. in der jüngsten Vergangenheit lebender Bevölkerungen und ihrer Kulturen. Diese aber gehören sämtlich — trotz gelegentlich auftretender primitiver bzw. altertümlicher Einzelzüge aus früheren Phasen der Menschheitsentwicklung — dem „Homo-Sapiens"-Rassenkreis an, also der jüngsten Stufe der Menschheitsentwicklung. Sie können demnach auch nicht ohne weiteres mit den archäologisch und paläethnologisch erfaßten Vor-, Früh- und Urmenschen gleichgesetzt werden[34]). Aus dem rezenten völkerkundlichen Material kann also mittels kulturhistorischer Methoden mit einiger Sicherheit in etwa nur der Kulturzustand beim Auftreten der Homo Sapiens-Rassen erhellt werden. Manche Hypothesen der kulturhistorischen Völkerkunde, der Paläethnologie, Urgeschichts-

---

ihrer historischen Schicksale — die erst den Aufbau der verschiedenen Kulturkreise und -schichten ergeben —, als dies der Forschung bisher möglich war, nötig. Aus dem S. 27 f. Dargelegten ergibt sich, daß dieses Ziel für alle zeitlichen Querschnitte nie erreicht werden kann.

[34]) Die Tatsache, daß der Sinanthropus pekinensis bereits Steinwerkzeuge und das Feuer gebrauchte, gestattet noch nicht seine Gleichsetzung als „Vollmensch" mit dem Homo sapiens. Denn auch Schimpansen benutzen schon Gegenstände nicht nur für den Augenblick, sondern auch zu wiederholten Malen als Werkzeuge. Wie oft aber muß ein solcher z. B. etwa an seinem Lagerplatz ein und denselben Stein zum Nüsseaufschlagen verwenden, um diesen als „Werkzeug" bezeichnen zu dürfen? Ist es nicht denkbar, daß hin und wieder menschenäffische Vorfahren des Menschen es vorzuziehen fanden, ein geeignetes „Werkzeug" an einen neuen Lagerplatz mitzunehmen, statt erst ein neues zu suchen? Nur in dieser Weise, daß mehr und mehr Hordengenossen den Beispielen intelligenterer Mitglieder folgten, ist doch überhaupt nur die allmähliche *kulturelle* Entwicklung des Menschenaffen zum Vor- bzw. Frühmenschen vorzustellen. Zweifellos unterscheidet sich der Sinanthropus pekinensis als kulturell lebendes menschliches Wesen vom Tier; aber es ist weder bewiesen noch wahrscheinlich, daß er wegen der o. a. Kulturzüge nun auch bereits alle übrigen kulturellen Errungenschaften, sozialen Gesellungsweisen oder gar die gleichen religiösen und ethischen Vorstellungen des Homo sapiens besessen hätte! Wie die körperlich-biologische Umwandlung vom Tier zum Menschen kann auch die geistige nur ganz allmählich vonstatten gegangen sein.

forschung, Soziologie und Psychologie über die Kulturen der Früh-
und Urmenschheit wie über die Entstehung der Kultur überhaupt
mögen begründet sein; allein der Wahrheitsbeweis ist äußerst schwer
zu führen.

I. DAS PROBLEM DER „URKULTUR"

Wir kommen damit zum Problem der frühesten Kultur. Für die als
ältest bzw. altertümlichst festgestellten Kulturen heutiger Naturvölker wurde der Begriff „Urkultur" geprägt. Er gibt jedoch zu Miß-
verständnissen Anlaß, da er der ersten Kultur der frühesten Menschheit vorbehalten bleiben muß, die sich eben nicht bis heute erhalten
hat. Denn wir müssen berücksichtigen, daß auch die auf niedrigster
Kulturstufe verharrenden heutigen Naturvölker genau so viele
Tausende von Generationen von Vorfahren aufweisen wie die Träger
der Hochkulturen. Im Laufe der Menschheitsentwicklung haben auch
sie eine innere Entwicklung durchgemacht und äußere Beeinflussungen
erfahren, denen sich auch die in isolierte Rückzugsgebiete verdrängten
ethnischen Einheiten nicht gänzlich entziehen konnten. Allerdings
ist die Kurve der Kulturentwicklung vom Anfangsstadium an über
außerordentlich lange Zeiträume noch so flach verlaufen, daß aus
unserer Perspektive der Anschein eines völligen Stillstandes entsteht
und manche rezenten Primitivkulturen tatsächlich der Urkultur noch
sehr nahe stehen mögen, ohne jedoch mit ihr gleichgesetzt werden zu
können[35]). Dies ist auch aus dem Grunde nicht möglich, da sich
während der in Frage stehenden langen Zeiträume geologische Umwälzungen und klimatische Veränderungen von größter Bedeutung er-
eigneten, die den Menschen immer wieder zu neuer Anpassung an die
veränderte Umwelt und damit zu einem Kulturwandel zwangen[36]).
Aber auch für die rezenten Rassen des Homo Sapiens-Kreises läßt

---

[35]) Unbestritten sei, daß noch manches Kulturgut der Urkulturstufe bzw. der
Früh- und Urmenschheit noch heute weiterlebt, seine genaue Bestimmung
und kulturhistorische Einordnung bleibt indessen eine noch zu lösende
Aufgabe.

[36]) Neuerdings ist von der Wiener Kulturhistorischen Schule der Begriff
„Urkultur" durch „Kultur der Altvölker" ersetzt worden. Auch er ist
mißverständlich, da diese Völker ja nicht „älter' als andere sind. Dann
wäre wohl die Bezeichnung „Frühkulturen" noch vorzuziehen, wenn man
schon den neutraleren Begriff „Wildbeuter" nicht anwenden will.

sich keine gemeinsame und einheitliche „Urkultur" voraussetzen. Die Herausbildung verschiedener Rassen erforderte eine lange Zeit der Isolierung in voneinander getrennten Lebensräumen. Damit müssen aber auch die Kulturentwicklungen dieser sich formenden Rassen isoliert vor sich gegangen sein. Der geringe und wenig differenzierte Zivilisationsbesitz der ältesten Menschheit erforderte und förderte eine höchste Anpassungsfähigkeit an die Umwelt und ergab damit eine kulturelle Mannigfaltigkeit bereits auf der Wildbeuterstufe und verhältnismäßig schnelle Umstellung in Anpassung an veränderte Umweltbedingungen[37]).

Da die sich herausbildenden rezenten Rassen in ihren isolierten Lebensräumen nicht nur sich an verschiedene Umwelten anzupassen hatten, sondern auch sicherlich verschiedene leibseelische Veranlagungen und Begabungen entwickelten, mußten sie auch das aus den Anfängen der Menschheitsentwicklung überkommene gemeinsame Kulturerbe in verschiedener Weise und Richtung weiterentwickeln und wandeln. Somit stehen kulturelle Besonderungen bereits am Anfang der Entwicklung der heutigen Menschheit und sind gleichzeitig mit ihr entstanden. Diese frühen Kulturen sind zwar miteinander verbunden durch die ihnen allen gemeinsame aneignende Wirtschaftsform, doch dabei verschieden in den differenzierten Methoden des Nahrungserwerbes, der Behausung und Kleidung usw. — je nach den Umweltbedingungen und dem Grade der körperlichen, seelischen und geistigen Anpassung an diese. Dadurch ergaben sich aber noch auffallendere Unterschiede im Gesellungsleben und in der Glaubenswelt. Daher ist es erklärlich, daß sich keine in allen Zügen übereinstimmende „Urkultur", aus der alle späteren ableitbar wären, bei den rezenten Rassen und Völkern feststellen läßt. Aus den gleichen Gründen sind auch Verallgemeinerungen unzulässig, die das Vorhandensein *einzelner* gleicher oder ähnlicher Kulturelemente in verschiedenen rezenten Wildbeuterkulturen als Beweis dafür nahmen, daß *alle* diese Kulturelemente ursprünglich *gleichzeitig* ein Besitz der „Urkultur" und damit der gesamten Menschheit gewesen seien und anderen Frühkulturen, denen sie heute fehlen, nur verlorengegangen seien.

In diesem Zusammenhang sind die Pygmäen als reinste Träger der „Urkultur" angesehen und an den Beginn der Kulturentwicklung

---

[37]) Einen schnellen Kulturwandel im Verlaufe weniger Generationen können wir auch bei heutigen Wildbeutern beobachten, wie z. B. bei den Buschmännern, noch ausgeprägter bei Pampas- und Prärieindianern.

— als in die Gegenwart hereinragende Vertreter der frühesten
Menschheit — hingestellt worden. Neuere Forschungen haben jedoch
die Unhaltbarkeit dieser These erwiesen: Einmal sind die regional verschiedenen Pygmäengruppen rassisch nicht einheitlich, können aus
ihnen die großwüchsigen nicht abgeleitet werden und sind wahrscheinlich — neben mittelgroßen — die neuerdings durch Ausgrabungen entdeckten Riesenformen von Vor- bzw. Frühmenschen
(Gigantopithecus blacki und Meganthropus palaeojavanicus) entwicklungsgeschichtlich noch älter. Vor allem aber haben sich die
echten Pygmäen als körperlich wie kulturell einseitig an eine Umwelt
tropischer Regenwälder angepaßte Sonderform erwiesen, die durch
diese Spezialisierung eben ihr kulturgeschichtlich jüngeres Alter erweist, wenn sie auch körperlich und kulturell altertümliche Züge
bewahrt hat.

Ein weiterer wichtiger Umstand wird oft übersehen: Wir können mit
ethnologischen Methoden außer der „Urkultur" selbst die späteren
Kulturen der frühen Homo-Sapiens-Rassen nicht zur Gänze erfassen,
da sie sich keineswegs alle bis heute erhalten haben, selbst nicht in
Resten oder Überlebseln! Sie konnten es nicht, weil in den betreffenden langen Zeiträumen zu viele Faktoren auslesend und verändernd auf die Rassen- und Kulturentwicklung einwirkten: Einmal
haben manche geophysikalischen Veränderungen im Laufe der Erd-
geschichte durch Katastrophen und Klimaverschlechterungen unter
zu ungünstigen Lebensbedingungen oder beim Mangel an entsprechender Anpassungsfähigkeit viele der — ja zahlenmäßig sehr kleinen —
ethnischen Einheiten zu einem schnelleren oder langsamen Aussterben
verurteilt. Das gleiche bewirkten ferner Seuchen und negative biologische Auslese. Sodann ergaben sich mit dem stärkeren Anwachsen
der Weltbevölkerung und den dadurch zahlreicheren interethnischen
Beziehungen immer mehr Möglichkeiten, daß schwächere ethnische
Einheiten durch stärkere entweder völlig ausgerottet oder aufgesogen
oder wesentlich gewandelt werden konnten, wie wir solche Völker-
tragödien ja noch selbst erleben konnten[38]). Das erwähnte, zum Teil

---

[38]) So sind nicht nur die Früh- und Urmenschenformen untergegangen.
Während des Mesolithikums hat z. B. vor den Negriden und Äthiopiden
eine crô-magnide, also europide, Bevölkerung weite Gebiete Afrikas be-
siedelt, die heute ausgestorben ist. Weder die Ursache hierfür noch das
Ausmaß, in dem Güter ihrer Kultur von der heutigen Bevölkerung evtl.
übernommen wurden, können wir vorlaufig bestimmen. Vor den Augen

vollständige Verschwinden von ethnischen Einheiten und Kulturen
ist nicht nur bei primitiven Frühkulturen zu beobachten, sondern
natürlich auch bei höher entwickelten. Die bei der Bildung und dem
Zerfall ethnischer Einheiten waltenden Gesetzmäßigkeiten hatten wir
S. 27 ff. kennengelernt.

Bezüglich des fernerhin verändernd wirkenden inneren Kulturwandels
wird noch folgende Tatsache wenig beachtet: Wir können zu verschiedenen Zeiten an verschiedenen Orten die Entstehung „führender
ethnischer Einheiten“ beobachten, die sich durch verhältnismäßig
schnellen Kulturwandel und Bildung von Brennpunkten der Entwicklung neuer Kulturen bzw. Kulturformen und -elementen aus-
zeichnen. Hier werden häufig die von der Entwicklung überholten
älteren Kulturelemente so restlos aufgegeben, daß im dynamischen
Ursprungszentrum nur noch Überlebsel, etwa im Kult oder im Kinder-
spiel, Zeugnis von der alten Kultur geben; wenn diese nicht in deren
Ausstrahlungsgebiet besser erhalten geblieben ist. Diesen Vorgang
dürfen wir aber auch für die frühen Zeiten der Rassen- und Kulturentwicklung des Homo Sapiens, also der rezenten Menschheit, voraussetzen. In den von außen ungestörten Isolierungsgebieten konnten
sich, noch öfter und leichter als später, der Urkultur noch sehr nahe-
stehende Frühkulturen zu späteren — auch rezenten — („Primär“-)
Kulturen wandeln und höher entwickeln, ohne daß Teile dieser
ethnischen Einheiten sich von dieser Entwicklung ausschließen, den
früheren Zustand bewahren und bis heute beibehalten konnten. Solche
Prozesse dürften am ungezwungensten die Tatsache erklären, daß wir
so manche der rezenten Wildbeuter- und höher entwickelten Kulturen
nicht aus einer gemeinsamen „Urkultur“ des Homo-Sapiens-Rassen-
kreises oder aus rezenten Primitivkulturen ableiten können, ihre
Ausgangsformen sind eben aus den oben angeführten Gründen untergegangen[39]).

So finden wir heute unter den Wildbeuterkulturen eine große Mannigfaltigkeit von Sonderkulturen, welche die verschiedensten Grade der

---

der Europäer ist die eingeborene Bevölkerung Westindiens und Tasma-
niens erloschen, ihnen werden in Kürze die Feuerländer und Buschmänner
folgen.

[39]) Daraus erhellt sich auch die Unzulässigkeit z. B. des Versuches, der „Urkultur“ bzw. der Gesamtheit der rezenten Frühkulturen die Idee des
„Höchsten Wesens“ (als „Urheber“) zuschreiben zu wollen. Die Tatsachen
sprechen ja auch dagegen: Wir kennen Frühkulturen, denen diese Gottes-

Nähe oder Ferne vom Ausgangspunkt der hypothetischen „Urkultur", der inneren selbständigen Weiterentwicklung wie der äußeren Beeinflussungen und Mischungen mit fremden Kulturen verschiedenster Entwicklungshöhe, wie natürlich auch der Anpassung an die verschiedenen Umwelten, aufweisen. Dabei ist zu berücksichtigen, daß wir neben primär „primitiven", d. h. von nie über die Anfänge der Kulturentwicklung hinausgelangten ethnischen Einheiten auch solche antreffen, die sekundär, d. h. durch Verarmung, primitiv geworden sind. (Dieser Vorgang des Kulturrückschrittes ist natürlich von allen Kulturstufen aus möglich und vorgekommen.) Sie alle sind durch gemeinsamen Besitz einiger Kulturgüter und vor allem durch die aneignende Wirtschaftsform verbunden, wie sie andererseits durch die spezialisierte Anpassung an verschiedene Umwelten und durch ihre historischen Schicksale wieder differenziert sind. Versuchen wir nun die verschiedenen Kulturkreise und -schichten mit wenigen Stichworten zu skizzieren.

II. WILDBEUTERKULTUREN

1. Wesen

Die als Wildbeuter zu klassifizierenden ethnischen Einheiten sind gekennzeichnet durch die *aneignende Wirtschaftsform*, d. h. man sammelt bzw. erbeutet die von der Natur in wildem Zustand gebotenen Nahrungsmittel. Diese extensive Wirtschaftsweise vermag nur relativ kleine Gruppen auf einem ausgedehnten Territorium zu ernähren und bedingt schweifende Lebensweise. Von ihr wird nur dort und dann zeitweilig abgegangen, wo — meist jahreszeitlich begrenzt — die Reifezeit von massenhaft zu gewinnenden Baum- und Erdfrüchten und Grassamen oder/und auftretende Wanderungen von Wildtierherden und Fischschwärmen, Ergiebigkeit von Muschelbänken

---

vorstellung fremd ist, bei denen auch kein Verlust dieser Idee festzustellen ist und deren Geisteshaltung unter Umständen dieser Konzeption direkt gegensatzlich gegenübersteht. Dies weist darauf hin, daß wir Frühkulturen voraussetzen müssen, die entweder gar keine Personifikationen einer höheren Macht kannten (z. B. eine unpersönlich allgemeine Zauberkraft) oder Personifikationen ohne den Charakter eines Höchsten Wesens, z. B. in Gestalt des ersten Menschen, des Wildherren, von Naturkräften usw., unter Umständen auch mehrere solcher Vorstellungen gleichzeitig.

und ähnliches ein längeres Verweilen ermöglichen. Der Nomadismus
schränkt den Besitz von Zivilisationsgütern auf die allernotwendigsten
— Waffen, Kleidung, Transportbehälter und geringstmöglichen
Hausrat — ein.
Die geschlechtliche Arbeitsteilung weist der durch körperliche
Schwäche und Kinderaufzucht behinderten und damit an den
näheren Umkreis des Lagers gebundenen Frau neben der Sorge für
die Kinder die Zubereitung der Nahrung (vorwiegend durch Braten,
Rösten und Dünsten — erst unter Einfluß späterer Kulturen hat hier
das Kochen Eingang gefunden!) nebst Wasser- und Brennholz-
beschaffung zu, ferner die Herrichtung des Lagers bzw. der Unter-
kunft. Dazu besorgt sie — mit Hilfe des Grabstocks — den größten
Teil der pflanzlichen Nahrung und sucht soviel wie möglich Kleingetier zu erbeuten. Der Mann ist leidenschaftlicher Jäger, er bringt
von seinen Jagdgängen aber außer Wildpret auch Kleingetier — das
meist den größeren Teil der Fleischnahrung bildet — und pflanzliche
Nahrungsmittel heim. Gebricht es an jagdbaren Wildtieren oder ist
gegebenenfalls ein Überfluß an pflanzlicher Nahrung vorhanden,
die schnell eingeheimst werden muß, so betätigt sich auch der Mann
vorwiegend mit deren Einsammeln. Die geschlechtliche Arbeitsteilung
wird ferner zuweilen aufgehoben durch Treiberdienste der Frauen bei
Treibjagden und beim Fischfang. Dieser wird teils als Sammeltätigkeit (vorwiegend von Frauen), d. h. durch Greifen und Schöpfen
in abgesperrten und wohl auch vergifteten Wasserläufen, teils als
Jagd mit Speer bzw. Harpune oder Pfeil seitens der Männer betrieben.
Wilder Honig wird durch Ausräuchern erbeutet. Vorratswirtschaft
wird — sofern sie nicht gänzlich unnötig oder unmöglich ist — in
beschränktem Umfange geübt, wobei als Konservierungsmittel
Dörren, Räuchern, Rösten, gegebenenfalls Einfrieren, bekannt sind.
Ein Handwerkerstand fehlt; jeder stellt die von ihm benötigten
Gegenstände selbst her, wobei allerdings in bestimmten Hand-
fertigkeiten besonders geschickte Leute die Erzeugnisse ihres Fleißes
auch verschenken oder vertauschen und damit Ansätze zu einer
Spezialisierung geben. Der Gemeinschaft dienende Unternehmungen
und Hilfsmittel werden gemeinschaftlich durchgeführt bzw. erstellt.
Geschenkhandel bleibt fast nur auf die ethnische Einheit beschränkt,
Tauschhandel erstreckt sich auch auf fremde Einheiten.
Die Formen der Gesellung und der Glaubenswelt weisen bei den
einzelnen heute feststellbaren Wildbeuter-Kulturkreisen bereits so

große Verschiedenheiten auf, daß wir sie jeweils im Zusammenhang mit ihren an die verschiedenen Umwelten und Entwicklungsstufen angepaßten Wirtschaftsweisen besprechen müssen.

2. *Urkultur*

Bezüglich der „Urkultur" können wir mit den oben angeführten Vorbehalten aus der völkerkundlichen Sicht etwa folgendes vermuten: Sie dürfte sich am ehesten in einer tropischen oder subtropischen Feuchtsteppe (Parksteppe) gebildet haben, die infolge ihres Reichtums an Nahrungspflanzen und Wild dem Sammeln pflanzlicher Nahrung und dem Erbeuten von Wildtieren die günstigsten Voraussetzungen bot[40]). Von hier aus würde auch am ehesten die Ausbreitung der frühen Menschheit in alle Richtungen und Klimate möglich gewesen sein, die wir zum Zeitpunkt der Herausbildung der rezenten Rassen bereits vollzogen finden. Dieser günstige Lebensraum ist verständlicherweise später von höher entwickelten Kulturen mit Beschlag belegt worden unter Verdrängung der primitiveren in ungünstigere Rückzugsgebiete. So finden wir heute Trümmer von den dieser Urkultur am nächsten verbliebenen Wildbeuterkulturen nur noch abgedrängt in tropischen Urwäldern, in Sumpf- und Trockengebieten wie auf abgelegenen Inseln und an fernsten Küsten der Ökumene. Auch aus diesem Grunde lassen sich die bei diesen angetroffenen Verhältnisse nicht ohne weiteres mit denen der ursprünglichen „Urkultur" gleichsetzen. Dazu kommen überall Übernahmen von Kulturgütern höher entwickelter Kulturen, wie etwa Speer, Bogen, Blasrohr, Töpfe und eiserne Geräte (nach der Neuen Welt dürfte sich die Urkultur nicht verbreitet haben), die das ursprüngliche Kulturgepräge ganz wesentlich abwandelten.

---

[40]) Die Annahme eines solchen Ursprungsgebietes würde auch im Einklang mit der anthropologischen Hypothese stehen, wonach die Menschwerdung vor allem der Angewöhnung des aufrechten Ganges — der erst ein Größenwachstum des Großhirnes ermöglichte — zu verdanken sei, der wiederum eine Folge der Lichtung des Baumbestandes unter klimatischer Einwirkung gewesen sei, der die Menschenaffen auf den Boden zwang.

Bilder der Tafel XV

Oben links: Männerhaus. *Palau*, Mikronesien
Oben rechts: Terrassierte Maisfelder. *Guatemala*
Unten: Grabmal als Stufenpyramide auf einem Festplatz. *Tahiti*, Polynesien

Abb. 9. Bienenkorbhütten im Ituri-Urwald, *Ba-Mbuti-Pygmäen*, Belg.-Kongo

Letzteres kann etwa wie folgt umrissen werden: Die Grundlage der Ernährung bildet das Sammeln pflanzlicher Nahrung und das Erbeuten von Kleingetier mittels des als Schlag- wie Wurfkeule verwendeten Knüttels. Mit diesem wird auch das durch Treiberketten mit Hilfe von Feuerbränden eingekreiste mittelgroße Wild erlegt. Bald dürfte auch die Anlage von Zwangszäunen in Verbindung mit Fallgruben oder Absturzstellen zur Erlegung größeren Wildes in Aufnahme gekommen sein. Die mit

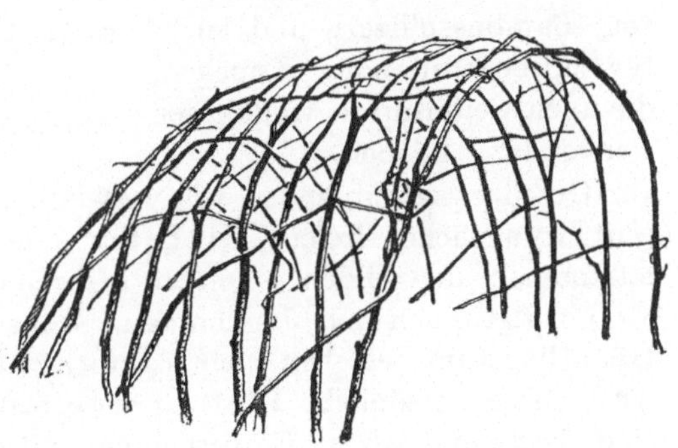

Abb. 10. Gerüst eines Wetterschirmes im Ituri-Urwald, *Ba-Mbuti-Pygmäen*. Belg.-Kongo

Bilder der Tafel XVI

Oben links: Ballspiel. *Prärieindianer*
Oben rechts: Poloschläger. *Japan*
Unten links: Vorkämpfer mit Rückendevise. *Solor*, Sundainseln
Unten rechts: Krieger mit Rückendevise. *Altmexiko*

der Menschwerdung untrennbar verbundene Benutzung und Bewahrung des Feuers aus natürlichem Vorkommen (Blitzschlag) ist selbstverständlich bekannt[41]), jedoch zunächst noch nicht die Feuererzeugung. Wann diese großartige Erfindung gemacht wurde, ist nicht mit Sicherheit festzustellen, wahrscheinlich mehrfach, da später verschiedene voneinander unabhängige Methoden — Quirlen, Sägen, Pflügen — aufkommen. Als Behausung dienen Höhlen, Felsvorsprünge und Wetterschirme. Kleidung wird nur gegebenenfalls als Kälteschutz in Form umgehängter ganzer Felle getragen. An Transportmitteln sind — neben Säcken und Netzen — wohl höchstens primitive Flöße bekannt. Bevor roh zugeschlagene Steingeräte in Aufnahme kamen, benutzte man ohne schwierige Bearbeitung aus natürlich vorkommenden Materialien zu gewinnende schneidende, stechende und schabende Werkzeuge aus Muschelschalen, Dornen und Gräten, Bambussplittern und leichter zu bearbeitenden Knochen, die auch weiterhin in vielfältiger Verwendung blieben.

Abb. 11. Feuerquirlen, *Lese*, Belg.-Kongo

Im Gesellungsleben finden wir vorwiegend monogame Kleinfamilie (mit vorehelicher freier Liebe), Sippe und evtl. Großfamilie, die letzteren beiden bilden — oft zu mehreren — Wirtschaftseinheiten als Lokalgruppen und Jagdhorden. Größere Stammesverbände und Häuptlingstum bestehen nicht, Autorität als Führer der Jagdschar wird durch persönliche Leistung erworben, dessen Machtbefugnisse sind gering und nur im Einvernehmen mit den Sippenältesten auszuüben. Geachtete Stellung der Frau ergibt ein annäherndes Gleichgewicht der Vater- und Muttersippe. Persönliches Eigentum besteht an allem selbst Erzeugtem, an vom Finder markierten Honig- und Fruchtbäumen und evtl. an kleinen Plätzen mit reichem Pflanzenwuchs. Das Schweifgebiet steht im Gemeineigentum der Sippen- und Lokalgruppen und wird eifersüchtig gegen das Betreten durch Fremde

---

[41]) Wie es etwa Traditionen der Ituri-Pygmäen schildern.

gehütet, mit Ausnahme des Vorkommens seltener Rohstoffe oder der gelegentlichen Erbeutung eines Großwildes. Anfänge einer schlichten Jugendweihe mit Belehrungen über Sitte und Religion mögen sich bereits entwickelt haben.

An religiösen Vorstellungen sind Kraftglaube mit magischen Gebräuchen und Personifizierungen von Naturkräften, sodann die nach dem Vorbild des Sippenältesten geformte Gestalt des väterlichen Höchsten Wesens als Urheber, daneben oder an seiner Stelle aber auch Heilbringer, Herr des Wildes, Jagdgott u. ä. anzunehmen.

Von einer Kunstausübung ist kaum die Rede, bildende Kunst und eigentliche Musikinstrumente (mit Ausnahme des Taktschlagens bei einfach geformten Gesängen und kultisch-magisch bezogenen Tänzen) fehlen.

Diese primitivste Kultur ist etwa zu fassen bei dem von *Schebesta* herausgearbeiteten ältesten Substrat der Bambuti-Pygmäen und schimmert mehr oder weniger stark durch bei den Primitiven des südostasiatischen Raumes, wie den Kubu auf Sumatra, den Senoi und Semang auf Malakka, Punan und Verwandten auf Borneo, philippinischen Negritos und Südostaustraliern. Bei allen Genannten ist eine genauere Herausarbeitung ihres frühesten Kulturzustandes durch die jahrtausendelangen Beeinflussungen höher entwickelter Kulturen sehr erschwert.

3. Großwild-Nahjäger

Ebenfalls nur in Trümmern hat sich die folgende Kulturstufe in verschiedenen lokalen Anpassungsformen erhalten. Die Jagdmethoden und -geräte sind verbessert worden: Kennzeichen ist nun der Speer, zunächst mit einer im Feuer gehärteten Holzspitze oder einer Klinge aus einem Bambussplitter; später werden die Schäfte mit Spitzen aus Knochen und Gehörn bzw. daneben mit in paläolithischer Manier zugeschlagenen Steinklingen bewehrt. Auch die Fallenjagd wird vervollkommnet, desgleichen der Fischfang durch Fischspeere und Harpunen, welch letztere auch zur Jagd auf Land- und Seesäugetiere verwandt werden. Mit diesen Hilfsmitteln kann nun Großwild wie Dickhäuter, Bären, Büffel und Wildrinder usw. (und an den Küsten Wale) in größeren Mengen erbeutet werden als bisher nur in Fallgruben. Die oben angeführten Methoden des Sammelns von Vegetabilien und Kleingetier werden daneben beibehalten.

Mit den höheren Erträgen der Jagd wird eine größere Bevölkerungs-

dichte und die Bildung größerer ethnischer Einheiten ermöglicht —
die andererseits auch wieder zur erfolgreichen Jagd auf das gefährliche
Großwild nötig ist — sowie eine relative Seßhaftigkeit. Der Anführer
der Jagdschar bzw. der Lokalgruppe erhält eine größere Autorität.
Entsprechend dem höheren Ertrag der männlichen Arbeitsleistung
steigert sich das soziale Ansehen des Mannes und erlangt die patrilineare Abstammungslinie das Übergewicht. Die Reifefeiern der männlichen Jugend gewinnen größere Bedeutung und werden mit magischen
Praktiken verbunden. Auch Jäger- bzw. Männerbünde dürften sich
hier bereits gebildet haben.
Die typisch jägerische Geistigkeit entwickelt den Kraftglauben und
die Magie (vor allem als Jagdzauber) mächtig — ein Stand von
Medizinmännern bildet sich — und rückt neben oder an Stelle des
(himmlischen) Höchsten Wesens den „Herrn der Tiere" in den Vorder-
grund. Er kann sowohl mythischer Stammvater der Tiere oder/und der
Menschheit sein, wird oft in der Gestalt des größten Jagdwildes (z. B.
Elefant, Bär) oder Raubwildes vorgestellt und auch lunar bezogen.
Tier- und Mondkult gestalten die Idee der Wesensverwandtschaft
Mensch—Tier und deren gegenseitige Verwandlungsmöglichkeit wie
die Vorstellung des ewigen Werdens und Vergehens und damit den
Glauben an die Unsterblichkeit aus und stellen diese Gedanken in den
Jugendweihen und Kulten (besonders zur Steigerung der Fruchtbar-
keit des Jagdwildes und der Wiederkehr des getöteten Wildes zur
Menschheit) dar, auch unter Verwendung von Masken. Ebenso hat der
Tierdualismus als Beginn einer kosmologischen Ordnung hier seine
geistige Heimat.
Die Kunst beginnt sich — vorwiegend im Dienste der Magie und des
Kultes — zu entfalten. Bei realistischen Tierbildnissen und Tier-
nachahmungstänzen werden, wie bei der Sinnbilddarstellung und bei
dem aus Amuletten hervorgegangenen Schmuck, künstlerische Formprinzipien angewandt; neben Selbstklingern treffen wir auch die ersten
Blasinstrumente an.
Dieser typisch jägerische Kulturkreis schimmert in Afrika bei Jäger-
gruppen im Sudan wie im Kongo-Urwald, besonders bei den Pygmäen
— vornehmlich den westlichen — sowie bei den sogenannten „Paläo-
sibiriern" durch. Er dürfte auch Amerika erreicht haben, wo sich seine
Spuren (in abgewandelten Formen) bei den westlichen Feuerländern
und kulturverwandten chilenischen Fischern („magellanische Kultur")
und ostbrasilianischen Primitivstämmen zu finden scheinen.

Abb. 12. Speerschleuder, *Nord-Queensland*, Australien

4. Fernjäger

Ein weiterer erheblicher Fortschritt innerhalb der Jägerkulturen wurde mit der Erfindung von *Fernjagdwaffen* getan, die die Erlegung des flüchtigeren mittelgroßen Wildes einschließlich der Seesäuger sicherer und ertragreicher gestaltete und auch eine dichtere Besiedlung der waldarmen bzw. waldlosen Steppen und Tundren gestattete. Zunächst scheint Weite und Treffsicherheit des Speerwurfes durch die *Speerschleuder* — ein den Arm verlängerndes und dessen Hebelwirkung verstärkendes Wurfholz (s. Abb. 12) — gesteigert worden zu sein. Sie dürfte im Ostteil der Alten Welt erfunden worden sein, da sie sich in dessen Westen nicht findet, dagegen über Melanesien bis Australien und vor allem über Ostsibirien—Nordamerika bis Südamerika verbreitet worden ist. Nicht nur dem Speerjäger der Wälder und Steppen wurde sie von großem Nutzen, sondern vor allem auch dem arktischen Seesäugerjäger für den Wurf seiner Harpune vom Boot aus.

Eine noch wirksamere Fernwaffe wurde mit dem *Bogen* geschaffen. Der Ursprung dieser genialen Erfindung bleibt im Dunkeln; möglicherweise ist die Schnellkraft einer Rute in Verbindung mit einer Schnur zuerst an Fallen erprobt und dabei zufällig ihre Verwendungsmöglichkeit zum Abschießen von Pfeilen entdeckt worden. Der Bogen wurde die typische Waffe der Steppenjäger, der z. T. den Gebrauch des Speeres einschränkte und auch

Abb. 13.
Jagd mit dem durch Sehnenauflage verstärkten Bogen, *Eskimo*, Kanada

gern von anderen Wildbeuterkulturen aufgenommen (nur bis Australien ist er nicht gelangt) und von späteren Kulturen beibehalten wurde. Weiterhin wurden die Methoden der Fallenstellerei und des Fischfanges bereichert, die Fellbearbeitung bis zur Sämischgerbung für Kleidung, Behälter und Hüttenbedeckung verbessert. Der halbrunde Wetterschirm wird zur kuppelförmigen Bienenkorbhütte vervollkommnet. Als Schmuck werden auch Scheibchen aus Straußenei- oder Muschelschalen verwendet. In der Malerei der eurafrikanischen Steppenjäger wird zur Mehrfarbigkeit und zur Gruppendarstellung von Tieren und Menschen fortgeschritten.

Während im Süden der Alten Welt bereits der Bodenbau in Aufnahme kam, lebten die Fernjägerkulturen im Norden noch lange fort und entwickelten aus sich heraus neue Kulturen, denen die Besiedlung der subarktischen und arktischen Gebiete gelang. Diese verlockten mit ihrem Reichtum an Wild, Fischen und Mollusken die Jäger, auch den Winter dort zu verleben. In Anpassung an die klimatischen Verhältnisse durch neue Wirtschaftsmethoden und Geräte entstand — vornehmlich auf der Grundlage der Großwild- und Fernjagdkulturen — die *Eisjagdkultur*. Da der Schnee die Jagd auf das im Sommer hauptsächlich gejagte Ren in größerem Ausmaß ausschloß und die

Abb. 14. Seehunde werden am Atemloch im Eis harpuniert, *Eskimo*, Kanada

Erbeutung von Bären und Moschusochsen allein — beim Mangel an pflanzlicher Nahrung! — die Ernährung nicht sichern konnte, wird nun der Winter an Flüssen und Seen verbracht, wo der Fischfang an den Eislöchern ergiebig genug gestaltet werden konnte. Später wurde die Eisjagd auch auf die Küsten des Eismeeres und des Nordpazifiks ausgedehnt, wo an den Atemlöchern Robben harpuniert werden. Der hierbei reichlich anfallende Tran dient zur Speisung der Tranlampe, die als Heiz- und Kochgerät wie als Lichtquelle überhaupt erst das Leben in der winterlichen baumlosen Arktis ermöglicht.

Das zunächst korbförmig-runde Fellboot wird später zum fellbezogenen offenen Spantenboot, das den Walfang auf hoher See — und damit die Anlegung reichlicher Tran- und Fleischvorräte für den Winter — gestattet. Seine höchste Vollendung fand das Fellboot zuletzt im technischen Wunderwerk der jüngeren Eskimokulturen, dem Kajak. Als weiteres Transportmittel ist ferner der einfache Kufenschlitten vorhanden, der indessen wahrscheinlich aus südlichen Kulturen übernommen ist.

Der Winterkälte kann getrotzt werden durch die nunmehr bereits mittels Knochennadeln genähte und zweckmäßig vervollständigte Fell- und Pelzkleidung mit Ponchoschnitt, Beinlingen und Sohlenschuhen. Der mit Fellen gedeckte Wetterschirm wird noch als Sommerbehausung beibehalten, im Winter dagegen die mehr oder weniger in die Erde vertiefte und auch mit Erde und Soden gedeckte Kuppelhütte — mit einem niedrigen Gang als Windfang versehen — bezogen. Aus Schneeblöcken auf Reisen schnell errichtet, kennen wir sie als den *iglu* der Eskimo (s. T. IX, u. r.). In der bildenden Kunst wird an Stelle des in südlicheren Gegenden für die Anfänge der Plastik benützten Holzes auch Knochen, Geweih und Elfenbein in der Kleinplastik verwendet.

Als in den klimatisch günstiger gestellten Gebieten der Alten und
Neuen Welt bereits neolithische Kulturen mit produktiven Wirtschaftsformen blühten, wurde im Rahmen der wildbeuterischen
Lebensform noch ein letzter Fortschritt durch die Weiterentwicklung
der Eisjagdkultur zur *Schneeschuhkultur* erzielt. In Nordeurasien
wurde durch die Erfindung des Schneeschuhes als eines durch Riemen-
werk verflochtenen Rutenreifens die Winterjagd auch in den ver-
schneiten Wäldern und Tundren der Subarktis ermöglicht. Mit diesem
konnte der Jäger das durch lockeren Schnee gehemmte Wild verfolgen
(s. T. VIII) und in weitem Umkreis Fallen aufstellen und kontrollieren.
Der brettförmige, fellbezogene Schneeschuh Nordeurasiens wandelt
sich allmählich zum langen, schmalen Ski. An Stelle des wohl auf
dem Eis brauchbaren, im Schnee aber zu tief einsinkenden Kufen-
schlittens wird der Brettschlitten (Nordamerika) oder der Boots-
schlitten (Nordeuropa) verwendet. Beim Boot wird das Spanten-
gerippe mit Birkenrinde bezogen und ergibt ein auch zu Lande leicht
transportierbares, für die subarktischen Flüsse durch Stabilität,

Abb. 15. Ausfahrt zur Seesäugerjagd im Kajak und Spantenboot. *Eskimo*, Gronland

Abb. 16. Fischer mit Fischspeer. *Wogulen*, Westsibirien

leichten Antrieb und hohe Ladefähigkeit bestens geeignetes Fahrzeug.
Zum Fischfang werden nun auch Netze und Angeln verwendet, und
zu Speer und Harpune tritt der Bogen. Die durch Bähen geschmeidig
gemachte Birkenrinde wird viel verwendet als Rohstoff für Behältnisse
aller Art und als Deckmaterial der Sommerzelte. Dieses wird jetzt als
kegelförmiges Stangenzelt (im Winter fellbedeckt) aufgestellt, dessen
Gerüst sich im Nadelwaldgebiet schnell beschaffen läßt und das für ein
Wanderleben recht geeignet ist. Neben die winterliche Pelzkleidung
tritt im Sommer die sämisch gegerbte Lederkleidung mit Kurzhose,
sohlenlosem Schuh (Mokassins) und Ärmelwams. Kleidung wie Leder-
und Rindengefäße werden mit einfachen geradlinigen Ornamenten
verziert, wobei das Besticken mit Haaren, Borsten und Federkielen
geübt wird. Als Schmuck von Körper und Gerät werden, besonders in
Nordamerika, Muscheln, Schnecken und Knochen bevorzugt.
Die Formen der Gesellschaft und des Glaubens der gesamten Fernjagdkulturen weisen erhebliche Unterschiede je nach ihrer Umwelt
und den von fremden Kulturen erfahrenen Beeinflussungen auf.
Während die Vertreter der Speerjagd- und der Eisjagdkultur in
größeren Verbänden leben und letztere zumindest während des Winters
relativ seßhaft sind, zerstreuen sich die eurafrikanischen Steppenjäger
und die Angehörigen der Schneeschuhkultur in kleinere blutsverwandte Gruppen, die nur gelegentlich zu Treibjagden zusammenwirken und sich für diese Zeit einen Jagdführer wählen, während
sonst die Einzelfamilien recht selbständig bleiben. Für alle oben genannten Kulturen ist die patrilineare Deszendenz das Ursprüngliche.

Die Geistigkeit ist naturgemäß betont jägerisch mit Kraftglauben, Magie (vor allem Jagdzauber), „Herren der Tiere" bzw. Tier- und Buschgeistern. In der Osthälfte der Ökumene ist auch die unpersönliche Zauberkraft, die sich ursprünglich vor allem in Lebewesen und Dingen manifestiert („manitu" usw.), von großer Bedeutung. Als Kulturheroen treten vornehmlich Tiere auf, die unter Umständen auch als Trickster und Widersacher des Schöpfers wirken. Der Tierkult wendet sich im Westen besonders an Feliden, im Norden und Osten an Bären, Wale, Adler und Bisons. Der Einzelne sucht den Beistand eines tierischen Schutzgeistes zu gewinnen, wodurch der Stammestotemismus in einen Individualtotemismus aufgelöst wird. In Kult und Mythos gewinnen neben Tieren auch Sonne und Mond an Bedeutung, die ebenfalls in den Knaben- und Jägerweihen eine Rolle spielen. Im Kult werden Rasseln, Schwirrhölzer und Blasinstrumente als Stimmen der übernatürlichen Wesen verwendet.

Abb. 17. Jäger auf Skiern in der Tundra. *Jenissejer*, Nordsibirien

Abb. 18. Mit Birkenrinde gedeckte Stangenzelte, im Vordergrund Gestell zum Fischdörren. *Jenissejer*, Nordsibirien

In der Alten Welt können wir die Fernjagdkultur mit der Speerschleuder in erster Linie in Australien, ihre Elemente aber auch in Melanesien wie in Ostsibirien feststellen. Die bogenführende Fernjagd ist in einer besonders typischen Ausprägung bei den eurafrikanischen Steppenjägern zu finden, deren letzte verkümmerte Reste die Buschmänner darstellen. Weitere Spuren finden sich bei Jägerstämmen und -kasten Ostafrikas und des Sudans. Im Osten sind rezente Elemente der Bogen-Fernjagdkultur nur in andere Wildbeuterkulturen eingeschmolzen anzutreffen. Die Eisjagdkultur erstreckte sich früher durch ganz Nordeurasien, wo ihre Trümmer als Relikte noch in Irland, Skandinavien und Nordsibirien durchschimmern, das gleiche gilt für die Schneeschuhkultur, die im europäischen Bereich durch Bauernkulturen, in Nordasien vor allem durch die Renzüchter überlagert worden ist.

Abb. 19. Jäger mit Nashornvogel-Maske, die ihm im hohen Gras die Annäherung an Antilopen u. ä. ermöglicht. *Dikoa*, Zentralsudan

5. Amerikanische Wildbeuterkulturen

In die Neue Welt gelangten die Wildbeuterkulturen über die am Ende der letzten Vereisung, vor etwa 7000 bis 10000 Jahren, noch bestehende Landbrücke nördlich der heutigen Beringstraße, die durch die Absperrung des Eismeeres vom Pazifik dort auch ein milderes Klima als das heutige bewirkte. Wir müssen uns diese Einwanderungen als immer wiederholte Schübe von kleinen Gruppen vorstellen, welche die oben angeführten Kulturen teils in reiner, teils in gemischter Form mitbrachten. In Amerika wurden durch die Anpassung an die neuen und z. T. ganz andersartigen Umwelten und durch Mischungen mit früheren und späteren Ankömmlingen aus der Alten Welt wie später durch Beeinflussungen höherer amerikanischer Kulturen die alten Kulturen immer wieder umgeformt und erhielten so ihr typisches amerikanisches Gepräge, ohne daß dabei die Spuren der kulturellen Beziehungen zur Alten Welt ganz ausgelöscht hätten werden können. Von Nordamerika aus drangen die Jägerkulturen bis zur Südspitze des Kontinents vor, neben den früher erwähnten primitiven Sammlern und Fischern gelangten Elemente der Bogen-Fernjagdkulturen in die Pampas und zu den östlichen Feuerländern. Manche Kulturgüter der Eisjagdkultur haben sich über Ostbrasilien bis in den Chaco erhalten, woraus auf einen verhältnismäßig schnellen Durchstoß ihrer Träger durch die Tropen entlang der kühleren Gebirgszüge geschlossen wird. In Nordamerika lassen sich Spuren der Eisjagdkultur so weit südlich wie Kalifornien nachweisen, in stärkerem Maße natürlich im arktischen und subarktischen Gebiet bei Eskimo und Indianern, wobei *Birket-Smith* die binnenländischen Rentier-Eskimos als ihre reinsten Vertreter ansieht[42]).

Die Schneeschuhkultur prägte den nordamerikanischen Waldindianern ihren Stempel sehr kräftig auf, ohne jedoch weit über deren Bereich hinauszugreifen.

Spätere asiatische Einflüsse brachten neue Züge in das Kulturbild Nordamerikas, es sei nur an die Übernahme der Zucht von Hunden als Transporttiere und Gespanne von Schleifen und Schlitten —

---

[42]) Neuerdings wird von *R. Gessain* u. a. das hohe Alter dieser Kultur bestritten und sie als Verarmungserscheinung gedeutet, da die archäologisch faßbaren älteren und ältesten Eskimokulturen wesentlich höher standen und stärkere Beziehungen zum neolithischen und metallzeitlichen Ostsibirien mit ostasiatischen Kultureinflüssen aufweisen (vgl. *Gessain, R.*: Où en est la préhistoire des Eskimo? L'Anthropologie **55** (1951).

die bereits in Ostsibirien aus südlichen Agrarkulturen vor sich gegangen war — und an die Ausbreitung des aus gleichen Quellen
stammenden Schamanismus samt der hierbei benutzten Rahmentrommel nach Nordamerika erinnert.

In extremer Weise ist die Sammeltätigkeit bei den kalifornischen
Penuti spezialisiert worden, die daher von *Krause* [43]) als *höhere
Sammler* klassifiziert werden. Bei ihnen bilden — neben den Erträgen
des Fischfanges und der Jagd — Eicheln, dazu Kastanien und Grassamen die Ernährungsgrundlage. Diese Vegetabilien können in solchen
Massen gesammelt werden, daß eine einzige Ernte Vorräte für mehrere
Jahre zu ergeben vermag und ein verhältnismäßig kleines Schweifgebiet die Ernährung sichert. Dadurch werden Dauersiedlungen mit
festen (Gruben-) Häusern ermöglicht, die während des Winters
ständig bewohnt werden und von denen man sich während der
sommerlichen Streifzüge nicht allzuweit zu entfernen braucht, die auch
mit mehr und komfortablerem Hausrat ausgestattet werden, wobei
besonders die hochstehenden Flechtarbeiten zu erwähnen sind.

Es ist jedoch fraglich, ob hier ein Kulturfortschritt vorliegt, den
primitive Sammler aus sich selbst heraus getan haben als letzte Ausschöpfung der Möglichkeiten, deren das Wildbeutertum fähig ist.
Dann wäre das „höhere Sammlertum" die Vorstufe zum Bodenbau.
Daran kann jedoch gezweifelt werden: Nicht nur scheint die Kulturgeschichte der Alten Welt — in der noch keine sicheren Spuren von ausgesprochenen „höheren Sammlern" gefunden wurden — dem zu widersprechen, sondern weisen auch die genannten Kalifornier Beziehungen
zu den Maisbauern des südlichen Nordamerikas auf und sind manche
Kulturgüter der Entlehnung von Getreidepflanzern verdächtig, wie
das Brotbacken (überhaupt die vorwiegende Mehlnahrung), Steinschliff, Spiralwulst-Flechttechnik u. a. m. Zwar wird diese Kultur
von Amerikanisten über die prähistorischen *Basket-maker* (etwa 2000
bis 0 v. Chr.) auf die dem Ausgang des Paläolithikums angehörende
Cochise-Kultur (etwa 4000 v. Chr. bis 200 n. Chr.) zurückgeführt. Aber
auch dann kommen wir immer erst in eine Zeit, während der in der
Alten Welt schon Bodenbau nachweisbar ist und auch Mittel- und
Ostsibirien — das als letzter Ausgangspunkt der frühesten amerikanischen Einwanderungen angenommen wird — bereits pflanzerische
Einflüsse aus dem Süden aufweist. Es könnte sich also bei den kali-

---

[43]) [60].

Abb. 20. Kochen in Körben mittels erhitzter Steine. *Maidu*, Kalifornien

fornischen „höheren Sammlern" ebensogut um primitive Wildbeuter
handeln — und sie weisen enge kulturelle Beziehungen zu den subarktischen Indianern und zur „Eisjagdkultur" auf —, die nach dem
Vorbild der Maisbauern die Mehl- und Brotbereitung übernommen,
jedoch nicht den letzten Schritt zum Bodenbau getan haben, statt
dessen die mehlhaltigen Früchte und Samen nach alter Sammlerart
aus Wildpflanzen gewinnen. Mit noch größerer Wahrscheinlichkeit
kann der Einfluß der maisbauenden Sioux für das „höhere Sammlertum" der Ojibwä (Algonkin) verantwortlich gemacht werden, die das
Einsammeln von Wildreis (*Zizania aquatica*) zur Basis ihrer pflanzlichen Ernährung machten.
Auch für die Entwicklung primitiver Wildbeuter zu sogenannten
höheren Jägern kann ein Einfluß höherer Kulturen als auslösend
erwiesen werden. Es sind dies Jäger, die in einem Gebiet reichlich
vorkommende Tierarten durch Anwendung verbesserter Beute-
methoden zur Grundlage ihrer Ernährung gemacht haben. Typische
Beispiele hierfür bieten die Pampas- und Prärieindianer.
Seitdem sie in den Besitz von durch die Europäer in Amerika eingeführten und dort z. T. verwilderten Pferden gelangt waren und sich
beritten gemacht hatten, konnten sie sich in kurzer Zeit zu Herren
der weiten und früher nur dünn besiedelten Grasfluren machen. Hier

vermochten sie nunmehr als Reiter Herden von Guanakos bzw. Büffeln in früher nicht gekanntem Ausmaß zu erlegen, indem sie das Wild entweder in Zwangszäune hetzten, die an Abgründen oder in eingezäunten Plätzen endigten, oder indem sie Büffelherden einkreisten und bei ständigem Umreiten nacheinander abschossen. Die Pferde ermöglichten auch als Packtiere und Zugtiere vor Stangenschleifen den Abtransport der erbeuteten riesigen Fleischmassen, die getrocknet oder zu „Pemmikan" zerstoßen Vorräte bildeten, und das Mitführen der kegelförmigen Stangenzelte und des komfortableren Hausrates (Prärieindianer). Während in Patagonien ursprünglich primitive Wildbeuter — deren einstige Kultur noch von den Ona-Feuerländern repräsentiert wird — so zu höheren Jägern wurden, waren es in Nordamerika sowohl Wildbeuter wie Maispflanzer.

Die neue Wirtschaftsform erzeugte neue Gesellschaftsformen, wie dies bei den Prärieindianern besonders in Erscheinung tritt: Die Massenjagden erforderten die Bildung größerer Wirtschaftseinheiten. Die Familien schließen sich zu größeren Lokalgruppen zusammen, die als straff disziplinierte Jagdbanden mit gewählten Anführern und Aufsehern bzw. Lagerpolizisten fungieren, die sich wiederum zu Stämmen zusammenschlossen und Jagden des gesamten Stammesverbandes organisierten. Der durch den Besitz einer Kavallerie und durch das Streben nach Erbeutung von Pferden angestachelte kriegerische Geist äußerte sich in Kriegergesellschaften, die auch zeremoniale und wirtschaftlich-soziale Funktionen ausübten. Von gleicher Bedeutung waren religiöse Gesellschaften, die zum Nutzen der Allgemeinheit Jagdzauber ausübten. Magie und Schutzgeistglaube sind sehr ausgeprägt. Sowohl im Gesellschaftsleben wie in der Glaubenswelt dieser innerhalb weniger Generationen neu geformten Präriekultur wirkt die Geistigkeit der an ihrer Bildung beteiligten Wildbeuter wie Pflanzer nach.

Älteren Datums als bei Pampas- und Prärieindianern ist der höhere Kultureinfluß, der zur Entstehung der seßhaften Fischerbevölkerung sowohl Nordwestamerikas wie im Mündungsgebiet des Amur führte. In beiden Gebieten findet die Ernährung ihren Rückhalt an dem in ungeheuren Schwärmen die Küsten entlangstreichenden und in die Flüsse aufsteigenden Lachs, werden Häuser aus Planken bzw. aus Balken errichtet und sind Kunst und Kunsthandwerk hoch entwickelt. Die ganze Kultur erhebt sich — trotz der aneignenden Wirtschaftsform — weit über die dem Wildbeutertum gegebenen Möglich-

Abb. 21. Bemaltes Häuptlingsgewand aus Zedernbast,
Tlingit, Nordwestamerika

keiten. In beiden Fällen wurde die heutige Kultur geprägt durch die Ausstrahlung früher ostasiatischer Hochkulturen auf primitive Wildbeuter. Angelockt vom Fischreichtum des nördlichen Pazifik gelangten ostasiatische Fischer nach Nordostsibirien und zu Schiff weiter nach Nordwestamerika (hier bezeugen Traditionen der Eingeborenen den ehemaligen Besitz von Segelschiffen = Dschunken!). In beiden Gebieten büßten sie manche Kulturgüter ihrer Heimat — wie etwa Ackerbau und Metallindustrie — ein und gingen in der eingeborenen Bevölkerung auf, prägten dieser aber auch unverlierbar den Stempel ihrer höheren Kultur auf. An Hand der Formen von Waffen und Geräten und namentlich der Kunststile läßt sich die Entstehung dieser Fischerkulturen in die erste Hälfte des ersten Jahrtausends vor Christus datieren[44].

---

[44] [157].

Bilder der Tafel XVII

Oben links: Hirsespeicher, *Zambezi-Gebiet*, Südafrika
Oben rechts: Pfahlbündel mit den Schädeln rituell erjagter Tiere. *Konso*, Südabessinien
Unten: Fischfang mit Schöpfkörben. *Zambezi-Gebiet*, Südafrika

III. PFLANZERKULTUREN

1. Wesen

Bereits den primitiven Sammlern waren sowohl das Hegen bestimmter Fruchtbäume in ihren Schweifgebieten als auch ein Privatbesitz an solchen wie an Stellen des gehäuften Vorkommens von
Nahrungspflanzen bekannt. Letztere bildeten gewissermaßen kleine
wilde Gärten. Von der Hege solcher Wildpflanzen war es aber noch
ein gewaltiger Schritt zu ihrem bewußten Anbau, der den Übergang
von der aneignenden zur produktiven Wirtschaft bedeutete und für
die Kulturentwicklung der Menschheit ungleich folgenschwerer und
einschneidender war als etwa die Einführung der Metalltechnik.
Der Übergang zum Pflanzertum dürfte sich in der Weise vollzogen
haben, daß die Frauen, um ihre Tätigkeit des Sammelns pflanzlicher
Nahrung leichter und ertragsicherer zu gestalten, an den oben angeführten Stellen üppigeren und dichteren Wuchses von Nahrungspflanzen diese nicht mehr restlos abernteten, sondern Teile von
Wurzeln, Knollen und Schößlinge dort beließen. Sie konnten so sicher
sein, bei der nächsten turnusmäßigen Wiederkehr in dieses Gebiet von
neuem eine reiche Ernte einbringen zu können. Die Kenntnis der
Wirkungsweise der genannten Pflanzenteile mußte gerade bei diesem
üblichen Wiederbeziehen alter Lagerplätze nach einer gewissen Dauer
des Umherstreifens in dem ja begrenzten Sammelgebiet erworben
werden. Denn man pflegte allen Kehrricht und alle Nahrungsabfälle
direkt im Lager wegzuwerfen, so daß sich — besonders bei längerer
oder/und häufigerer Benutzung desselben Platzes — oft ungeheuer
große Abfallhaufen bildeten. Diese ergaben natürlich einen vorzüg-
lichen Dünger und Standplatz für die aus den weggeworfenen Knollen-
teilen und Schößlingen sprießenden Pflanzen. In Auswertung dieser
Kenntnisse war der Schritt zum Bodenbau, das Anbauen der gewünschten Pflanzen an siedlungsgünstigen Stellen — etwa das Ver-
pflanzen von Knollengewächsen aus abgelegenen Gebieten in die Nähe
bevorzugter Lagerplätze, das Stecken von Schößlingen (Bananen!)
wie der Früchte von Bäumen — kein so weiter Schritt mehr.

Bilder der Tafel XVIII

Würdenträger mit Dreizack als Rangabzeichen und phallischem Stirnschmuck
als Auszeichnung für Tötung eines Menschen. *Ts'amako*, Südabessinien

Er bedeutete einen gewaltigen Fortschritt in bezug auf die Lebenssicherung vor allem in den tropischen Waldgebieten, wo die Jagd mühseliger und weniger ertragreich und -sicher ist als in den Steppengebieten. Nunmehr war nicht nur die Ernährungsbasis erweitert und gesichert, sondern es war auch das Leben der Frauen sehr fühlbar erleichtert worden durch Ersparnis an Zeit und Kraftverbrauch. Hatten sie doch bisher ihre ganze von der Lager- und Essensbereitung freigebliebene Zeit vorwiegend der Nahrungssuche widmen und dazu bei jedem Gang zusätzlich zu den Lasten der Sammelbeute usw. auch noch ihre kleinen Kinder an den Körper angebunden mitschleppen müssen, wobei natürlich auch für die werdenden Mütter die tägliche Arbeitslast eine schwere Bürde darstellte.

Trotz der uns so einleuchtenden Vorteile des Bodenbaues darf aber das Tempo seiner Entwicklung nicht überschätzt werden. Sicherlich haben Sammlerinnen zu verschiedenen Zeiten und an verschiedenen Stellen unabhängig voneinander irgendwelche Pflanzen angebaut. Dies geschah aber doch nur in ganz bescheidenem Maße und vor allem nur vereinzelt und ganz individuell. Ehe eine neue Erfindung oder Methode sich durchsetzen und von der Allgemeinheit aufgenommen werden kann, muß sie erst den Prozeß der Siebung durchlaufen. D. h. der geistig stets über den Durchschnitt seiner Gemeinschaft herausragende Erfinder muß erst eine Gefolgschaft finden, die seine Gedankengänge überhaupt verstehen und ihren Nutzen einsehen kann und die Willenskraft aufbringt, sich innerlich umzustellen und das neue Gedankengut zu übernehmen. Ferner muß die Möglichkeit bestehen, die Neuerung einem größeren Kreis mitzuteilen und in die Zukunft weiterzureichen. Für alles dies sind aber gerade den ausgesprochenen Sammlerkulturen enge Grenzen gezogen: Einmal ist die geringe Kopfzahl der recht isoliert lebenden ethnischen Einheiten der Weitergabe neuer Erfindungen in Raum und Zeit hinderlich, zum anderen die bekannte konservative Geisteshaltung der Wildbeuter, die äußerst zähe an ihrem in Jahrtausenden der spezialisierten Anpassung an die Umwelt in verhältnismäßiger Isolierung festgeprägten Kulturgefüge festzuhalten pflegen. Eine Änderung der Wirtschaftsweise bedeutet ja eine Erschütterung des so lange stabil gehaltenen innerethnischen Gleichgewichtes (s. S. 27 ff.). (Das beste Beispiel hierfür bilden die seit mindestens Jahrhunderten, wahrscheinlich aber seit Jahrtausenden, in Symbiose mit großwüchsigen Pflanzern lebenden Bambuti-Pygmäen. Wohl haben sie den Nutzen des Bodenbaues kennengelernt

und auch für sich selbst durch Tauschhandel oder Diebstahl auszu-
werten gewußt, doch wollen sie sich auch heute noch nicht zur Aufnahme auch nur des so leichten Anbaues der von ihnen so hoch ge-
schätzten Banane bequemen. Einzelne Versuche ergaben nur kümmer-
lichste Ergebnisse, wenn sie nicht ganz fehlschlugen[45]). Wir müssen
auch berücksichtigen, daß die Männer der Sammlerstufe leidenschaft-
liche Jäger sind, denen das ständige ungebundene Umherstreifen ein
Lebensbedürfnis ist, von dem sie nicht ablassen mögen. Es bedurfte also sehr willensstarker Frauenpersönlichkeiten, um die allgemeine Aufnahme des Bodenbaues und damit im Ergebnis eine seßhafte Lebensweise durchzusetzen. Möglicherweise wirkte sich auch
ein Zwang von außen — etwa ein katastrophaler Rückgang der Jagd-
erträge durch zu starken Abschuß oder durch Tierseuchen — als
Auslösung oder Verstärkung dieser Tendenz aus. Wir dürfen annehmen, daß die Aufnahme des Bodenbaues in stärkerem Ausmaß
durch eine größere Bevölkerungsmenge und seine Beibehaltung nur
einmal auf der Erde vorgenommen wurde. Hierfür käme am ehesten
Südasien im Jungpaläolithikum in Frage.

2. *Jäger-Pflanzer*

Während zwar allgemein der Bodenbau als aus der Sammeltätigkeit
der Frauen entstanden anerkannt wird, so wird zumeist diese Entwicklung ausdrücklich oder stillschweigend als sprunghaft vollzogen hingestellt und das Pflanzertum dem Wildbeutertum scharf abgegrenzt
gegenübergestellt. Wie wir sahen, müssen wir aber für die Herausbildung von ausgesprochenen Pflanzerkulturen, in denen der Bodenbau die Wirtschaftsgrundlage bildet und das Kulturbild entscheidend
prägt, eine nach Jahrtausenden zählende Entwicklungsdauer in
Rechnung stellen. Während dieser Übergangszeit fungierten — als
annähernd gleichwertige Formen der Nahrungsbeschaffung — Wild-
beuterei und Bodenbau als in eine ganzheitliche Wirtschaftsweise
integrierte Wirtschaftseinheit mit einem aus der überkommenen
jägerischen wie der neu entstandenen pflanzerischen Geistigkeit
gleichermaßen gespeisten Kulturgefüge. Solche Kulturen finden sich
nun tatsächlich auch bei rezenten Naturvölkern noch in erheblicher

---

[45]) Vgl. *Schebesta, P.*: Die Bambuti-Pygmäen vom Ituri, II, S. 269, Brüssel
    1941.

11*

Anzahl, nur ist merkwürdigerweise ihr Charakter als festumrissener Kulturkreis, der den Übergang sowohl wie den Ausgleich des Wildbeutertums mit dem Pflanzertum in einer neuen Einheit repräsentiert, bisher nicht erkannt worden[46].

Wir möchten ihn als den *Kulturkreis der Jäger-Pflanzer* benennen, um seine Wirtschaftsform zu kennzeichnen. Die ihm angehörenden Kulturen sind bisher fälschlich den „Hackbauern" oder — zum überwiegenden Teil — einem „totemistischen Kulturkreis" der „höheren, vaterrechtlich organisierten, Jäger" zugeordnet worden. Dieser Kulturkreis mit seinen ihm zugeschriebenen verschiedenen Kultur elementen hat sich jedoch als eine Fehlkonstruktion erwiesen[47], ebenso die Ansicht, daß die Kulturen der Jäger-Pflanzer immer nur „Mischungen von Wildbeutern mit Hackbauern" darstellten.

In Wahrheit erweisen sie sich als Ausdrucksformen einer geradlinig aus dem Wildbeutertum erwachsenen einheitlichen Wirtschaftsform, auf welcher Basis sich eine ebenfalls ganzheitliche geistige Kultur mit einer die neue Wirtschaftsgesinnung widerspiegelnden Gesellschaftsordnung, Glaubenswelt und Kunst erhebt. Die Anwendung des Begriffes „Kulturkreis" ist hierfür also voll berechtigt.

Seine Kennzeichen sind: Das Anpflanzen und Ernten von Nahrungspflanzen — vorwiegend Wurzeln und Knollen neben Stauden (Bananen!) — bleibt den Frauen überlassen, die Männer nehmen ihnen nur die schwersten Arbeiten wie das Roden der Pflanzungen ab und betreuen die Nutzbäume. Im übrigen widmen sie sich weiterhin dem Waidwerk, wobei der Fischfang häufig noch wichtiger als die Jagd wird. Als Gerät zur Bodenbearbeitung wird der von den Frauen bei der früheren — und noch nebenbei betriebenen! — Sammeltätigkeit benutzte Grabstock weiterhin gebraucht, sowohl zum Umgraben des Bodens wie zum Stechen der Pflanzlöcher (als „Setzknebel" bis in die Pflugkultur beibehalten). Durch Verbreiterung wird er zum Grabscheit, dem Vorläufer des Spatens[48] verbessert. Dazu tritt, in verschiedenem Umfang verwendet, die Hacke. Hierfür mögen als erste Geräte Astgabeln und/oder Hirschgeweihe (letztere sind prähistorisch bezeugt) gedient haben. Durch Aufbinden eines breiten und auswechselbaren hölzernen Blattes auf die Astgabel

---

[46] [64].
[47] [9a, 16].
[48] [278].

entsteht die Kniestielhacke. Dieses Gerät muß annähernd gleichzeitig und nicht ohne gegenseitige Beeinflussung mit dem Beil entwickelt worden sein. Dieses tritt uns zuerst als in eine Zweigschlinge geschäftete und in paläolithischer Technik hergestellte Steinklinge entgegen. Seine eigentliche Verwendungsmöglichkeit zur Bearbeitung harter und umfangreicher Holzstücke konnte es jedoch erst finden, nachdem die Stein- oder Muschelklinge in einem Kniestiel — sei er aus Holz oder Geweih — geschäftet worden war. (Erst später kam das Einstecken der Klinge in einen Keulenstiel auf.) Wenn das Beil möglicherweise auch nicht erst in diesem Kulturkreis erfunden worden sein mag, so hat es doch hier erst seine technische Ausgestaltung und allgemeine Anwendung gefunden. Es war ja jetzt unbedingt notwendig geworden, um Rodungen für die Pflanzungen anlegen zu können. Es ermöglichte aber auch die Errichtung fester und komfortabler Häuser, die bei der nun relativ seßhaft gewordenen Lebensweise möglich und erwünscht geworden waren. Ebenso bildete es die technische Voraussetzung für die Herstellung von Haus- und Wirtschaftsgeräten wie Stampfer und Mörser zur Essensbereitung, Holzschüssel, Hocker u. dgl. wie für das Aufblühen der nun zu beobachtenden Holzschnitzkunst. Ferner konnten nun große Einbaumboote hergestellt werden, die sowohl der Fischerei als

Abb. 22.
Baumfällen mit der Steinaxt. *Bergpapua*, Holl.-Neuguinea

auch dem Handel und Verkehr und der Kriegführung zugute kamen. Während die Holzarbeiten vom Mann ausgeführt werden, vermag sich die Frau in der ihr nun reichlicher zur Verfügung stehenden Freizeit als Töpferin zu betätigen und die Technik der Flechterei zu vervollkommnen.

Diese neue Wirtschaftsform führte natürlich einen tiefgehenden Wandel der Gesellschaft und des Weltbildes herbei: Die nunmehr ermöglichte und z. T. erforderliche relative Seßhaftigkeit und größere Bevölkerungsdichte sowie die Entstehung von Gewerben in Haus- und Dorfbetrieb mit ihrer Anregung zum Ausbau von Handelsbeziehungen und des Verkehrs erforderten eine Differenzierung der gesellschaftlichen Struktur, erweiterten die interethnischen Beziehungen und mündeten in die Bildung größerer ethnischer Einheiten mit allen früher geschilderten Folgen für die kulturelle Entwicklung. Auch die Stellung der Frau erfuhr eine Änderung: Häufig genug war sie als Bearbeiterin und Besitzerin des sicherere und größere Nahrungsmengen liefernden Feldes von höchster Wichtigkeit geworden. Wenn nun gar in manchen Gebieten, wo der Ackerbau bereits eine größere Bedeutung als die Jagd erlangt hatte, der Bräutigam in das an die Örtlichkeit der Felder gebundene Haus der Frau (oder Schwiegermutter) einheiraten und vielleicht erst noch bei den Schwiegereltern um die Frau eine Zeitlang dienen mußte (Dienstehe), konnte es leicht dahin kommen, daß die Abstammung nunmehr nach dem Mutterhause — also matrilinear — gerechnet wurde. Da jetzt im Gegensatz zum reinen Wildbeutertum die Muttersippe in Gestalt der Felder (und evtl. der Häuser) wertvollsten Besitz zu vererben hatte, findet nun auch der Gedanke der blutsmäßigen Abstammung und der Vererbung größere Beachtung und beginnt sich ein Ahnenkult zu regen; Gedankengänge, die auch zum hier sich ausbildenden Clantotemismus beitrugen.

Wesen und Ursprung des Clantotemismus hatten wir bereits früher ausführlich behandelt[49]. Wir wollen hier nur zusammenfassend hervorheben, daß er die typische Geistigkeit eines Kulturkreises darstellt, der neben dem beibehaltenen überkommenen Wildbeutertum den ersten Pflanzbau aufgenommen hat und daß seine Verbindung von Tierkult und der Idee der Wesensverwandtschaft von Tier und Mensch mit dem Vererbungs- und Abstammungsgedanken

---

[49]) Siehe S. 99 ff. und [64].

den in diesem Kulturkreis notwendig gewordenen Ausgleich zwischen jägerischer und pflanzerischer Geistigkeit widerspiegelt. Ebenso ist das hier zu beobachtende Schwanken zwischen patrilinearer und matrilinearer Deszendenz ein Ausdruck des Schwankens zwischen alter wildbeuterischer und neuer pflanzerischer Gesellschaftsordnung.

Die Ausbildung des Jäger-Pflanzer-Kulturkreises muß bereits im Jungpaläolithikum stattgefunden haben, als Ursprungsgebiet ist Südasien anzunehmen. Hier in diesem alten Intensitätszentrum der Kulturentwicklung sind unter dem Einfluß jüngerer fortgeschrittener Kulturen, insbesondere der späteren Hochkulturen, und der mannigfaltigen Völkerverschiebungen allerdings nur noch Trümmer von ihm zu finden. Sehr früh muß er seinen Weg in die tropischen Waldgebiete Afrikas gefunden haben, wo er sich noch stärker auswirkt, wenn auch der Clantotemismus hier entweder erst schwach entwickelt oder bereits stärker abgeblaßt auftritt. Ausgeprägter tritt er in Melanesien und Australien (hier unter Verlust des Pflanzbaues) und in Nord- (und Süd-) Amerika auf, wo er auch in den Hochkulturen noch hindurchschimmert. Ob dieser Kulturkreis rein oder bereits mit anderen Kulturen gemischt in die Neue Welt gelangt ist, ist noch nicht geklärt. Zwar bestehen bis in Einzelheiten gehende verblüffende Übereinstimmungen des Clantotemismus der Sioux mit dem der Jatmül-Papua in Neuguinea[50]), die nur durch historische Beziehungen erklärt werden können, doch scheint andererseits der Clantotemismus Nordamerikas vom Gebiet der alten Moundkultur des Südostens auszustrahlen. Bei dieser spielte zwar neben dem Ackerbau die Jagd noch eine große Rolle, doch war sie sicher keine reine Vertreterin unseres Jäger-Pflanzer-Kulturkreises. Dieser hat selbstverständlich seine ursprüngliche Form nicht zu allen Zeiten und in allen Umwelten seines Ausbreitungsgebietes unveränderlich starr beibehalten, sondern weist alle Abstufungen des Anteils von wildbeuterischer Nahrungsgewinnung und Pflanzertum in der Wirtschaft auf, demgemäß auch viele Variationen der Gesellschaftsform — entweder patrilineare oder matrilineare Deszendenz oder beide nebeneinander — und des Clantotemismus auf, der z. B. unter Umständen ganz zurücktreten oder auch bei Aufgabe des Bodenbaues beibehalten werden kann. Dazu kommen noch Abwandlungen durch Beeinflussung oder Mischung mit andersartigen älteren oder jüngeren Kulturen.

---

[50]) [69a].

3. Knollenfruchtpflanzer

Die mit der Aufnahme des Bodenbaues einmal eingeleitete Entwicklung tendierte zu einer schrittweisen Zurückdrängung der Jagd zugunsten des Bodenbaues, wobei sich nur schwer eine scharfe Grenzlinie zwischen den Jäger-Pflanzern und den reinen Pflanzerkulturen ziehen läßt. Wir wollen als solche diejenigen gelten lassen, bei denen der Bodenbau mit Einschluß der Baumkulturen in ganz überwiegendem Maße die Grundlage der Ernährung bildet und dementsprechend die Gedankenwelt vorwiegend um ihn kreist. Da erweist sich nun als der älteste rein pflanzerische Kulturkreis derjenige der tropischen Pflanzer, die in erster Linie durch Stecklinge und Schößlinge sich vermehrende stärkemehlhaltige Knollenpflanzen wie Yams, Taro, Maniok, Batate u. dgl. und die Banane anpflanzen. Dazu kommen als wichtigste Fruchtbäume im Südosten die Sago- und die Kokospalme, auf dem asiatischen und afrikanischen Festland die Ölpalme und Nutzbäume wie Raphiapalme, wilde Papiermaulbeer- und Feigenbäume zur Herstellung der Rindenstoffe, Kürbisarten zur Ernährung wie als Gefäßlieferanten (= Kalebassen), verschiedene Gemüse-, Gewürz- und Heilpflanzen. Diese, ständige Feuchtigkeit und Wärme liebenden, Pflanzen verlockten zu einer dichten Besiedlung auch des tropischen Urwaldes, wo sie einen *Dauerfeldbau* mit ständigen Ernten ermöglichten. Das Enthobensein von einer Vorratshaltung führte hier zu einer gewissen Sorglosigkeit und geringerer Mühewaltung als in den Feuchtsteppengebieten, so daß *Schebesta*[51]) in bezug auf den Kongourwald treffend von „Feldbeuterei" spricht.

Die Jagd tritt an Bedeutung sehr zurück, ist im Urwaldgebiet und bei dichterer Besiedelung auch weniger ergiebig, wobei nun die Fallenstellerei die aktive Pirsch- und Treibjagd überwiegt. Sie wird von größeren Bevölkerungsteilen meist nur zu besonderen Gelegenheiten ausgeübt, sonst mehr als Sport und von einzelnen Berufsjägern oder Jägerkasten, die oft von ehemaligen Wildbeutergruppen abstammen dürften. Die Fleischnahrung bildet daher nur noch eine — oft lange zu entbehrende — Zukost. Dafür gewinnt für die Lieferung eiweißhaltiger Nahrung die Fischerei eine größere Bedeutung, deren Ergiebigkeit auch bei dichterer Besiedelung nicht erschöpft werden kann und vor allem an den großen Stromsystemen und an den Meeres-

---

[51]) *Schebesta, P.:* Vollblutneger und Halbzwerge, S. 156, Salzburg-Leipzig 1934.

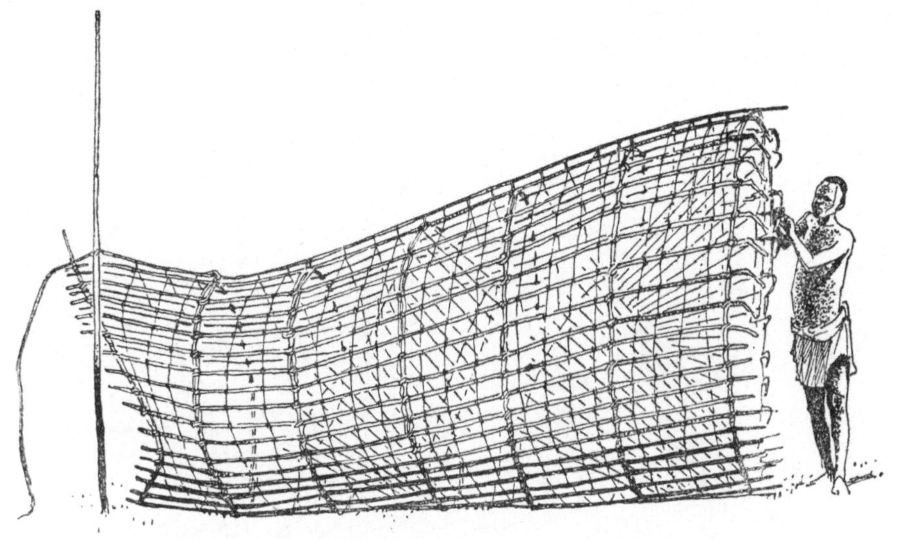

Abb. 23. Fischreuse, *Buraka*, Ubangi, Franz.-Äquatorialafrika

küsten — insbesondere Südostasiens und der Südsee — ausgesprochene
Fischerbevölkerungen entstehen läßt. Die Männer pflegen sich auch
hier am Bodenbau gewöhnlich nur durch Rodung der Pflanzung und
eventuell deren Umzäunung zu beteiligen. Der *Brandrodungsfeldbau*
zwingt übrigens alle paar Jahre zur Anlegung neuer Pflanzungen, die
allmählich immer weiter von den Siedelungen abrücken, die daher
in größeren Zeitabständen verlegt werden müssen. Der Brandrodungsfeldbau hat somit ebenso zur großflächigen Vernichtung des
primären Waldbestandes geführt wie zu bedeutenden Völkerwanderungen auf der Suche nach noch nicht erschöpften ertragreichen
Böden. Das vorherrschende Bodenbaugerät ist der Grabstock bzw.
seine weiterentwickelte Form, das Grabscheit.
Bereits im Jäger-Pflanzer-Kulturkreis erlaubte die Seßhaftigkeit eine
Viehhaltung in der Form gelegentlicher Zähmung einzelner Tiere der
verschiedensten Gattungen als Hausgenossen. Dabei lag jedoch der
Gedanke an eine wirtschaftliche Verwertung wie an eine bewußte
Züchtung ganz fern. Dagegen kommt nun bei unseren tropischen
Pflanzern eine wirkliche *Kleinviehzucht* mit wirtschaftlicher Nutzung
auf: Es sind dies zunächst Tiere, die leicht in die Gewalt des Menschen
zu bekommen waren, die Nähe des Menschen suchten und sich beinahe

Abb. 24. Brandrodungsfeldbau. Anlegen einer Rodung im Urwald. *Togo*

selbst domestizierten. So suchen noch heute in halbwildem Zustande befindliche Schweine in den Siedlungen südostasiatischer und melanesischer Pflanzer nach Nahrung und sind hier leicht zu fangen und einzupferchen. Die primitivere Form ist das südasiatische *(Sus vittatus)*, das als neolithisches „Torfschwein" bis Europa gelangte. Die europäischen Landschweine wurden in Anlehnung daran aus einheimischen Wildrassen *(Sus scrofa)* gezüchtet. Auch das Haushuhn stammt aus Südasien. Das gleiche gilt für den Haushund, der jetzt aus einer indischen kleinen Wolfsart abgeleitet wird[52]). Alle genannten Tiere wurden zunächst nur als Fleischtiere gehalten, die besonders als kultische Opfertiere von großer Bedeutung waren, wobei das Huhn

---

[52]) [273].

auch als Orakeltier beliebt wurde. Auch der Hund ist erst später zum
Jagdgehilfen geworden, indem er als zuerst noch stummen Rassen zu-
gehörig mit einer Schelle versehen zum Aufspüren und Aufscheuchen
des Wildes benutzt wurde. (Eine Verwendung als Spür-, Schlitten-
und Hirtenhund fand er erst viel später!). Die
Ziege — zunächst noch ohne Milchnutzung
gehalten — fand später ebenfalls Eingang in
die festländischen Pflanzerkulturen, wobei sie
besonders in Afrika das Schwein ersetzte.

In der Gesellschaftsordnung wird die Rolle
der Sippen- und Dorfvorsteher gewichtiger
und gewinnt der Häuptling größere Autorität,
die nicht nur soziologisch bedingt, sondern
auch religiös fundiert ist. Von gleicher Bedeutung ist der für das Wohl der Gemeinde in
gleicher Weise wie der Häuptling verantwort-
liche Zauberer. Die Macht des ersteren ist
jedoch meist eingeschränkt durch den Rat
der Sippenältesten. Für die Stellung der Frau
trifft das im vorigen Gesagte zu, neben vaterrechtlich organisierten Gemeinschaften finden wir hier häufig mutterrechtliche. Wenn
die hier in besonderer Blüte stehenden
Geheimbünde manchmal als Männerbünde
die Tendenz zur Terrorisierung der Frauen
zeigen, so mag dies hier unter anderem auch
als Gegengewicht gegen das wirtschaftliche
Übergewicht der Frauen gemeint gewesen
sein, was früher fälschlich als Entstehungsursache der Geheimbünde überhaupt angenommen worden war. Gerade hier aber haben
auch die Frauen nach männlichem Vorbild
zum Teil ebenfalls weibliche Geheimbünde

Abb. 25.
Regenmacher-Zauberfigur
mit aufgesetztem übermodelliertem Totenschädel.
Neu-Mecklenburg, Melanesien

gebildet. Keineswegs hat die Tätigkeit der Frau als Pflanzerin ihre
soziale Stellung immer erhöht, vielmehr sie noch häufiger zum Arbeitstier absinken lassen, wie es afrikanische und melanesische Beispiele
zur Genüge zeigen. Die Einteilung in Altersklassen ist hier weit verbreitet, vor allem im Südosten der Ökumene. Mit ihnen in Verbindung stehen die Junggesellen- bzw. Männerhäuser, die ersteren

Abb. 26. Maskentänzer des Duk-Duk-Geheimbundes. *Gazelle-Halbinsel*, Neupommern, Melanesien

zum Schlafen, ferner den Männern als Versammlungs-, Kult- und Gästehaus dienen. Häufig sind auch entsprechende Häuser für Mädchen, die hier auch freie Liebesbeziehungen pflegen dürfen (insbesondere Süd-, Südost-Asien und Indonesien-Mikronesien).

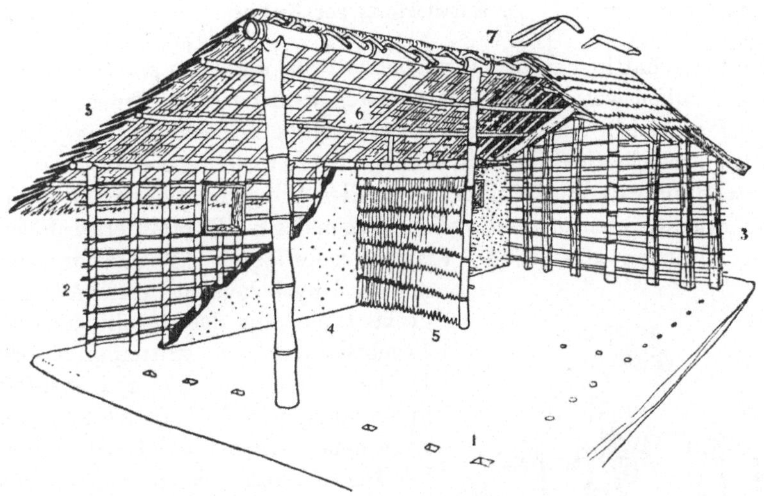

Abb. 27. Konstruktion eines Urwaldhauses, *Südkamerun*.
1) Boden aus gestampfter Erde — 2) Wandkonstruktion aus Holz und Bambus — 3) Konstruktion der Giebelwand — 4) Wandverkleidung aus Lehm mit Kalkbewurf — 5) Dach und Zwischenwand aus Raphiapalmblatt-Matten — 6) Dachsparren und -latten aus Bambus 7) Palmzweige zur Befestigung der Firstabdeckung

Abb. 28. Leiche in Stoffumhüllung. Niombe-Kult. *Ba-Bwende*, Franz.-Kongo

Die wirtschaftlich so bedeutungsvolle Rolle der Frau spiegelt sich in der Glaubenswelt wider: Das Gebären wird mit dem Fruchtbringen der Pflanzen in Analogie gesetzt und damit menschliche mit pflanzlicher Fruchtbarkeit. So wird es oft geradezu für nötig erachtet, daß die Frauen die Pflanzenkeime in den Boden bringen, da eben nur sie für das Fruchttragen zuständig seien. Wegen der S. 107 erläuterten Ideenverbindungen von Mond — Frau — Fruchtbarkeit — Vegetation spielt die Mondmythologie hier eine besonders große Rolle. Aus der um die Idee der Fruchtbarkeit als Mittelpunkt des Denkens geschlungenen und ebenfalls lunar bezogenen Gedankenkette: Zeugung neuen Lebens und Fruchtbarkeit bei Mensch und Pflanze nur möglich nach Tötung bestehenden Lebens, ewige Wiederkehr und Erneuerung des Lebens nach Verwelken (Ernte) und Untergang — gemäß dem Phasenwechsel des Mondes — entsteht die Mythe von der in der Vorzeit zerstückelten lunaren Heilbringergestalt, aus deren Körperteilen die ersten Nahrungsfrüchte, insbesondere die zur Aussaat zu zerstückelnden Knollenpflanzen hervorgehen. Deshalb ist zur Sicherung und Erhaltung der Fruchtbarkeit und Zeugungskraft eine ständige rituelle Wiederholung dieses mythischen Urzeitgeschehens notwendig, entfalten sich in diesem Kulturkreis Menschenopfer, Kopfjagd und Schädelkult.

Zur Förderung der Fruchtbarkeit werden ferner neben den Höheren Mächten auch die Ahnen zu Hilfe gerufen, kommt der Ahnenkult zur Blüte, dazu Seelen- und Geisterglaube. Der Kraftglaube wird deshalb nicht aufgegeben, seine magischen Praktiken werden vielmehr auf den Ackerbau übertragen. Aus einer

Abb. 29. Ein Stuhl wird aus einem Baumstamm mittels des Querbeiles mit Steinklinge geschnitzt. *Trobriand-Inseln*, Brit.-Neuguinea

Verbindung des Kraftglaubens mit dem Animismus entstehen Schamanismus und Besessenheitskulte.

Seßhaftigkeit, Differenzierung der Gesellschaft und verbesserte Techniken führen zu einem Aufblühen der Kunst und des Kunstgewerbes. Es werden nun melodiefähige Musikinstrumente geschaffen, Ahnenkult und Geisterglaube stellen in der Holzplastik die menschliche Gestalt in großer Mannigfaltigkeit dar, Kultdrama und Geheimbünde lassen Masken von oft wuchernder Phantastik und stärkster Ausdruckskraft erstehen. In der Flächenkunst wird vom Naturvorbild eine geometrisierte Wiedergabe abstrahiert, das Sinnbild und das geometrische Ornament herrschen vor. Hierin äußert sich neben einem Wandel der geistigen Einstellung oft auch ein Einfluß der textilen Künste, tritt doch nun neben die Rindenstoffherstellung und Mattenflechterei allmählich auch das Spinnen und Weben von Pflanzenfasern.

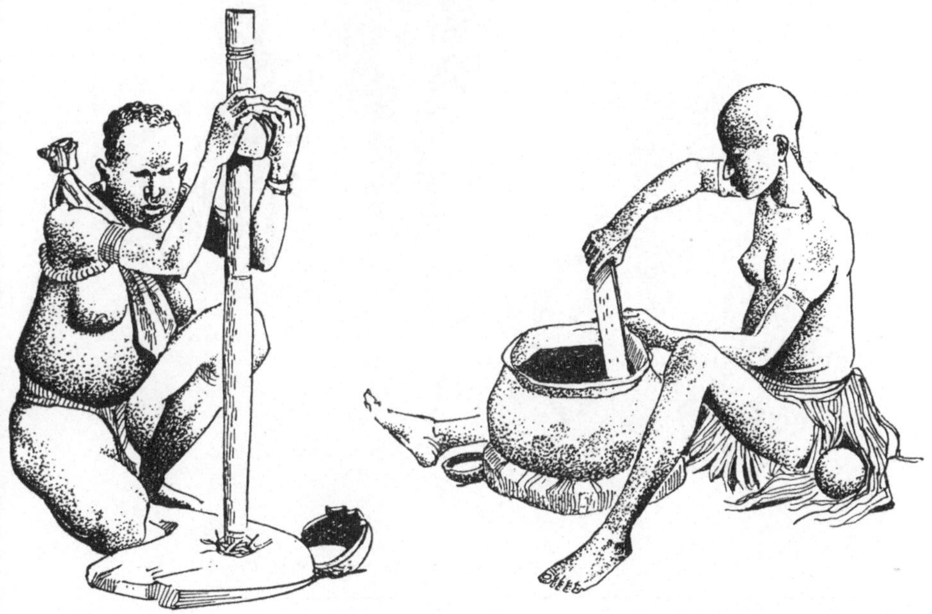

Abb. 30.   Abb. 31.

Abb. 30. Durchbohren einer *Tridacna*-Muschelplatte zur Herstellung eines Armringes. *Kaiser-Wilhelms-Land*, Nordneuguinea

Abb. 31. Herstellung eines Topfes in Treibtechnik. *Admiralitäts-Inseln*, Melanesien

Dieser Kulturkreis verbreitete sich seit dem Mesolithikum — in je
nach Umwelt und historischen Schicksalen verschieden geprägte
lokale Kulturen differenziert — von Südasien aus, wo wir ihn bei
einigen vorder- und hinterindischen primitiven Stämmen noch mehr

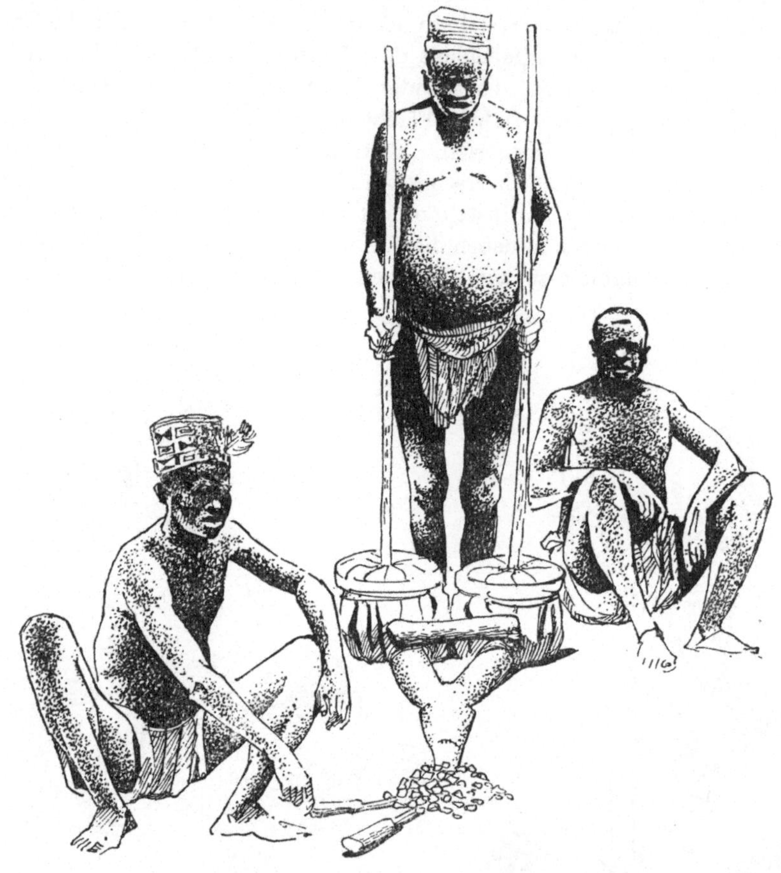

Abb. 32. Schmiede mit Schalengebläse. *Ma-Ngbetu*, Belg.-Kongo

Bilder der Tafel XIX

Oben: Waffenschmiede mit Schlauchgebläse. *Wa-Kikuyu*, Ostafrika
Mitte und unten: Männer-Trittwebstuhl für Baumwollgewebe. *Mandingo*,
Westsudan

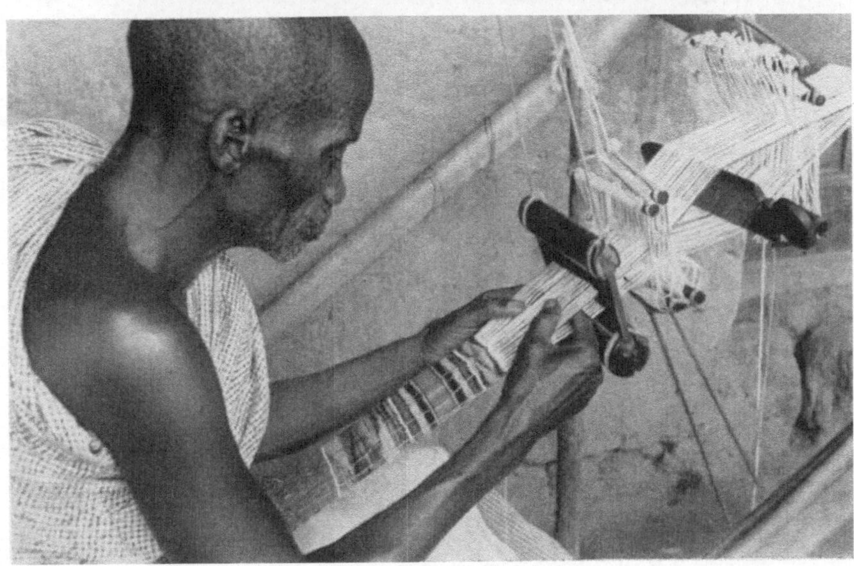

oder weniger rein vorfinden, in die Wald- und Feuchtsteppengebiete des äquatorialen Afrika, in die Südsee mit Ausnahme Polynesiens und nach dem südlichen Ostasien. (Die amerikanischen Pflanzerkulturen werden wir später zusammenfassend behandeln.)

4. Getreidepflanzer

Das Pflanzertum blieb nicht lange auf die tropischen Feuchtgebiete und den Anbau von Knollenpflanzen beschränkt. Der Ausbreitung in die trockeneren Steppen, Trockenwaldgebiete und Hochländer stand jedoch die Verbreitungsgrenze der gewohnten Knollenpflanzen entgegen. Als Ersatz boten sich die Körnerfrüchte an, die ja als Wildpflanzen stellenweise bereits von Wildbeutern eingesammelt wurden. Es bedurfte jedoch jahrtausendelanger Bemühungen, um aus den Wildgräsern unsere heutigen Getreide zu züchten, wobei nicht nur eine Auslese nach besonders zahlreiche und große Körner hervorbringenden Pflanzen betrieben, sondern vor allem auch der Verlust der für die Wildpflanzen kennzeichnenden Brüchigkeit der Ährenspindel herausgezüchtet werden mußte, wollte man überhaupt

Abb. 33.
Frau beim Bodenumbrechen mittels Hacke, *Galla*, Abessinien

Bilder der Tafel XX

Oben: Wahrsagerin. *Zulu*, Südafrika
Unten links: Ein Medizinmann behandelt einen Kranken mittels des Schröpfhornes, *Zulu*
Unten rechts: Ein Regenzauberer kämpft gegen einen nahenden Hagelsturm, *Zulu*

reife Ähren ernten und sich nicht nur auf das mühselige Einsammeln
der losen Körner beschränken. Aus botanischen Gründen kommt als
Ursprungsgebiet der Getreidepflanzen nur West- und Südasien in
Frage. Da ihr erster Anbau nur in ihrem Überschneidungsgebiet mit
Knollenpflanzen erfolgt sein kann, müssen wir diesen in Indien
suchen, das auch tatsächlich die größte Mannigfaltigkeit von Getreide-
arten — neben anderen Nahrungs- und Nutzpflanzen — aufweist.
Als älteste Getreidearten sind die *Hirsen* anzusehen, von denen sowohl
die tropischen Hirsen — Mohrhirse *(Andropogon Sorghum Brot.)*,
Rohrkolbenhirse *(Pennisetum typhoideum Rich.)*, Fingerhirse *(Eleu-
sine coracana Gaertn.)* — von Indien nach Südarabien, Afrika und
Ostasien (außer Rohrkolbenhirse), wie die kleinkörnigen *Panicum-*
Arten nach den oben angeführten Gebieten und nach Zentralasien,
dem Pontus und nach Europa verbreitet wurden. In Süd- und Südostasien ebenfalls uralt ist der *Reis*, der zunächst als trocken angebauter
Bergreis *(Oryza montana)*, dann als Sumpfreis *(O. sativa)* in Kultur
genommen wurde. Gleichalterig ist die *Gerste (Hordeum)*, die uns in
verschiedenen Arten von Nordindien über Zentralasien bis Ostasien
und über Westasien und die Mittelmeerländer bis Nordeuropa als eine
der ältesten Getreidearten begegnet und die die Ausbreitung des
Getreidebaues bis in die nördlichsten und höchstgelegenen Gebiete
(in Tibet bis + 4700 m) ermöglicht hat. Ebenfalls in das noch pflug-
lose Getreidepflanzertum gehört der Beginn des Anbaues von be-
spelzten *Weizensorten* wie *Emmer (Triticum dicoccum Schr.)* — in
Südwestasien und im Mittelmeergebiet einheimisch und von dort bis
Indien, Ägypten-Abessinien und Europa gelangt — und *Einkorn
(Tr. monococcum L.)* — in Vorderasien und auf der Balkanhalbinsel
einheimisch und von dort wie über Nordafrika nach West-, Mittel-
und Nordeuropa gebracht.
Aus dem Emmer wurden auch *Nacktweizen* gezüchtet, wie der *Bart-
weizen (Tr. turgidum)* und *Hartweizen (Tr. durum)*. Von Kleinasien
wurden sie über Ägypten (3. Jahrt. v. Chr.) — Nordafrika bis Süd-
europa wie nach Abessinien und Südarabien verbreitet. Der echte
Weizen tritt zuerst als *Zwergweizen (Tr. compactum)* auf mit Va-
riationszentrum in Nordwestindien (Induskultur), neolithisch in
Südosteuropa (circumalpines Gebiet, Spanien). Der mit ihm eng verwandte *gewöhnliche Weizen (Tr. vulgare)* stammt aus Südwestasien-
Indien. In Nordchina ist er die wichtigste Wintersaat seit dem
3. Jahrt. v. Chr. und ist für die gleiche Zeit in Turkestan wie im spät-

neolithischen Mitteleuropa nachgewiesen. Nach Vorderasien gelangt er erst nach der Perserzeit und verdrängt im Mittelmeergebiet einschließlich Ägypten seit der Antike den Emmer.

Hirsen und Reis werden noch heute in der typischen Pflanzermanier angepflanzt, d. h. nicht im Breitwurf gesät, sondern wie die Stecklingspflanzen in Saatlöcher einzeln oder büschelweise gesetzt bzw. gesteckt.

So weit als angängig werden neben den Körnerfrüchten natürlich auch Gemüsepflanzen und alte wie neue Knollenpflanzen (Kartoffeln, Rüben und anderes Wurzelgemüse) angebaut, dazu gewinnen die Hülsenfrüchte an Bedeutung. Sie werden mit verschiedenen Getreidesorten — und auch diese unter sich — meist im Gemenge angebaut, da dann auch bei Ausfall einer Anbaupflanze die anderen noch genügend Ernteerträge sichern. Wo die klimatischen und pflanzengeographischen Voraussetzungen gegeben sind, werden allmählich weitere Nutzbäume angebaut und zum Teil veredelt, als wichtigste die Dattelpalme, der Ölbaum, die Feige, die Weinrebe und das Kern- und Steinobst.

Das Getreidepflanzertum scheidet sich sehr bald in zwei, zwar miteinander oft in Beziehung stehende, aber auch deutlich voneinander geschiedene Kulturkreise, von denen der eine einen extensiven Regenzeitfeldbau, der andere einen intensiven Bodenbau mit Terrassierung und künstlicher Bewässerung — auch „Gartenbau" genannt — aufweist. Der erstere erschloß vorwiegend die Steppen, der zweite die Bergländer. Das gegenseitige Altersverhältnis beider ist bei dem Mangel entsprechender Vorarbeiten nicht mit Sicherheit zu bestimmen, in Süd- und Südostasien ist der letztere der ältere, in seinem westlichen Verbreitungsgebiet jedoch der jüngere. Die größere Wahrscheinlichkeit spricht für ein höheres Alter des Terrassierungsbaues, der sich nur in und über die von ihm bevorzugten Bergländer nicht so schnell ausbreiten konnte wie der Regenzeitfeldbau in den hindernislosen Steppen.

a) Intensiver Terrassenfeldbau (= Megalithkulturkreis). Dieser Kulturkreis ist von größter Bedeutung für die weitere Kulturentwicklung geworden, schuf er doch unter anderem die Voraussetzungen für die Entstehung des Pflugbaues und der alten Hochkulturen. Trotzdem ist er in seiner vollen Bedeutung bisher nicht gewürdigt und sein Charakter als Kulturkreis nicht recht erkannt worden, wohl weil meist

12*

übersehen wurde, daß der Terrassenfeldbau die Wirtschaftsform der bereits eingehender untersuchten „Megalithkultur" darstellt[53].

Seine Ausbildung ist dem Zusammenwirken von wirtschaftsgeographischen und religiösen Faktoren zuzuschreiben: Die Mühsal des Brandrodungsfeldbaues drängte vor allem in den Gebieten, wo Knollenfrüchte und Banane nicht mehr (reichlich) zur Verfügung standen und die auf gleicher Fläche geringere Mengen an Nahrung liefernden Körnerfrüchte angebaut werden mußten, dazu, auch aus verhältnismäßig kleinen Feldern möglichst hohe Erträge herauszuwirtschaften. Dies konnte nur durch Intensivierung geschehen, wie Anhäufung besonders fruchtbarer Erde zu Beeten, Düngung nicht nur durch die Asche des abgebrannten Waldes bzw. Busches, sondern auch durch Abfall-, Mist-, Fäkalien- und Gründüngung, gegebenenfalls durch künstliche Bewässerung. Sodann durch Aufsuchen besonders ertragreicher Böden. Die äußerst fruchtbaren Stromtäler konnten in der Frühzeit des Ackerbaues wegen ihrer Versumpfung und Überschwemmungen nur in geringem Maße genutzt werden, dagegen boten die durch vulkanische Ablagerungen oder Verwitterung oft höchst fruchtbaren Berghänge beste Voraussetzungen für hohe Erträge. Hier war sowohl Brandrodungsbau möglich wie in den niedrigeren Tallehnen gegebenenfalls auch ohne diesen die Anlegung von Feldern. Dabei konnten ferner je nach der Höhenlage und der Klimazone neben Getreiden auch andere Feldfrüchte und Fruchtbäume angebaut werden. Nur erwies es sich als notwendig, die Hänge gegen die Bodenabschwemmung zu schützen, was eben durch Terrassierung erreicht wurde, die oft nur ganz schmale Feldstreifen stufenförmig übereinander die Berghänge hinaufklettern ließ. Die Terrassen wiederum mußten durch (Trocken-) Mauern gestützt werden — was nicht wenig zur Ausbildung einer entwickelten Technik der Steinbearbeitung beitrug — und je nach dem Niederschlagsreichtum des betreffenden Gebietes durch Anlegung von immer kunstvolleren Kanalisierungssystemen be- oder entwässert werden. Die Siedlungen waren nun natürlich auch in das Bergland zu verlegen — aus Verteidigungsgründen oft auf unzugängliche Bergkuppen oder -hänge. Zur Erleichterung des Verkehrs zu den Feldern und innerhalb

---

[53] Verf. hofft, seine umfangreichen Untersuchungen über den Megalithkulturkreis und die Entstehung der Viehzucht, des Pflugbaues und der alten Hochkulturen bald veröffentlichen zu können (vgl. [278]).

des nicht selten hügeligen Dorfes wurde die beim Terrassenbau gewonnene Kenntnis der Steinbearbeitung auch zur Pflasterung der Wege, Anlegung von Treppen, Brunnen und Bassins wie in waldarmen Gebieten auch für den Haus- und Befestigungsbau genutzt. Grabstock und Grabscheit wurden weiter entwickelt zum Spaten und Trittgrabscheit — das neben Trittpflöcken manchmal auch besondere Handgriffe erhält —, zur Hacke kamen später noch der Karst und die Haue sowie der Schollenhammer. Ein weiterer höchst bedeutsamer Kulturfortschritt wurde mit der Überführung der Rinder in den Haustierbestand unternommen, auf den wir S. 244 ausführlicher zurückkommen werden.

Die von der neuen Wirtschaftsform begünstigte und von ihr geforderte große Bevölkerungsdichte — noch heute gehören die Bergländer der Alten und Neuen Welt zu den dichtest besiedelten Agrikulturgebieten! — führte zu einer stärkeren Differenzierung der Gesellschaft. Mutter-

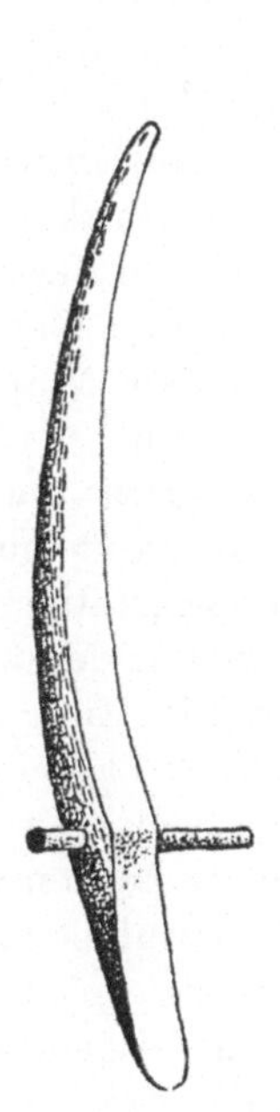

Abb. 34.
Trittgrabscheit. *Ostsudan*

Abb. 35. Umgraben des Bodens mittels Trittgrabscheit, *Ch'ing-Miao*, Südchina

rechtliche Gesellschaftsformen — bis zu einem ausgesprochenen Matriarchat gehend — sind häufig, oft mit einer starken Betonung der Sexualität und mit laxer Geschlechtsmoral (Gruppenehe, Promiscuität usw.) verbunden. Auch das Zweiklassensystem spielt hier eine Rolle (in Nordafrika wirkt es bis heute in der Spaltung der Siedlungsverbände in zwei oder mehr „Parteien" nach).

Das System der institutionellen Führung ist im gesamten Verbreitungsgebiet dieses Kulturkreises nicht einheitlich. Immerhin dürfte überall der Rat der Sippenältesten eine beträchtliche Bedeutung innehaben, der für besondere Anlässe auch Stammesführer auf Zeit wählt, wobei hierher wohl auch das Doppelführertum für Krieg und Frieden bzw. kultische Aufgaben zu rechnen ist. In einer späteren Entwicklungsphase ist stellenweise auch die Gewalt des Häuptlings erstarkt, jedoch stets mehr oder minder von den Sippenältesten oder dem sich allmählich ausbildenden Priesterstand abhängig geblieben. Die Autorität des Häuptlings beruht dabei vor allem auf seinen religiös-kultischen Funktionen und seiner magischen Heilskraft (Charisma), die ihn für das Gedeihen seines Landes und seiner Untertanen verantwortlich macht, wie dies auch für den — mit ihm manchmal identischen — Regenzauberer gilt. Daraus entwickelt sich in diesem Kulturkreis allmählich das Priester- bzw. Gottkönigtum mit sakralem Königsmord bzw. seinem Zwangstod u. a. m. Der Totemismus findet sich vereinzelt noch in ganz abgeblaßter Gestalt, etwa in rein formalen Claneinteilungen, Meidungsgeboten, Wappentieren — insbesondere der Häuptlingsclane bzw. -familien.

In der Glaubenswelt stehen die Idee der Fruchtbarkeit und die Versuche, sie auf magische Weise zu erhalten bzw. zu steigern, sowie Vegetationskulte mit meist lunar bezogenen Vegetationsdämonen bzw. -göttern — wie etwa die Korngöttin, die sterbende und wiederauferstehende Gottheit usw. — im Vordergrunde. Zum Mondkult tritt die rituelle Begehung der Jahreszeiten mit ihren Saat- und Erntefesten und ein weiterer Ausbau des kosmologischen Weltbildes mit Beachtung weiterer Gestirne und Ausbildung einer Astralmythologie. Eine höchst bedeutsame Rolle spielt der Kult der ebenfalls zur Fruchtbarkeit in Beziehung stehenden Ahnen. Vor allem genießen die des Sippenältesten, Häuptlings bzw. Königs und insbesondere die des Dorfgründers eine besondere Verehrung. Häufig wird ihnen ewiges Leben durch Mumifizierung und Errichtung von sorgfältig gearbeiteten Grabbauten (als Totenwohnung) zu sichern gesucht. Typisch für den

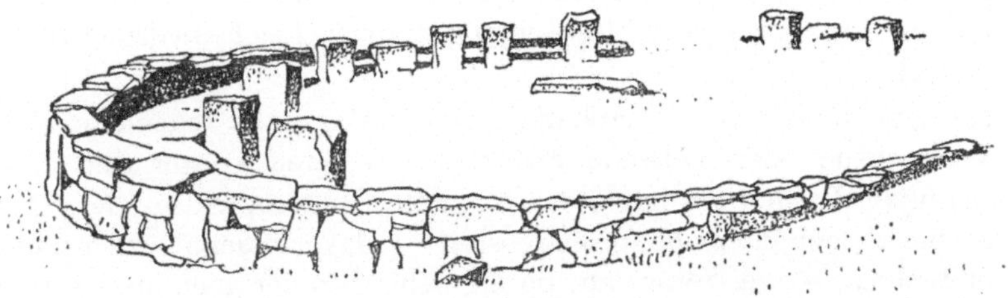

Abb. 36. Tanz- und Versammlungsplatz über einem Grab. *Angami-Naga*, Assam

Megalithkulturkreis ist die Verbindung der Grabstätte des Dorfgründers bzw. Häuptlings mit den Sitzen der Ratsversammlung und
einem Kultplatz, auf dem Tänze (Kultdramen, Totengedenk- und
Agrarfeste) und Wettkämpfe — z. B. Ballspiele, Ringkämpfe und
Zweikämpfe mit Waffen, Heben und Tragen schwerer Gewichte —
zwischen zwei kosmologisch orientierten Parteien veranstaltet werden.
In den Kerngebieten sind diese Kultplätze gepflastert, mit Mauern
bzw. Wällen oder Stufen eingehegt und mit steinernen Sitzreihen versehen, und ist die Grabstätte bzw. das später an seiner Stelle sich er-
hebende Heiligtum bzw. Kultstätte einer Gottheit als stumpfe
Stufenpyramide oder Terrassenanlage ausgeführt. Die Gräber werden
gern als Steinkammern angelegt oder mit Steintischen (Dolmen)
und Steinpfeilern (Menhiren) versehen, auf und an denen sich die
Ahnenseelen ausruhen können. Ähnliche Steinsitze auf den Ver-
sammlungsplätzen dienen sowohl den Lebenden wie den Toten,
welche die Nachfahren bei ihren Entscheidungen inspirieren sollen.
[Der hier in voller Blüte stehende Animismus stellt sich die Seele

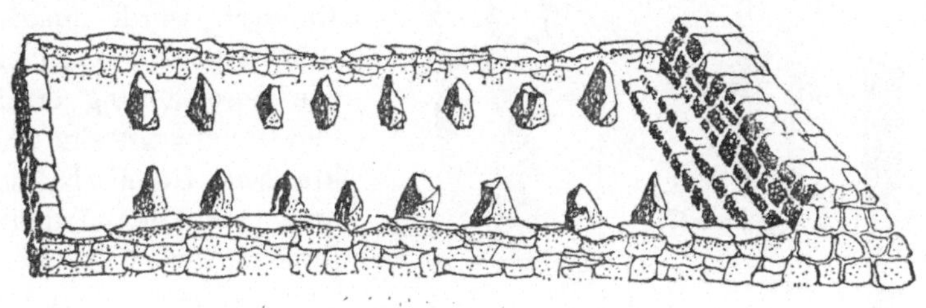

Abb. 37. Festplatz mit Stufenpyramide. *Tahiti*, Polynesien

gern in Vogelgestalt vor, daneben ist auch die Idee einer Verkörperung der Ahnenseele in Schlangen (oder Leichenwürmern) verbreitet.]

Menhire werden auch unabhängig von Gräbern als Gedenksteine für Verstorbene oder Lebende errichtet, um deren kriegerische Taten (Kopfjagd!) oder von ihnen dargebrachte Rinderopfer zu feiern. Ihre Stelle können hölzerne Gabelpfosten — das Rindergehörn versinnbildlichend — vertreten, an die die Schlachtopfer gebunden werden. Menhire wie Pfosten werden auch mit dem Gehörn des Schlachtopfers oder mit dessen Darstellung versehen. Zum Transport von Megalithen wurde der Schlitten als erstes Transportgerät geschaffen. Aus den früher ausgeführten Gründen stehen Schädelkult, Kopfjagd, Menschenopfer — und mancherorts auch Kannibalismus — in voller Blüte.

An dieser Stelle sei nachgetragen, daß kultische Verdienste — wozu neben der Veranstaltung kostspieliger Opferfeste auch die Kopfjagd und (wohl im Zusammenhang mit der Fruchtbarkeitsideologie) auch erfolgreiche Liebesabenteuer zu rechnen sind — das soziale Ansehen vermehren, eine Rangerhöhung im Gefolge haben und zur Führung bestimmter Abzeichen berechtigen. Im Zusammenhang damit steht — vor allem im südöstlichen und östlichen Verbreitungsgebiet — das Einkaufen in höhere Ränge von (geheimen) Männergesellschaften. Dadurch wurde magische Stärkung und Möglichkeit zur Bereicherung erreicht und stellenweise eine plutokratische Gesellschaftsordnung geschaffen. Jedenfalls finden wir hier bereits eine soziale Schichtung ohne fremdvölkische Überlagerung.

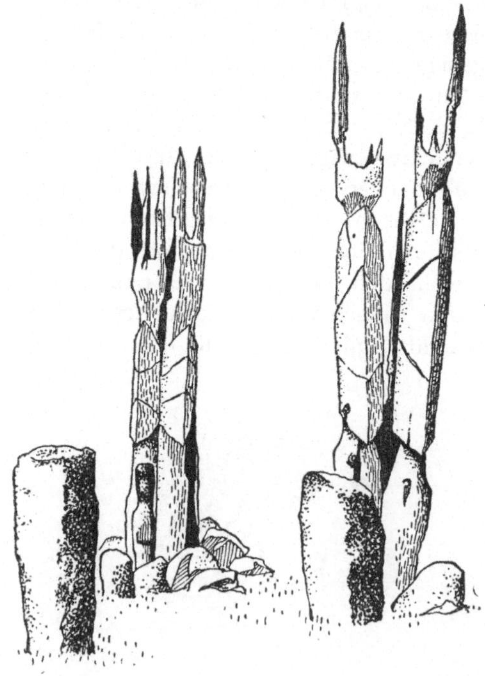

Abb. 38. Totendenkmal am Wegesrand. *Konso*, Südabessinien

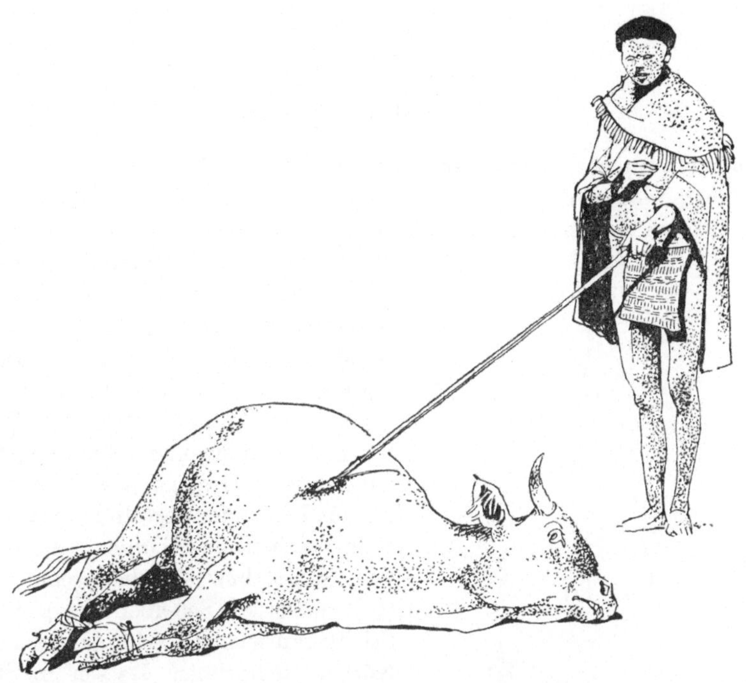

Abb. 39. Opferung eines Rindes, *Ao-Naga*, Assam

In der Kunst wird das Drama weiterhin gepflegt und dazu nun auch die Dichtkunst, aus der Mythologie erwächst ein reicher Märchenschatz. Die Intervalle der Musikinstrumente werden mehr und mehr kosmologisch bezogen und rein metrisch abgemessen. Für die bildende Kunst wird eine kubisch bis kubistisch abstrahierte Plastik kennzeichnend, neben die Holzplastik tritt allmählich die Steinskulptur. Im Motivschatz herrscht die menschliche Gestalt als Ahne, Geist oder Gottheit vor. Das betont genealogische Denken, das die Ahnenreihe durch viele Generationen im Gedächtnis bewahrt und an Heilbringer- und Heroengestalten der mythischen Vorzeit anschließt, findet seinen Niederschlag in den Darstellungen der „Ahnenleiter", zum Teil mit totemistischen Tiergestalten vermischt (vgl. Totempfähle). Leitgestalten sind auch ferner die Hockerfigur und das Karyatidenmotiv

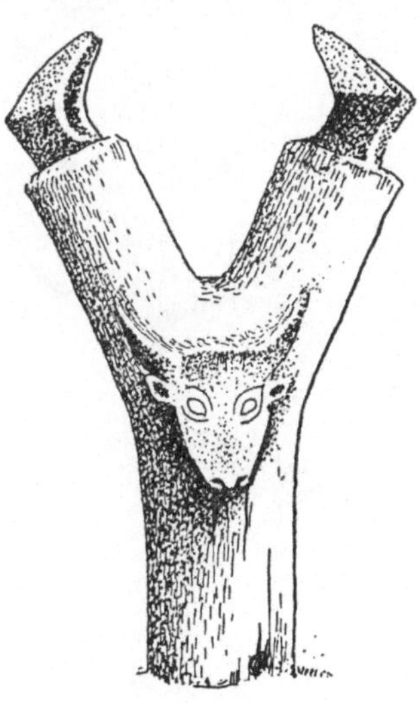

Abb. 40. Gabelpfosten vor der Dorfschmiede, *Ao-Naga*, Assam

(tragende menschliche oder tierische Gestalten), Rinderkopf oder -gehörn, Seelenvogel, astral bzw. kosmologisch bezogenes Tierkampfmotiv (insbesondere Vogel-Fisch/Schlange = „Garudamotiv‟), Brüste als Fruchtbarkeitssymbol, Rosette. Als Gedächtnisstütze beim Rezitieren heiliger Gesänge entsteht aus Sinnbildern die Bilderschrift. Der Schmuck behält zwar noch weitgehend den Charakter von Amuletten, Rangabzeichen und Sinnbildern, wird aber weitgehend nach künstlerischen Prinzipien gestaltet. Die neue Steinbearbeitungstechnik ermöglicht Stein- (bzw. Muschel-)schmuck (Ringe, Perlen, Scheiben usw.). Die Stichtataurierung schmückt den Körper hellfarbiger Rassen in oft künstlerischer Form. Auch die Kleidung wird durch häufig sehr geschmackvolle Muster verziert, wobei in der Textilkunst zur Rindenstoffherstellung und Mattenflechterei und zu einfachen Webegeräten nun auch der Griffwebstuhl tritt, auf dem die Frauen pflanzliche Fasern wie Bast, Flachs, Hanf — später auch Baumwolle — und im nördlichen Verbreitungsgebiet dann auch Wolle verarbeiten.

Noch im Mesolithikum in Bergländern des süd-südwestasiatischen Raumes entstanden, hat die Megalithkultur ihre volle Blüte im Neolithikum erreicht und sich damals über Vorderasien bis in die Balkanhalbinsel wie über Nordafrika, den Küsten des Atlantiks folgend, bis nach Nordwesteuropa verbreitet, nach Osten bis in die Südsee aus-

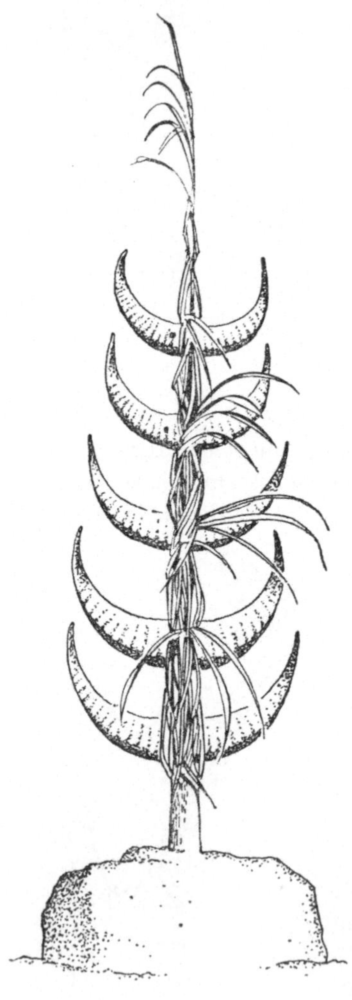

Abb. 41.
Ehrenmal für Verdienstfeste (Büffelopfer),
Babber-Inseln, ostl. Sunda-Inseln

Abb. 42.
Krieger mit Büffelhorn-Kopfschmuck und Ruckenschmuck (vgl. T. XVI). *Mao-Naga*, Assam

strahlend. Sie hat eine zähe Lebenskraft bewahrt und durch das Aufkommen der Metalle und spätere fremde Kultureinflüsse sich zwar vielfältig zu regionalen Sonderkulturen gewandelt, dabei aber doch den Charakter eines einheitlichen Kulturkreises bewahrt. So finden wir noch heute einzelne ihrer Elemente in Nord-, West- und Ostafrika nachlebend, in stärkerem Maße und teilweise die Züge des

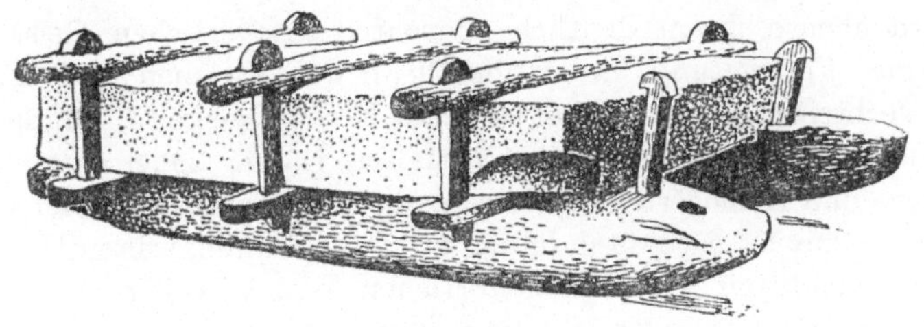

Abb. 43. Schlitten zum Megalithentransport. *Nias* bei Sumatra

alten Kulturbildes verhältnismäßig rein bewahrend bei Bergvölkern Südostasiens einschließlich Indonesiens, mit manchen Kulturelementen auch in der Südsee noch spürbar. Ihre so weite Gebiete durchdringende Expansionskraft ist nicht nur ihrer hochentwickelten Wirtschaftsform und binnenländischer Ausbreitung zuzuschreiben,

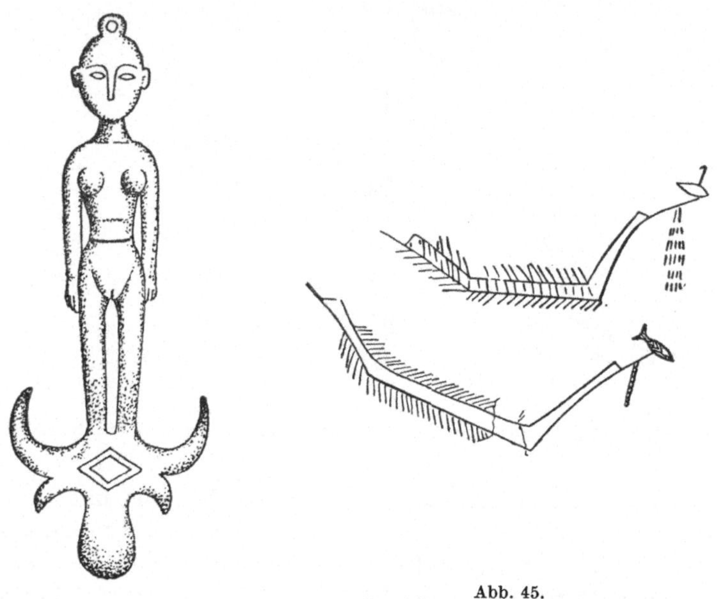

Abb. 44.
Aufhängehaken in Gestalt einer weiblichen Figur auf einem Buffelkopf. *Bada*, Celebes

Abb. 45.
Darstellung von Schiffen mit hohen Steven mit (Feder-?) Schmuck auf Kykladengefäßen. 2. Jahrt. v. Chr. *Ost-Mittelmeer*

sondern ebenso ihrem deutlich spürbaren kriegerischen Geist und maritimer Verbreitung. Denn überall an den Strömen und Küsten ihres Verbreitungsgebietes hat sie eine hochentwickelte, kühne und unternehmungslustige Schiffahrt entfaltet. Immer höher entwickelte Planken- und Auslegerboote, Besegelung und nautische Wissenschaft befähigten zur Überwindung immer größerer Räume, weiten Handels- und Kriegsfahrten wie kolonisatorischen Wanderwellen. Damit erhielten naturgemäß materielle und geistige Kultur der Küsten- und Inselgebiete dieses Kulturkreises neue Sonderzüge eingeprägt (Boots-fischerei, Bootsbegräbnis, Totenschiff, räumlich erweiterte und die

Abb. 46. Auslegerboot mit Mattensegel für Hochseeschiffahrt. *Fiti-Inseln*, Polynesien

Gestirne wie die See stärker betonende Kosmogonie, Kosmologie und Mythologie, aber auch Verlust mancher kontinentaler Techniken, Nutzpflanzen und Haustiere in der Inselwelt des Pazifik).

b) Extensiver Regenzeitfeldbau. Mit dem oben angeführten Kulturkreis mancherorts in Beziehung stehend hat sich in den Steppen ein extensiver Getreidebau entwickelt und verbreitet. Kennzeichnend sind dabei: Umbrechen des Bodens mittels Grabstock, Grabscheit und Hacke, Aussaat in typisch pflanzerischer Weise, indem für jedes Saatkorn ein Loch mit der Zehe oder dem Pflanzholz — einem Abkömmling des Grabstockes — gebohrt wird. Außer Kleinvieh wie

Hühnern, Schweinen und Ziegen werden auch Rinder gehalten, jedoch nicht als Arbeitstiere und ohne Nutzung der Milch. Sie dienen vor allem als Opfertiere im Ahnenkult und zur Vermehrung des sozialen Ansehens. Wir finden diesen Kulturkreis noch heute in voller Blüte in Afrika („altnigritische Kultur" vor allem im Sudan, geringer in Ostafrika und im Nordkongo verbreitet), in erster Linie Hirsen neben Bohnen, Gemüsen und Gewürzpflanzen anbauend, wozu in immer stärkerem Umfange der Mais hinzukommt. Allerdings ist hier infolge der jahrhundertelangen Raubzüge der Kriegerhirten und feudalen Hochkulturen der Rinderbestand in manchen Gebieten stark zurückgegangen, oft nur auf die Wohlhabenden beschränkt oder stellenweise auch ganz aufgegeben worden. Eine weitere leichte Änderung des ursprünglichen Kulturbildes verursachte in Afrika die verhältnismäßig frühe Einführung der Verhüttung und des Schmiedens von Eisen. Gerade in der „altnigritischen Kultur" wird diese — für die Herstellung der Rodungsbeile und Erdhacken so wichtige — Kunst stark betrieben und genießt der Schmied hohe soziale Achtung. Da ihm wegen seiner wunderbaren Kenntnisse magische Fähigkeiten zugeschrieben werden, ist er häufig gleichzeitig als Zauberdoktor und Verfertiger der kultischen Schnitzereien wie als Initiationsleiter tätig.

Der Getreidebau in den Steppen erfordert mit seinem Urbarmachen und Pflegen großer Flächen einen viel größeren Arbeitsaufwand als der Dauerfeldbau auf Stecklingspflanzen und muß wegen der meist betriebenen Fruchtfolge auch über das ganze Jahr durchgehalten

Abb. 47. Sippengehoft mit Wohngebauden und Getreidesilo in Lehmbau. *Musgu*, Zentralsudan

Abb. 48. Eisenschmelzen. Zwei Schlauchgebläse führen Sauerstoff in eine Öffnung im Ofen zu. *Zentralsudan*

werden. Demgemäß arbeiten die Männer hier noch fleißiger als beim Terrassenfeldbau auf den Feldern mit, manchmal ausschließlich. Da die Körner- und Hülsenfrüchte auch eine an Eiweiß und Fett reichere Nahrung als die Knollenpflanzen liefern, können die Männer auch auf tägliche Jagdgänge verzichten. Infolge der Verlagerung des wirtschaftlichen Schwergewichtes auf die Männerarbeit herrscht hier nun eine vaterrechtliche Gesellschaftsordnung vor. Beliebt ist die Gehöft- bzw. Weilersiedlung, wo der Patriarch — der gleichzeitig Ahnenpriester und Regenmacher ist — über die bei ihm wohnenden verheirateten Söhne regiert. Die Erbfolge tritt jedoch der älteste Sohn des ältesten Bruders an (Seniorat). Die Gemeinde wird vom Rat der gleichberechtigten Sippenältesten gelenkt, die eine ausgesprochene „demokratische" Ältestenherrschaft (Gerontokratie) ausüben. Dies führte wieder zu einer starken politischen Zersplitterung, die zur Bildung größerer politischer Einheiten und zum erfolgreichen Widerstand gegen äußere Feinde nahezu unfähig machte, so daß das alte Kulturgefüge nur in Rückzugsgebieten aufrechterhalten werden konnte.

In der Religion herrscht ausgesprochener Ahnenkult mit Wiedergeburtsidee, daneben eine Verehrung der die Nahrung spendenden Erde, auch von Wasserdämonen und Kulturbringern.

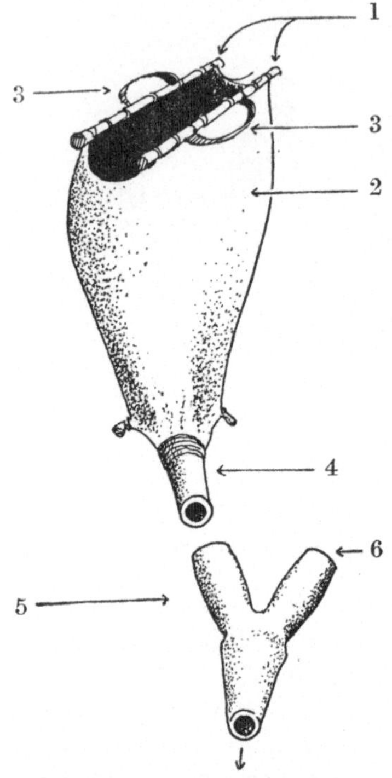

Abb. 49. Schlauchgebläse. (1) Stabe zum Auf- und Zuklappen des (Ziegen-) Balges (2) mit Handschlaufen (3). In das Halsloch jeden Balges ist je ein Holzrohr (4) eingebunden, das in eine Öffnung der gegabelten Tonduse (5, 6) geschoben wird. Durch abwechselndes Aufziehen der zwei Bälge in geöffnetem und Niederdrücken in geschlossenem Zustand wird ein kontinuierlicher Luftstrom durch (4) — (5) bzw. (6) — (7) zur Brennstelle erzeugt

Der Getreidegrabstock- und -hackbau hat an der Wende vom Mesolithikum zum Neolithikum über Nordafrika wie über die Balkanhalbinsel auch Europa erreicht, wo er ebenso wie im vorderen Orient längst im Pflugbau aufgegangen ist. Nur ein vereinzelt in Gebirgsgegenden der Iberischen Halbinsel wie in den Alpen heute noch zu findender Hackbau mit Pflanzen der Getreidekörner (Verwendung des Saatholzes) ist sein letztes Überlebsel.

Dabei muß noch eines prähistorischen getreidebauenden Kulturkreises gedacht werden, der im Neolithikum blühte und als eine der wichtigsten Bauernkulturen Europas wie wegen seines trümmerhaften Nachlebens im Osten von größter Bedeutung war, er wird von den Archäologen als „*Bandkeramischer Kulturkreis*" bezeichnet. Er suchte vor allem die fruchtbaren Schwarzerde- und Lößböden auf, führte von Südosteuropa bis Mittel- und Nordeuropa („Donauländische Kultur" usw.) Hirsen, Gerste, Weizensorten, Kleinvieh und Rinder mit sich. Eines

---

Bilder der Tafel XXI

Oben: Kamelkarawane mit zerlegten Filzzelten und Hausrat. *Kirgisen,* Kasachstan, UdSSR

Mitte: Lager von Schaf- und Kamelzüchtern mit Zelten aus gewebten Ziegenhaarbahnen. *Berber,* Algerien

Mitte: Melken von Fettsteißschafen. *Kirgisen*

Unten: Ständerschlitten mit Renanspann. *Ostjaken,* Westsibirien

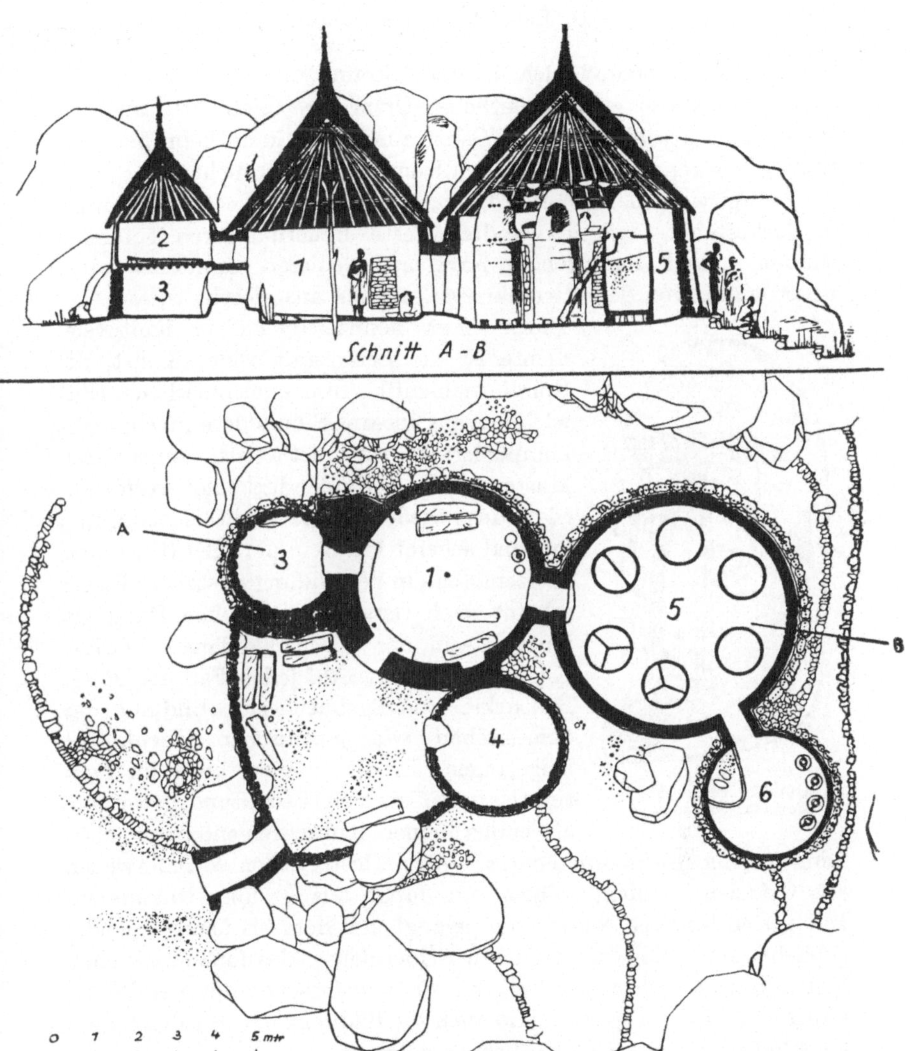

Abb 50. Sippengehöft mit Kegeldachhäusern. *Mofu*, Mandara-Gebirge, Nordkamerun
1) Wohnraum, 2) Kammer, 3) und 4) Stall, 5) Haus mit Kornspeichern, 6) Küche

Bilder der Tafel XXII

Oben: Einem Buckelrind wird durch Pfeilschuß Blut aus der Halsvene entnommen. *Banna*, Südabessinien

Unten links: Das aufgefangene Blut wird gerührt und von den Hirten getrunken. *Banna*

Unten rechts: Schamane mit Rahmentrommel, am Ledermantel ein Behang aus eisernen Schellen und Schutzgeistsinnbildern. *Jakuten*, Ostsibirien

seiner Zentren befand sich in der Ukraine und Südrußland. Wo dieser Kulturkreis sein eigentliches Ursprungsgebiet hatte und wie weit er sich geschlossen nach Osten ausdehnte, kann beim heutigen Stande unserer vorgeschichtlichen Kenntnisse noch nicht mit Sicherheit gesagt werden. Mit guten Gründen kann er im Neolithikum auch in Turkestan — wo verwandte älteste Bauernkulturen gefunden wurden — und angrenzenden iranischen Gebieten vermutet werden, wo er später von den Hirtenkriegerkulturen ausgelöscht wurde.

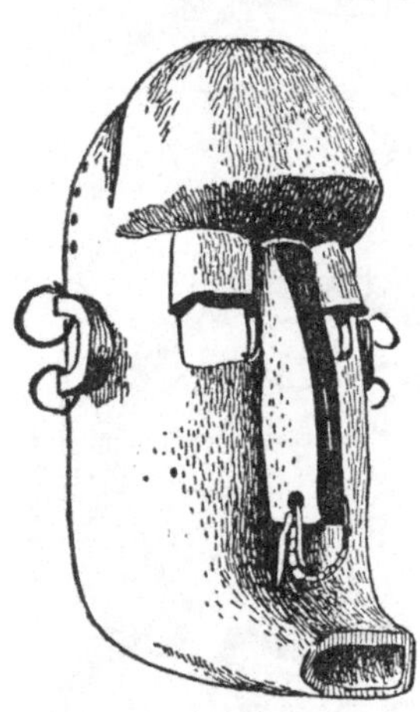

Abb. 51. Kultmaske, *Bamana*, Westsudan

Eines seiner kennzeichnendsten Kulturelemente ist die Leitgestalt seiner Kunst, die Spiralornamentik. Ihre kontinuierliche Entwicklung aus linearen Sinnbildern zu teils recht komplizierten, rein ästhetisch aufgefaßten Mustern läßt sich hier lückenlos verfolgen. Sie taucht wieder im spätneolithischen China auf und scheint mit dem dortigen Hirse- und Weizenanbau in Verbindung zu stehen. Dieser scheint nach Ostasien noch ohne Pflug gelangt zu sein, der jedoch bald danach in diese Kultur gelangt ist. Auf jeden Fall hat dieser Kulturkreis maßgeblich zur Bildung der chinesischen wie japanischen Hochkultur beigetragen. Er ist insofern auch für heutige Naturvölker von Bedeutung geworden, als einige seiner Kulturelemente, vor allen Dingen seine Spiralornamentik, mit prähistorischen Wanderwellen aus Ostasien — nicht zuletzt von Japan aus — über Indonesien-Melanesien bis nach Neuseeland gelangt und dort bis heute lebendig geblieben sind[54]). Ebenso treffen wir Überbleibsel des donauländischen Kulturkreises noch in der Volkskultur — insbesondere in der Volkskunst — Südosteuropas an, und auch zur Bildung der ostmediterranen Hochkulturen hat er wesentlich beigetragen.

5. *Pflanzerkulturen Amerikas und ihre Beziehungen zur Alten Welt*

Die Europäer fanden bei ihrer Besitzergreifung Amerikas Zentren blühenden indianischen Ackerbaues außer in den Gebieten der mittel- und südamerikanischen Hochkulturen vor: im Südwesten der USA,

---

[54]) [157].

bei den Pueblos, die sehr dezimiert noch
heute im Gebiet des Colorado siedeln;
ferner in einem großen Bogen vom Red-
River das Hinterland der Golfküste
ausfüllend und über die Appalachen
sich bis in die Neuenglandstaaten er-
streckend die Südostkultur, die ohne
scharfe Übergänge in die archäologisch
gut erfaßte Moundkultur zurückzu-
verfolgen ist. Diese blühte noch zur Zeit
der Ankunft der Spanier; ihre Träger
wurden im Süden sehr bald nahezu
völlig ausgerottet, während die Sioux
und Irokesen als ihre Nachfahren, die
den Ackerbau mississippi-missouri- und
ohioaufwärts bis in die Höhe der Großen
Seen verbreitet hatten, ihr Volkstum
noch einige Jahrhunderte länger unge-
brochen erhalten konnten. In Südamerika wurde der Ackerbau in der
Kordillere südlich bis zu den Araukanern in Chile getragen; sodann von
den Anden und von den Hochländern
Guayanas und Brasiliens aus durch die
Aruak, Karaïben und Tupi allmählich
auch in die Tiefländer, namentlich in
das Amazonasbecken südlich bis in den
Chaco, verbreitet. Vor allem waren es
die Aruak, denen hier das Hauptver-
dienst an seiner Ausbreitung und an
der Kultivierung des Amazonasgebietes
zuzuschreiben ist und die ihn auch auf
die Antillen brachten.

Es erhebt sich nun die Frage, ob die
Indianer den Ackerbau mit allen zu
seinem Komplex gehörigen Kulturgütern selbständig ein zweites Mal er-

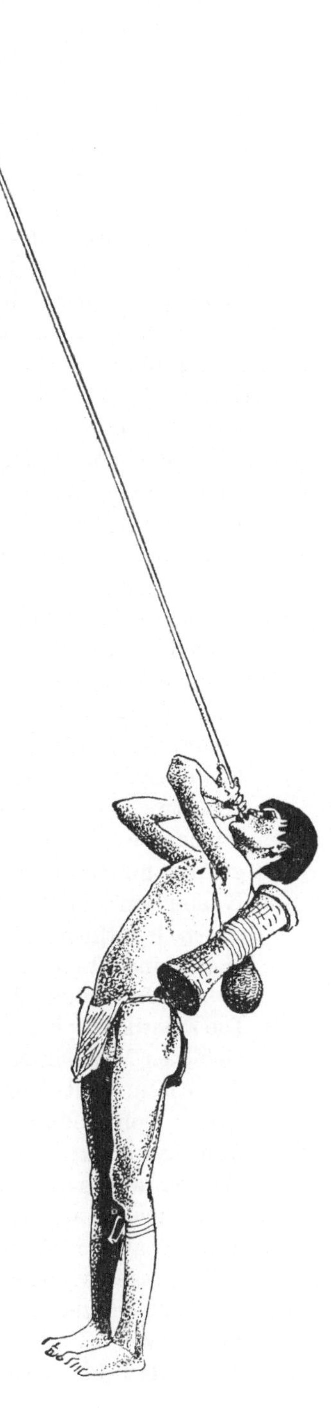

Abb. 52. Jagd auf Baumtiere
mittels des Blasrohres. *Arekuna*, Brit.-Guiana

13*

funden haben oder ob sie ihn der Alten Welt verdanken? Die Meinungen der Amerikanisten hierüber sind geteilt; während die einen die erstgenannte Auffassung vertreten, halten die anderen eine Beeinflussung durch die Alte Welt für möglich bzw. gegeben. Ihr Lager wird noch durch die Ethnologen verstärkt, welche die Verbreitung einzelner Kulturelemente kulturhistorisch bearbeiten. Bei der Beurteilung dieses Problems sind zunächst einige schwerwiegende Tatsachen zu berücksichtigen:

1. Zwischen den alt- und neuweltlichen Agrarkulturen besteht eine Fülle von Übereinstimmungen auf allen Gebieten der materiellen und geistigen Kultur, die — mit einigen Ausnahmen — unmöglich als Konvergenzerscheinungen zu erklären sind. Für die Mehrzahl dieser Parallelen sind vielmehr kulturhistorische Beziehungen von der Alten zur Neuen Welt wahrscheinlich gemacht, zu einem großen Teil gesichert worden. Dabei ist es kennzeichnend, daß die betreffenden Kulturerscheinungen in Amerika meistens recht unvermittelt und ohne Vorstufen und Entwicklungsreihen — die dagegen in der Alten Welt nachzuweisen sind — oder gar als Abkömmlinge, Abänderungen oder Umdeutungen der entsprechenden altweltlichen auftreten. Es ist aber doch höchst unwahrscheinlich, daß etwa bestimmte Mythen, Sitten, Religions- und Sozialformen, Kunststile, Geräte und Handwerke — wie z. B. gewisse Webegeräte und -techniken —, Waffen oder das dem Betelkauen gleiche Kauen von Kokablättern unter Zugabe von Kalk u. dgl. wohl von einem Kontinent zum anderen übermittelt wurden, ihre Träger aber keinen Versuch gemacht haben sollen, die ihnen bekannten Landbaumethoden beizubehalten!

2. Die amerikanischen Agrarkulturen strahlten von den pazifiknahen Gebieten Mittelamerikas (Mexiko bis Ecuador) aus, zu denen von der Alten Welt Meeres- und Luftströmungen hinführen. Traditionen von Indianern der Westküste berichten von der Einwanderung ihrer Ahnen (bzw. Fremder) über das Meer aus dem Westen, wohin auch rassische (unter anderem Kurzköpfigkeit) und sprachliche (austronesische) Beziehungen weisen.

3. Archäologische Untersuchungen sowie die Datierung nach den Jahresringen von Baumstämmen (Dendrochronologie), oder nach den Halbwertzeiten des Zerfalles radioaktiver Isotopen organischer Substanzen (Radiocarbon-Dating) haben übereinstimmend ergeben, daß der Beginn des Ackerbaues, der archaischen Kulturen

und der Hochkulturen Amerikas um einige bzw. um viele Jahrhunderte später anzusetzen ist als in der Alten Welt!

Für diese kann die Entwicklung dieser Kulturen als eine sehr langsam ansteigende und stetig nach aufwärts gekrümmte Kurve gezeichnet werden, in Amerika dagegen erfolgt die Entwicklung sprunghaft, sie müßte als eine nachhinkende Stufenfolge in die untenstehende Kurve eingeschrieben werden.

D. h. in diesem Falle erhebt sich über einem jahrtausendelang sich ziemlich gleichbleibenden (nur durch nordasiatische Einflüsse bereicherten) Wildbeutertum plötzlich eine hochentwickelte Agrar-

kultur, aus der nach einiger Zeit des Beharrens wieder recht unvermittelt die archaischen und dann die Hochkulturen erwachsen, um dann wieder auf annähernd gleicher Kulturhöhe zu verbleiben. Sollten die Indianer aber imstande gewesen sein, eine kulturelle Entwicklung, zu der die Alte Welt in wechselseitigem Austausch Tausende von Jahren gebraucht hat, aus den bescheidensten Anfängen heraus [55] ohne jede äußere Anregung in einigen Jahrhunderten zurückzulegen, und dabei eine Überfülle von ausgefallenen und kompliziertesten Erfindungen von neuem zu machen, so müßte ihre Rasse allen altweltlichen an geistiger Begabung unvorstellbar hoch überlegen sein und unerhört genial genannt werden. Bei aller Anerkennung ihrer selbstverständlich nicht bestrittenen schöpferischen Leistungen bei der Ausgestaltung eigenständiger Kulturen liegen dafür aber doch keine Beweise vor. Es müßte dann auch um so verwunderlicher er-

---

[55] Aus dem Wildbeutertum sind sie z. T. sogar direkt in die Hochkultur gesprungen: engste Sprachverwandte der Azteken lebten bis jetzt noch als Wildbeuter und jene selbst hatten diesen Kulturwandel erst im 14. Jahrhundert n. Chr. vollzogen!

scheinen, warum die Indianer in den Jahrhunderten vor der Konquista ihre Kulturentwicklung nicht mindestens im gleichen Tempo fortgesetzt haben. Tatsächlich aber haben die Spanier die indianischen Hochkulturen — mit Ausnahme Perus — bereits erstarrt bzw. im Verfall angetroffen. Die geschilderte Eigentümlichkeit der indianischen Kulturentwicklung läßt sich dagegen eher verstehen, wenn wir sie als Ergebnis wiederholter Beeinflussungen seitens der Alten Welt ansehen.

Eine Betrachtung der indianischen Landwirtschaftsmethoden wird uns weitere Aufschlüsse bringen: Da muß zunächst auffallen, daß sie uns in einem bereits hochentwickelten Zustand entgegentritt und daß die für die Alte Welt beschriebenen allmählichen Anfänge und frühen Entwicklungsphasen hier fehlen. Wo wir einem nachlässig betriebenen Bodenbau begegnen, ist nachgewiesen worden, daß es sich um Degenerationserscheinungen bei der Übernahme des Ackerbaus durch primitive Wildbeuter handelt.

Neben dem von der Moundkultur über Mittelamerika bis in die Kordillere und Amazonien betriebenen Brandrodungsfeldbau finden wir einen hochentwickelten Terrassenfeldbau mit kunstvollen Bewässerungssystemen von den Pueblo über Mittelamerika bis Peru verbreitet. Im Flachland Amazoniens entfiel natürlich die Terrassierung, dafür wird hier die Kunstfertigkeit der Bewässerungsanlagen beim Bau von Entwässerungs- und der Schiffahrt dienenden Kanälen eingesetzt. Ferner werden hier Beete auf überschwemmungsfreien Hügeln aus zusammengetragener Erde angelegt, wie sie auch in der Moundkultur, auf den Antillen und in der Südsee bekannt sind. Als weitere fortschrittliche Methode ist die Düngung mittels Muscheln und Fischen (Moundkultur, Peru), Guano und Mist (Peru) und sogar — wie in China — menschlichen Fäkalien (Mexiko) zu nennen.

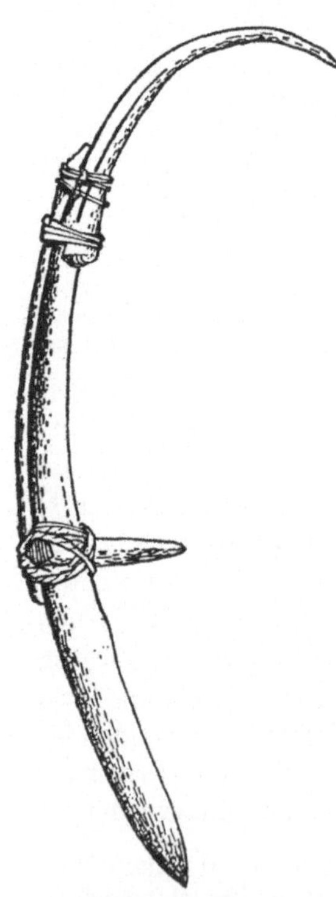

Abb. 53. Trittgrabscheit mit angebundenem Holzgriff. *La Paz*, Bolivien

Hauptarbeitsgeräte sind Grabstock und Grabscheit, letzteres zum Teil durch ruder-

Abb. 54. Umgraben des Bodens
mittels Trittgrabscheit. *Cuzoo*, Peru

förmige Verbreiterung oder Ansetzen eines Blattes aus Knochen, Schiefer oder eines mittels Tülle am Schaft befestigten Kupferblattes zum Spaten weiterentwickelt, wobei auch kupferbeschlagene Holzspaten vorkommen. Dazu kommt als weitere Verbesserung das Trittgrabscheit, von den Pueblo über Mexiko bis Peru zu finden, hier und in Kolumbien auch mit einem angebundenen gekrümmten Handgriff zur Verstärkung der Hebelwirkung und eventuell einem besonderen Schuh aus Hartholz versehen und altweltlichen Trittgrabscheiten bzw. „Fußpflügen" entsprechend. Daneben wird von der Moundkultur über Mittelamerika bis Peru auch die Hacke aus einem Aststück mit oder ohne aufgebundenem Blatt aus Holz, Knochen, Schildkrötenschale, Schiefer usw. zum Auflockern des Bodens, Jäten u. dgl. verwendet.

Weiter sei als Zeichen hochentwickelter Agrarkultur die Kenntnis des Fladenbrotes (eine kulturgeschichtlich recht späte Erfindung) angeführt, das von den Pueblo- und Moundkulturen über Mittelamerika bis nach Chile, Amazonien und zu den Antillen verbreitet war. Als Anregungsmittel — vorwiegend und ursprünglich für kultische Zwecke — waren alkoholische Getränke von Mittelamerika bis Peru und Amazonien, Tabak ebendort und in der Moundkultur bekannt [56]). Ein höchst eigenartiges alkaloides Anregungsmittel ist das in den Andenhochländern und Amazonien betriebene Kauen von Kokablättern unter gleichzeitiger Beigabe von Kalk, das mit den zugehörigen Geräten so völlig dem von Süd-Südostasien bis in die Südsee

---

[56]) Das Rauchen an sich, z. B. von Hanf u. ä. war in der Alten Welt bereits vor der Kenntnis des Tabaks bekannt!

verbreiteten Betelkauen entspricht, daß es in Amerika nicht unabhängig davon ein zweites Mal erfunden worden sein kann.

Als fleischliefernde Haustiere wurden nur Truthühner und Hunde gezüchtet, in Costarica dazu noch der Tapir. Das im Inkareich domestizierte Lama war vorwiegend Tragtier und Wollieferant. Zur Wollgewinnung wurden auf Lamas, Alpacas und Vicuñas auch staatlich organisierte Treibjagden veranstaltet, wobei die Tiere nach der Schur größtenteils wieder freigelassen wurden.

Den wichtigsten Hinweis zur kulturgeschichtlichen Beurteilung von Agrarkulturen bieten ihre Nutzpflanzen. Von den Verfechtern einer selbständigen Erfindung des Ackerbaues in Amerika wird darauf hingewiesen, daß die wichtigsten indianischen Nahrungspflanzen Mais, Maniok, Batate und Kartoffel einheimischen Ursprungs seien [57]). Dies allein wäre jedoch noch kein gültiger Beweis; denn es muß ja damit gerechnet werden, daß die von den mutmaßlichen Einwanderern auf ihren Booten schließlich nur in kleinen Mengen mitgebrachten altweltlichen Nahrungspflanzen in der neuen Umwelt nicht gleich gediehen bzw. vor erreichter Anpassung die Sämereien verzehrt wurden, so daß man genötigt war, als Ersatz einheimische Pflanzen zu züchten. Es sei nur an das Beispiel der ersten europäischen Ansiedler in den Neu-England-Staaten verwiesen, deren Weizenanbau zunächst ebenfalls fehlschlug, so daß sie zum Maisanbau übergehen mußten. Schließlich verdankt auch die Alte Welt ihren Arten- und Formenreichtum an Nutzpflanzen der allmählichen Ausbreitung des Ackerbaues in verschiedenste Klimate mit unterschiedlichen Wildpflanzenbeständen, die nach und nach als Ersatz bzw. Bereicherung kultiviert wurden.

Abb. 55. Bestellung des Maisfeldes mittels Trittgrabscheit. *Peru* Anfang 17. Jahrh.

---

[57]) Daß die Aruak den bitteren Maniok (*Manihot utilissima*) entgiften lernten, ist dabei ohne Belang, da in ihrem westlichen Ausgangspunkt der ungiftige Maniok (*Manihot aipi*) angebaut wird.

Nun läßt sich der Vorgang einer solchen Anpassung auch in Amerika dadurch beweisen, daß altweltliche Nutzpflanzen hier bekannt waren, nach deren Vorbild einheimische Nutzpflanzen kultiviert werden konnten. Es sind dies neben der *Kokospalme* der pazifischen Küsten Südamerikas der in Mexiko angebaute *Taro (Colocasia antiquorum)*, der in Mexiko, in Amazonien und auf den Antillen angepflanzte *Yams (Dioscorea)* [58]), der weitverbreitete *Flaschenkürbis (Lagenaria vulgaris)* und die von den Pueblos über Mittelamerika bis Peru, Amazonien und die Antillen kultivierte *Baumwolle (Gossypium hirsutum L.)*, deren indianische Form sich als eine Kreuzung altweltlicher Kultur-Baumwolle mit amerikanischen Wildformen erwiesen hat. Dazu ist noch die in geringerem Umfange in Peru und Chile angebaute *Plante (Musa paradisiaca)* zu erwähnen. Bei dieser ist auch die Mehlgewinnung interessant, die so erfolgt, daß die unreife Frucht in Scheiben geschnitten wird, die getrocknet und dann gemahlen werden. Diese Methode ist auch aus China bekannt und dürfte die ähnliche Bereitung der *chuño*-Kartoffelkonserve in den Andenhochländern veranlaßt haben. Wenn aber so wichtige altweltliche Knollenfrüchte wie Taro, Yams und Batate nach Amerika übertragen wurden (sie werden nur durch Ableger vermehrt, müssen also von Menschen überbracht worden sein!), so muß doch die Kultivierung weiterer einheimischer Knollenpflanzen wie Maniok und Kartoffel eher als eine Erweiterung des bereits bekannten Knollen-Pflanzenbaues denn als eine Neu-

---

[58]) Auch für die *Batate* oder Süßkartoffel (*Ipomea batates Poir.*) ist ein altweltlicher Ursprung ziemlich sicher. Nach den Traditionen der Polynesier war sie ihnen schon drei bis fünf Generationen vor 1350 n. Chr. — also präkolumbisch — bekannt. Ein sehr hohes Alter muß ihr hier auch wegen des überreichen religiösen Kultes zugesprochen werden, der sie umgibt und der mitsamt der betreffenden Mythologie enge Beziehungen zu Südasien aufweist. Die gemeinpolynesische Benennung *kumara* (und ähnlich) ist zweifellos mit dem gleichen Khechuawort verwandt, aber bei diesen Indianern weisen nur zwei nördliche Dialekte dieses Wort auf. Dagegen ist es stammverwandt mit Benennungen für Bataten und andere Knollenfrüchte in südostasiatischen und indonesischen Dialekten. Ferner scheinen sprachliche Beziehungen zur Benennung der eßbaren Lotoswurzel im Sanskrit zu bestehen. Die Übertragung des Namens einer Nahrungspflanze auf andere ähnliche ist auch bei einem weiteren, in vielen Abwandlungen von Indien über SO-Asien in alle Südseesprachen verbreiteten Stammwort für Knollenpflanzen belegt. Es kann sowohl Yams wie Taro als auch Batate und andere Knollen bezeichnen und findet sich für die Batate ebenfalls in Amerika (Chimu, nordperuanische Küste) [218a, 234a].

erfindung angesehen werden. Das gleiche gilt für die Erdnüsse in Peru und die von Nord- bis Südamerika verbreiteten einheimischen Bohnen- und Kürbisarten, die — da ja der Flaschenkürbis hier altweltlichen Ursprungs ist — ebenfalls als Ersatz der betreffenden altweltlichen Sorten anzusprechen sind.

Schwieriger ist die Frage des *Maisanbaues* zu lösen. Sein Ursprungszentrum muß — wie das jeder anderen Kulturpflanze — in dem Gebiet gesucht werden, das sich durch einen besonderen Formenreichtum der Kultur- und Wildpflanzen („Mannigfaltigkeitszentrum") auszeichnet. Als ein solches hat sich für die Kulturformen des Maises *(Zea mais)* Mittelamerika, insbesondere Südmexiko, herausgestellt, demgegenüber die Andenländer Südamerikas nur als Sekundärzentren gelten können. Die botanische Forschung hat nun die höchst bemerkenswerte Tatsache ans Licht gebracht, daß keine Wildform des Maises in Amerika zu finden ist! [Die von *Vavilov* als solche angesprochene *Teosinte (Euchlaena mexicana)* hat sich als eine Kreuzung von Mais mit *Tripsacum* erwiesen.] Dies, obwohl die Botaniker auf der Suche nach dem Wildmais unermüdlich alle Zonen und Klimate Amerikas durchstreift haben. Sie konnten jedoch folgendes feststellen: 1. Der Wildmais muß sehr verschieden von den heutigen Kulturformen gewesen sein; 2. die uns am meisten bekannten großkolbigen und großkörnigen Sorten, mit denen nach der Entdeckung Amerikas der Mais seinen raschen Siegeszug durch die ganze Welt angetreten hat, sind späte Züchtungen aus Kreuzungen wesentlich primitiverer Maisvarietäten mit Tripsacum, dazu durch deren Rückkreuzung mit der Teosinte; 3. die Kreuzung mit Tripsacum fand in Mittelamerika statt; 4. tripsacumfreie, noch recht primitive Varietäten wurden nördlich bis in die Südwestkultur, im Süden bis Paraguay verbreitet, eine kleinkolbige Art läßt sich in den Andenhochländern und in Chile (Nazca) bis in die älteren Agrarkulturen zurückverfolgen; mit ihnen verwandt, doch höher entwickelt, ist der großkörnige Mehlmais von Peru (Cuzco); 5. in größeren Höhen Perus wurde ein kleinkörniger, winzigähriger, reisähnlicher Mais gefunden; 6. *Anderson*[59]) hat am Rio Loa in Nordchile eine Varietät entdeckt, die eng verwandt mit einer chinesischen Varietät ist, und er weist ferner darauf hin, daß das zur Gruppe 4. gehörige *podcorn* auch in Asien angebaut wird.

———————

[59]) [214].

Für die Lösung des Problems des ersten Maisanbaues sind nun folgende Tatsachen (die mir erst während der Drucklegung bekannt wurden) höchst bedeutsam: Die erwähnten primitiven Maisarten, die von Nord- bis Südamerika als erste und in den westlichen Küstengebieten Südamerikas in prähistorischen Zeiten während sehr langer Perioden überhaupt als einzige angebaut wurden, finden sich in den gleichen oder ähnlichen Arten in der Alten Welt von Persien-Turkestan über die Himalayaländer und Hinterindien bis zur Insel Hainan vor der südchinesischen Küste und bis nach Ostchina verstreut angepflanzt![60]). Aus mehreren Gründen kann es sich hierbei nicht um eine nachkolumbische Einführung, ja nicht einmal um eine Übertragung aus Amerika handeln:

1. Allein die küstenferne Lage weit im Landesinneren von Süd- und Ostasien spricht dagegen. (Die Insel Hainan bildet nur scheinbar eine Ausnahme; denn sie ist ein typisches Rückzugsgebiet der primitiveren pflanzerischen Urbevölkerung Südchinas, die sich bis heute hartnäckig gegen jede hochkulturliche Beeinflussung gewehrt hat.) Andernfalls müßten sich diese oben angeführten Maissorten erst recht an den asiatischen Küsten und auf den Philippinen — der Einfallspforte der von den Spaniern zum Kontinent vermittelten amerikanischen Nutzpflanzen — finden. Hier gibt es aber nur die auch sonst von den Europäern verbreiteten hochgezüchteten mittelamerikanischen Maissorten als deutlich nachkolumbischer Import.

2. Die genannten Maissorten werden in der Hauptsache von rückständigen, sehr konservativen Pflanzern bzw. Bauern fern von den Ausstrahlungszentren der Hochkulturen, insbesondere der europäischen Einflüsse, angebaut, die andere alte Kulturgüter überaus lange bewahrt haben. Sie werden vor allem zum Bierbrauen, für Röstmais und als Gemüse verwendet.

3. Der Mais ist bereits um 1570 n. Chr. in Ostchina gesichert, wohin er aber nicht über den Pazifik, sondern über Westchina (um 1540 n. Chr.) aus Tibet gekommen ist! Damit ist die Zeitspanne für eine evtl. nachkolumbische Verbreitung dieser Maisarten in die verkehrsungünstigsten Gebiete Asiens natürlich viel zu kurz. (Wie *Anderson* mit Recht bemerkt, müßte sich sonst der Mais schneller

---

[60]) [214a, 228b].

als die Syphilis verbreitet haben. Außerdem ist der Mais im 16. Jahrh. n. Chr. noch eine Kuriosität in europäischen Gärten gewesen!)

4. Während üblicherweise neu eingeführte Kulturpflanzen nur in einer oder in sehr wenigen Varietäten und unter fremden Namen angepflanzt werden, unterscheiden z. B. die Lepcha in Sikkim 18 verschiedene Maissorten und besitzen vier einheimische Namen hierfür! (Aus den anderen Gebieten liegen noch keine sprachlichen Untersuchungen hierüber vor.)

5. Die Annahme einer evtl. vorkolumbischen Einführung des Maises in Asien aus Amerika muß angesichts der oben angeführten Gründe und wegen der entgegengesetzten Wanderrichtung der Völker und Kulturen außerhalb jeder ernsthaften Diskussion bleiben.

Es ist ferner aufschlußreich, daß die meisten der oben angeführten asiatischen Maisanbauer Terrassenfeldbau betreiben und zum großen Teil auch noch die Megalithkultur bewahrt haben, auf welchen Zusammenhang wir später noch eingehen werden.

Die von amerikanischen Botanikern aus dem häufigen Vorkommen primitiver Maisarten in Südamerika gezogene Schlußfolgerung, daß dieses die Heimat der indianischen Maiskultur sei, ist indessen nicht zwingend: Aktivitätszentren der Kulturentwicklung pflegen außer anderen Kulturgütern auch ihre Nutzpflanzen so schnell zu verändern, daß die alten Formen durch die neuen verbesserten hier oft gänzlich verdrängt werden, während sie in den Händen primitiverer Bevölkerungen noch sehr lange unverändert weiterbestehen bleiben können. Gerade die Fundorte der primitiveren Maisarten (Südwestkultur, höchste Lagen der Andengebiete, Paraguay usw.) sind aber ausgesprochene Randgebiete der alten Agrarkulturen, die von der späteren Hochkulturentwicklung nicht erfaßt wurden. Es ist also ebensogut denkbar, daß doch Mittelamerika das Ursprungsgebiet des indianischen Maisanbaues gewesen ist (wie *Vavilov* glaubte), da hier die stärksten Antriebe zur Züchtung ständig neuer Sorten zu beobachten sind. Auch ist es als Aktivitätszentrum Südamerika überlegen und nach dem Stande unseres heutigen Wissens von Einwirkungen Südamerikas erst erreicht worden, als in Mittelamerika bereits Agrarkulturen blühten.

Ob nun weitere botanische und sprachliche Untersuchungen das vorkolumbische Alter des Maisanbaues in der Alten Welt noch weiter bestätigen werden oder nicht, auf jeden Fall muß schon nach den bisherigen botanischen Forschungen der Anbau des Maises ebenso wie der der amerikanischen Knollenpflanzen als Beweis für eine selbständige Erfindung des Ackerbaues in Amerika ausscheiden! Die Frage, warum bei einem vorkolumbischen Alter des Maises in Asien er dort nicht so hoch wie in Amerika weiterentwickelt wurde, läßt sich dahin beantworten, daß dafür gar keine Notwendigkeit vorlag: Seinen primitiven Anfangsstadien waren die in der Alten Welt längst hochgezüchteten älteren Getreide wie Hirsen, Gerste, Weizen und vor allem Reis einschließlich ihrer Anbaumethoden überlegen. Dazu kamen noch die vielen Arten von einheimischen Knollenpflanzen, Hülsenfrüchten, Wurzel- und Blattgemüsen neben Fruchtbäumen, die die Kost bereits abwechslungsreich genug gestalteten. In Amerika dagegen mußten sich die Bemühungen auf Herauszüchtung ertragreicherer Sorten ausschließlich auf den Mais als einziges anbaufähiges Getreide konzentrieren.

Für die kulturhistorische Einordnung der indianischen Landwirtschaft ist bedeutsam, daß sie Mais- und Knollenpflanzenanbau gemeinsam betreibt. Ausnahmen bilden nur Gebiete, wo die klimatischen Verhältnisse den Anbau einer Pflanzengattung behindern oder verwehren: Im Amazonastiefland tritt der Mais hinter den Knollengewächsen, in der Südostkultur diese hinter jenem zurück, während in den Trockengebieten Mexikos und der Südwestkultur überhaupt keine Knollenpflanzen angebaut werden können. Die Annahme, daß der Bodenbau in Amerika noch einige tausend Jahre älter sein müsse als die ältesten archäologischen Funde von Agrarkulturen — die stets den Mais kennen —, da vor dem Maisanbau noch eine ältere Periode des ausschließlichen Knollenfruchtanbaues anzusetzen sei und bereits im Besitz des Maises befindliche Pflanzer keinen Knollenanbau betrieben hätten, ist ein Fehlschluß: Die Verhältnisse in der Alten Welt zeigen deutlich, daß auch nach dem Aufkommen des Getreideanbaues die Knollenfrüchte in den Gebieten, wo die klimatischen Voraussetzungen hierfür gegeben waren, weiterhin gepflegt wurden. Die Annahme eines vor dem Maisanbau anzusetzenden Knollenanbaues geht aber von der Voraussetzung aus, daß sich in Amerika die gleiche langsame Entwicklung vom Sammlertum zum Pflanzertum vollzogen habe wie in der Alten Welt. Das konnte bisher jedoch nicht bewiesen werden, die Tatsachen sprechen deutlich dagegen und dafür, daß zumindest in Mittel- und Südamerika der Ackerbau als ein Komplex

von gleichzeitigem Knollenfrucht- und Getreideanbau, dem ferner
Hülsenfrüchte, Fruchtbäume und Gewürze bekannt waren, eingeführt
wurde. Nur für die Südwest- und Südostkultur im Gebiet der südlichen Vereinigten Staaten muß es noch fraglich bleiben, ob der
dortige Ackerbau den Knollenfruchtanbau aus klimatischen Gründen
verloren hat oder ohne diesen von der Alten Welt dorthin gelangt ist.
Eine Klärung dieser Frage ist deshalb schwierig, da diese Gebiete mit
Mittelamerika in alten Kulturbeziehungen standen und ihre ehemalige
südliche Erstreckung vor der Ausbildung der Hochkulturen noch nicht
genügend erforscht ist. Einerseits sind ihre ältesten Maissorten eng
mit südamerikanischen verwandt und läßt sich das Einströmen
jüngerer Mais-, Bohnen- und Kürbisarten aus dem Süden verfolgen [61]),
andererseits zeigen ihre Kulturen auch deutlich eigenständige Besonderheiten. Auch die dortige Spiralornamentik weist engere Beziehungen zur neolithischen ostasiatischen auf als die mittel- und süd-
amerikanische [62]). Nach den bisher vorliegenden Untersuchungs-
ergebnissen der Radiocarbon-Dating-Methode [63]) ist der nördliche
Ackerbau jedoch bedeutend jünger (ab etwa 500 v. Chr.) als in Mittel-
und Südamerika (ab etwa 1500 v. Chr.). (Aus dem Iran liegen dagegen
neolithische Funde bereits aus der Zeit um 6000 v. Chr. vor!)
Fassen wir die Ergebnisse unserer Betrachtung der indianischen Landwirtschaft zusammen, so ergibt sich, daß für sie eine Vergesellschaftung
der gleichen Nutzpflanzenkategorien — z. T. sogar der gleichen
-arten — mit denselben Anbaumethoden und -geräten charakteristisch
ist, die auch die Landwirtschaft des altweltlichen Megalithkulturkreises kennzeichnet. Die Übereinstimmungen erstrecken sich aber
noch auf viele weitere Elemente der materiellen und geistigen Kultur,
aus deren Fülle nur einige typische herausgegriffen seien: Fischfang
mit abgerichteten Vögeln (Peru, Ostasien); Schlingenstabwebgeräte
(Pueblo bis Aruak und Araukanern) und mit altweltlichen identische
Webetechniken; Färben mittels Blattläusen und Purpurschnecke
(Mittel- und Südamerika); Färbtechniken: Ikat (Mexiko, Peru), Batik
und Plangi (Peru); Poncho (Pueblo, Mexiko, Anden, Amazonien);
mittels Fibeln aus einer Stoffbahn zusammengestecktes Gewand
(Anden); Rindenbaststoff (Moundkultur bis Südamerika), der wohl
den Ausgangspunkt für die Papierherstellung (Mexiko) bildete;

---

[61]) [216].
[62]) *Dittmer, K.*: Die Herkunft der Spiralornamentik in Ozeanien, Wien 1933.
[63]) [228, 229, 230].

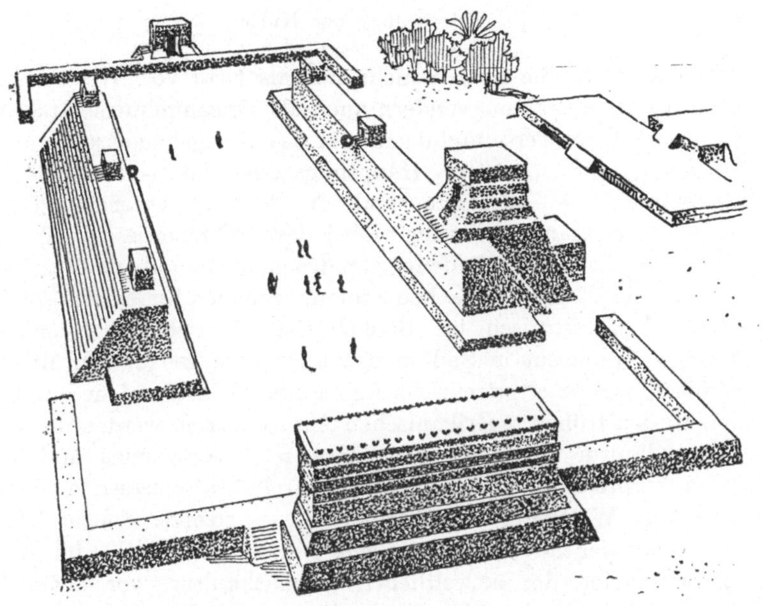

Abb. 56. Ballspielplatz in *Chitzen-Itzá*, Yucatán. Rekonstruktion (vgl. Abb. 37)

Stempel zur Körperbemalung aus Ton oder Holz (Mittel- und Südamerika, südosteuropäische Bandkeramik und japanisches Neolithikum); Tatauierung (Moundkultur bis Südamerika); megalithische Bau-
weisen und Denkmäler einschließlich der typischen Hocker- und gefäß-
tragenden Figuren (archaische Kulturen Süd- und Mittelamerikas bis
in ihre nördlichen Ausstrahlungsgebiete); luftgetrocknete Lehmziegel
— als Ersatz für Steine — (Pueblo, Mexiko, Peru), wobei hier die Vorstufe des in der Alten Welt bekannten reinen Lehmbaues fehlt.
Besonders bezeichnend sind die (gepflasterten) Kultplätze, die von
Steinmauern bzw. Wällen und Sitzreihen auf drei Seiten eingefaßt
werden, während die vierte von einem Kultgebäude auf einer Stufen-
terrasse bzw. -pyramide abgeschlossen wird. Hier fanden in den
mittelamerikanischen Hochkulturen die kosmologisch bezogenen
Wettkämpfe zwischen zwei Parteien im Ballspiel statt. Im Kern
gleiche, wenn auch nicht so prächtige Kultplätze wurden und werden
von Südostasien über Indonesien bis Polynesien bis in die neuere und
neueste Zeit noch benutzt. Die altweltlichen erweisen dabei ihr gegenüber den spezialisierteren amerikanischen kulturgeschichtlich höheres
Alter durch die größere Mannigfaltigkeit ihrer Anlagen und Ver-

wendungszwecke: Sie dienen nicht nur als Orte von Wettspielen, Tänzen und Kultdramen, sondern auch als Versammlungsplätze für Rats- und Gerichtsversammlungen und das Kultgebäude kann auch die Residenz eines (Priester-)Häuptlings oder das — ebenfalls als Stufenpyramide — angelegte Grab des kultisch verehrten Dorfgründers bzw. Clanahnen sein; wobei darauf hingewiesen sei, daß auch in amerikanischen Stufenpyramiden bzw. Mounds Gräber festgestellt wurden. Neben einfachen Stufenpyramiden finden sich solche Kultplätze prähistorisch im Bereich der altweltlichen Megalithkulturen — verstreut in Süd- und Vorderasien, gehäuft im Mittelmeergebiet, wo die altgriechische Agora und Theater auf sie zurückgehen. In den frühen amerikanischen Agrarkulturen werden die von der Moundkultur bis in die Kordillere, nach Amazonien und den Antillen verbreiteten Ballspiele z. T. durch kräftemessende Wettkämpfe wie Wettlauf, Gewichttragen usw. ersetzt. Solche leben noch — vorwiegend bei agrarischen Jahreszeitfesten — im Ausstrahlungsbereich der altweltlichen Megalithkultur, vor allem in Afrika und Europa, fort. Die bis in die altweltlichen Hochkulturen vereinzelt lebendig gebliebenen Ballspiele wurden hier allmählich profaniert, nur bei den Basken — auf der alten atlantischen Wanderstraße der Megalithkultur! — hat sich die Bindung ihrer gemauerten (!) Spielplätze an eine Kultstätte (= Kirche) erhalten [64].

[64]) Das von Westasien über Nordindien und China bis Japan verbreitete Polospiel kennt in Ostasien auch ein einziges „Tor"-Mal (in Japan ein Brett mit einem kreisrunden Loch) in der Mitte des Spielfeldes, durch das der bzw. die Bälle getrieben werden müssen. Dies stellt eine auffallende Parallele zum altmexikanischen Ballspiel mit seinen Ringscheiben als „Tor"-Male in der Mitte des Spielplatzes dar (s. Abb. 56). Dazu kommen in Japan und Amerika noch die Parallelen des raquettartigen Ballschlägers (s. Tafel XVI oben) und die kultische Begehung des Spieles. Die Verwendung von Pferden beim Ballspiel ist natürlich eine spätere asiatische Zutat [218a].

Bilder der Tafel XXIII

Oben links: Weizendrusch durch Maultierhufe. *Algarve*, Portugal
Oben rechts u. Mitte links: Getreide wird nach alter Bauernsitte mit der Sichel gemaht. *Maria Gail*, Kärnten bzw. *Algarve*, Portugal
Mitte rechts: Ein Trockenreisfeld wird mit dem gezogenen Grabscheit bestellt. *Miao*, Südchina
Unten: Senkrechter Griffwebstuhl für Wollgewebe. *Berber*, Marokko

Abb. 57. Opferung eines Kriegsgefangenen. Relief vom Ballspielplatz in *Tajin*, Mexico

Amerikanische Agrarkulte stimmen in Einzelheiten mit altweltlichen überein: im Kult der Korngöttin, im Mythos einer Zerstückelung einer Heilbringergestalt als Entstehungsursache der Nahrungspflanzen (Peru)[65], der im Dienste der Fruchtbarkeitskulte vorgenommenen Menschenopfer, der Kopfjagd mit Herstellung verschiedenartiger Kopftrophäen (sogar die in Melanesien geübte Anfertigung von Masken aus übermodellierten Schädeln war von den Prä-Maya über Kolumbien bis Peru bekannt!), im Kannibalismus und dgl. Die Übereinstimmungen in der Mythologie — namentlich der älteren Lunarmythologie — sind zu zahlreich, als daß sie hier aufgezählt werden könnten.

Besonders kennzeichnend ist ferner die Übereinstimmung in der kosmologischen Bezogenheit der Sozialordnung, wie sie auch in den

---

[65] [130].

Bilder der Tafel XXIV

Oben: Umpflanzen der im Saatbeet herangezogenen jungen Sumpfreisschößlinge. *Java*

Mitte: Pflügen des Reisfeldes mit dem vierseitigen Rahmenpflug. *Südchina*

Unten links: Terrassierte Felder in der Serra Monchique, *Algarve*, Portugal

Unten rechts: Sumpfreis-Terrassenfelder. *Ifugao*, Philippinen

amerikanischen Agrarkulturen aufscheint. Sie äußert sich ebensowohl in der schon behandelten Zweiklasseneinteilung wie in der dualen Führerschaft, wobei neben einem „Friedensführer" mit kultischen, verwaltungsmäßigen und rechtsprechenden Funktionen der vom Ratskollegium gewählte „Kriegsführer" tritt. Dieser hat allerdings im Verlauf der späteren Entwicklung oft genug die höchste bzw. ausschließliche Macht zu erringen gewußt. Das sich in der Endphase der Megalithkultur ausbildende Kleinkönigtum (als Inkarnation von Gottheiten) mit ständischer Organisation (Adel, Freie, Hörige, Sklaven), mit großer Machtvollkommenheit des Herrschers und strenger höfischer Etikette findet sich von der Südostkultur bis Peru und erinnert in vielen Zügen auffallend an mikronesisch-polynesische Verhältnisse. Selbst eine so eigentümliche Einrichtung wie das Tragen des Herrschers in der Sänfte kommt hier vor, deren Entstehung aus der nur in der Alten Welt erhalten gebliebenen Vorstellung zu erklären ist, wonach die Heiligkeit des Herrschers den von ihm betretenen Boden für andere unantastbar bzw. unbetretbar (tabu) machen würde. In die gleiche Kulturschicht gehört auch die Mitbestattung von Familien- und Gefolgschaftsangehörigen beim Tode des Herrschers (Moundkultur, Mexiko, Ecuador, Kolumbien, Antillen) und die Mumifizierung (Mexiko bis Peru), die z. T. in den gleichen speziellen Methoden ausgeführt wurde wie in Melanesien und Ägypten. Schließlich sei noch darauf hingewiesen, daß nicht nur Übereinstimmungen in der Gestalt einiger Musikinstrumente (Trommeln, Schneckentrompete, Panflöte usw.) bestehen, sondern auch — als besonders beweiskräftig — in deren Maßnormen, und daß auch in Amerika den höher entwickelten Schriftformen Bilder- und Sinnbildschriften vorangehen (Südostkultur, Mittelamerika, Kolumbien), und daß ferner die Knotenschrift des Inkastaates (Quippu) sich vereinzelt auch in der Südsee und in Südostasien und Tibet erhalten hat. Wir sehen also, daß zwischen der Megalithkultur der Alten und Neuen Welt nicht nur in vereinzelten Kulturgütern Übereinstimmungen bestehen, sondern daß der gesamte Kulturkreiskomplex mit Elementen aus allen Lebensbereichen als eine ursprüngliche Einheit nach Amerika übertragen worden sein muß.

Ein markanter Unterschied der alt- und neuweltlichen Formen des Megalith-Kulturkreises besteht darin, daß in Amerika die gezähmten Rinder, damit ihre kultische Verwendung und ihre Darstellung in der Kunst, fehlen. Dies erklärt sich daraus, daß sie in Booten nicht über

Abb. 58. Siegelabdruck einer Stufenpyramide mit Nischenarchitektur. *Alt-Babylon*

den Pazifik transportiert werden konnten — sind doch Büffel nicht über Indonesien hinaus verbreitet worden — und daß zu dem Zeitpunkt, als die Nachfahren der Einwanderer in Nordamerika Bisons kennenlernten, jede Erinnerung an frühere Rinderzucht bereits geschwunden sein mußte. In Anbetracht der langen Zeiträume selbständiger, getrennter Weiterentwicklungen der alten Kulturgrundlagen in anderer Umwelt und bei verschieden zusammengesetzten Bevölkerungen ist aber weniger das Fehlen genauester Gleichheit in allen Zügen zwischen den beiden Kontinenten erstaunlich als vielmehr die Tatsache, daß sich überhaupt noch so viele und z. T. so enge und

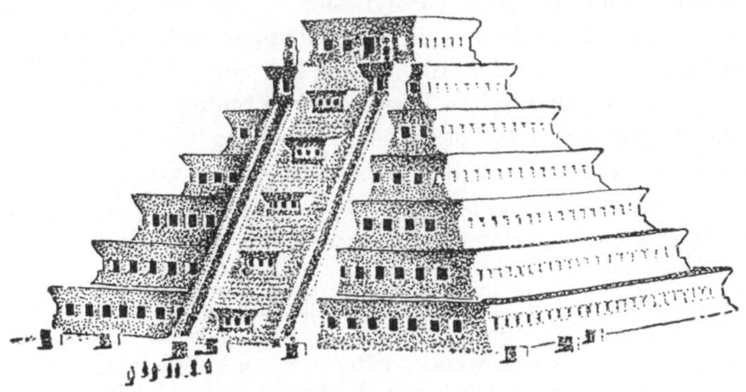

Abb. 59. Stufenpyramide mit Nischenarchitektur. *Tajín*, Mexico. (Rekonstruktion)

14 *

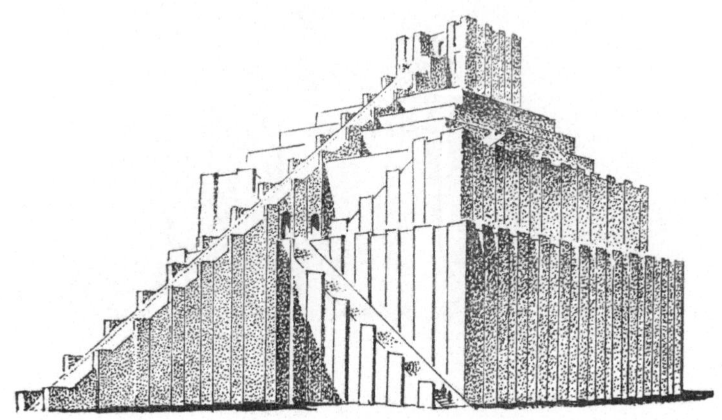

Abb. 60. Rekonstruktion des babylonischen Turmes

grundlegende Übereinstimmungen erhalten konnten — die in früheren Zeiten sicher noch enger waren. Diese bewegen sich übrigens in denselben Größenordnungen, wie sie für die festgestellten Kulturbeziehungen zwischen altweltlichen verwandten Kulturen gelten, obwohl diese sich kontinuierlicher entwickeln und eher in Kontakt- und Austauschbeziehungen miteinander stehen konnten.

Es zeigt sich bei diesen Untersuchungen, daß die schon so häufig bemerkten Parallelen zwischen der Alten und Neuen Welt weniger auf die bisher fast ausschließlich ins Auge gefaßten Einflüsse der ausgesprochenen Hochkulturen — die ebenfalls vorhanden sind — oder der (verhältnismäßig späten) Polynesier — die allgemein anerkannt sind [66]) — zurückzuführen sind, als vielmehr auf den Einfluß des Megalithkulturkreises, der die Basis für die eigenständige Entwicklung der amerikanischen Hochkulturen bildet. Weder sind babylonische, ägyptische oder phönizische Seeleute für die Ausbreitung altweltlicher Kulturelemente nach Amerika verantwortlich zu machen, noch können etwa ägyptische und mexikanische Pyramiden ohne weiteres miteinander verglichen werden, beides sind Endpunkte

---

[66]) Sehr gezwungen ist der Erklärungsversuch, in Amerika gefundene polynesische Waffen polynesischen, auf europäischen Schiffen angeheuerten Matrosen zuzuschreiben. Weder dürften solche schwer bewaffnet haben an Bord kommen können, noch ihre Waffen dann in Amerika vergraben haben!

selbständiger langer Entwicklung aus allerdings gleicher archaischer Grundlage heraus. Hierzu sind noch einige Bemerkungen zu machen: Die alt- und neuweltlichen Pyramiden gehen auf einfache Stufenpyramiden zurück, wie sie in einfachster Form sich noch bei den oben angeführten südostasiatisch-pazifischen erhalten haben. Mit den amerikanischen stimmen aber die vorderasiatischen darin überein, daß sie den Weltberg bzw. die verschiedenen Unterwelts- und Himmelsregionen (in Amerika Gleichstellung von „Himmel" mit „Berg") versinnbildlichen — und diesen auch verschiedene Farben zuordnen — und von einem Gotteshaus gekrönt werden. Diese Vorstellung lebt übrigens auch noch in Süd- und Ostasien nicht nur in der Mythologie und im Tempel- und Stufenbau fort, sondern auch in der Architektur der indischen Tempel-Torbauten *(gopuram)*. Diese stellen nichts anderes als sehr steil gewordene Stufenpyramiden mit einem Haus als Bekrönung dar. Da sich hier die religiöse Bedeutung und die Funktion der Stufenpyramiden geändert haben, waren begehbare Treppen überflüssig geworden. Weil im Vorderen Orient wie in Amerika der Brauch bestand, ältere Pyramiden von Zeit zu Zeit neu zu überbauen und zu vergrößern, mag auch in manchem asiatischen Bauwerk noch eine ältere kleine Stufenpyramide stecken. Einige mögen noch unerkannt

Abb. 61. Großer Festplatz mit Stufenpyramiden. *Tikál*, Yucatán. (Rekonstruktion)

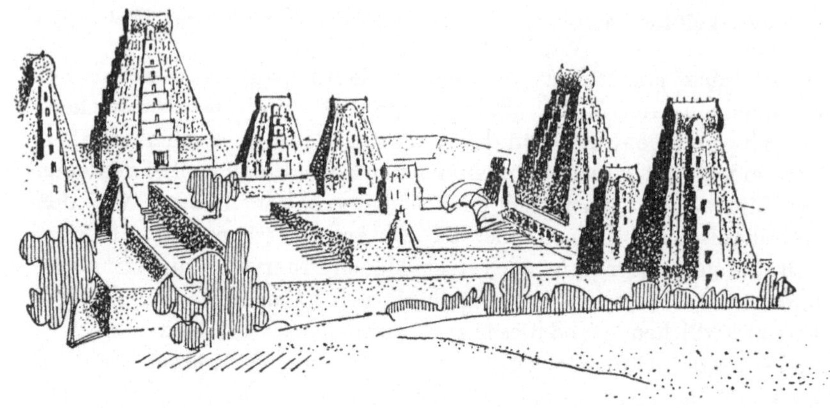

Abb. 62. Tempelanlage mit Tortürmen in Gestalt von Stufenpyramiden. *Tiruvannâmalai*, Vorderindien

im Dschungel schlummern, der größte Teil wird zerfallen und zerstört sein; nicht zuletzt dank der Gewohnheit, außer Brauch gekommene Bauwerke ihrer Steinummantelungen zu berauben, um sie als Material für Neubauten zu verwenden. Am Rande sei noch vermerkt, daß das Gußmauerwerk, d. h. die Ausfüllung einer inneren und äußeren Wandverkleidung aus sorgfältig bearbeiteten Steinen mittels durch Mörtel bzw. Lehm verbundener Bruchsteine keine ausschließlich amerikanische Technik ist[67]), sondern auch dem vorderen Orient bis in den Kaukasus bekannt war.

Es ist nun zu prüfen, ob eine Übertragung altweltlicher Pflanzerkulturen nach Amerika technisch möglich war. Eine Verbreitung zu Lande über die Beringstraße ist ausgeschlossen, da dieses Gebiet zu jener Zeit bereits arktisches Klima aufwies. Es kommt also nur der Seeweg in Frage. Für diesen boten sich Erleichterungen durch den sich zwischen den Philippinen und Japan bildenden und an der kalifornischen Küste mündenden Kuro-Shio-Strom mit gleichsinniger Westwinddrift, den von Indonesien-Mikronesien nach Mittelamerika ziehenden äquatorialen Gegenstrom und der von Zentralpolynesien—Neuseeland nach Chile—Peru streichenden Westwinddrift und Meeresströmung. Aber auch die Passate boten keine zu großen Hindernisse, da die Besiedler der pazifischen Inselwelt zu kreuzen verstanden. Es ist immer wieder darauf hingewiesen worden, daß Seefahrer, welche

[67]) *Krickeberg, W.* in [2], S. 174.

die riesigen Entfernungen zwischen den polynesischen Inselgruppen auf regelmäßigen Fahrten zu überwinden und ihre in der ungeheueren Wasserwüste des großen Ozeans verlorenen winzigen Ziele mit Sicherheit zu finden wußten, auch imstande gewesen sein müssen, die restliche Entfernung bis Amerika zurückzulegen. In der Tat sind dort ja Landungen von Polynesiern — wie auch von schiffbrüchigen japanischen Dschunken — gesichert. Die heutigen Polynesier aber — deren Blütezeit als Seefahrer das Mittelalter war — sind erst die letzten Ankömmlinge im Großen Ozean; sie fanden in ihrer neuen Heimat bereits Vorbewohner vor, die sich in den kulturellen und rassischen Verschiedenheiten Polynesiens noch bemerkbar machen. Wir müssen ihnen, da sie die gleichen Ziele zu finden gewußt hatten, eine annähernd gleich tüchtige und hohe Navigationskunst zuerkennen wie der uns bekannten der Mikronesier und Polynesier, welch letztere sogar bereits im Mittelalter ausgesprochene Forschungsexpeditionen unternommen hatten. *Friederici*[68]) hat ja auch an Hand der verwendeten verschiedenen Bootstypen und Takelagen und ihrer Benennungen — von denen sich manches noch in Amerika erhalten hat — verschiedene Wanderschwärme aus dem südostasiatischen Raum in den Pazifik nachweisen können. Dabei sei erwähnt, daß neben Auslegerbooten — deren Entstehung aus Kentersicherungen hinterindischer Flußboote *Heine-Geldern*[69]) nachgewiesen hat — auch große Plankenboote zur Hochseeschiffahrt eingesetzt waren. Es besteht kein triftiger Grund, der eine Landung dieser erfahrenen Seeleute auf ihren seetüchtigen Booten in Amerika ausschlösse; noch dazu, da sie sich auf langen Seereisen auch bei evtl. Erschöpfung der mitgenommenen Vorräte durch Fang von Fischen und Haien die notwendigste Nahrung und Flüssigkeit zu verschaffen wußten. In diesem Zusammenhang sei daran erinnert, daß sich gerade die maritimen Kulturen des Megalith-Kulturkreises, dem wir den größten Anteil an der Entstehung der archaischen Agrarkulturen Amerikas zuschreiben, durch ihre wagemutige Hochseeschiffahrt auszeichneten.
Der Einwand, evtl. Landungen solcher Seefahrer müßten ohne nachhaltigen Einfluß geblieben sein, da die Ankömmlinge bald überwältigt und aufgefressen worden wären, ist nicht stichhaltig: Die Austronesier pflegten ihre Landnahmefahrten in Flotten durchzu-

---

68) [220, 221].
69) [224a].

führen, die mehrere hundert Menschen befördern konnten und so am Landungspunkt eine ansehnliche Streitmacht darstellten. Nach unserer Voraussetzung können die Neuankömmlinge in Amerika aber nur eine Wildbeuterbevölkerung angetroffen haben, die ja eben das Land nur in kleinen Horden bei insgesamt nur sehr dünner Bevölkerungsdichte durchstreifte. Gerade an den Küsten aber wissen wir von primitiven Sammlern und Fischern in der Art der westlichen Feuerländer als Vorbevölkerung, die in ihrer Bewaffnung, Organisation und Zahl landenden Angehörigen der Megalithkultur so hoffnungslos unterlegen war, daß sie nicht einmal der Besatzung eines größeren Bootes, geschweige denn einer Flotte, ernstlich gefährlich werden konnte. Unbedroht sehen jedoch solche Wildbeuter meist gar keinen Anlaß zu feindseligem Verhalten, im Gegenteil suchen sie oft Kontakt mit höher Zivilisierten — der sich bis zur Symbiose verengern kann —, um höhere Kulturgüter zu erwerben. Zudem engen neugegründete Pflanzerkolonien mit ihrem zunächst noch bescheidenen Landbedarf den Lebensraum von Wildbeutern noch nicht besorgniserregend ein; sind sie aber erst einmal an Zahl und räumlicher Ausdehnung herangewachsen, so sind sie in der Regel erst recht nicht mehr zu vernichten. Die gleichen Unterschiede im Kulturniveau und militärischen Potential gelten auch zwischen den im weiteren Verlauf gebildeten amerikanischen frühen Agrarkulturen und evtl. hochkulturlichen Einwanderern. Dazu kommt noch, daß im Besitze einer höheren Kultur und höheren Wissens — also nach naturvölkischer Anschauung höherer (magischer) „Kräfte" — befindliche Ankömmlinge leicht als Wesen höherer, selbst göttlicher Art angesehen und verehrt werden. Diesem Umstand verdankten ja auch nicht zuletzt die spanischen Konquistadoren ihre zunächst freundliche Aufnahme und die Gestellung indianischer Hilfstruppen, die der Handvoll Abenteurer erst die rasche Unterwerfung der dichtbesiedelten und hochkultivierten mittel- und südamerikanischen Länder ermöglichten. Wir sehen also, daß es Einwanderern aus der Alten Welt durchaus möglich gewesen sein muß, über den pazifischen Ozean zu gelangen, ihre Kulturhöhe beizubehalten und sich Ureinwohner kulturell und völkisch anzugleichen. Da für diese Wanderungen ein größerer Zeitraum und eine völkisch sehr verschiedene Zusammensetzung anzunehmen ist, und diese Schwärme in der Neuen Welt auf ebenso verschiedene Bevölkerungsgruppen und Umwelten stießen, so mußten sich notwendigerweise bei allen Übereinstimmungen in den Grundzügen doch sehr verschiedenartige

Lokalkulturen herausbilden, die, losgelöst von der weiteren Entwicklung in der Alten Welt, ein ganz eigenes — eben indianisches — Gepräge erhielten.

Es erhebt sich noch die Frage, warum bei dem oben angeführten hohen Stande der Schiffahrt kein gegenseitiger Verkehr zwischen der Alten und Neuen Welt aufrechterhalten wurde. Der Grund hierfür liegt im Zweck dieser Fahrten: Sie sollten ja neues Siedlungsland erschließen, da der Bevölkerungsdruck von Westen her zu immer weiterem Ausgreifen nach Osten zwang. War besiedlungsfähiges Land gefunden, so bestand kein Anlaß mehr zur Rückkehr (wobei Erkundungsfahrten mit zeitweiliger Rückkehr zum Ausgangspunkt, um die Masse der Wanderlustigen zu holen, nicht ausgeschlossen sein brauchen), die durch nachdrückende Bevölkerungsschübe oft genug unmöglich erscheinen mußte. Da aber das bestgeeignete Land überhaupt erst weiter im Innern lag und zur Durchdringung des Landes lockte, so mußte auch aus diesem Grunde die Schiffahrt allmählich aufgegeben werden. Ganz ist dies übrigens nie geschehen, da die Indianer in den pazifischen und atlantischen Gewässern Mittelamerikas bis zur Zeit der Konquista kühne Handels- und Kriegsfahrten über weite Entfernungen unternahmen und neben Flößen auch über große hochseegehende Boote und Segel verfügten.

Zur Festlegung der annähernden Zeitpunkte der angenommenen Einwanderungen wollen wir von den Daten ausgehen, welche die Radiocarbon-Dating-Methode ergeben hat. Danach wäre der Beginn der archaischen Agrarkulturen in Mittel- und Südamerika gleichermaßen in die Mitte des zweiten Jahrtausends v. Chr. zu setzen, derjenige der frühesten Phasen der Hochkulturen in die Mitte des ersten Jahrtausends v. Chr., während deren eigentliche Blüteperioden erst in der ersten Hälfte des ersten Jahrtausends n. Chr. einsetzten. Dabei gehen in Mittelamerika die Maya voran, deren sogen. „erstes Reich" von etwa 300 bis 900 n. Chr. blühte (die erste datierte Stele stammt vom Jahre 162 n. Chr.) [70]). In Peru beginnen danach die Küstenkulturen

---

[70]) Das Nulldatum 8498 v. Chr. der Maya-Großperioden-Zeitrechnung bedeutet nicht ein gleich hohes Alter der Maya-Astronomie, sondern konnte rückwärts auf Grund der Oktaeteris-Gesetzmäßigkeiten, d. h. der zeitlichen Übereinstimmung von 5 Venusumläufen mit 8 Sonnenjahren und 99 Lunationen, berechnet werden (vgl. [225]).

Astronomisches Wissen und Erfahrung als Grundlage der Maya-Astronomie braucht — angesichts der kurzen Dauer der Anlaufperiode dieser

— entgegen der bisherigen Datierung der Archäologen, die sie um mehrere Jahrhunderte später ansetzten — um 300 v. Chr. [71]). Setzen wir den Beginn des amerikanischen Ackerbaues vorsichtshalber noch um einige Jahrhunderte früher, also in die erste Hälfte des zweiten Jahrtausends v. Chr., an, so gewinnen wir einen für die Herauszüchtung der verschiedenen Maisvarietäten und zur Herausbildung der unterschiedlichen Lokalkulturen genügend großen Zeitraum. In Asien treffen wir zu dieser Zeit die ostasiatische bandkeramische Pflanzerkultur (noch ohne Pflug) in ihrem Ausklingen und allmählichen Übergang zur Hochkultur; in Indien neigt sich die Induskultur ihrem Ende zu, während im übrigen Süd- und Südostasien die Megalithkultur noch in Blüte steht. Zur gleichen Zeit aber macht sich in diesen Gebieten auch der Beginn mächtiger Völkerverschiebungen bemerkbar.

Denn der Brandrodungsfeldbau führte zwar überall zu einem raschen Anwachsen der Bevölkerungsdichte, gleichzeitig aber zu einer ungeheuren Waldverwüstung und damit zu stärksten Erosionsschäden mit einer Einengung des fruchtbaren Ackerlandes, womit ein immer stärkerer Zwang zum Aufsuchen neuen jungfräulichen Bodens gegeben war. Den gleichen raschen Bevölkerungsanstieg und nachfolgende Übervölkerung erlebten die Lößlandschaften und fruchtbaren Flußtäler. Aus allen diesen Gebieten begeben sich immer größer werdende Menschenmengen auf die Suche nach Neuland, in die von Pflanzern noch ungenutzten Gebirge, sumpfigen Stromtäler — aber auch vom Festland auf die vorgelagerten Inseln hinaus. Einen ähnlichen Bevölkerungsanstieg erleben die von Viehzüchtern besiedelten Steppen

---

Kultur — nicht notwendig hier entstanden sein, sondern kann auch der altweltlichen, wesentlich älteren Astronomie zu verdanken sein. Wenn wir den Verlust sämtlicher Niederschriften auf vergänglichem Material in der Alten Welt und die hier stattgefundenen historischen Umwälzungen berücksichtigen, bedeutet es viel, daß sich in SO-Asien ein dem mittelamerikanischen ähnliches System überkragender Perioden der Kalenderrechnung erhalten hat, wie sich auch weitere enge Beziehungen zwischen amerikanischen und altweltlichen Kalendern, Tierkreisen usw. feststellen lassen [224].

[71]) Dabei ist bedeutsam, daß sowohl die Früh-Chimu- wie die Nazcakultur ganz unvermittelt und bereits vollentwickelt auftreten und trotz einiger Beziehungen zu Mittelamerika und den Andenhochländern nicht von dort abgeleitet werden können. Wohl aber bestehen hier Traditionen von Landungen der über See in Flotten gekommenen Vorfahren!

Asiens, deren Herden sich hier schnell vermehren können. Bald aber werden — wie im Mittelmeergebiet — die Weiden überstockt, sinkt durch die menschliche Wirtschaft die Ertragsfähigkeit der Weiden und wird deren Austrocknungsprozeß verschärft[72]). Damit aber kommt es auch hier zu einem starken Bevölkerungsdruck. Nach Übernahme hochkulturlicher Kulturgüter — nicht zuletzt der Metalltechnik und des Streitwagens — können die sich zu Hirtenkriegern umwandelnden Steppenvölker längs des eurasischen Steppengürtels die alten Hochkulturstaaten beunruhigen und schließlich seit dem Beginn des 2. Jahrtausends v. Chr. überrennen und das feudale Zeitalter heraufführen. In Nordchina entstand aus der Verschmelzung turkestanischer (vielleicht dabei auch indogermanischer) Bauern, daneben später türkischer und tibetischer Nomaden mit der alteinheimischen Pflanzerbevölkerung seit der Shang-Dynastie (ca. 1650 bis 1100 v. Chr.) eigentlich chinesisches Volkstum und Kultur[73]). Sie folgen dem Wanderweg nach Süden, erstrecken zur Han-Zeit (202 v. Chr. bis 220 n. Chr.) ihren Herrschaftsbereich bis Tonkin-Annam und drücken bis heute die primitivere Urbevölkerung Südchinas in die dortigen und hinterindischen Bergländer wie auf die dem Festland vorgelagerte Inselwelt. In Vorderindien brechen als Angehörige der Hirtenkriegerkultur die Arier ein, deren Ansturm in der ersten Hälfte des 2. Jahrt. v. Chr. die Staaten der Induskultur militärisch und politisch — wenn auch nicht kulturell — erliegen. Auch hier pflanzen sich die durch die arischen Eroberungszüge ausgelösten Bevölkerungsverschiebungen in der Verdrängung primitiverer Bevölkerungen wie auch von Teilen der höher kultivierten Bevölkerung nach Süden, in die noch wilden Gebirge Hinterindiens wie aufs Meer hinaus fort. So gelangen noch vor der Herausbildung der kolonial-indischen Kulturen Völker und Kulturen des süd-, südost- und ostasiatischen Festlandes in bunter Mischung und Folge über Indonesien in die Inselgebiete Ozeaniens. Sind es zunächst die primitiveren Pflanzerkulturen, so folgen ihnen später aus Elementen hochkulturlicher Bevölkerungen gebildete oder von solchen geführte Schübe nach; wobei durch die Jahrtausende die Bevölkerungsbewegungen auf dem Festlande sich in Wanderwellen nach Ozeanien hinaus fortpflanzten. Es kann kein

---

[72]) Siehe S. 259 u. S. 261.

[73]) Wobei es wahrscheinlich ist, daß vorher die Ausbreitung der inner-asiatischen Hirtennomaden die bandkeramischen Pflanzer auseinander-gesprengt und einen Teil nach Nordchina gedrückt hat.

Zufall sein, daß sich die alt-neuweltlichen Kulturbeziehungen vor allem auf die vom süd- bis ostasiatischen Raum ausstrahlenden Kulturen und auf jene Zeit der größten Unruhe dieses Gebietes in den beiden Jahrtausenden v. Chr. beziehen; wohl aber erscheinen sie im Lichte dieser historischen Tatsachen eher verständlich.

IV. VIEHZÜCHTERKULTUREN

1. Wesen

Begeben wir uns noch einmal in die Alte Welt zurück, um den nur hier vorhandenen Kulturkreis der nomadisierenden Viehzüchter zu betrachten. Bei ihnen beruht die Wirtschaft vornehmlich oder ausschließlich auf der Verwertung der Produkte ihrer Herden an Rindern, Schafen — denen oft kleinere Ziegenherden zugesellt sind —, Pferden, Kamelen sowie in Nordeurasien auch an Rentieren. In erster Linie wird die Milch aller genannten Tiere genützt, weniger als Frisch- denn als Dick- und Sauermilch, vergoren und in West- und Mittelasien auch zu Alkohol destilliert und — vor allem in den nördlichen Gebieten — auch zu verschiedenen Sorten von Käse verarbeitet, der für die Monate der fehlenden Frischmilch in großen Mengen als Dauerproviant aufbewahrt wird. Sodann wird das Wollhaar der Schafe,

Abb. 63 Manner melken in Gegenwart des Fullens eine Stute. *Kirgisen* Kasachstan, UdSSR

Abb. 64. Filzgedecktes Kuppelzelt. *Kirgisen*. Kasachstan, UdSSR

Ziegen, Yaks und Kamele zu Textilien verarbeitet, das feinere für Kleidung, das gröbere für Behälter (Taschen), Decken, Zeltplanen (als Filz bei den Turkomongolen), Wattierungen, Stricke usw. Die Rinderhirten ohne Schafzucht (Afrika) und die Renzüchter verfertigen ihre Kleidung, zum Teil auch Zeltbedeckungen, aus Leder und Fellen, die von reitenden Hirten Asiens ebenfalls zur Reit- oder Winterkleidung verwendet werden, wie aus ihnen überall auch Behälter und Riemen hergestellt werden. Im Gegensatz zur rationalisierten modernen Viehzucht wird das Fleisch der Herdentiere nur in sehr bescheidenem Umfang gegessen [74]), wozu in erster Linie Schafe, Ziegen und krankes oder gefallenes Großvieh herangezogen werden. Anlaß zu Schlachtungen bieten in der Regel kultische Opfer und Bewirtungen von Gästen. Ursache dieser Sparsamkeit bildet die hohe Wertschätzung und innige Liebe namentlich zum Großvieh, die bis zur religiösen und kultischen Verehrung gesteigert wird und die Tatsache, daß mit der Kopfzahl der Herden Reichtum und soziales Ansehen anwachsen.

Eine weitere wirtschaftliche Nutzung des Großviehs bildet seine Verwendung als Pack- und Reittier; nicht zu vergessen ist auch der wirtschaftliche Ertrag der Herden durch Austausch ihrer überschüssigen Produkte und eines Teiles ihres Zuwachses an die seßhafte agrarische

---

[74]) Eine Ausnahme bilden die Renzüchter Sibiriens, die sich ja pflanzliche Nahrung nur in geringem Maße beschaffen können.

und städtische Bevölkerung gegen pflanzliche Nahrungsmittel und nicht selbsthergestellte Kulturgüter, dem ferner auch der von den Wüsten-Nomaden betriebene Karawanenhandel dient.

Die Haltung großer Herden bedingt häufigen Ortswechsel, um ständig frische Weiden zu finden; im Winter schneefreie oder vor Schneestürmen geschützte, während der sommerlichen Trockenzeit noch genügend Futter und Trinkwasser bietende Regionen aufzusuchen. Dabei geht die Wanderung häufig in einer regelmäßigen Reihenfolge von Winter- zu Sommerquartieren und umgekehrt vor sich. Wenn nicht die ganze Bevölkerung, so muß doch zumindest ein Teil von ihr die Herden begleiten. Folglich hat man die Behausung größtenteils zerlegbar und transportabel oder wenigstens rasch erstellbar gestaltet und den Hausrat den ständigen Wanderungen angepaßt.

Das Hüten und Schützen größerer Herden — die allein rentabel sind — erfordert eine nicht zu geringe Anzahl männlicher Arbeitskräfte. Andererseits können im allgemeinen die Herden keinen zu großen Umfang annehmen und müssen gegebenenfalls unterteilt

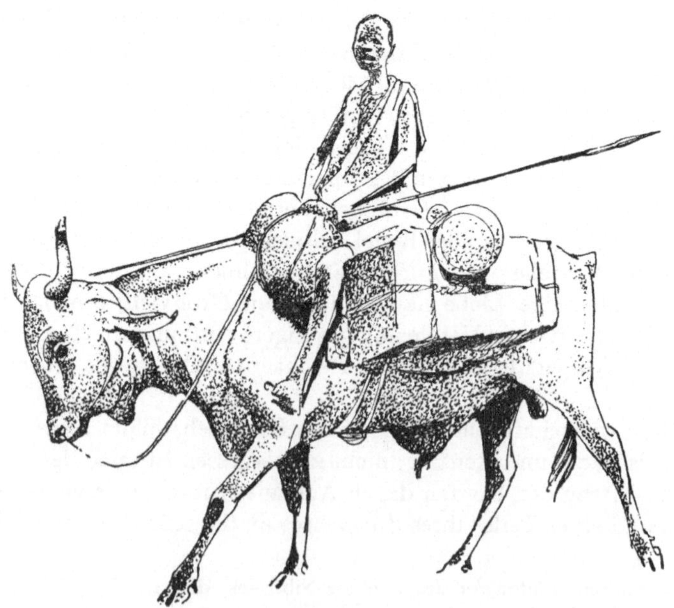

Abb. 65. Reit- und Packochse. *Sudanaraber*, Bagirmi

Abb. 66.

Frauen bauen ein Kuppelzelt aus Scherengattern auf. *Kirgisen*, Kasachstan, UdSSR

werden. So schließt der Viehzucht-Nomadismus sowohl eine dichte
Besiedlung wie die selbständige Haltung geschlossener Herden durch
Kleinfamilien oder durch ganze Stammesverbände aus. Kleinste und
wichtigste Wirtschaftseinheit ist vielmehr meist die (patriarchalische)
Großfamilie, die indessen aus Schutzbedürfnis vorzugsweise in enger
Anlehnung an die übrigen Großfamilien einer Sippe bzw. Clans — den
Besitzern der Weidegebiete — siedelt. Die größere Beweglichkeit der
Nomaden, namentlich der Reiterhirten, fördert den Verkehr unter-
einander und hält einen lockeren Stammesverband aufrecht. In
Kriegszeiten konnten so in früheren Zeiten rasch größere militärische
Einheiten — in Westasien auch Zusammenschlüsse von Stämmen zu
Horden und Konföderationen — und selbst große Reiche gebildet
werden. Diese hatten allerdings selten längeren Bestand, da nach
dem Ableben großer Führerpersönlichkeiten die Rivalitäten zwischen
den Sippen- und Stammesführern — die wie jeder einzelne Nomade
ihre persönliche Freiheit und Selbständigkeit über alles lieben
— größere politische Einheiten rasch zerfallen ließen.
Die größere wirtschaftliche Bedeutung des Mannes hat meist, besonders in den vollnomadischen Kulturen, zu seiner sozialen Hervorhebung und zum Patriarchat geführt. Die Stellung der Frau ist indessen je nach der historischen Entwicklung der einzelnen Nomaden-
völker verschieden: bei einigen kann sie höchste Achtung und weitest-
gehende Freiheiten (z. B. Tuareg) genießen, bei anderen nahezu als
Haussklavin und Ware behandelt werden; oft ist ihr jede Beschäf-

Abb. 67. Filzbereitung, Frauen schlagen Wolle. *Kirgisen.*
Kasachstan, UdSSR

tigung mit den Herden streng untersagt, in anderen Fällen ist ihr das
Melken, die Aufzucht des Jungviehes und auch das persönliche Eigentum an Vieh gestattet. Der Viehnomadismus gelangte auch aus sich
heraus zu einer sozialen Schichtung: Der Besitz großer Herden führt
zu Reichtum und sozialem Ansehen und Macht und läßt eine politisch
führende Adelsschicht entstehen. Zur Klasse der freien selbständigen
Herdenbesitzer gesellt sich oft noch eine der Hörigen. Sie setzt sich
zusammen aus verarmten Volksgenossen, die sich den Wohlhabenden
entweder als Knechte verdingen oder einen Teil ihrer Herden betreuen, bis sie sich aus dem ihnen als Vergütung zufallenden Anteil
des Herdennachwuchses allmählich wieder eine eigene Existenz auf-
bauen können; dazu kommen wohl auch Waisenkinder. Ferner wird
diese Schicht verstärkt bzw. als eigene Klasse ergänzt durch Sklaven,
die entweder erbeutet oder gekauft wurden. Schließlich wurden von
den Hirtenkriegern, namentlich der Trockengebiete, die seßhaften
Oasen- und Stadtbevölkerungen bzw. Pflanzer der Steppen als ganzes
unterworfen, entweder als soziale Unterschicht in den politischen
Verband eingegliedert oder tributpflichtig gemacht. Die durch-
gehende Verachtung der Handarbeit gestattet ihnen keine Ausübung
eines Handwerks, nur die für den Viehzuchtbetrieb und Haushalt
unbedingt nötigen Techniken werden selbst ausgeübt und dann
meistens den Frauen bzw. den Knechten oder Sklaven übertragen.
So sind — im Gegensatz zu den Seßhaften — auch die Schmiede trotz

ihrer Wichtigkeit verachtet und bilden fast stets eine endogame Kaste, die ihre Zusammensetzung oder Herkunft aus fremden ethnischen Einheiten selten verleugnen kann. Reste eines mehr formalen Clantotemismus finden sich vor allem noch in Ostafrika, wo die Totems sich insbesondere auf Teile oder äußere Eigenschaften der Herdentiere beziehen („Splittotems").

Die Glaubensvorstellungen sind in den einzelnen Viehzüchterkulturen recht unterschiedlich. Als mehr oder minder verbindende Züge lassen sich feststellen: ein (der Steppen- und Wüstenheimat entsprechendes) häufiges Hervortreten des Himmels- (und Gewitter-)gottes als Höchstes Wesen und von atmosphärischen Mächten und Naturgeistern; betonter Ahnen- und auch Heroenkult; magische Praktiken dienen naturgemäß auch dem Schutz der Herden und dem Wetterzauber; das Großvieh — einschließlich aller seiner Ausscheidungen — genießt meist eine kultische Verehrung und Verwendung wie seine Behandlung vielen rituellen Vorschriften unterliegt; im Orakel ist die Eingeweideschau beliebt.

Auch beim Viehzuchtnomadismus ist eine starke Prägung der Geistigkeit und der seelischen Haltung durch die Wirtschaftsform festzustellen: Das Hirtenleben erfordert und fördert Mut und kriegerische Gesinnung, um die Herden stets vor Überfällen durch wilde

Abb. 68. Filzbereitung,
die angefeuchtete Wolle wird durch Rollen zu einer Filzdecke gewalkt.
Kirgisen, Kasachstan, UdSSR

Tiere oder Räuber schützen bzw. durch eigene Raubzüge vermehren
zu können; körperliche Gewandtheit, Härte und Zähigkeit im Ertragen von Strapazen, um die Unbilden des Wetters und Klimas,
Hunger und Durst zu überstehen. Am extremsten sind diese Charakter-
züge in den gnadenlosen Wüsten ausgebildet, die nur die Zähesten
und die Tapfersten auf die Dauer bestehen lassen. Hier hat der harte
Daseinskampf ebenso zu unbedingtem Selbstbehauptungswillen
— dem alle Mittel recht sind —, Stolz auf männliche Tugenden, un-
bändigem Freiheitswillen wie zur Todesverachtung und klaglos
duldender Schicksalsergebenheit, zu edler Ritterlichkeit wie gleichzeitiger Geringschätzung des Menschenlebens und schonungsloser
Raublust geführt.

Die Viehzüchter haben aber auch bereits die Anfänge kapitalistischen
Wirtschaftsdenkens entwickelt: Die Herde ist das Kapital [75]), das
sich durch den natürlichen Nachwuchs ohne nennenswerte Arbeit
verzinst. Daher gilt es, das Kapital nicht anzugreifen, sondern durch
möglichst hohe Zinsrate möglichst schnell zu vermehren und damit
wieder höhere Zinserträge zu gewinnen, um Reichtum und Macht
zu vermehren und die möglichst zahlreiche Nachkommenschaft
finanziell zu sichern. Deshalb ist Klein- und Großvieh Wertmesser
und Geld, und wie der Bauer sein Vermögen im Grundbesitz anlegt,
so der Nomade im Herdenbesitz („Thesaurierung"). Er muß aber auch
mit existenzbedrohenden Risiken rechnen: Seuchen, Dürren und
andere Wetterkatastrophen, Raubüberfälle usw. können ihn plötzlich
ruinieren, ja dem Tode ausliefern. Verbleibt ihm aber wenigstens ein
Grundstock an Vieh oder die Möglichkeit, in ein oben angeführtes
Klientenverhältnis zu reichen Stammesgenossen zu treten, so wird
er im Laufe der Jahre wieder zu einigem Wohlstand gelangen
können.

Während die mit geringer Kopfzahl und kleinen Herden zwischen den
wohlhabenden seßhaften Bodenbauern nomadisierenden Hirten von
diesen verachtet werden, ändert sich ihre soziale Einschätzung mit
dem Besitz großer Herden. Wenn auch der Nomadismus in extremen
Klimagebieten zuzeiten große körperliche Strapazen auferlegt und
z. B. das Graben von Brunnen und Tränken des Viehes in den Trockengebieten eine nicht geringe Anstrengung darstellt, so wird ausgesprochene Handarbeit doch nur kurzfristig verlangt und ist in

---

[75]) Kapital < lat. caput = „Kopf" (des Herdenviehes als Wertmesser).

Abb. 69. Viehtränke in der Steppe, Frau mit ledernem Schöpfeimer.
Sudanaraber, Bagirmi

keiner Weise mit der beständigen und gleichförmigen Plackerei des
Ackerbauers zu vergleichen. Zudem ist das Hirtenleben wesentlich
abwechslungsreicher, kurzweiliger, auch abenteuerlicher, bietet viel
Zeit zu Spiel, Sport, Jagd und Muße — weshalb der Nomade dem
Seßhaften meist als ausgesprochen „faul" erscheint. Kein Wunder,
daß der Nomade die Freizügigkeit seines Lebens nicht missen will und
voll Verachtung auf den seßhaften Pflanzer, Bauern und Städter
herabsieht, dessen in mühevoller Arbeit erzeugte Produkte er selbst
mit dem ohne Arbeit gewonnenen Zinsertrag seiner Herden kaufen
— oder dank seiner überlegenen Tapferkeit und Kriegstüchtigkeit
rauben oder abpressen kann. Diese Selbsteinschätzung des Nomaden
ist in einigen Kontaktzonen auch von der seßhaften Bevölkerung
übernommen worden, bei der wenigstens die Wohlhabenderen ebenfalls über ihren eventuellen Bedarf an Arbeitstieren hinausgehende

15 *

Herden an Großvieh anzulegen suchen. Diese werden häufig den Nomaden zum Hüten gegen Nutzung der Produkte und des Nachwuchses übergeben; oft nur, um an sozialem Ansehen zu gewinnen. Auch der Übergang zum Nomadismus wird manchmal vollzogen, während ein Vollnomade nur im äußersten Notfall zum völligen Bodenbau übergeht, wobei er stets nach einer Rückkehr zum Hirtenleben trachten wird.

Eine Betrachtung der verschiedenen Formen des Nomadismus erfordert eine Untersuchung seiner Entstehung und historischen Entwicklung, die wir nun vornehmen wollen. Dabei müssen wir wie beim Bodenbau sowohl die Ergebnisse der Völkerkunde wie der Vorgeschichts-, Geschichts- und Haustierforschung berücksichtigen.

Die „Wiener Kulturhistorische Schule" hat das Verdienst, die Besonderheit dieser Wirtschaftsform und ihre Stellung als eigener Kulturkreis („vaterrechtlich-großfamilialer Kulturkreis") am klarsten herausgearbeitet zu haben. Ihre hierbei aufgestellte Theorie über die Entstehung der Viehzucht und des Hirtennomadismus [76] ist indessen längst überholt, und ihre Richtigkeit wurde stets von namhaften Ethnologen, Prähistorikern, Wirtschafts- und Haustierforschern bestritten. Trotzdem wurde sie bis in die neueste Zeit von vielen — namentlich deutschsprachigen — Handbüchern als erwiesene Tatsache übernommen; eine Erörterung dieses Problems an Hand der neueren Forschungsergebnisse ist daher notwendig. Diese Theorie behauptet, daß die Viehzucht direkt aus dem Schoße der „Urkultur" hervorgegangen sei. Miolithische innerasiatische Jäger seien durch Einhegung großer Herden wilder Ren zu deren Domestikation und zum Hirtennomadismus fortgeschritten. Von der Renzucht sei das Zuchtprinzip von altaischen Völkern (Prototürken) auf die Pferdezucht und im Anschluß daran auf die anderen Wildformen der heutigen Haustiere übertragen worden. Wo sich bei Pflanzern Viehzucht (auch von Kleinvieh) oder großfamiliale Sozialordnung finden, seien diese auf den Einfluß der innerasiatischen Steppennomaden zurückzuführen. Aus deren Überlagerung „mutterrechtlicher Hackbauern" seien Hochkultur und Pflugbau entstanden [77].

Dagegen erheben sich nun zunächst grundsätzliche Einwände: Die Geisteshaltung der Züchter ist der der Jäger diametral entgegen-

---

[76] [16, 242].
[77] [16, 242].

gesetzt; letztere erstreben stets — auch bei der Einkreisung größerer Wildmengen — den möglichst vollständigen Abschuß der immer ungewissen Jagdbeute. Selbst wenn eventuell Wildherden zum allmählichen Verzehr in Gehege getrieben worden sein sollten, hätten sie dort nicht den Abschuß durch eigene Vermehrung ausgleichen und noch weniger in verhältnismäßig so kurzer Zeit die Haustiereigenschaften erwerben können, welche die Jäger zur Erkenntnis ihrer Vorteile und zur grundlegenden Änderung ihrer Wirtschaftsstruktur veranlaßt haben könnten. Wildtiere pflanzen sich in der Gefangenschaft nicht fort; es hätte also riesiger fester Gehege bedurft, um Wildherden am Ausbrechen zu verhindern, unter angemessenen Bedingungen weiden zu lassen und ihnen stets genügend Futter zu bieten (der Weidewechsel ist ja gerade das naturgegebene Kennzeichen der Hirtennomaden, und insbesondere die Renherden zwingen ihre Besitzer bis heute zu den ausgedehntesten Wanderungen!). Dazu aber waren und sind Jägerhorden wirtschaftlich nicht imstande, wenn sie auch zur Trichterjagd auf verängstigte Wildtiere lange „Zwangszäune" zu errichten verstanden. Gegen die Ableitung der Viehzucht aus dem Jägertum spricht ferner die Tatsache, daß Viehzüchter überall stets auch in mehr oder weniger starkem Maße Ackerbau betreiben, selbst die Vollnomaden in Trockengebieten. Die wenigen Ausnahmen betreffen kulturgeschichtlich sehr junge Bildungen, und bei den Renzüchtern verbietet er sich aus klimatischen Bedingungen. Aber auch die vorgeschichtlichen Ausgrabungen zeigen die ältesten Haustierfunde stets mit Ackerbaukulturen vergesellschaftet. Der Einwand, Hirtennomaden hätten eben keine Spuren hinterlassen, ist nicht stichhaltig: Dann dürften wir erst recht keine archäologischen

Abb. 70. *Kirgisin* stampft Getreide im Mörser, Kasachstan, UdSSR

Kenntnisse von ebenfalls nomadisierenden Jägern und Sammlern haben, deren materieller Kulturbesitz doch noch weit dürftiger ist. Von ihnen aber besitzen wir seit den Eiszeiten Tausende von Funden an Grab-, Kult- und Siedlungsplätzen, von Hirtennomaden dagegen erst aus der Metallzeit! Zumindest einige Funde (Krale, Gehege usw.!) aus dem Mio- und Neolithikum hätten bis heute gemacht werden müssen, wenn es reine Hirtennomaden zu dieser Zeit schon gegeben hätte!

2. *Die Renzucht*

Auch die Theorie, daß das Ren das älteste gezüchtete Haustier sei, läßt sich nicht aufrechterhalten. Sein geringes Alter als Haustier erweist sich schon daraus, daß es zoologisch die wenigsten Domestikationsmerkmale unter allen Haustieren aufweist, vom Wildren kaum oder gar nicht zu unterscheiden ist. Dafür kann nicht nur das faktisch fast wilde Leben der großen Renherden verantwortlich gemacht werden (nur bei einigen Lock- und Arbeitstieren der Sojoten und Tungusen, die es in der Domestikation des Ren am weitesten gebracht haben, kann man in unserem Sinne von „Zähmung" sprechen. Einer Renkuh etwas Milch abzumelken, ist ein äußerst mühseliges Unterfangen, und selbst ein kastrierter und eingefahrener Renochse der Lappen muß jedesmal erst mit dem Lasso eingefangen und mit Gewalt vor den Schlitten gespannt werden, bei dessen Ziehen er sich noch ungebärdig genug benimmt). Die großen Pferdeherden und manche Rinder-, Yak- und Schafherden der Steppennomaden leben nämlich ebenfalls nahezu frei und wild, und doch sind aus ihnen so viele verschiedene Haustierrassen gezüchtet worden, die sich von den betreffenden Wildtieren weitgehend unterscheiden.
Sämtliche Spezialkenner der Renzucht haben stets auf deren geringes Alter hingewiesen und stimmen heute darin überein, ihr nicht ein einziges, sondern mehrere Ursprungszentren zuzuweisen. So haben etwa die Syrjänen, Ostjaken und Wogulen die Renzucht nachweislich erst im späten Mittelalter von den Juraksamojeden übernommen. Bezüglich der Lappen ist es einwandfrei nachgewiesen, daß sie als ursprüngliche Jäger und Fischer erst unter germanischem Einfluß zunächst zu einer gemischten Wirtschaftsweise übergegangen sind (etwa um Christi Geburt). Von den Germanen haben sie dabei den gesamten, den Viehzuchtkomplex betreffenden Wortschatz wie das

Melken, Käsebereitung und dazu
benutzte Geräte übernommen. Mit
asiatischen Renzüchtern (Samojeden) sind sie erst viel später
in Berührung gekommen. Für
die Samojeden wiederum darf als
Urheimat das Sajangebiet angenommen werden, von wo sie sich
allmählich nach Norden und
Westen ausgebreitet haben. Dabei
weisen die Waldsamojeden und
Ostjaksamojeden noch gemischte
Wirtschaftsform mit Jagen und
Fischen auf, während erst die
Juraksamojeden in den Tundren
zuletzt zum Vollnomadismus übergegangen sind, wobei das Melken
nicht ausgeübt wird. Aus ihrer
südlichen Urheimat haben die
Samojeden den renbespannten
Ständerschlitten mitgebracht, der
sich durch seine Tischlerarbeit
als metallzeitlich erweist (wie

Abb. 71. Pelzbereitung. Eine *Samojedin* schabt
die Fleischteile vom Fell. Nordsibirien

auch ihr typischer Schmuck). Mittelalterliche Reisende (Marco Polo,
Rashid-eddin) berichten sogar von renbespannten Wagen im
Sajangebiet. Die in dessen Umkreis noch lebenden samojedischen,
türkischen und tungusischen Stämme halten im Gegensatz zu den
Berglappen, Juraksamojeden und Ugriern keine großen Renherden
und Hirtenhunde, sondern decken ihren Fleischbedarf durch die
Jagd. Nur sehr wenige Ren werden gehalten und dafür auch wirklich gezähmt und vor allem zur Erleichterung des winterlichen Jagd-
nomadismus in der Taiga als Reit- und Packtiere verwendet.
Gemolken und vor den Schlitten gespannt (nördl. Tungusen)
werden sie nur gelegentlich. Die Renzucht der Nordost-Sibirier
(Tschuktschen, Korjaken) wiederum erweist ihr geringes Alter
unter anderem daraus, daß hier der Hund noch nicht zum Hüte-
hund — der für die riesigen Herden so notwendig wäre — erzogen
werden konnte, sondern noch der Feind der Renherden geblieben
ist, die vor ihm geschützt werden müssen.

Abb. 72. Reit-Ren. *Sojoten*, Ostsibirien

Wäre die Renzucht in Nordasien so alt, wie es behauptet wird, so
hätte sie im Nordosten nicht so primitiv verbleiben können und hätte
hier auch das Reiten und Melken Eingang finden müssen. Außerdem
bliebe dann unverständlich, warum die Renzucht nicht auch nach
Nordamerika eingeführt worden ist, nachdem dies doch mit der
Schneeschuhkultur (s. S. 152 f.), der unmittelbaren Vorläuferin und
Grundlage der sibirischen Renzucht, geschehen ist und noch späte
metallzeitliche Kulturbeziehungen von Nordostasien nach Nordamerika (Eskimo, Nordwestküste) bestanden haben! Fügen wir noch
hinzu, daß neben dem Reiten und Melken des Rens auch die Methoden
der Anschirrung, Zäumung und Sattelung von Pferde- und Rinderzüchtern übernommen wurden und daß auch der Schlitten ein viel
älteres Kulturelement der südlichen Bodenbauern ist, wie auch die
Verwendung der höher gezüchteten spitz- bis wolfshundartigen Rasse-
hunde als Hüte- und Schlittenhunde eine junge Kulturerrungenschaft

darstellt. Aus der ethnologischen Forschung ergibt sich also, daß gerade der als ältest angegebene Vollnomadismus, der Ren nur als Fleisch- und Fellieferant verwertet, nur in den vom südsibirischen Ursprungsgebiet am weitesten entfernt gelegenen Gebieten und als jüngste Entwicklungsform zu finden ist und daß die Renzucht von den subarktischen Jägern in Anlehnung an die Rinder- und Pferdezucht an verschiedenen Stellen zur Erleichterung ihrer Lebensbedingungen aufgenommen wurde. Daraus erklärt sich zur Genüge der im Verhältnis zu anderen Viehzuchtkulturen primitiv gebliebene Charakter der Renzucht.

Mit dem zoologischen und ethnologischen Befund stimmt der archäologische überein: Bereits die ältesten Funde von gezähmten Ren sind stets mit anderen Haustieren vergesellschaftet; selbst im Baikalgebiet tritt es erst nach Rind, Yak, Schaf, Pferd und Kamel auf. Sichere Anzeichen von gezähmten Ren besitzen wir erst seit der Bronzezeit [78]). Als eigentliche Zucht und in der Form des Nomadismus dürfte sich die Renhaltung erst in den letzten Jahrhunderten v. Chr. Geburt in Nordeurasien ausgebildet haben und wohl in Zusammenhang mit der damaligen Klimaverschlechterung im Norden stehen.

3. *Equidenzucht* [79])

Wie steht es nun mit der behaupteten ersten Zucht des Pferdes durch Turkvölker in Innerasien (Altaigebiet) in Anlehnung an die Renzucht und zeitlich vor der des Hornviehes? Keineswegs bedingt zunächst das prähistorische Vorkommen des Wildpferdes — sowohl des Przewalskij-Wildpferdes *(Equus ferus Pal.)* wie des Tarpan *(Equus Gmelini Ant.)* —, da es nicht nur in den Steppen der eurasischen Tiefländer, sondern auch in den west- bis zentralasiatischen Hochländern und Gebirgen (Iran, Hindukusch, Pamir, Tibet) vorkam, seine erste Zähmung nach Innerasien verlegen zu müssen. Sodann können die Turkomongolen nicht die ersten Pferdezüchter gewesen sein, da sie

---

[78]) Ein einziger, mit dem Rind vergesellschafteter, Renfund von der oberen Lena wird als „neolithisch" bezeichnet. Es ist dabei jedoch zu berücksichtigen, daß sich neolithische Kulturen in Nordasien bis in die jüngste Zeit erhalten hatten, so daß dieser Fund nicht wesentlich älter als das erste vorchristliche Jahrtausend zu sein braucht — falls es sich hierbei überhaupt um ein gezähmtes Ren handelte.

[79]) Familie der pferdeartigen Unpaarhufer, neben Pferden u. a. auch Esel und Halbesel umfassend.

historisch junge Völker darstellen (in der Zeit der uralischen Sprachgemeinschaft war die Pferdezucht noch unbekannt) und vor ihrer
Bildung das Pferd schon gezähmt war, das als solches bei indogermanischen und kleinasiatischen Völkern noch früher bezeugt ist. Es wird
auch meist übersehen, daß sowohl die ursprünglichen wie die heutigen
typischen Pferdenomaden — selbst bei Vorhandensein großer Pferdeherden — das Pferd niemals als ausschließliches oder auch nur wichtigstes Wirtschaftstier gehalten haben, sondern zusätzlich zu noch
unvergleichlich zahlreicheren Schaf- oder Rinderherden, der Basis
ihrer Wirtschaft. Das Pferd dient ihnen vielmehr in erster Linie zur
Erleichterung des Nomadisierens, nämlich als Reittier zum Bewachen und Treiben der großen Schafherden, als Transporttier zur
Beförderung des umfangreichen Hausrates. Selbstverständlich wurde
dabei auch seine Eignung für militärische Verwendung ausgenutzt.
Es ist auch nicht angängig, das heutige Kulturbild etwa der Kirgisen
und Turkmenen als Prototyp der ursprünglichen Pferdezüchter anzusehen. (Bereits im benachbarten Tibet hat sich eine ältere Form der
Pferdezucht erhalten, der das Opfern und Häuten der Pferde wie der
Genuß ihres Fleisches und der Stutenmilch unbekannt geblieben
sind[80]). Ihre Kultur ist vielmehr ohne die nachhaltigsten Einflüsse
der vorderasiatischen Stadtkulturen nicht denkbar; gehören doch
z. B. unlöslich zu ihrem Komplex gewebte und geschneiderte Vollkleidung; metallene Waffen, Geräte und Schmuck; der zusammengesetzte Reflexbogen usw. Bezeichnend ist es auch, daß die Kirgisen
gebratenes Pferdefleisch verschmähen, ihre Nationalspeise dagegen
die Fleischsuppe ist. Dabei sei daran erinnert, daß das Kochen eine
typische Nahrungsbereitung der seßhaften Pflanzer bzw. Bauern ist,
die Töpfe oder Kessel voraussetzt; und Metallkessel sind ja auch das
typische Inventar der Pferdehirten seit dem Auftreten der eurasischen
Hirtenkrieger.
Einen weiteren Hinweis auf das relative Alter der Pferdezucht bieten
die frühen Methoden der Zäumung und Anschirrung des Pferdes. Die
ältesten Mittel zu seiner Führung waren Halfter und der durch Nasenriemen wirksamer gemachte Kappzaum. Beide wurden zuerst beim
Rind angewandt, setzen gutwillige Tiere voraus und genügen nicht
den militärischen Anforderungen, insbesondere beim Reiten. Eine
stärkere Gewalt über das Tier wurde erst durch die Erfindung der

---

[80] [246].

Trense gewonnen, deren älteste Form einen Kappzaum mit starrer Gebißstange darstellt, wie sie durch Hethiter und Hyksos seit Beginn des 2. Jahrtausends v. Chr. bis Ägypten, Griechenland, Assyrien und Iran verbreitet wurde. Aus dieser hat sich dann erst seit dem Ende des 2. Jahrtausends v. Chr. (in Assyrien) die modernere Form der Trense mit geteilter Gebißstange und seitlichen Knebeln, die eine Hebelwirkung ergeben, entwickelt. Beide setzen natürlich eine entwickelte Metalltechnik voraus[81]). Noch früher war beim Wagenanspann von Equiden neben dem Halfter der Lippenring als Ansatzstelle des Zügels in Gebrauch, der wiederum vom Nasenring bei Rindern abzuleiten ist.

Auch die Anschirrung von Equiden als Zugtiere wurde vom Rinderanspann übernommen. Das bei diesen natürliche (Doppel-) Joch war bei ersteren ganz unzweckmäßig und wurde doch bis gegen 2000 v. Chr. beibehalten! Man ließ sie daher später die Wagendeichsel mittels Halsbändern ziehen, erst seit dem Beginn des 2. Jahrt. v. Chr. mittels Brustgurten. Die der Anatomie des Pferdes gemäße Anschirrung mittels Kummt (dessen Herkunft aus Ostasien auch sprachlich erwiesen ist), Zuggurten und Ortscheit findet sich ebenfalls schon beim (Einzel-) Anspann von Büffeln in Ost- und Südasien vor, die erst zur Eisenzeit nach Europa gelangte. Schließlich sei noch erwähnt, daß auch Sattel und Steigbügel sehr späte Erfindungen sind, die noch zur Zeit der Antike unbekannt waren. Ersterer ist aus der mittels Bauchgurt angeschnallten Reitunterlage (Fell, Decke) entstanden, die wie der Packsattel vordem schon beim Rind verwendet wurde.

Diese Ableitung der Pferdezucht aus der Rinderzucht wird nun durch die archäologischen Forschungsergebnisse bestätigt: Die ältesten Funde des Hauspferdes sind stets mit solchen von Hornvieh, auch Eseln und Schweinen, vergesellschaftet, an Zahl im Vergleich zu den anderen Haustieren noch sehr gering und zunächst nur im Bereich bzw. Ausstrahlungsgebiet der vorderasiatischen Hochkulturen, d. h. in den Berg- und Hochländern Westasiens, anzutreffen. Dabei ist es eine für unser Problem höchst aufschlußreiche Tatsache, daß sich als älteste in den Haustierbestand übergeführte Equiden nicht das Pferd *(Equus caballus)*, sondern Esel und Halbesel erwiesen haben! Und zwar ist der graue *Hausesel (E. asinus africanus Fitz.)* aus dem

---

[81]) Das Auftreten der Hirschhorntrense ist in Europa wie im Orient nicht vor dem Beginn des 1. Jahrt. v. Chr. gesichert.

nubischen Wildesel (früher bis Nordafrika verbreitet) gezüchtet worden. In Ägypten ist er schon um 3400 v. Chr. (Früh-Negade) nachzuweisen; über das Mittelmeergebiet wanderte er nach Europa wie Westasien (Babylonien um 3000 v. Chr.) und Ostasien. An sein Wildvorkommen schließt sich das der gelben asiatischen Halbesel an, wobei der *Onager (E. onager)* — dessen Verbreitungsgebiet früher bis Syrien reichte — der älteste gezähmte Equide im Zweistromland (4. Jahrt. v. Chr.) ist und im Neuen Reich auch in Ägypten auftaucht. Ebenso wurden der *Kulan (E. hemionus Pall*, Statuette aus dem Grab der Königin Schub-ad zwischen 3500 und 3100 v. Chr. datiert) und der *Kyang (E. Kiang Moorer)* in Vorder- und Zentralasien in den Haustierbestand übergeführt.

Das älteste gesicherte Auftreten des *Hauspferdes* fällt in die Zeit um 2800 v. Chr. und zwar in Vorderasien [82]). Hierher kann es nicht aus Innerasien gekommen sein, da es dort erst seit dem Beginn des 2. Jahrt. v. Chr. zu finden ist — bezeichnenderweise bei seßhaften, Hornvieh und Schweine züchtenden Bauern! Im Altai (Minussinsk), dem behaupteten Ursprungszentrum der Pferdezucht, finden wir es erst seit 1500 v. Chr. bei Ablegern osteuropäisch-westsibirischer Bauernkulturen, die von den orientalischen Stadtkulturen beeinflußt sind und die höchstwahrscheinlich von indogermanischen (iranischen) und nicht türkischen Stämmen getragen wurden. Eine typische Reiterhirtenkultur tritt in Minussinsk sogar erst mehrere Jahrhunderte (6. Jahrh. v. Chr.) später auf als die verwandten Kulturen von Luristan über Kaukasien bis in die pontisch-kaspischen Steppen

---

[82]) Die Equidenfunde von Tripolje in der Ukraine haben sich als Knochen des Wildpferdes, die von Anau I in Westturkestan als solche des Onager herausgestellt. Der Fundplatz Rana Ghundai in Belutschistan, dessen älteste Schicht wegen der Ähnlichkeit der Topfscherben mit solchen aus Mesopotamien um 3500 v. Chr. datiert wird, enthielt neben Funden von domestizierten Rindern, Schafen und Eseln (!) auch 4 (!) Equidenzähne. Diese müssen jedoch — entgegen *P. W. Schmidt* [264] — als Beweismittel für ein höheres Alter der Pferdezucht ausfallen, da sie noch nicht von einem Zoologen untersucht wurden, sondern nur von einem Veterinär als Zähne des Hauspferdes angesehen wurden. Sie können genau so gut von einem Wildpferd wie von einem Onager stammen. Außerdem ist ja das absolute Alter des Fundplatzes auch noch nicht gesichert. Es soll damit natürlich nicht bestritten werden, daß vereinzelt Wildpferde bereits früher gezähmt und als Arbeitstiere verwendet worden sein können, aber dies bedeutet noch lange keine eigentliche Zucht und noch weniger Nomadismus und gilt für die anderen Equiden in gleicher Weise!

(1200 v. Chr.). In Nordchina finden wir das Hauspferd vereinzelt seit dem Beginn des 2. Jahrt. v. Chr., in militärischem Einsatz vor dem Streitwagen seit der Mitte des 2. Jahrt. v. Chr. (Shangdynastie).
Nach Ägypten wird das Pferd durch die Hyksos um 1700 v. Chr. gebracht. Etwas früher gelangt es nach Griechenland, nach Mittel- und Nordeuropa jedoch erst in der ausgehenden Bronzezeit; insbesondere ist es mit der Hallstatt- und etruskischen Kultur verknüpft, die beide enge Beziehungen zum Kaukasus aufweisen. Nach Spanien scheint es von Nordafrika gekommen zu sein, wie es der eigene baskische Name für Pferd und dessen besonderer Schlag andeuten. In Arabien war das Pferd immer eine Seltenheit. Es wird hier erst in den ersten Jahrhunderten n. Chr. heimisch und bleibt lange Zeit nur den Fürsten und ihren Leibwachen vorbehalten.
Wohlgemerkt tritt das Hauspferd in allen genannten Gebieten erst nach und mit Hornvieh auf und blühten auch in den eurasischen Steppen und in Südsibirien seit langem Ackerbaukulturen! Daß die Pferdehirtenkulturen von ihrem Beginn an mit diesen zusammenhängen, beweist auch eine ihrer typischsten Ornamentgestalten: die geometrische Ranke. Diese wiederum ist als Vereinfachung des Spiralmäanders entwickelt worden, den wir bereits als Leitgestalt der Kunst der neolithischen Getreidebauern von Südosteuropa bis Nordchina kennengelernt hatten (s. S. 192 ff.). Er hat auch den während der Bronzezeit von den orientalischen Hochkulturen über Kaukasien nach Osteuropa und Sibirien ausstrahlenden naturnahen Tierstil geometrisch umgeformt zu spiralig gerollten und phantastisch verschlungenen Tiergestalten, den weiteren Leitgestalten der Kunst der Pferdezüchter. Wäre das Gebiet um den Altai wirklich die Urheimat der Pferdezucht im 6. bis 5. Jahrt. v. Chr. gewesen, so bliebe es unverständlich, warum sie dann in den östlich und westlich angrenzenden Gebieten erst so spät (2. Jahrt. v. Chr.) zu finden und nach Europa zuerst auf dem Wege über Kleinasien gelangt ist!
Es ist auch bezeichnend, daß zuerst die Abkömmlinge des westlich beheimateten Wildpferdes, des Tarpan, domestiziert erscheinen, die des Przewalskij-Wildpferdes mit mehr östlich und nördlich gelegener Urheimat dagegen erst rund 500 Jahre später. Von ersterem abstammend, gelangt zunächst ein an das mittelalterliche Ritterpferd erinnernder schwerer, massiger und hochbeiniger Schlag als Zugtier des Kampfwagens wie als Streitroß von Griechenland bis Ostasien zu größerer Bedeutung; erst danach der leichte, trockene Araber

(E. orientalis) als typische Wüstenrasse, der vom iranischen Hochlandpferd abgeleitet wird und maßgeblich zur Herauszüchtung des englischen Vollbluts beigetragen hat. Mit ersterem scheint ein vorindogermanischer und vortürkischer Wortstamm verknüpft zu sein: (keltisch: *marka*, engl.: *mare*, ahd.: *marah* (= „Mähre"), an.: *merr*, finn.: *mari*, chines.: *ma*, korean.: *mari*, jap.: *uma*); die indogermanischen Benennungen dagegen mit dem Equus orientalis (idg.: *ekvo*, sanskr.: *acvas*, arisch: *acva*, äolisch: *hikkos*, griech.: *hippos*, lat.: *equus*). Das Przewalskij-Blut lebt noch besonders in den nordeurasischen Ponys nach und bildet auch einen wesentlichen Bestandteil des turkomongolischen Hauspferdes, wie es auch in die Reitpferde des klassischen Griechenlands und Thrakiens wie Vorderasiens und Chinas (seit der T'ang-Zeit) eingekreuzt erscheint. Seine Ausbreitung ist vornehmlich den Reiterhirten auf dem nördlichen Steppenwege zuzuschreiben.

Sehr aufschlußreich ist es, daß von alters her bis heute in den Bauern- und Stadtkulturen vom Mittelmeer bis Ostasien das *Maultier* wegen seiner größeren Zähigkeit, Genügsamkeit und Trittsicherheit im Gebirge dem Pferd vorgezogen wird. In Vorderasien ist es seit dem 3. Jahrt. v. Chr. gesichert[83]) und drängt in Verbindung mit Esel und Halbesel das Pferd als Arbeitstier im Zweistromland bis zur Wende des 3. zum 2. Jahrt. ganz in den Hintergrund. Dies, wie die Tatsache des höheren Alters der Esel- und Halbeselzucht vor der des Pferdes und die Verwendung der Equiden zunächst als Packtiere und Anspann vor dem (Kult- und Kriegs-) wagen — erst ab 1200 v. Chr. wird das Pferd für den Reiterangriff verwendet[84])! — wirft nun auch Licht auf die Entstehungsursache der Pferdezucht·

Der Esel ist von Afrika und dem Mittelmeergebiet über den Vorderen bis zum Fernen Orient bis heute das verbreitetste und wichtigste Last- und *Karawanentier* geblieben. Der Karawanenhandel aber ist ein notwendiges und wesentliches Element der alten Hochkulturen. Sie bedurften zur Versorgung ihrer Städte der Zufuhr von Massengütern aus großen Entfernungen: Sowohl an Lebensmitteln (Getreide, Datteln und andere Früchte, Fische, Öl, Wein, Gewürze und Dro

---

[83]) Wenn die Deutung einer Equidendarstellung vor dem Wagen aus Khafaje als Maultier zutrifft, dann bereits aus dem 4. Jahrt. v. Chr.

[84]) Für die ersten Reiterdarstellungen auf Equiden — wohl Onagern — (Iran und Zweistromland) schwanken die Datierungen zwischen dem 4. und 3. Jahrt. v. Chr.

gen usw.) wie Rohstoffen (Erze, Holz, Steine, Wolle bzw. Gespinst-
fasern, Felle, Häute usw.), aber auch Luxuswaren (Elfenbein,
Schmuckmaterialien, Seide, Pelze, Weihrauch u. dgl.). Hierfür wie
für den Export der Fertigwaren waren große Mengen an Trag- und
Zugtieren nötig. Wohl hatte man längst Rinder als Pack- und Reittiere wie vor dem Wagen benutzt, aber sie waren für die anwachsenden
Bedürfnisse doch viel zu langsam, zu guten Futters bedürftig und zur
Durchquerung von Trockengebieten völlig ungeeignet. Allen diesen
Nachteilen entging man jedoch mit der Verwendung der Equiden,
deren Zucht eine wirtschaftliche Notwendigkeit und lohnende Beschäftigung wurde. Die gleichzeitige Zucht aller Equidenarten[85])
zeigt die damalige Experimentierfreude und läßt es verständlich erscheinen, daß man auch Versuche mit der Kreuzung von Pferd und
Esel machte. Der hierbei gewonnene Bastard, das Maultier, wies für
die damaligen Bedürfnisse so offensichtliche Vorzüge vor dem Pferd
(und schwächerem und langsamerem Esel) auf, daß man es in größerem Ausmaß zu züchten begann, auf die wirtschaftliche Verwendung
des Pferdes dagegen zunächst gerne verzichtete, mit Ausnahme des
Haltens kleiner Stutenbestände ausschließlich für die Maultier-
zucht[86]).
Sehr bald wurde auch die militärische Verwendungsmöglichkeit der
Equiden erkannt und genutzt: Zunächst vor den vierrädrigen Wagen
gespannt (Sumer ab 2. Hälfte des 4. Jahrt. v. Chr.), ließen sich damit
Fußsoldaten schnell in die Schlacht werfen bzw. von ihm aus das
gegnerische Fußvolk wirkungsvoller bekämpfen. Noch geeigneter
erwies sich der zweirädrige Wagen, der als Ochsenkarren bereits lange
bekannt war[87]). Aus ihm wurde der leichte schnelle Kampfwagen entwickelt, der neben dem Lenker noch 1 bis 2 Kämpfer trug. Bis zur
Mitte des 2. Jahrt. v. Chr. ist er zu einem unerhört leichten Meister-
werk der Wagnerkunst entwickelt worden und wird nun nur noch mit
Pferden bespannt. Seine seit dieser Zeit erfolgende Massenher-

---

[85]) Mit Ausnahme des außerhalb des orientalischen Hochkulturbereiches
lebenden Zebras.

[86]) Wild lebende Pferde zu zähmen, ist ein äußerst schwieriges Unterfangen,
da man erst den Hengst in die Gewalt bekommen haben muß, ehe man
dessen Herde regieren kann [246].

[87]) Vorderasiatische Wagenmodelle des 4. Jahrt. v. Chr. mit zwei Scheibenrädern und Kastenaufbau zeigen den gleichen Typ, wie er noch heute im
Orient, Mittelmeergebiet und über West- bis Nordwesteuropa aus-
strahlend im Gebrauch ist!

stellung [88]) aus importiertem Eichen-, Buchen-, Eschen- und Ulmenholz und Birkenbast wie seine technische Vollendung zeigen, daß er nur in einer arbeitsteilig organisierten und Fernhandel treibenden Stadtkultur entstanden sein kann.

Mit Pferdezucht und Streitwagen hatten die alten Stadtkulturen Machtmittel entwickelt, die ihnen selbst verhängnisvoll werden sollten: Zur Maultier- und Pferdezucht wurden zunächst die Wildpferdbestände in den westasiatischen Berg- und Hochländern — die ja auch den Onager lieferten — herangezogen. Mit steigendem Bedarf wurden hier — von Transkaukasien–Armenien über Iran bis Ferghana — kostbare und berühmte Gestüte eingerichtet. Zuerst wohl durch Beamte der orientalischen Stadtkulturen verwaltet, gingen sie mehr und mehr in den Besitz einheimischer Fürsten über. Der Verkauf der hier gezüchteten Maultiere und Pferde an die Agrar- und Stadtkulturen erbrachte reiche Einkünfte, wie wir dies bis heute bei den Handelsbeziehungen zwischen China und den ihm benachbarten tibetischen und turkomongolischen Viehzüchtern beobachten und während des Verlaufs der chinesischen Geschichte urkundlich belegen können. Mit immer ansteigendem Bedarf der Hochkulturen an Arbeits- und Militärpferden bezog man auch die Wildpferdbestände der eurasischen Steppen in die Zucht ein und wurden die hier siedelnden Hornviehzüchter zur Übernahme der so einträglichen Pferdezucht — und zum allmählichen Übergang zum Vollnomadismus — angeregt [89]).

Da die Züchter von Transporttieren stets auch als Führer und Treiber von Karawanen herangezogen werden, bildete der Karawanenhandel eine weitere wichtige Einnahmequelle der Pferdezüchter. Führten durch ihr Gebiet doch wichtigste Handelsstraßen der Stadtkulturen: in die nördlichen Hochländer und Steppen einmal zum Bezug eben

---

[88]) In der Schlacht von Megiddo eroberte Thutmosis III. 924 Streitwagen!

[89]) Dabei scheinen als Hirten auch Steppenjäger gedungen worden zu sein, die ja eher von Viehzuchtnomaden als von seßhaften Agrariern assimiliert werden. Jedenfalls können wir diesen Prozeß historisch in Altägypten und bei den lappischen Hirten in norwegischen Diensten und rezent bei den wildbeuterischen Dama und Buschmännern als Knechte von Hottentotten, Herero und Europäern in Südwestafrika wie auch in Australien verfolgen. Dies wiederum erklärt die Überlebsel einiger wildbeuterischer Kulturelemente — insbesondere der geistigen Kultur — bei asiatischen Pferde- und Renhirten, die bisher fälschlich als Beweis für das Hervorgehen der Pferde- und Renzucht direkt aus der „Urkultur" angesehen wurden.

der Maulesel und Pferde wie auch von Viehzuchtprodukten, weiter zu
den sibirischen Pelzlieferanten, vor allem aber zu den Kupfer- und
Eisenminen des nördlichen Kleinasien und Kaukasien als den wichtigsten Rohstofflieferanten für die altorientalische Metallurgie. Zu jener
Zeit bedurften Karawanen aber einer militärischen Bedeckung, also
waren mit dem Karawanenhandel auch Söldnerdienste für die Auf-
traggeber verbunden[90]). So flossen den Besitzern der Gestüte bzw.
großer Pferdeherden aus diesen drei Quellen — zu denen sich noch
Raubzüge gesellten — enorme Reichtümer zu. Diese verstärkten
naturgemäß ihr soziales Ansehen und ihre Macht und ließen sie ein
ritterliches, prunkliebendes Herrendasein führen. Ihre Einkünfte erlaubten ihnen außerdem, Handwerker aus den Stadtkulturen an ihre
Höfe zu ziehen — namentlich Waffen- und Goldschmiede und
Wagner —, die die ihnen nicht schon als Söldner gelieferten Waffen
auch in eigener Regie herstellten. Durch den Besitz der modernsten
Kriegswaffen — des pferdegezogenen Streitwagens, des vollendeten
zusammengesetzten Reflexbogens und des Panzers — in großen
Mengen war ihr Kriegspotential höchst entwickelt, durch ihre beständigen Kriegs- und Sportspiele (Wagenrennen) und Fehden ihre
kriegerische Tüchtigkeit dauernd gestählt. So konnten sie zu Beginn
des 2. Jahrtausends daran gehen, durch Unterjochung der umliegenden
Dörfer und Kleinstädte stetig anwachsende feudale Fürstentümer und
Kleinkönigreiche in den vorderasiatischen Bergländern zu errichten
und ihre Hand nach den begehrten Schätzen der altorientalischen
Stadtkulturen auszustrecken. Schlagartig überrennen sie diese Reiche
und führen das feudale Zeitalter herauf. Vom Ausgangspunkt aus wird
die Streitwagenbewegung zunächst von Stammesverbänden indogermanischer Zunge oder mit indogermanisch sprechender Adelsschicht getragen, die sich nach Osten aber auch zu prototürkisch-
mongolischen Stämmen fortpflanzt und nach Nordafrika zu libysch-
berberischen.
Der gleiche Vorgang wiederholt sich in vielen Wellen vom 12. Jahrh.
v. Chr. ab, nunmehr von den Nomaden der südrussisch-westsibirischen
Steppen ausgehend und nicht nur von der zweiten indogermanischen
Wanderwelle, sondern auch von Völkern uraltaischer Sprachen und
zuletzt von Arabern getragen. Die verheerende Wirkung auf die

---

[90]) Die natürlich die mit den Equiden bestens vertrauten Pferdezüchter gern
      auch als Wagenlenker und berittene Hilfstruppen in Dienst nahmen.

orientalischen Hochkulturen wie auf die Bauernvölker war diesmal
wesentlich nachhaltiger, wurde doch nun (aber auch erst von da ab!)
das Pferd militärisch nicht nur von einer dünnen Adelsschicht verwendet, sondern von allen Stammeskriegern, und zwar sowohl zur ge-
schlossenen Kavallerieattacke der Panzerreiter mit gefällter Lanze als
auch von den ausschwärmenden Bogenschützen. Das besagt natürlich
nicht, daß nicht schon viel früher Pferde von ihren Hirten auch vereinzelt geritten wurden [91]), aber das Reiten war vordem eben noch
kein bestimmendes Element einer „Reiterhirten"-Kultur. Vor allem
ist es nicht am Pferd erfunden worden, sondern schon viel früher bei
Rindern, Eseln und Halbeseln geübt worden, wie es deren Züchter in
Indien und Afrika beweisen. Zumindest bei den südafrikanischen
Rinderzüchtern kann es nicht von Pferdehirten übernommen worden
sein. Logischerweise wird man ja auch das Reiten zuerst nicht an den
flüchtigsten und ungebärdigsten Tieren, sondern an langsameren und
gutwilligeren — wie es die Rinder [92]) sind — ausprobiert haben,
zumal in einer Zeit, die noch nicht über ein so wirksames Bändigungs-
mittel wie die Trense verfügte.
Im Rahmen der Reittierzucht muß auch die *Kamel*zucht behandelt
werden. Da das einhöckerige Dromedar *(Camelus dromedarius)* im
Fötalleben Anlage zu zwei Höckern hat und als Wildform unbekannt
ist, muß es aus dem Trampeltier *(C. bactrianus)* herausgezüchtet
worden sein. Das kann nur im Überschneidungsgebiet des Vorkommens
beider Arten geschehen sein, d. h. in Nordmesopotamien. Wahrscheinlich ist dies das Ursprungsgebiet der Kamelzucht überhaupt, da
noch die Hunnen das Kamel nicht kennen; zumindest muß es nach
West- und Mittelasien viel später als nach Mesopotamien und Arabien
gelangt sein. Es taucht bereits zum Ende des 4. Jahrt. v. Chr. auf
(Nordmesopotamien und vordynastisches Ägypten, hier gleich wieder
für Jahrtausende verschwindend). Als Reittier wird es wie die Equiden
seit dem Ende des 2. Jahrt. v. Chr. verwendet.
Wie der Esel verdankt das Kamel — als Karawanen- und Wüstentier
par excellence — seine Zucht den Handelsbedürfnissen des Alten
Orients, die mit der fortschreitenden Wüstenbildung von immer
größerer Wichtigkeit wurde. Das Kamel allein ermöglichte die Aufrechterhaltung der Handelsverbindungen zwischen den Ländern des

---

[91]) Die älteste Darstellung eines Equiden-Reiters (wahrscheinlich auf einem
     Onager) aus Susa stammt aus der Mitte des 3. Jahrt. v. Chr.
[92]) In Indien lassen sich sogar Buffelstiere von ihren Hütern reiten [254].

Abb. 73. Adlige in schwarzen Gesichtsschleiern beim Schwertkampf. *Tuareg*, Sahara

Vorderen Orients durch die arabische Halbinsel (einschließlich des Weihrauchhandels und vor allem des blühenden Indienhandels, dessen Im- und Exportgüter in Südarabien umgeschlagen wurden[93]). Wie die frühen Indogermanen, wurden auch die semitischen Beduinen durch Karawanenhandel, Söldnerdienste und Raubzüge wohlhabend und mächtig[94]). In den ersten nachchristlichen Jahrhunderten werden von Parthern und Arabern Kamelreitertruppen höchst wirkungsvoll im Kampf eingesetzt.

Nach Afrika gelangt das Dromedar erst recht spät: Die Blemmyer, Vorfahren der heutigen Bedja, in Oberägypten übernehmen um 350 n. Chr. von den arabischen Thamudenern die Dromedarzucht und wandeln sich damit rasch von friedlichen Rinderzüchtern zu kriegerischen Reiterhirten um[95]). Von hier dringen die dromedarzüchtenden Hirtenkrieger nach Nordafrika vor, wo das Dromedar zu Cäsars Zeiten noch eine große Seltenheit war. 363 n. Chr. konnten dagegen von der

---

[93]) Bis die seit Ptolemaios III. (247 bis 221 v. Chr.) aufkommende Monsunschiffahrt — direkt zwischen Indien und Ägypten verkehrend — dem arabischen Karawanenhandel schweren Abbruch tat [238].

[94]) Das Kamel wurde von ihnen viel früher als das Pferd als Last- und Reittier verwandt.

[95]) Wodurch wieder die römischen Besatzungstruppen zur Aufstellung von Kamelreiterkorps genötigt werden [238].

16 *

Stadt Leptis Magna für einen Kriegszug bereits 4000 Lastkamele gestellt werden, und zu Anfang des 5. Jahrh. n. Chr. wird einem vandalischen Reiterheer bei Tripolis eine schwere Niederlage durch beduinische Kamelreiter beigebracht. In der Folge gehen die berberischen — und später arabischen — Pferdezüchter immer mehr zur Dromedarzucht über und vermögen dadurch die Herrschaft über die Sahara, ihre Oasen und ihren Karawanenhandel an sich zu reißen (vor allem die Tuareg).

4. Rinderzucht

Mit vorstehenden Darlegungen konnte die Theorie eines Ausgangs der Viehzucht von der Ren- und Pferdezucht widerlegt und deren jüngeres Altersverhältnis zur Rinderzucht erwiesen werden. Das höhere Alter der Rinderzucht läßt sich nun auch durch positive Beweise belegen: In den ältesten prähistorischen Dorfkulturen Ägyptens findet sich das *Hausrind* bereits um 4000 v. Chr.[96]). In Westasien gibt es in der Mitte des 4. Jahrt. v. Chr. bereits mehrere domestizierte Rinderrassen, die hier auf einen Beginn der Haustierwerdung schon ab etwa 6000 v. Chr. schließen lassen. Dieser Zeitansatz wird durch die Radio-carbon-Datierungsmethode gesichert, welche die älteste neolithische Schicht im Iran mit Hornviehzucht[97]) um 6000 v. Chr. anzusetzen gestattet, während die älteste Bauernkultur Mesopotamiens[98]) von den Archäologen in das 6. Jahrt. v. Chr. datiert wird.

Als gemeinsamer Stammvater aller Hausrinder ist der Ur anzusehen. Die wichtigsten Ausgangsformen der heutigen Rinderrassen sind *Bos primigenius Boj.* (langhörniges Steppenrind), nahe mit ihm verwandt mit mehr östlichem Verbreitungsgebiet *B. namadicus Lyd.* Die Kurzhornrinder werden von einigen Zoologen als Domestikationsformen des Primigenius[99]) angesehen, während *Adametz* dafür eine eigene — dem B. primigenius sehr nahe stehende — Wildform *(B. brachyceros Adametz)* annimmt. Auch das Buckelrind *(Zebu)* wird heute für eine Domestikationsform, und zwar des B. namadicus, gehalten. Der *Hausbüffel* ist aus dem Arnibüffel *(Bubalus bubalus)* gezüchtet worden.

---

[96]) Badari, Merimde, Tasa, Fayum, für letztes der Zeitansatz auch durch Radio-carbon-Datierung gesichert.

[97]) Belt Cave 6000 v. Chr. ($\pm$ 1400), deren endmesolithisches Stratum 8500 v. Chr. ($\pm$ 1200).

[98]) Tell Hassuna.

[99]) *Duerst, Hilzheimer, Klatt, Nehring.*

Auch der südasiatische Gaur *(Bibos gaurus)* und der auf Hinterindien und die Sundainseln beschränkte Banteng *(Bibos banteng)* wurden in Zucht genommen. Der *Yak* oder Grunzochse Hochasiens geht auf den früher über die meisten zentralasiatischen Hochgebirge verbreitet gewesenen Wildyak *(B. grunniens)* zurück.

Das Ursprungsgebiet der Rinderzucht kann aus dem Verbreitungsgebiet der Ausgangsformen allein nicht erschlossen werden, da sich das nacheiszeitliche Verbreitungsgebiet des Ur wie des Arni-Büffels von Südostasien über Zentral- und Westasien bis Europa und Afrika erstreckte. Aus kulturhistorischen Gründen wird allgemein das west- und südasiatische Gebiet hierfür in Anspruch genommen. Die größere Wahrscheinlichkeit spricht dabei für Indien als Ursprungsgebiet. Nur hier findet sich gleichzeitig (und schon in der Induskultur in wohl ausgeprägten Rassen auftretend!) der größte Formenreichtum von domestizierten Rindern im Gebiet ursprünglichen Wildvorkommens: *B. primigenius, B. namadicus, B. brachyceros,* lang- und kurzhörniges *Zebu,* Arnibüffel und *Gaur* — woran sich südöstlich noch der *Banteng* und im Norden der *Yak* anschließen. Da die Ausbildung des Buckels beim Zebu — das von Indien aus schon mindestens von etwa 4000 v. Chr. ab in vielen Wellen nach Westen bis Afrika und nach dem Osten verbreitet wurde — eine sehr lange Domestikationsdauer benötigt hatte, muß auch aus diesem Grunde die Rinderzucht in Indien uralt sein, worauf ebenfalls die hier am ausgeprägtesten zu findende Verehrung des Rindes hindeutet. Ferner hatten wir hier ein Aktivitätszentrum der Entwicklung und Fortbildung des Ackerbaues kennengelernt, dem aus sogleich zu erörternden Gründen auch die Entwicklung der Viehzucht zuzuschreiben ist. Schließlich sei noch darauf hingewiesen, daß sich das Rind auch aus sprachwissenschaftlichen Gründen als ältestes Haustier einheitlichen Ursprungs erweist: nur für dieses gehen die Benennungen in allen Sprachkreisen Eurasiens und Afrikas auf eine Wurzel zurück[100]).

5. Ursprung und Entwicklung der Viehzucht

a) Anfänge der Tierhaltung. Die Tatsache, daß die ältesten archäologisch faßbaren Zeugnisse für Tierzucht sich stets in Agrarkulturen fanden, bestätigt unsere Feststellung, daß sie nicht aus dem Jägertum abgeleitet werden kann, dessen Geist und Struktur sie völlig wider-

---

[100]) [260a].

spricht. Dagegen war das Hegen und Züchten den Pflanzern nicht nur vertraut, sondern Grundlage ihrer Kultur. Die Aufnahme der Viehzucht bedeutete für sie also keinen Strukturwechsel ihrer Kultur und keine radikale Änderung ihrer Geistesart, sondern nur die Ausdehnung des Umkreises der von ihnen gehegten und gezüchteten Naturerzeugnisse von Pflanzen auch auf Tiere, die ihnen sowieso schon als einzeln gezähmte Hausgenossen vertraut waren.

Es muß ja beachtet werden, daß die Wirtschafts*form* des Hirtennomadismus vom Wirtschafts*vorgang* der Tierzucht zu unterscheiden ist *(Ed. Hahn)*, der die Voraussetzung für ersteren bildet und damit älter ist. *Tierzucht* aber — die von der Tierhaltung ausgeht —, finden wir schon eng verbunden mit dem Pflanzertum. Als erste Haustiere kennt es offensichtlich nicht Groß-, sondern *Kleinvieh*: Hund, Schwein und Huhn. An deren erste Haltung ist der Mensch sicher nicht bewußt und planmäßig überlegend herangegangen, sondern es hat eine gewisse Selbstdomestizierung der Tiere stattgefunden: Der Hund suchte freiwillig die Nähe des Menschen auf, den er instinktiv als „Rudelführer" achtet und dem er eine Erleichterung der Nahrungssuche zu danken hat, durfte er doch als Begleiter auf der Treibjagd auf einen kleinen Beuteanteil hoffen und sich in den Siedlungen Nahrungsabfälle suchen. Das Schwein wurde durch die Abfallhaufen der Pflanzerdörfer angelockt, und noch heute sind in den Eingeborenendörfern Südostasiens–Ozeaniens Schweine in halbwildem Zustand anzutreffen, wo sie meist in „freier Dorfhaltung"[101]) ohne Ställe und Fütterung gehalten werden. Auch das Huhn fand in den Dörfern Nahrung und Schutz und wird bis heute häufig noch in halbwildem Zustand gehalten.

Als ältestes Haustier wird der *Hund (Canis familiaris)* angesehen — ohne daß sich dies noch mit Sicherheit beweisen ließe. Jedenfalls ist er nicht der Genosse des Jägers vor dem Übergang zum Ackerbau gewesen. Noch heute gibt es in allen Kontinenten Jägerkulturen, die den Hund nicht benutzen bzw. ihn zumindest nicht züchten, sondern gegebenenfalls von benachbarten Pflanzern oder Bauern beziehen[102]).

---

[101]) [251a].

[102]) So haben die Australier mit dem bis hierher vorgedrungenen Hund nichts anzufangen gewußt, der demgemäß verwilderte (Dingo). Die afrikanischen Jäger *par excellence*, die Bambutipygmäen, richten zwar Hunde zur Treibjagd ab, beziehen sie aber als Einzelexemplare von ihren negerischen Wirtsherren, die sie züchten.

In Europa tritt er erst in mesolithischen Pflanzerkulturen (Campignien) auf, häufig dann in den neolithischen Pfahlbauten (Torfspitz). Als sein Stammvater wird heute (Antonius, Werth) eine kleine indische Lokalrasse des Wolfes *(Canis lupus pallipes)* angesehen. Eine Züchtung des Hundes setzt — nach seiner Haltung bereits im Kulturkreis der Jäger-Pflanzer — erst in den eigentlichen Pflanzerkulturen ein, und zwar vorwiegend als Fleischlieferant und Opfertier. Hier spielt er auch eine Rolle in Mythos und Kult als Führer der Seelen in das Totenreich und Stammvater der Menschen. Die Vielzahl der Gebrauchs- und Luxushunderassen dürfte erst der Zeit der Pflugkultur (und des Hirtennomadismus) zu verdanken sein. Als Schlittenhund scheint er erst bei den unter dem Einfluß südlicher Agrarkulturen stehenden nordostasiatischen Fischern abgerichtet worden zu sein, die im Fischreichtum über genügend und transportfähiges Futter für ihn verfügten.

Als Stammväter der *Hausschweine* kommen nur die altweltlichen Wildschweine in Frage. Als erstes scheint das in Süd-, Südost- und Ostasien verbreitete *Sus vittatus* in Zucht genommen worden zu sein. Sein Blut reicht bis in das neolithische „Torfschwein“ der alpinen Pfahlbauten, dessen Verwandtschaft mit dem von Nordneuguinea *(Rütimeyer)* dadurch erklärlich wird; es lebt noch in heutigen Landschweinrassen Graubündens, des Balkans und Transkaukasiens fort[103]). Von ihm ausgehend, dürften von dem europäischen Wildschwein *(Sus scrofa)* die späteren europäischen Landschweine gezüchtet worden sein.

Auch das Schwein wurde anfänglich in erster Linie zu dem Zweck gehalten, genügend Tiere für kultische Opfer [Toten-, Agrar- und Verdienstfeste, Einkaufen in höhere soziale (Geheimbunds-) Ränge usw.] zur Verfügung zu haben, wie sie heute noch besonders in Melanesien im Schwange sind. Besonders das durch reichliche Schweineopfer erhaltene soziale Ansehen ließ im Schwein eine Kapitalsanlage sehen und es als Wertmesser und Geld fungieren. Die Mondsichelform seiner Hauer brachte es in Verbindung zum Mondkult. Erst als in den reinen Pflanzer- und Bauernkulturen die Jagd als Mittel zur Fleischbeschaffung stark zurücktrat, wurde die Hausschweinzucht zur billigen Fleischproduktion rationalisiert (und dann mit Stallhaltung und Fütterung verbunden), wie es noch heute für

---

[103]) Also im ehemaligen Verbreitungsgürtel der Pfahlbauten.

die europäischen und ostasiatischen Bauernkulturen typisch ist und auch im Vorderen Orient einst war, bevor es hier durch den Islam verpönt wurde. Aber noch aus Altgriechenland und Altchina sind uns kultische Schweineopfer überliefert.

Nachdem aber schon die primitiven Knollenfruchtpflanzer der Tropen vom Übergangsstadium des Jäger-Pflanzertums an im Besitz des oben angeführten Kleinviehes sind, bedeutet es nur eine Erweiterung und keinen Neubeginn, wenn dann die weiter fortgeschritteneren megalithkulturlichen Pflanzer und die des Regenzeitgetreidebaues die Viehhaltung auch auf die *Rinder* als erstem Großvieh ausdehnen. Ihre heutigen Nachfahren in Südostasien–Indonesien wie in Afrika verwenden sie dabei — ähnlich wie das Schwein — nur als Opfertiere für kultische Zwecke. Dies muß noch den ursprünglichen Verwendungszweck darstellen, denn wirtschaftliche Erwägungen können bei der Aufnahme der Rinderhaltung noch keine Rolle gespielt haben: Als Arbeitstiere konnte man sie bei der damaligen Wirtschaftsstruktur noch gar nicht brauchen; das Melken ergab noch einen zu geringen Nutzeffekt, da bei den Wildtieren die Milch nur zeitlich beschränkt und nur für das Kalb ausreichend abgesondert wird. Eine größere Milchleistung stellte sich erst mit langer Domestikationsdauer ein — und ihre Gewinnung war mit großen Schwierigkeiten verbunden (die wenig domestizierte Kuh gibt bloß in Gegenwart ihres Kalbes Milch, was zur Erfindung der ihr vorgehaltenen Kalbspuppe und ähnlicher Täuschungsmanöver geführt hat!). Dementsprechend finden wir bis heute in Afrika, Süd-, Südost- und Ostasien Rinder haltende Pflanzer und Rinder züchtende Bauern (China!)[104], die das Melken *nicht* üben. Bei allen Rinderzüchtern, seßhaften wie nomadisierenden, spielt das Rind aber eine überragende Rolle im Mythos wie im Kult, ist sein Opfer das den Ahnen wie Göttern angenehmste, wird es heilig gehalten, ja selbst als Verwandter des Menschen angesehen oder vergottet. Die gleiche Rolle spielt es noch in den alten Hochkulturen Asiens wie Ägyptens und des Mittelmeeres. Hier vertritt es nun die Fruchtbarkeit erweckende (und unter Umständen das befruchtende Himmelsnaß

---

[104] Daß in China bis heute das laut Tradition vom Westen bezogene Rind als Arbeitsgenosse des Menschen verehrt und als vornehmstes Opfertier benutzt, seine Milchprodukte aber verabscheut werden, obwohl China seit Jahrtausenden mit melkenden Viehzuchtnomaden in Berührung steht — die nur im Nordwesten den Milchgenuß eingebürgert haben —, zeigt ebenfalls das jüngere Alter der Milch verwertenden Nomaden an.

hervorbringende) Schöpferkraft, wird zum Sinnbild des Gottkönigtums, Segen, Macht und Reichtum verkörpernd und bewirkend.

Ob Rind oder Büffel zuerst gezähmt wurden, ist noch ungeklärt. Meist wird ersteres dafür gehalten, da eine wirtschaftliche Verwertung des Büffels im Vorderen Orient — von Indien ausgehend — erst seit dem 2. Jahrh. v. Chr. aufgenommen und erst allmählich weiter nach Westen bis Europa getragen wird. Der Büffel tritt mit religiöser Bedeutung aber schon auf prähistorischen (nicht genau zu datierenden) Feldbildern Nordafrikas und in Altbabylonien auf (z. B. in Beziehung zum Gilgamesch-Epos stehend). Sein hier späteres Zurücktreten gegenüber dem Rind könnte auch wirtschaftliche Gründe haben. *Klatt* [105]) sieht jedenfalls keine zoologischen Gründe, die gegen ein höheres Alter der Büffelhaltung sprechen und macht darauf aufmerksam, daß das Büffelgehörn noch mehr als das Rindergehörn der Mondsichel ähnelt. Dies würde stark ins Gewicht fallen, wenn der gerade bei Pflanzern so ausgeprägte Mondkult und -mythos tatsächlich für die erste Haltung und kultische Verwendung von Rindern (besonders ausgeprägt im Alten Orient!) verantwortlich zu machen sind (und ein anderer Beweggrund läßt sich nicht finden). Nicht unwichtig ist auch die Tatsache, daß der Büffel — mit Ausnahme seines Bedürfnisses nach Bade- bzw. Suhlplätzen — viel genügsamer als das Rind (er nimmt auch mit Schilf- und Laubfütterung vorlieb) und vor allem viel gutmütiger und sanfter ist (so lassen sich ohne Schwierigkeiten Stiere als Arbeitstiere verwenden, bei Rindern dagegen nur Ochsen [106]). Sodann hatten wir bereits vermutet, daß die Megalithkultur etwas älter als der Getreidebau der Steppen ist; die dem wahrscheinlichen Ursprungsgebiet der Megalithkultur am nächsten gelegene und noch die primitivsten Züge aufweisende rezente Megalithkultur Südostasiens aber hält gerade den Büffel, während für die westlichen Zweige das Primigenius-Rind charakteristisch ist.

Wie bei Hund und Schwein ist man auch bei den Rindern von der Haltung kleiner Bestände für kultische Zwecke auch zu ihrer wirtschaftlichen Nutzung und zu planmäßiger Zucht übergegangen. Den Schlüssel für die Beweggründe hierzu bieten folgende Tatsachen: Noch heute gelten den typischen Rinderzüchtern — seßhaften wie nomadischen — auch die Ausscheidungen des als heilig verehrten Rindes

---

[105]) [253].
[106]) [254].

ebenfalls für heilig, heilkräftig und zauberabwehrend, außer der Milch auch Urin und Mist. So erklären sich z. B. die Sitten der Reinigung der Milchgefäße mittels Rinderurin, seiner Vermischung mit Milch und Butter und seiner medizinischen Anwendung (äußerlich und getrunken als Kräftigungsmittel). Dabei mögen auch praktische Erfahrungen einer desinfizierenden Wirkung mitgespielt haben. Ganz sicher ist dies bei der Verwendung des Mistes als Estrich und Wandbewurf, der den für die Tropen unschätzbaren Vorteil der Ungezieferfernhaltung bietet. Vor allem aber wird die Milch heute noch vielfach nicht als gewöhnliche Nahrung, sondern nur zu ritueller Reinigung und zu medizinischen (und auch magischen) Kräftigungszwecken genossen. Dasselbe gilt außerhalb Hochasiens auch für die Butter, die fast nur für medizinische Zwecke innerlich und äußerlich genommen, sonst als Körpersalbe verwendet wird. Bekannt sind die noch heute vorgenommenen kultischen Opferungen von Milch in Indien, Madagaskar und Afrika und von Butter in Afrika, Süd- und Hochasien. Milchopfer spielten im Altertum eine noch größere Rolle von China über Indien bis in das Mittelmeergebiet und Ägypten. Als besonders heilig gilt die Milch von den der Gottheit oder den Ahnen lebend geweihten Kühen[107]). Nun gibt es noch bei so typischen afrikanischen Rinderzüchtern wie den Ba-Hima die Sitte, daß die Milch einer solchen den Ahnengeistern geweihten Kuh nur von ihrem Besitzer und seinen Kindern genossen werden darf und daß dieses Milchtrinken heiligen Charakter hat und die Gemeinschaft der Trinkenden mit ihrem Ahnengeist vermittelt. Das deutet darauf hin, daß sich aus solchen Kommunionen und dem zunächst auf Kinder und Kranke beschränkten Milchgenuß allmählich die profane Verwertung der Milchprodukte als alltägliches Nahrungsmittel entwickelt hat.

Die erste Benutzung von Rindern als Arbeitstiere dürfte auf den bewässerten Sumpfreisfeldern der südasiatischen Megalithkultur stattgefunden haben. Diese bedürfen vor dem Setzen der Pflänzlinge einer gründlichen Durcharbeitung des Bodens, und vor der Erfindung des Pfluges, aber auch auf kleinen Parzellen innerhalb des Pflugkulturbereiches noch heute, wird dies durch ständiges Herumtreten von Büffeln oder Rindern in den Reisfeldern bewirkt (Südostasien, Madagaskar). Dabei mag ursprünglich den Bauern die magische Über-

---

[107]) Diese Sitte wurde von den asiatischen Pferde- und Renzüchtern für
diese Tiere übernommen.

Abb. 74. Große Trommel, *Niellim*, Zentralsudan

tragung der fruchtbarkeitsfördernden Kraft der Rinder auf das Feld ebenso wichtig wie die dadurch bewirkte Durchknetung des Bodens gewesen sein[108]) (wenn nicht überhaupt die physikalisch-chemische Wirkung durch die oben angeführte magische erklärt wurde!). Auf die Verwendung der Rinder als Zugtiere werden wir bei Besprechung der Pflugkultur zu sprechen kommen.

b) Das Frühbauerntum. Mit der über die Verwertung der Rinder als kultische Opfertiere und Geld hinausgehenden wirtschaftlichen Nutzung sind die Getreidepflanzer der Bergländer und der Steppen allmählich und mit fließenden Übergängen *erste Bauern* geworden. Mit der Aufnahme der Rinderzucht wurde ihre Ernährung reichhaltiger und hochwertiger und ihre Existenz sicherer, da bei Mißernten die Herdenprodukte einen gewissen Ausgleich bieten. Zugleich werden die Felderträge durch die nun aufkommende Mistdüngung gesteigert, sei es, daß die Herden in der Trockenzeit die Stoppelfelder abweiden oder

---

[108]) Noch heute so auf Madagaskar!

daß Stallmist — in dicht besiedelten Gebieten mußte man zur Stallhaltung übergehen — verwendet wird. Das Frühbauerntum hat sich
sicher nicht an einem einzigen Ausgangspunkt gebildet, sondern an
verschiedenen Stellen im weiten Verbreitungsgebiet der Rinder
haltenden Pflanzer Eurasiens und Afrikas. Deshalb sind auch seine
Kulturelemente in den einzelnen Gebieten je nach der lokalen Ausgangskultur ganz verschieden, so daß wir nicht von einem einheitlichen Kulturkreis im Sinne der Kulturkreislehre sprechen können. Übereinstimmungen liegen außer in der
Verbindung des Pflanzertums mit der Rinderzucht
und in der bestehenbleibenden großen Bedeutung der
Rinder als kultische Opfertiere und Kapitalsanlage
(Brautgeld!), deren Besitz das soziale Ansehen abstuft,
in folgenden Kulturzügen vor: Beibehaltung der
Handgeräte für den Bodenbau, wie Grabstock, -scheit,
Hacke, dazu in Eurasien der Karst und das Trittgrabscheit („Fußpflug“), das auch noch in Südarabien und im Sudan zu finden ist; ferner in der Be

Abb. 75. Bodenumbrechen mit dem Grabstock.
Doko, Sudabessinien

vorzugung von Körner- und Hülsenfrüchten; in der naturgemäß
großen Bedeutung des Rindes in Religion und Kult und in der
besonderen Pflege des Ahnenkultes, der in enge Beziehung zur Viehzucht gebracht wird; im weitverbreiteten Gott- bzw. Priesterkönigtum (dessen Abglanz auch auf kleinere Häuptlinge fällt, deren
„Heil“ natürlich auch für das Gedeihen des Viehes, Herbeiführung
von Regen usw. verantwortlich ist); Einhüllen der Leichen Vornehmer
in eine Rinderhaut. Im übrigen aber herrschen die mannigfaltigsten
Unterschiede, im Hausbau wie in der Kleidung, in der Wirtschaft
(ausschließliche Beschäftigung der Männer mit dem Vieh oder gleich-

Abb. 76. Enthülsen des Kornes im Holzmörser und Mehlmahlen auf dem Reibstein.
Wa-Gogo, Ostafrika

mäßiger Anteil beider Geschlechter am Bodenbau; Fernhaltung der
Frau vom Vieh oder Zulassung zum Betreuen und Melken); Gesellschaft (matri- oder patrilineare Deszendenz, Sippen- oder Clan-
verfassung, im Vorhandensein oder Fehlen von Altersklassen und
Beschneidung usw.) und in der Religion.
Dieses Frühbauerntum ist in den primären und sekundären Aktivitätszentren des Ackerbaues in Eurasien heute nicht mehr anzutreffen, da
es dort längst in das Pflugbauerntum übergegangen ist. Nur in Südostasien–Indonesien, Madagaskar und Afrika (vor allem von Ostsudan–
Nordostafrika über Ostafrika bis Südafrika) ist es noch zu finden[109].

---

[109] Hier insbesondere bei den Niloten, Südostbantu, aber auch anderen
Bantustämmen Ost- und Westafrikas, vereinzelt noch im Sudan. Man
sollte endlich davon Abstand nehmen, sich mit Theorien wie der „Überlagerung ,osthamitischer' Großviehzüchter über ,westafrikanische' bzw.

Abb. 77. Beschnittene Jünglinge in der Buschschule. *Zulu*, Südafrika

‚altnigritische‘ Pflanzer‘‘ abzuquälen, um die Rinderzucht bei afrikanischen Pflanzern und Bauern zu erklären. Sie lassen sich mit den Tatsachen einfach nicht in Einklang bringen. Wohl kommen solche Über-
lagerungen vereinzelt vor, doch als ganz junge Erscheinung. Es hätte zu
denken geben sollen, daß sich Rinderzucht auch in Gebieten findet, wo
nie „Osthamiten‘‘ hingekommen sind und daß es unerklärlich sein muß,
warum die rinderhaltenden Pflanzer von den „Osthamiten‘‘ gerade das
so nützliche Melken (neben anderen Elementen des osthamitischen Komplexes) dann nicht übernommen haben. Ferner sind die Niloten typische
Frühbauern mit in ihre Struktur festintegrierter Verbindung von Ackerbau und Rinderzucht — deren kulturelle und z. T. auch rassische Ausstrahlung bis weit in den Sudan und nach Südafrika *Schilde* schon richtig
gesehen hatte —; diese aber stehen fraglos in genetischer Verbindung mit
altägyptischen Frühbauern (Badari-Kultur)! Auch der Komplex des
Gottkönigtums und der Großstaatbildung gehört strukturell nicht zu den
Osthamiten, sondern ist von diesen erst in einigen Gebieten übernommen
worden. Extrem spezialisierte Viehzuchtnomaden „osthamitischen‘‘

Seit dem Beginn des Neolithikums spielte es jedoch eine große Rolle sowohl im prädynastischen wie frühdynastischen Ägypten, dann auch in Nordafrika, in Europa, West- und Südasien und China, wo die früher genannten Getreidepflanzer allmählich Bauern geworden waren.

c) Ziegen- und Schafzucht. Mit Beginn des Neolithikums haben die Frühbauern begonnen, in den Bergländern West- und Zentralasiens auch Ziegen und Schafe in die Zucht einzubeziehen. Zuerst scheint dies bei der *Ziege* der Fall gewesen zu sein, die über ganz Eurasien und Afrika verbreitet wurde und auch (vorwiegend als Opfer-, nicht Milchtier) zu Pflanzern gelangte. In islamischen Gebieten hat sie das „unreine" Schwein fast völlig verdrängt. Heute noch spielt sie bei den Kleinbauern Vorderasiens und der Mittelmeerländer eine bedeutende wirtschaftliche Rolle; auch eine zerstörerische dadurch, daß ihr als Laubfresserin die Verhinderung des natürlichen Nachwuchses der gelichteten Wälder zur Last gelegt werden muß.

Als wichtigste Stammform der Hausziegenrassen kommt die in Vorderasien noch wild lebende Bezoarziege *(Capra aegagrus)* in Betracht, die heute noch vom östlichen Mittelmeer bis in die Mongolei verbreitet ist und von der die in den Pfahlbauten auftretende „Torfziege" abstammt. Hier wurde sie später von der „Kupferziege" verdrängt, die zur heute weitest verbreiteten *C. prisca*-Gruppe gehört. Diese wird von einigen Zoologen als Abkömmling einer ausgestorbenen Wildform, von anderen als Sonderform der *C. aegagrus* angesehen. Als dritte, ebenfalls bereits in Altmesopotamien bekannte Gruppe, ist die Schraubenziege zu nennen *(C. falconeri)*, die heute noch von Afghanistan bis in den Himalaya wild vorkommt.

Gepräges, wie die Hima   d Tutsi und Masai, haben sich erst im Mittelalter gebildet (wahrend schon die viel alteren Urbantu die Rinderzucht kannten!), die Gallaausbreitung setzt erst mit dem 16. Jahrh. n. Chr. ein, um diese Zeit etwa treffen auch die Hottentotten erst in Südafrika ein, die Herero sogar erst um 1700 n. Chr.! Der Antike waren in den Küstengebieten Nordostafrikas noch keine Viehzüchter bekannt, sondern nur elende Fischer und Sammler und weiter im Inneren Jager, denen eiserne Speerspitzen gegen Elfenbein für die Elefantenjagd geliefert wurden. Die Somal sind ganz junge Ankömmlinge von Südarabien, aber auch die übrigen „Osthamiten" und Herero, Hottentotten und Masai erweisen sich durch ihre Fettschwanzschafe und eisenzeitlichen Kulturhabitus als junge Bildungen. Auch der haufige Clantotemismus bei Rinderzüchtern — dann meist mit Rinder-Splittotems — erklart sich zwanglos durch ihr Entstehen aus dem Pflanzertum.

Abb. 78. Gehöfte mit Kegeldach- und Lehmkastenhäusern in Zinder. *Hausa*, Zentralsudan

Bezüglich der Wildformen der *Hausschafe* sind sich die Zoologen nicht ganz einig, wohl aber über deren Abstammung aus Asien. Sicher ist, daß das Wollvlies unserer Schafe eine spätere Züchtungsfolge ist, während das erste Hausschaf ein Haarschaf war. Eine Hauptstammform ist das Kreishornschaf *(Ovis vignei*, heute noch wild in den Bergländern von Belutschistan über Afghanistan–Punjab bis Tibet), das im 4. Jahrt. v. Chr. über Westasien bis Ägypten auftritt und von dort nach Afrika und Europa weiter verbreitet wurde, wo es vereinzelt als Zackelschaf noch fortlebt. Seit dem 2. Jahrt. v. Chr. wurde es hier vom Fettschwanzschaf verdrängt, das sowohl ebenfalls aus dem Kreishornschaf wie aus dem *O. arkar* Transkaspiens herausgezüchtet worden sein kann. Es ist das Haustier der typischen Viehzuchtnomaden Eurasiens wie Afrikas geworden. In Hochasien und seinen Randgebieten gewann das meist auf den innerasiatischen Argali *(O. ammon L.)* zurückgeführte Fettsteißschaf größere Bedeutung (Turkomongolen). Im Mittelmeergebiet wurde noch der Mufflon *(O. musimon)* zur Zucht herangezogen.

d) Alpaca- und Lamazucht. Als letzte Haustiere seien noch die neuweltlichen *Alpaca (Lama pacos L.)* und *Lama (L. glama L.)* genannt, deren wilde Verwandte bzw. Wildformen Vicuña *(L. vigugna Mol.)* und das Guanako *(L. huanachus)* sind; sämtlich Cameliden. Sie werden als Fleisch- und Wollieferanten in Peru und Bolivien seit präcolumbischen Zeiten (bereits in der Proto-Chimu-Kultur dargestellt) gehalten. Während das Alpaca besonders feine Wolle liefert, können die größeren Lamas auch als Transporttiere für leichtere Lasten dienen. Es konnte noch nicht geklärt werden, ob die Indianer völlig unabhängig zur Lamazucht übergegangen sind oder ob die Lamas als Ersatztiere (für Schafe?) von altweltlichen Einwanderern domestiziert wurden. Gemäß den früheren Ausführungen über die alt-neuweltlichen Kulturbeziehungen (Einfluß der Megalithkultur, die Schafzucht kennt!) ist die letztere Möglichkeit nicht unwahrscheinlich.

e) Für die Entstehung des Hirtennomadismus können wir verschiedene Gründe beibringen: Die von den Pflanzern als kultische Opfertiere und von den Frühbauern auch als Arbeitstiere gezüchteten Rinder konnten anfänglich noch in der Dorfgemarkung gehalten werden. Da aber sowohl das religiöse Verdienst wie das soziale Ansehen um so mehr stiegen, je größere Mengen von Tieren geopfert wurden, war dies neben dem wirtschaftlichen Nutzen ein Ansporn, immer größere Herden zu halten, die ja auch den Reichtum der Besitzer bildeten. Für größere Herden aber konnten ausreichende Weiden nur in größerer Entfernung von den Feldern — die ja auch vor dem Vieh geschützt werden mußten — gefunden werden. Sodann mußten die Weiden aus klimatischen Gründen (Dürre- bzw. Frostperioden) in jahreszeitlichem Rhythmus — oft über größere Entfernungen — gewechselt werden. So ergab sich mit der Zeit ein ständiges Fernbleiben des größeren Teiles der Herden (meist mit Ausnahme der noch im Dorf gehaltenen Jungtiere und Milchkühe) vom Dorf, die von der männlichen Jungmannschaft betreut wurden.

Damit hat sich als erste Phase der *Teilnomadismus*[110]) gebildet, der heute noch vielfach in Asien wie in Afrika anzutreffen ist und zur Zeit der Antike im Vorderen Orient und Nordafrika noch eine größere

---

[110]) Ich habe diese Bezeichnung mangels einer besseren gewählt für eine Wirtschaftsform, die zwar schon öfter beschrieben, aber noch nicht mit einer bestimmten Bezeichnung belegt wurde; der Begriff „Halbnomadismus" ist bereits für eine ähnliche, doch davon deutlich verschiedene Wirtschaftsform, festgelegt.

Rolle gespielt hat. Bei ihm bleibt also der weitaus größere Teil der
Bevölkerung das ganze Jahr über in festen Siedlungen mit Häusern
wohnen, wo er Ackerbau betreibt, während nur die Hirten mit ihren
Rinderherden — später auch gleichzeitig mit Ziegen und Schafen —
in einem kleinräumigen Gebiet nomadisieren, dabei aber den Kontakt
mit ihren Dörfern nicht verlieren. Diesen Hirten ist auch die rein
wirtschaftliche Nutzung der Herden zuzuschreiben, d. h. das Melken
über kultische Anlässe und Heilzwecke hinaus zur Gewinnung eines
wichtigen Teiles ihrer täglichen Nahrung. Denn die Erträge der
nebenbei betriebenen Jagd und des Sammelns wilder Vegetabilien und
der mitgenommene Proviant an Körnerfruchtnahrung reichten ohne
Verwertung der Milchprodukte nicht zu ihrem Unterhalt aus.
Mit dem Anwachsen der Herden und ihrer stärkeren wirtschaftlichen
Nutzung wird auch ihre Bedeutung für den Wirtschaftsbetrieb immer
größer. Wenn aber die ganze Bevölkerung Vorteil aus der nun möglich
gewordenen umfangreicheren Gewinnung von Milchprodukten ziehen
will, muß sie sich wenigstens saisonweise in die Nähe der Herden
begeben. Damit ist die Wirtschaftsform des *Halbnomadismus* erreicht.
Seine ältere Phase ist dadurch gekennzeichnet, daß wie beim Teilnomadismus feste Wohnsitze ständig beibehalten werden, die als
Winterquartiere dienen, bei denen Wintergetreide usw. angebaut
werden und in deren Nähe zu dieser Zeit die Herden weiden. Im
Sommer jedoch verbleiben nur wenige Wächter (vor allem ältere
Leute) in den Siedlungen, während der Großteil der Bevölkerung den
Herden in die Sommerquartiere folgt und dort Sommergetreide an-
baut. In den Sommerquartieren werden seltener feste Häuser errichtet, meist nur schnell zu erstellende Hütten oder Zelte. Gebiets-
weise vollziehen sich die kleinräumigen Wanderungen der Halbnomaden auch ohne periodischen Rhythmus, und es werden als
jüngere Phase ständige feste Wohnsitze nur mehr von den Stammesführern beibehalten oder ganz aufgegeben. Zum Transport des Hausrates, der Zelte und der Marschunfähigen werden Packochsen verwendet.
Eine besonders ausgeprägte Sonderform des Halbnomadismus findet
sich im *Bergnomadismus* (noch heute in Nordafrika und Inner- und
Westasien) vor. Hier werden die jahreszeitlichen Wanderungen in vertikaler Richtung vorgenommen: Nach dem Austrocknen der Sommer-
weiden in den Ebenen wird das Vieh auf die Hochweiden getrieben, um
mit Einbruch des Winters in geschütztere tiefere Lagen gebracht zu

werden. In den Zwischenzonen werden im Frühjahr und Herbst Felder bestellt, deren verschieden schnell reifende Früchte — auch Gemüse und Obst — vom Frühsommer bis Herbst geerntet werden. So ergibt sich unter Umständen je nach dem Klima eine jahreszeitliche Einteilung des Wirtschaftslebens in bis zu vier bis fünf Perioden. Aus dem früher bezüglich der Entwicklung des Ackerbaues und der Viehzucht Gesagten wie aus den vielfachen Übergängen des teil- und halbnomadistischen Bergnomadismus zum Ackerbau wie zu den anderen Formen des Nomadismus läßt sich schließen, daß er die älteste Form des Nomadismus darstellt.

Der *Vollnomadismus* hat sich mit allmählichen Übergängen zu verschiedenen Zeiten und Orten entwickelt, wodurch sich die vielfältigen kulturellen, sprachlichen und rassischen Unterschiede der Vollnomaden erklären. Gemeinsames Kennzeichen ist die ständige Begleitung der Herden durch die gesamte Bevölkerung auf oft weiträumigen Wanderungen ohne ständigen festen Wohnsitz, wobei der Ackerbau an Bedeutung hinter der Viehzucht stark zurücktritt, in extremen Sonderfällen ganz fehlt.

Für die Beweggründe zur Aufnahme des Vollnomadismus ist die in Nordafrika noch heute zu beobachtende Tatsache aufschlußreich, daß Vollnomaden während „guter", d. h. niederschlagsreicher, Jahre ackerbautreibend seßhaft bleiben, in trockenen Jahren dagegen nomadisieren[111]). Einem Zwang zum Vollnomadismus waren Halbnomaden und Frühbauern überall dann und dort ausgesetzt, wo die Bedingungen für den Bodenbau zu ungünstig wurden bzw. seine Erträge nicht mehr ausreichten. Das konnte der Fall sein, wenn die Bevölkerung sich zu stark vermehrte, oder wenn eine Austrocknung des Bodens aus meteorologischen Ursachen oder durch von Menschen herbeigeführte Entwaldung bzw. Überstockung der Weiden mit Erosionsfolgen einsetzte, oder wenn schließlich eine Abdrängung in Trockengebiete stattfand. (Letzteres läßt sich noch historisch bei arabischen Stämmen genau verfolgen, die von Bauern der fruchtbaren südarabischen Gebirge durch kriegerischen Druck allmählich zu Halbnomaden im für den Ackerbau ungünstigen Vorland wurden, um schließlich ganz in die Wüste Inner- und Nordarabiens abgedrängt zu

---

[111]) Ackerbau wird sogar von Vollnomaden bis weit in die Wüste hinein betrieben! Alle Kenner der Nomaden stimmen darin überein, daß diese nie völlig auf pflanzliche Nahrung verzichten; Brei, Klöße usw. und evtl. Brot bilden auch bei Vollnomaden ein wichtiges Nahrungsmittel!

17*

werden, wo sie nur als Vollnomaden weiterexistieren konnten. Dabei wissen sie über ihre Wanderwege, Urheimat und verwandtschaftliche Beziehungen noch genau Bescheid[112]). Ein weiterer Anreiz zum Nomadisieren bei starker Einschränkung bzw. Aufgabe des Ackerbaues war der beträchtliche Wohlstand, den der Besitz großer Herden bei geringer Arbeitsleistung verbürgte. Dies in Verbindung mit dem ungebundenen freien Hirtenleben mag ferner bei anwachsender Bevölkerungszahl manche Hirten-Jungmannschaft verlockt haben, sich mit ihren Herden selbständig zu machen. Voraussetzung für den Vollnomadismus ist dabei das Bestehen von Ackerbaukulturen in der Nachbarschaft, von denen die notwendigen Zuschüsse an pflanzlicher Nahrung beschafft werden können.

Einer oder mehrere der angeführten Gründe werden im Verlauf der Geschichte bis in die jüngste Zeit immer wieder den Kulturwandel zum Vollnomadismus bewirkt haben. Nur so ist es zu erklären, daß Angehörige der gleichen Sprach-, Kultur- und Religionsgemeinschaften, ja selbst des gleichen Ethnos, sich wirtschaftlich in seßhafte Bauern und nomadisierende Viehzüchter unterscheiden. So berichtet die Antike ja ausdrücklich von diesen Unterschieden bei Skythen und nordafrikanischen Stämmen, wie dies ebenso für Indogermanen, Semiten und Hamiten und für die hamito-nilotischen Masai zutrifft. In der Gegenwart können wir den Übergang von seßhaften Frühbauern zu Nomaden noch in den Bergländern Ostafrikas und vor allem in Madagaskar verfolgen[113]).

Der Vollnomadismus hat sich sicherlich zuerst mit dem Rind als Hauptwirtschaftstier herausgebildet, und zwar vor allem in den den

---

[112]) [238].

[113]) [241 a]. Nach Abschluß dieser Arbeit im Manuskript wurden mir die ersten Ergebnisse der Abessinien-Forschungsreise von *Ad. E. Jensen* [252] im Jahre 1951 bekannt, die eine glänzende Bestätigung meiner obigen Darlegungen auch für Nordostafrika, dem Ausgangspunkt der „osthamitischen Viehzüchter" — die angeblich in ganz Afrika die Rinderzucht eingeführt haben sollen —, erbringen. *Jensen* fand in Südwestabessinien — einem Gebiet mit starkem Megalithkultur-Einschlag! — bei den Ts'amako die Spaltung in Pflanzer und Hirtennomaden noch *in statu nascendi*: Diese waren bis vor kurzem typische Frühbauern mit bewässerten Terrassen (!) an den Berghängen, deren Rinderherden im Tiefland von den jungen Männern geweidet wurden. Nach Beendigung ihrer Hirtenzeit zogen diese endgültig zu ihren Frauen zurück und wurden fleißige Pflanzer. Heute lebt nur noch ein kleiner Teil des Stammes im Bergland als

Gebirgsländern (mit megalithischem Terrassenfeldbau!) und dann auch den ackerbaulich genutzten Flußtälern vorgelagerten Savannen in Hoch- und Tiefebenen. Abgesehen davon, daß hier bessere und ausgedehntere Weiden zu finden waren, mußten ja auch die Herden von den Feldern ferngehalten werden.

Nun benötigen aber Rinder saftige Weiden mit genügend Tränkstellen; diese aber wurden sowohl in den Bergländern wie in den Steppen im näheren Umkreis der Pflanzer und Bauern immer knapper. Denn sowohl die Herden wie die Ausdehnung des ackerbaulich genutzten Areals wie die seßhafte und nomadisierende Bevölkerung vermehrten sich ständig, während zugleich durch die ins Rollen gekommene Lawine der fortschreitenden Bodenerosion und -austrocknung die Bildung der Wüsten und Trockensteppen auf Kosten der gut bewässerten Grasfluren (bzw. Waldgebiete) in immer größerem Maßstabe vor sich ging. Dies bewirkte eine immer stärkere Ausdehnung der Agrarbevölkerung in die Steppengebiete hinein mit ständigem expansiven Druck auf die Halb- und Vollnomaden und förderte den Prozeß der Umwandlung von Bauern in Nomaden.

Man war also gezwungen, in Futter und Wasserbedarf genügsamere und gegen Witterungseinflüsse weniger empfindliche Tiere zum Nomadisieren in den Trockengebieten und höheren Gebirgslagen heranzuziehen. Dafür war nun — neben der Ziege — das Schaf hervorragend geeignet, lieferte es doch Fleisch, Fett, fette Milch, Leder, Felle und nun auch Wolle (und auch billigere Opfertiere als es Rinder darstellten). So wurde es das Hauptwirtschaftstier und Wertmesser der Vollnomaden Eurasiens und Nordafrikas, spielt neben dem Rind aber auch noch eine bedeutende Rolle bei Halb- und Bergnomaden und bei süd- und nordostafrikanischen Vollnomaden.

Pflanzer, der größere lebt im Tiefland mit großen Rinderherden und baut auf bewässerten Feldern am Woito-Fluß in bescheidenem Umfang Körnerfrüchte an. Die westlich des Woito im Tiefland lebenden Banna und Hammar sind bereits typisch „osthamitische" Viehzüchter (jedoch noch mit Getreideanbau) geworden. Es besteht aber noch ein lebendiges — auch soziologisch und religiös zum Ausdruck kommendes — verwandtschaftliches Zusammengehörigkeitsgefühl zu den im Hochland als Frühbauern (mit Rindern, Schafen und Ziegen) seßhaft lebenden Baka, Schangama usw. und bei beiden die Tradition der Spaltung! Ein Beweis dafür, wie sich auch so typische Hirtennomaden wie die „Osthamiten" im Verlaufe verhältnismäßig weniger Generationen aus Frühbauern bilden konnten!

Auch die Schafhirten dürften sich zuerst aus dem Bergnomadismus gebildet haben. Typisch dafür ist die Wirtschaftsform der *Transhumanz*. Bei ihr bleibt der Hauptteil der Bevölkerung als seßhafte Ackerbauern in festen Dörfern der Berg- und Hochländer das ganze Jahr über wohnen, während die Schafherden (oft mit kleineren Ziegenbeständen) von wenigen Hirten auf die jahreszeitlich wechselnden Weiden getrieben werden, wobei oft sehr große Entfernungen — bis zu vielen hundert Kilometern — zurückgelegt werden. Typisch ist dabei der durch altes Gewohnheitsrecht geregelte Durchzug der Transhumantes auf festgelegten Wanderstraßen durch die Gebiete der Ackerbauern, deren Stoppelfelder von den Schafen in der Trockenheit abgeweidet werden. Das wird von ihnen meist gern gesehen, da es ihnen eine Düngung ihrer Felder, eventuell Einnahmen aus den Durchzugsgebühren, Handelsmöglichkeiten und manchmal in den Hirten auch Erntehelfer bringt. Transhumanzgebiete sind die Bergländer von Westasien, Nordafrika und Westeuropa bis in die Alpen, sowie des Balkans bis zu Appenin und Alpen.

Eine jüngere Form des Schafzuchtnomadismus breitete sich (mit Fettschwanz- und Fettsteiß-Schafrassen) in den Steppen aus. Hier ist er häufig mit der Zucht von — zahlenmäßig stets viel geringeren — Rinderherden verknüpft. Vor allem bedienen sich hier — mit Ausnahme Ost- und Südafrikas — die Hirten zur Überwachung der Herden der Pferde oder Kamele als Reittiere wie auch als Transporttiere. Diese Kultur wird daher meistens als ,,Pferdehirten‘‘- oder ,,Kamelreiter‘‘-Kultur bezeichnet, als welche wir sie bereits besprochen hatten (siehe S. 233 ff.).

Als einer weiteren aus dem Bergnomadismus zuletzt entwickelten Form der Viehzucht sei noch der *Almwirtschaft* der Gebirgsbauern gedacht. Ähnlich der Transhumanz bleibt auch hier der Hauptteil der Ackerbau (Pflugbau!) treibenden Bevölkerung in den Dörfern ganzjährig seßhaft und wird das Vieh nur von wenigen Hirten auf die Weiden getrieben. Nur sind dies hier Hochweiden im Gebirge und ist das Hauptwirtschaftstier das Rind. Dieses muß während des Winters in Ställen gehalten und mit von Wiesen geerntetem und bevorratetem Heu gefüttert werden. Zur Verwertung der während der Zeit der Almweiden anfallenden Milch wird diese von den Hirten zu haltbarem Käse bereitet, der beim Abtrieb als Dauerproviant in die Dörfer mitgebracht wird. Diese uns aus den europäischen Gebirgen wohlbekannte Wirtschaftsform findet sich auch im Vorderen Orient wie in

Nordafrika und ist sicher nicht von Indogermanen verbreitet worden. Wegen vieler übereinstimmender weiterer Kulturelemente (u. a. zweigeschossiges Söllerhaus („Alpenhaus"), Kniehose, Wadenstutzen, Filzhut, Reigentänze, Fellmasken usw.) ist an dem einheitlichen Ursprung dieser Kultur nicht zu zweifeln.

Mit der Erwähnung des Schafzuchtvollnomadismus der Steppen waren wir bei den bereits früher behandelten jüngeren nomadistischen Kulturen der Reiterhirten angelangt und haben so alle Formen des Nomadismus von den Anfängen an kennengelernt[114]). Das *Alter des Vollnomadismus* ist häufig weit überschätzt worden[115]), da man vor dem ersten gesicherten Auftreten von Haustieren in Pflanzer- und Frühbauernkulturen meist eine längere Entwicklung der „reinen" Viehzucht annehmen zu müssen glaubte, obwohl Belege hierfür nie gefunden wurden, die nach dem bisher Gesagten ja auch nicht gefunden werden konnten. So kann der Vollnomadismus kaum viel früher als zum Ende des Neolithikums angesetzt werden, beim Schafzuchtnomadismus[116]) ist dies noch fraglich. Alle Schafzüchternomaden haben ein durchaus metallzeitliches Kulturgepräge, und noch in Sumer sind die Schafrassen noch wenig domestiziert (Haarschafe!) und kann hier wie in den prähistorischen Kulturen mit Schafzucht eben noch nicht von Vollnomadismus gesprochen werden. Die Transhumanz setzt ja das Bestehen der Pflugkultur (siehe nächstes Kapitel) voraus und die Schafhirten der Steppen die Zucht der von uns als späte Kulturerrungenschaft festgestellten Reittiere. Die Wüstennomaden wieder sind erst recht eine späte Bildung, die nur durch das Bestehen von Getreideüberschüssen erzeugenden Pflugbaukulturen und Stadtkulturen, die den Wüstennomaden Erträge durch den Karawanenhandel und die Beschaffung der benötigten pflanzlichen

---

114) Man könnte theoretisch die genannten nomadistischen Kulturen auch jede für sich als „Kulturkreis" aufstellen. Mir scheinen jedoch hierzu die Vorarbeiten noch nicht weit genug gediehen zu sein, um solche Kulturkreise in allen Einzelheiten genügend scharf umreißen und in ihrem historischen Werdegang gesichert herausarbeiten zu können.

115) Eine Ausnahme bilden die verdienstlichen Arbeiten *E. Werths*, der allerdings mit seiner zeitlichen Gleichsetzung von Großviehzucht und Pflugkultur wieder zu weit geht.

116) Um die Erhellung der Bedeutung der Schafzüchterkulturen haben sich *D. Wölfel* und *M. Hermanns* große Verdienste erworben, wenn auch ihre zeitlich zu hohen Ansätze der Schafzucht vor der Rinderzucht nicht haltbar sind.

Nahrung erlaubten, ermöglicht wurde. Sie haben sich ja auch erst in historischer Zeit, vor allem seit dem Bestehen des Römischen Reiches, als größere und mächtiger gewordene ethnische Bildungen stärker bemerkbar gemacht. Einen weiteren Beweis liefert die Sprachforschung: Im Gegensatz zur weltweiten einheitlichen Wurzel für die Benennung des Rindes gibt es gemeinsame Sprachwurzeln für „Schaf“ nur jeweils für das Indogermanische, Altaiische, Tibetobirmanische, Turkotatarische, Semitische, Hamitische usw. Zumindest der Schafhirtennomadismus kann also nicht älter als die Bildung dieser Sprachgemeinschaften sein.

Für Nordafrika bilden noch die Haustier-Felsbilddarstellungen ein wichtiges Beweismittel, die neuerdings recht spät datiert werden. So hat *Wulsin*[117]) nachgewiesen, daß die Widderdarstellungen mit Sonnenscheibe vom ägyptischen Ammon-Rê-Kult beeinflußt sein müssen und daher nicht älter als das Mittlere Reich (2160 v. Chr.) sein können, wahrscheinlich aber erst aus der Zeit des Neuen Reiches (ab 1580 v. Chr.) stammen. Im gleichen Stil und im gleichen Erhaltungszustand finden sich aber auch Kriegswagen- und Reiterdarstellungen, die natürlich nicht älter als Mitte bzw. Ende des 2. Jahrtausends v. Chr. sein können. Begleitfunde von neolithischen Artefakten sprechen meines Erachtens nicht gegen diese späte Datierung, da hier die aus dem Vorderen Orient mit vielen anderen Kulturgütern eingeführten Haustiere offensichtlich von einer kulturell rückständigen Bevölkerung übernommen wurden, die im übrigen manches neolithische Kulturgut (z. B. Keramik) konservativ bis auf den heutigen Tag beibehalten hat.

6. *Pflugbau und Hochkultur*

Es bleibt uns im Rahmen unserer kulturhistorischen Übersicht noch eines letzten Kulturkreises zu gedenken, der von besonderer Bedeutung für die Entwicklung der Hochkulturen gewesen ist und noch heute weitgehend das kulturelle Antlitz Europas bestimmt, des *Pflugbaukulturkreises*[118]).

Die Höherentwicklung des Pflanzbaues geschah im bewässerten Terrassenfeldbau („Gartenbau“) durch eine Intensivierung der Bestellung verhältnismäßig kleiner Beete durch viele Arbeitshände und

---

[117]) [275 a].
[118]) Vgl. für das folgende [278].

Abb. 79. Bodenumbrechen mittels Grabstöcken. *Sialum*, Noɪd-Neuguinea

durch Anwendung sinnreicher Methoden. Zur Ertragssteigerung speziell beim Körnerfruchtanbau in Steppengebieten liegt aber als zweite Arbeitsweise die *extensive* Bestellung großer Bodenflächen durch verhältnismäßig wenig Arbeitskräfte nahe. Dies war aber mit den bis dahin entwickelten landwirtschaftlichen Geräten und mit Menschenkraft allein nicht möglich. Es mußte erst ein Gerät erfunden werden, das ein Aufbrechen des Bodens in kürzerer Zeit gestattete, als es mit Grabstock (-scheit), Spaten und Hacke möglich ist, eben des Pfluges.

Einen ersten Ansatz hierzu bildet eine zusätzlich zur Druckwirkung des Grabstockes auf diesen ausgeübte *Zugwirkung* dadurch, daß bei manchen Grabstockpflanzern ein Arbeiter seinen Grabstock als Hebel quer hinter die von einigen anderen Männern eingestoßenen Grab-stöcke steckt und diese damit nach vorn zieht (Abb. 79). Schließlich hat man den Zug durch Anbringung eines Zugseiles am Grab-scheit bzw. Spaten unmittelbar auf diese selbst wirken lassen (s. Tafel XXIII, Mitte). Solche Ziehspaten (-grabscheite) müssen ehemals in der Alten Welt häufig gewesen sein; in Südarabien, Nordindien, Armenien und Ostasien haben sie sich auf kleinen Parzellen bis heute erhalten können.

Abb. 80. Grabstockpflug mit Streichpflöcken. *Galla*, Abessinien

Um zum Pflug zu gelangen, bedurfte es nun nur noch der Ersetzung einer menschlichen Zugkraft durch eine tierische. Ein bereits als Last- wie Zugtier (s. u.) abgerichtetes Haustier besaßen aber die Frühbauern bereits in ihren Rindern. So sehen wir folgerichtig die ältesten Haken- pflüge als einfache Grabstöcke bzw. Grabscheite, die mittels einer Zugstange (Grindel) am Ochsenjoch befestigt sind. Daß die ältesten und im ganzen Pflugbaugebiet verbreiteten Pflüge solche *Grabstock- pflüge* sind, zeigt deutlich ihre Herkunft vom Grabstock und nicht von der Hacke! (Abb. 80). Um die Bruchgefahr zu verringern, wurde der als Hinterbaum fungierende Grabstock massiver gestaltet und schließlich das Pflughaupt klumpfußartig verdickt und unten zu einer Sohle abgeflacht, wodurch auch eine sicherere Führung des Pfluges im Boden und eine bessere Wühlwirkung erreicht wurde. Dieser „Grabstocksohlpflug" (Abb. 81) hat sich als vorherrschender Pflugtypus im Indischen Kulturkreis (seinem Entstehungsgebiet) bis einschließlich Turkestan, in China und vereinzelt auch in Nordafrika bis heute erhalten. Die an einem anderen Grabstockpflugtyp zur Verbesserung der Wühlwirkung angebrachten Streich- pflöcke wurden später in Europa zu Streichbrettern („Häufelpflug") ent- wickelt, im Vorderen Orient zu Doppel- sterzen, wobei der ursprüngliche Grab- stock verkürzt und schließlich ganz weg- gelassen wurde (Ägypten). Ein in diesen Formenkreis gehörenden altmesopota-

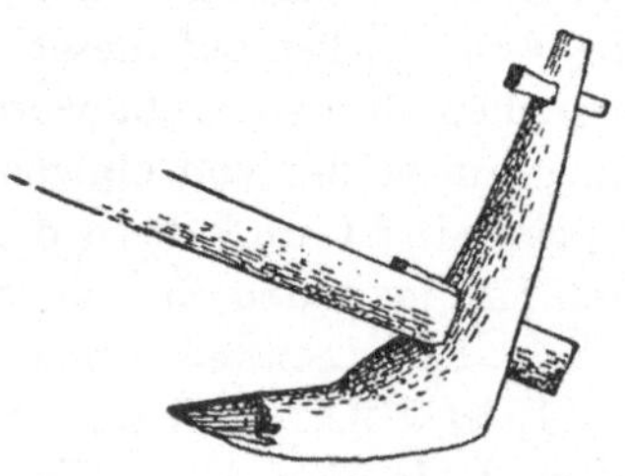

Abb. 81. Grabstocksohlpflug.
Afghanistan

mischer Pflugtyp (Abb. 82) hat sich in Persien in gleicher Gestalt und bei tatarischen und osteuropäischen Pflügen mit gewissen Abwandlungen bis auf den heutigen Tag erhalten. Die Doppelsterzigkeit bürgerte sich seit dem Mittelalter besonders in Mittel- und Osteuropa ein.

Aus dem Grabstockpflug wurden fernerhin als verbesserte Sohlpflüge folgende Typen entwickelt: Der *Krümmelpflug* — zunächst mit durch den gekrümmten Grindel gestecktem Hinterbaum (Döstruptyp, identisch mit rezenten mesopotamischen) (Abb. 83), dann mit in ein einziges Krümmelsohlstück gesteckter Sterze („mediteraner Krümmelsohlpflug", Abb. 84); sodann der *Spatenpflug* (Hinterbaum = flachgestelltes, zu einer Sohle geknicktes breites Grabscheit, in das ein gerader Grindel tief eingesetzt wird) (Abb. 85). Ersterer ist von Mesopotamien bis Nordwestindien, vor allem aber in den Mittelmeerländern, in Ausläufern bis zur Ostsee, verbreitet; letzterer vom nordöstlichen Vorderasien als Ursprungsgebiet bis nach Indien, über Nordafrika bis nach Iberien, über Südost- bis Ost- und Nordeuropa verbreitet.

Abb . 82.
Altmesopotamischer
Pflug

Aus dem Spatenpflug wurde schließlich durch eine das Gestell versteifende senkrechte Griessäule zwischen Sohlstück und Grindel der *vierseitige Rahmenpflug* entwickelt, der meist aus kurzen Holzstücken zusammengezapft wird. Seine Verbreitung umfaßt Ostasien (s. Tafel XXIV, Mitte), in geringem Ausmaß den Indischen Kulturkreis, Kaukasien—Persien, Ost- und Südosteuropa und in besonders starkem Maße Mittel-, Nord- und Nordwesteuropa.

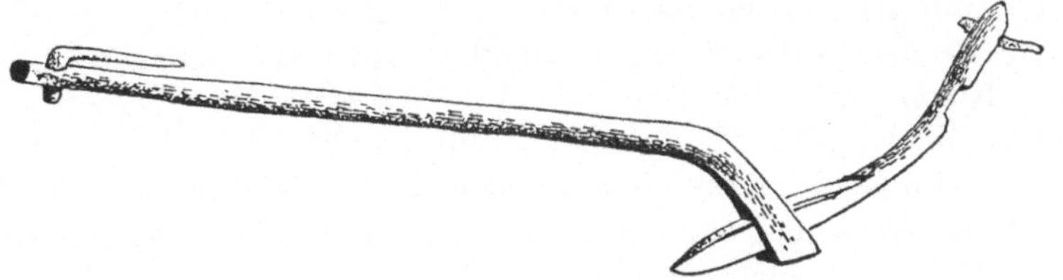

Abb. 83. Prähistor. Krümmelsohlpflug mit durchgestecktem Hinterbaum. Döstrup/Jütland

An diesem Pflugtyp tritt zuerst das *einseitige Streichbrett* auf, das erstmalig ein Wenden der aufgeworfenen Schollen ermöglicht, während die bisherigen dreiseitigen Hakenpflüge nur ein Aufreißen des Bodens gestatteten; ferner in Skandinavien, Nordwest- und Südosteuropa wie in China *Schleifstelzen*, um dem kurzen Grindel des Schwingpfluges eine sichere Führung zu geben; diese wurden später durch ein *Stelzenrad* verbessert (von Südosteuropa über Deutschland und Nordwesteuropa bis Skandinavien). Sie wurden schließlich durch das *Radvorgestell* verdrängt, das seit dem frühen Mittelalter zum Kennzeichen

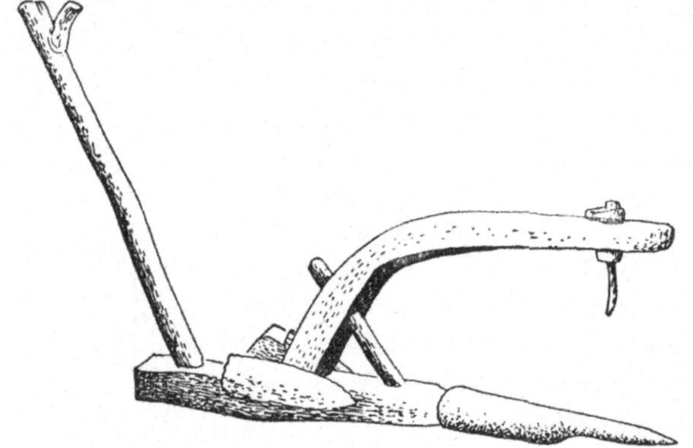

Abb. 84. Mediterraner Krummelsohlpflug. Apulien

der mittel- und nordeuropäischen Pflüge wurde, aber auch in Osteuropa und im Kaukasus vorhanden ist. Eine weitere Vervollkommnung war das über der Pflugschar senkrecht in den Grindel gesteckte Vorschneidemesser oder *Sech*, mit dem die Arbeitsgänge des Bodenaufreißens und -umbrechens zu einem vereinigt wurden. Mit einseitigem Streichbrett, Sech und Radvorgestell ausgerüstet, hatte der vierseitige Rahmenpflug eine große Überlegenheit über alle anderen Pflugtypen gewonnen. Seit dem frühen Mittelalter war er in Mittel- und Nordeuropa zum vorherrschenden Pflug geworden, der sich in der Hand namentlich angelsächsischer, deutscher und skandinavischer Kolonisten große Teile der Welt eroberte. Der *Hängegrindel* (s. Tafel XXIV, Mitte) deutet eine Verbindungslinie von Skandinavien über Alt-England bis ins Baskenland und über Südosteuropa—Kaukasus bis China an, während Skandinavien mit dem kaukasisch-persischen Gebiet außerdem noch durch Stelzpflüge, einseitiges Streichbrett, Sech und *Rahmensterze* verbunden ist.

Eine letzte und hochbedeutsame Verbesserung erfuhr der europäische
Rahmenpflug durch eine im experimentierfreudigen 17./18. Jahrh.
aufgenommene ostasiatische Anregung: das konkav *gewölbte* (eiserne)
Streichbrett. Es verminderte ganz wesentlich den großen Reibungs-
widerstand des bisherigen ebenflächigen Streichbrettes und erzielte
eine außerordentliche Ersparnis an Zeit und Kraft. Weitere von
Nordwesteuropa weiterverbreitete ostasiatische agrarische Kultur-

Abb. 85. Spatenpflug. *Condofuri*, Calabrien

güter sind Sä- und Fegemaschinen (Säpflüge gab es bereits in Altbabylonien und heute noch in Südarabien!), Stachelwalze, Dresch-
maschinen mit Göpelantrieb, Walzmühlen, Verdrängen des Joch-
pfluges durch den Schwingpflug, verbesserte Düngemethoden usw.
Daß die europäische Landwirtschaft an der Wende zum 19. Jahrh.
einen so großen Aufschwung nehmen und mit weniger Arbeitskräften
größere Bevölkerungsmengen — darunter die aus der Landwirtschaft
in die aufblühende Industrie abwandernden Massen — ernähren und
damit eine wichtige Voraussetzung für unsere heutige europäische
Zivilisation schaffen konnte, verdankt sie also nicht zuletzt einem
Geschenk Ostasiens.
Als letztes sei noch der in Osteuropa weitverbreiteten *Gabelpflüge*
(Socha) gedacht. Sie sind aus dem Grabstockpflug durch Verviel-
fachung der Pflughauptspitzen entstanden. Sie passen sich damit
den Bedingungen des Brandrodungsfeldbaues im wurzelreichen Wald-
gebiet — in das die ostslavischen und finnischen Ackerbauer aus den

Steppen durch die Tataren- und Mongoleneinfälle des Mittelalters gedrängt worden waren — und an die Anschirrung eines einzigen Pferdes als Zugtier an.

Die von den Pflanzern und Frühbauern angebauten Hirsen-, Gersten-, Reis- und Weizensorten werden natürlich von den Pflugbauern übernommen, nur jetzt meist im Breitwurf auf größere Äcker gesät. Als neue Getreide werden weit verbreitet: Neben dem gewöhnlichen *Weizen* (siehe S. 178 f.) der *Roggen (Secale cereale L.)*, der seit dem Neolithikum als Unkraut in Gersten- und Winterweizenfeldern Südwestasiens auftrat. Dank seiner größeren Zähigkeit auch in kalten Wintern und auf ärmeren Böden konnte er in nördlicheren Breiten und in höheren Gebirgslagen die Edelgetreide verdrängen. Mit diesen wanderte er nach Norden und Westen; er erreichte Mitteleuropa in der ersten, Süddeutschland—Schweiz seit der zweiten Hälfte des 1. Jahrt. v. Chr., Nordeuropa erst in den ersten Jahrhunderten n. Chr. Besonders stark wurde er von den Slaven seit dem frühen Mittelalter angebaut.

Ebenfalls aus Unkraut (des Emmers) sind die *Haferarten (Avena)* entstanden und mit der während der Bronzezeit in Europa einsetzenden Klimaverschlechterung als Ersatz in Kultur genommen worden. China entwickelte den Nackthafer. Im feuchtgemäßigten Klima Nordeuropas gewann der Hafer immer größere Bedeutung, die Westgermanen pflegten ihn bereits (nach *Plinius*) als Mus und Grütze zur hauptsächlichsten Nahrung zu verwenden. Im Mittelalter ist er als bedeutendste Sommerfrucht neben Gerste und Hirse von den Alpen bis zur Nord- und Ostsee zur eigentlichen Bauernnahrung geworden, der Russen und Schotten bis heute treu blieben.

Der *Buchweizen (Fagopyrum esculentana Mönch)* spielt wegen seines leichten Fortkommens auch auf leichten und sauren Böden eine Rolle in den nordwesteuropäischen Heidegebieten, in Gebirgen Frankreichs und in den österreichischen Alpen. Er ist erst im Mittelalter über Rußland aus seiner ostsibirischen Heimat nach Europa gekommen, wohl durch Hirtennomaden (und Zigeuner) verbreitet, für die er sich wegen seiner kurzen Reifezeit besonders gut eignet.

Während die Pflanzer und Frühbauern aus den Getreiden vorwiegend Breispeisen bereiteten (in der Megalithkultur auch Fladenbrot), der auch die ländliche europäische Bevölkerung des Pflugbaukulturkreises bis in die jüngste Zeit treu blieben, traten nun in Ostasien und in den Mittelmeerländern Trocken-Teigwaren (z. B. Nudeln) hinzu und

in der städtischen Bevölkerung
mittels Sauerteig oder Hefe be-
reitete Brote. Diese wurden
aus den Einsäuerungs-Konser-
vierungsmethoden und aus den
gemälzten Bieren entwickelt.
So werden bereits zu Beginn
des 3. Jahrt. v. Chr. in Babylonien (wie in Ägypten) Bierbrauen und Brotbacken ge-
meinsam betrieben und kannte
man hier schon eine Menge
Rezepte für viele Bier- und
Brotsorten. Brotlaibe wurden
bei uns erst im Ausgang des
Mittelalters häufiger gebacken,
als sich in den Städten ein
Stand von Berufsbäckern gebildet hatte, den es vordem
bereits in der Antike gegeben
hatte.

Mit dem Pflugbau sind folgende *Ackerbaugeräte* vergesellschaftet: Seit seiner ältesten
Phase Strauchwerkeggen und
Sommerschlitten zur Beförderung von Ackergeräten und
Erntegütern. Mit dem ver-
zapften vierseitigen Rahmenpflug sind die Rahmenegg-
wie der Dreschflegel und dea
durch Europa mit Ostasien

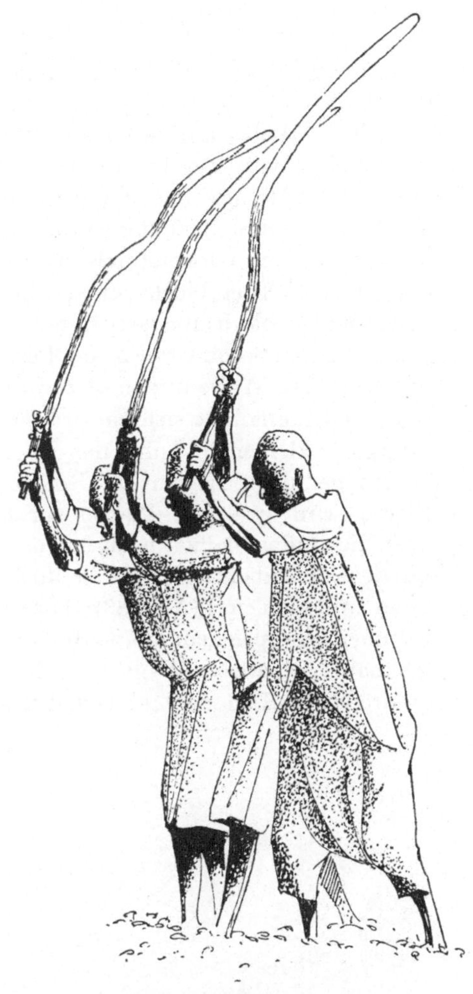

Abb. 86. Dreschen mittels Dreschstöcken.
Fellachen, Ägypten

verbunden. Im Mittelmeergebiet und Vorderen Orient wird das Getreide auf offener Tenne (trockenes Klima!) entweder von Haustieren ausgetreten oder mit durch Steinsplitter- und Eisenzacken
bewehrten Dreschtafeln oder mittels Dreschwagen gedroschen. Geerntet wurde ursprünglich mit der Sichel (wie noch heute im Orient
und im mittelalterlichen Europa), während die Sense als ihre Verlängerung eine recht späte Erfindung ist. Zum Enthülsen und Schroten

wurde der Mörser auch in Osteuropa bis heute beibehalten, während
der Mahlstein durch die Handmühle ersetzt wurde.

Im Pflugbaukulturkreis wird nun auch die Verwendung von *Transport-
geräten* allgemein: Der bereits erwähnte Sommer- oder *Arbeitsschlitten*
(= ein robuster niedriger Kufenschlitten) — der in Nordeurasien zum
Winterschlitten umgebildet wurde — ist jedoch älter. Er entstand aus
der Schleife und tritt erstmals im Megalithkulturkreis zum Transport
der schweren Steinblöcke auf (s. Abb. 43). Dazu dürfte er auch in
den alten Hochkulturen gedient haben. Unter den Lastschlitten gelegte
Walzen ließen besonders schwere Lasten (Steinblöcke!) leichter ziehen,
und auf diese Weise dürfte es zur Erfindung des *Wagens* gekommen
sein. Jedenfalls läßt sich ein uralter altorientalischer Wagentyp mit
vier ganz kleinen und mit den Achsen fest verbundenen Scheibenrädern geradezu als ein auf Rollen gesetzter Schlitten bezeichnen.
Später wird zwar der Wagen zur besseren Lenkbarkeit einachsig;
aber die Räder bleiben noch lange volle und mit der Achse fest verbundene Scheibenräder, wie sie noch heute von Westeuropa bis Ostasien zu finden sind (Abb. 88). Mit dem altorientalischen Streitwagen
kommen das Speichenrad und die Nabe auf und entsteht dann erst der
lenkbare vierrädrige Wagen aus der beweglichen Verbindung zweier
zweirädriger Karren. Erst von den alten Hochkulturen aus gelangt

Abb. 87. Arbeitsschlitten und Saumtier. *Rochemolles*, Piemont

Abb. 88. Ochsenkarren mit Scheibenrädern und Weinfaß.
Chaves, Traz-os-Montes, Nordportugal

der Wagen zu den eurasiatischen Steppennomaden — die zum Warentransport ja schon Lasttiere besaßen —, die ihn im 1. Jahrt. v. Chr. als Wohnwagen benutzten. Den Pflugbauern wie den Städtern war der Besitz von Wagen viel notwendiger zur Beförderung der Erntegüter, Handelswaren usw. Außerdem wurde er hier in den Dienst des Kultes gestellt, um Götterbilder und -embleme in Prozessionen herumzuführen, wie sich dies bei den indischen Götter- und Tempelwagen bis heute erhalten hat.

Es ist möglich, daß beim ersten Anspann der Rinder vor den (Kult-) Wagen und den Pflug deren kultische Bedeutung bzw. magische (fruchtbarkeitssteigernde) Beziehung zum Ackerbau (etwa beim ersten Furchenziehen zur Eröffnung der Feldbestellung und damit Sicherung des Erntesegens, wie es bis in die Neuzeit der chinesische Kaiser tat) eine Rolle spielten. Die einfachen und gerollten Schlitten sind ja zuerst nur von Menschen gezogen worden. Notwendig ist diese Annahme indes nicht; denn die Frühbauern hatten ja ihre Rinder bereits ganz rational zur Feldbestellung wie als Transporttiere herangezogen.

Wichtig ist die Tatsache, daß alle Haupttypen der Pflüge oder zumindest ihre Frühformen bereits und zuerst im frühhistorischen Vorderen Orient nachzuweisen sind, wo sie sich zum Teil bis in die Jetztzeit erhielten. Wir haben hier also ein Mannigfaltigkeitszentrum der Pflugformen vor uns, wie wir dies schon bezüglich der Getreidearten und Haustierrassen festgestellt hatten. Es kann kein Zweifel daran bestehen, daß wir hier das Ursprungszentrum der Pflugkultur zu suchen haben, wie es ja auch aus unseren Untersuchungen zur Entwicklung des Ackerbaues und der Viehzucht hervorging. Auch die Erfindung des vierseitigen Pfluges mit Radvorgestell kann nicht länger den Germanen zugeschrieben werden, da sich sowohl seine ältesten und Übergangsformen aus dem Spatenpflug wie seine letzten Entwicklungsphasen auch in Kleinasien−Kaukasien finden.

Das *Alter des Pfluges* ist manchmal überschätzt worden[119]); es gibt keine sicheren Belege für ein neolithisches Alter des Pfluges[120]). Mit Ausnahme der Grabstockpflüge, die bereits in der Steinzeit erfunden worden sein können, ist dies auch technisch unmöglich, da die zusammengesetzten und verzapften späteren Pflugtypen zu ihrer Herstellung metallene Werkzeuge benötigten.

Zu dem gleichen Ergebnis einer Ausbildung der Pflugbaukultur an der Wende vom Neolithikum zur Metallzeit in Westasien gelangen wir bei der Beantwortung der Frage nach den *Ursachen* ihrer Entstehung: Wir hatten gesehen, daß die Erfindung des Pfluges als Ackerbaugerät dem Wunsche nach einer extensiven Bearbeitung des Ackerbodens zu verdanken war. Aber weshalb war dies nötig? Die megalithischen Pflanzer und die Frühbauern hatten doch auf ihren intensiv bestellten Terrassenfeldern ebenso große Bevölkerungsmengen auf engem Raume ernähren können wie dies den Getreidepflanzern und Frühbauern der Steppenländer mit ihren Handgeräten möglich war!

Die Lösung dieser Frage bietet die Tatsache der Entstehung der hochkulturlichen Großstaaten. Diese wiesen ja nun in ihrer gesellschaftlichen Schichtung zahlenmäßig starke und immer mehr anschwellende Stände von Menschen auf, die nicht mehr mit dem primären Nahrungserwerb beschäftigt waren: Priester, Beamte und Hofstaat, Adelsklasse und Handwerker, Kaufleute und Militär. Sie alle (nicht schlecht) zu ernähren, reichten die mit den bisherigen Wirtschaftsmethoden allenfalls zu erzielenden Produktionsüberschüsse keinesfalls mehr aus; dazu mußten ja viele Rohstoffimporte auch noch mit Nahrungsmitteln bezahlt werden. Der Übergang zu einem extensiv betriebenen

---

[119]) So z. B. durch die irrige Gleichsetzung von Pflugbau mit Getreidebau überhaupt durch den um die kulturhistorische Erhellung dieser Probleme sehr verdienten *E. Werth* [297].

[120]) Bezüglich der Fehldatierung des Pflugfundes bei Walle (Ostfriesland) vgl. die Kritik von *W. Rytz*: Der älteste Pflug der Welt in Deutschland. Ber. d. deutsch. Botan. Ges. **53** (1935).

Getreideanbau war also hier eine gebieterische Notwendigkeit, der nun mit einer verstärkten Verwendung des wohl bereits vereinzelt benutzten Pfluges Rechnung getragen wurde. Der Einsatz tierischer Kraft setzte menschliche Arbeitskräfte frei, die nun in die oben angeführten Stände bzw. Berufe übergehen konnten, während die auf ihrer Scholle verbliebenen Bauern trotz ihrer verringerten Anzahl durch die mit dem Pflug ermöglichte Bestellung viel größerer Felder in kürzerer Zeit als bisher die erforderlichen Produktionsüberschüsse liefern konnten.

Es ist auch der Staat, der sich dies zunutze machte, indem er Großgüter (Latifundien) anlegte und von Hörigen oder Sklaven bzw. Pächtern bewirtschaften ließ (Kronländer, Tempelgüter, feudaler Grundbesitz des Adels). Dies fand eine religiöse Sanktionierung, da der Herrscher als Gott- oder Priesterkönig nomineller Eigentümer des Landes war, wie dies schon in den Anfängen der Hochkulturbildung der Fall war (vgl. altamerikanische Hochkulturen und die rezenten Ausstrahlungsgebiete des Gottkönigtums in Ostafrika).

Die durch den Pflugbau ermöglichte Wirtschaftsblüte reizte wiederum die Herrscher, soviel Länder als möglich zu unterwerfen, um fleißige Steuerzahler (Naturalsteuer) zu gewinnen, die ihnen auch den Bezug wichtiger Rohstoffe aus fernen Ländern sicherten, was alles zusammen wieder die Macht, den Glanz und den Reichtum — der ebenso für die religiös verdienstvollen Tempelbauten und religiösen Stiftungen wie für die luxuriösen Hofhaltungen und Begräbnissitten nötig war — steigerte. So ist es verständlich, daß seit dieser Zeit ein explosives Zunehmen der Großstaatbildungen mit großer Expansionskraft und der Wandel der vielen Kleinkönige zu Großkönigen zu beobachten ist.

Das mehr oder minder hörige Abhängigkeitsverhältnis der Bauern von staatlichen oder feudalen Großgrundbesitzern, wie wir es in Europa erst wieder seit dem Mittelalter in verstärktem Maße sich bilden sehen, steht also schon am Beginn des Pflugbaues. Es ist auch kein Zufall, daß sich der feudale Grundbesitz gerade in den Ländern der altorientalischen Hochkulturen und ihrer Ausstrahlungen (das ostasiatische Kleinpächtersystem ist eine Aufspaltungserscheinung des feudalen Latifundienbesitzes) bis heute am hartnäckigsten erhalten hat. Nur in den Randgebieten des Pflugbaues außerhalb des Herrschaftsbereiches der alten Hochkulturen hatten sich freie Bauern auf ihrer Scholle erhalten können — wie z. B. in Europa —, wobei aus den Großfamiliengehöften unter dem Einfluß des frühbäuerlichen

Kleinkönigtums und der sich zunächst nicht völlig durchsetzenden
ersten indogermanischen Feudalherren auch „adelsbäuerliche" Groß-
bauernsitze entstanden.

Unsere Untersuchungen haben uns also gezeigt, daß der Pflugbau (zusammen mit der Stadt- und Oasenkultur) die Wirtschaftsform der metallzeitlichen altweltlichen Hochkulturen ist — auch wenn er sich in von
diesen fernen Ausstrahlungsgebieten in primitiveren Formen zeigt —
und in seinem Ursprung auf sie zurückgeht. Es kann also keine Rede
davon sein, daß Pflugbau wie Hochkulturen aus der „Überlagerung

Abb. 89. Ziehbrunnen mit Ledereimer zur Bewässerung höher gelegener Felder.
Fellachen. Ägypten

mutterrechtlicher Hackbauern durch Hirtennomaden" entstanden
seien. Wir hatten vielmehr gesehen, daß zumindest der Vollnomadismus mit Schafzucht und die Transhumanz und Almwirtschaft jünger
als der Pflugbau sein müssen, wofür neben den anderen oben angeführten Gründen auch die Tatsache ein Beweis ist, daß sie das
Bestehen des Pflugbaues voraussetzen und selbst den Pflug verwenden.

Mit unseren Betrachtungen über den Viehzuchtnomadismus und den
Pflugbau sind wir bereits in den Bereich der alten Hochkulturen und
damit in geschichtliche Zeiten eingedrungen und haben bei unseren
Untersuchungen über die Entwicklung von Ackerbau und Viehzucht
manchen Blick in ihr allmähliches Werden werfen können. Wir sahen,
wie die bei allen regionalen Verschiedenheiten bestehenden Übereinstimmungen vor allem ihrem Aufbau auf der Megalithkultur als
wichtigster Grundlage zu danken sind, mehr als späteren Handelsbeziehungen und sonstigen Kontakterscheinungen. Eine wichtige
Übergangsstufe bildete das Frühbauerntum, das aus seinem Schoß
die Viehzuchtnomaden entließ, die später als Hirtenkrieger wieder
entscheidende und umformende Einflüsse auf die altweltlichen Hochkulturen ausüben sollten.

E. SCHLUSS

Auf unserem Gang durch die Kulturgeschichte konnten wir ein Bild
von der vielseitigen und weltweiten Verflechtung der verschiedensten
Kulturen gewinnen; von den im Dämmer grauer Vorzeit entspringen-
den Quellen der Kulturentwicklung, die bald zu Bächen und Flüssen
zusammenflossen, bald sich wieder teilten und verzweigten, bald als
Rinnsale früher oder später versickerten oder als Bäche getrennt
nebenherflossen, während andere Kulturströme in das tiefe Bett der
Hochkulturen einmündeten.

Wir konnten aber auch sehen, wie zu allen Zeiten von den höheren
Kulturen und noch mehr von den expansiven Hochkulturen kräftige
Impulse und nachhaltige Einflüsse auf die weniger entwickelten
Kulturen ausgingen, nicht anders als von unserer heutigen Zivilisation.
So sind, mehr als es bisher meist gesehen wurde, die heutigen Natur-
völker von diesen Einflüssen, denen sich nur wenige völlig entziehen
konnten, die sie aber in komplizierten Aneignungsprozessen dem Bilde
ihrer eigenen Kultur gemäß allmählich umformten, geprägt worden.

So erklärt sich die ungeheure Vielfalt der einzelnen Lokalkulturen — die sich ja auch ihrer jeweiligen Umwelt immer wieder anzupassen hatten —, deren historisches Werden sich in ständigem Wandel vollzog.

Diese Fäden der historischen Entwicklung und gegenseitigen Verflechtungen zu entwirren, den Mechanismen und Gesetzmäßigkeiten des Kulturwandels und der Anpassung an veränderte Umweltsbedingungen aufzuspüren, ist eine ebenso schwierige und mühevolle wie reizvolle Arbeit des Ethnologen. Sie ist aber auch lohnend und notwendig, um das Denken und die Seele unserer Mitmenschen jenseits unserer Grenzpfähle erkennen und — wie ihr Handeln — verstehenzulernen. Gleichzeitig läßt sie aber auch durch die Verschiebung des geistigen Standortes mit anderer Perspektive und durch die Widerspiegelung des eigenen Wesens am Fremden die Eigenart und das Werden unserer eigenen Kultur genauer und unverzerrter erkennen. Dadurch ergibt sich aber eine Möglichkeit, das so leicht zu Rassenhaß führende Fremdgefühl gegenüber andersartigen Menschengruppen zumindest zu vermindern und das meist so unangebrachte eigene Überlegenheitsgefühl zu dämpfen. Im Verein mit der Erkenntnis der im Urgrunde gleichen geistig-seelischen Veranlagung und Fähigkeiten aller aus einer Wurzel entsprossenen Menschen als humanider Wesen und des Wissens um die Mitarbeit ungezählter Generationen verschiedenster Rassen und Völker am Aufbau unserer eigenen Kultur läßt sich so eine vorurteilsfreiere Achtung vor fremdem Volkstum gewinnen und der so notwendigen Völkerverständigung dienen. Einen bescheidenen Beitrag hierzu sollten die vorliegenden, notwendigerweise skizzenhaft gebliebenen und die Grenzen unserer gegenwärtigen Kenntnisse und Erkenntnismöglichkeiten widerspiegelnden Ausführungen liefern.

F. ANHANG

SCHRIFTTUMSVERZEICHNIS

Aus Raummangel konnten nicht sämtliche benutzten Werke verzeichnet werden, insbesondere erwies sich die Aufnahme der ethnographischen Monographien als unmöglich. Es sind daher im folgenden neben den Handbüchern nur die in diesen noch nicht enthaltenen neueren Arbeiten angeführt, die für die behandelten Themen von Bedeutung sind. Monographien und Spezialliteratur wird der interessierte Leser in den zitierten Werken angegeben finden.

Handbücher

[1] *Baumann, H., Thurnwald, R., Westermann, D.:* Völkerkunde von Afrika. Essen 1940.

[2] *Bernatzik, H. A.* (Herausgeber): Die Große Völkerkunde (3 Bde.), Leipzig 1939.

[3] *Bernatzik, H. A.* (Herausgeber): Afrika, Handb. d. angewandten Völkerkunde (2 Bde.), Innsbruck 1947.

[4] *Biasutti, R.:* Le Razze e i Popoli della Terra (3 Bde.), Torino 1941.

[5] *Birket-Smith, K.:* Geschichte der Kultur, Zürich 1946.

[6] *Buschan, G.* (Herausgeber): Illustrierte Völkerkunde (2 Bde.), Stuttgart 1922/23.

[7] *Buschan, G.* (Herausgeber): Die Völker Europas, Berlin, o. J.

[8] *Ebert, M.* (Herausgeber): Reallexikon der Vorgeschichte, Berlin 1924—29.

[9] *Forde, C. D.:* Habitat, Economy and Society. A geographical introduction to ethnology, London 1934.

[9a] *Graebner, F.:* Ethnologie. In: Hinneberg, Die Kultur der Gegenwart III/5, Leipzig-Berlin 1923.

[10] *Hodge, F. W. :* Handbook of American Indians north of Mexico (Smiths. Inst. Bur. Am. Ethn. Bull. 30), Washington 1907—10.

[11] *Karutz, R., Krämer, A.:* Atlas der Völkerkunde, Stuttgart 1925—27.

[12] *Kroeber, A. L.:* Anthropology, New York 1923.

[13] *Lagercrantz, St.:* Contributions to the Ethnography of Africa, Lund 1950.

[14] *Lowie, R. H.:* An Introduction to Cultural Anthropology, New York 1940.

[14a] *Mühlmann, W.:* Rassen- und Völkerkunde, Braunschweig 1936.

[15] *Passarge, S.:* Geographische Völkerkunde, Frankfurt a. M. 1934.

[16] *Schmidt, P. W., Koppers, P. W.:* Völker und Kulturen, Regensburg 1924.

[17] *Schmidt, P. W.:* Rassen und Völker in Vorgeschichte und Geschichte des Abendlandes, Bd. II, Luzern 1946.

[18] *Steward, J. H.* (Herausgeber): Handbook of South American Indians (Smiths. Inst. Bur. Am. Ethn. Bull. 143), Washington 1946—50.

[19] *Thurnwald, R.:* Die menschliche Gesellschaft in ihren ethnosoziologischen Grundlagen (5 Bde.), Berlin-Leipzig 1931/34.
[20] *Westermann, D.:* Geschichte Afrikas, Köln 1952.
[21] *Zelenin, D.:* Russische (ostslavische) Volkskunde, Berlin-Leipzig 1927.

Zu Kap. A:

[22] *Benedict, R.:* Patterns of Culture, New York 1949.
[23] *Boas, F.:* Anthropology and Modern Life, New York 1928.
[24] *Bulck, B. van:* Beiträge zur Methodik der Völkerkunde (Wiener Beitr. z. Kulturgesch. u. Linguistik II), Wien 1931.
[25] *Graebner, F.:* Methode der Ethnologie, Heidelberg 1911.
[26] *Hellpach, W.:* Das Magethos, Heidelberg 1947.
[27] *Kothe, H.:* Völkerkundliche Beiträge zur Ethnohistorie (Forsch. u. Fortschr. 24/1948).
[28] *Kroeber, A. L.:* Cultural and Natural Areas of Native North America (Univ. Calif. Publ. in American Arch. and Ethn. 38/1939).
[29] *Linton, R.* (Herausgeber): The Science of Man in the World Crisis, New York 1945.
[30] *Lowie, R.:* The History of Ethnological Theorie, New York 1937.
[31] *Mühlmann, W.:* Methodik der Völkerkunde, Stuttgart 1938.
[32] *Mühlmann, W.:* Geschichte der Anthropologie, Bonn 1948.
[33] *Nordenskiöld, E. v.:* Comparative Ethnographical Studies, Göteborg 1920—31.
[34] *Rivers, W. H. R.:* The Unity of Anthropology (Journ. R. Anthr. Inst. LII, 1922).
[35] *Schmidt, P. W.:* Handbuch der Methode der kulturhistorischen Ethnologie, Münster 1937.
[36] *Strzygowski, J.:* Die Krisis der Geisteswissenschaften. Vorgeführt am Beispiel d. Forschung ü. Bild. Kunst, Wien 1923.

Zu Kap. B, II:

[37] *Birket-Smith, K.:* Wir Menschen einst und jetzt, Zürich 1940.
[38] *Eickstedt, E. V.:* Rassenkunde und Rassengeschichte der Menschheit, Stuttgart 1933.
[39] *Eickstedt, E. v.:* Völkerbiologische Probleme der Sahara (Beitr. z. Kolonialforsch., Tagungsbd. I, 1943).
[40] *Eickstedt, E. v.:* Rassendynamik von Ostasien, Berlin 1944.
[41] *Eiseley, L. C.:* Early Man in South and East Africa (Am. Anthr. 50, 4/1948).
[42] *Keiter, F.:* Rasse und Kultur (3 Bde.), Stuttgart 1938—40.
[43] *Rádl, E.:* The History of Biological Theories, London 1930.
[44] *Weidenreich, F.:* Apes, Giants and Man, Chicago 1946.
[45] *Weinert, H.:* Die Entstehung der Menschenrassen, Stuttgart 1941.
[46] *Weinert, H.:* Menschen der Vorzeit, Stuttgart 1947.
[46a] *Weinert, H.:* Stammesentwicklung der Menschheit, Braunschweig 1951.

Zu Kap. B, IV, V:

[47] *Dixon, R.:* The Building of Culture, New York 1938.
[48] *Driver, H. E., Kroeber, A. L.:* Quantitative Expression of Cultural Relationships (Univ. Calif. Publ. 31, 4/1932).
[49] *Herskovits, M.:* Acculturation, New York 1938.
[50] *Kroeber, A. L.:* Configurations of Culture Growth, 1944.
[51] *Malinowski, B.:* A Scientific Theory of Culture, Chapel Hill 1944. (Deutsch: Eine wissenschaftliche Theorie der Kultur, Zürich 1949.)
[52] *Malinowski, B.:* The Dynamics of Culture Change, New Haven 1945.
[53] *Pitt-Rivers, G. A. L.:* The Clash of Culture and the Contact of Races, London 1927.
[54] *Shirokogoroff, S. M.:* Ethnical Unit and Milieu. A Summary of the Ethnos, Shanghai 1924.
[55] *Shirokogoroff, S. M.:* The Psychomental Complex of the Tungus, London 1935.
[56] *Westermann, D.* (Herausgeber): Die heutigen Naturvölker im Ausgleich mit der neuen Zeit, Stuttgart 1940.

Zu Kap. C, I:

[57] *Blackwood, B.:* The Technology of a Modern Stone Age People in New Guinea, Oxford 1950.
[58] *Feldhaus, F. M.:* Die Technik der Vorzeit, der geschichtlichen Zeit und der Naturvölker, Leipzig-Berlin 1914.
[59] *Kothe, H.:* Die Wirtschaftsstufen und ihre zeitliche Eingliederung (Die Nachbarn 7, 1948).
[60] *Krause, F.:* Das Wirtschaftsleben der Naturvölker, Breslau 1924.
[61] *Leroi-Gourhan, A.:* L'Homme et la Matière, Paris 1943.
[62] *Leroi-Gourhan, A.:* Milieu et Techniques, Paris 1945.
[63] *Schmidt, M.:* Die materielle Wirtschaft bei den Naturvölkern, Leipzig 1923.
[58a] *Huntington, E.:* The Human Habitat, London 1928.

Zu Kap. C, II:

[64] *Bryk, F.:* Die Beschneidung bei Mann und Weib, Neubrandenburg 1931.
[65] *Dittmer, K.:* Zum Problem des Wesens, Ursprungs und der Entwicklung des Clantotemismus (Zeitschr. f. Ethn. 76/1951).
[66] *Frazer, J. G.:* Totemism and Exogamy (4 Bde.), London 1910.
[67] *Fürer-Haimendorf, Chr. v.:* Youth-Dormitories and Community Houses in India (Anthropos 45/1950).
[68] *Haekel, J.:* Das Mutterrecht bei den Indianerstämmen im südwestlichen Nordamerika und seine kulturhistorische Stellung (Zeitschr. Ethn. 68/1936).
[69] *Haekel, J.:* Gewinnung einer relativen Zeitfolge aus der Gruppierung der Sozialsysteme (Mitt. Anthr. Ges. Wien 1937).

[69a] *Haekel, J.:* Totemismus und Zweiklassensystem bei den Sioux, Anthropos 32/1937.

[70] *Haekel, J.:* Pseudo-Totemismus (Mitt.-Blatt d. Ges. f. Völkerkunde
8/1938).

[71] *Haekel, J.:* Zum Problem des Individualtotemismus in Nordamerika
(Int. Arch. Ethn. 35/1938).

[72] *Haekel, J.:* Zweiklassensystem, Männerhaus und Totemismus in Südamerika (Zeitschr. Ethn. 70/1938).

[73] *Haekel, J.:* Über Wesen und Ursprung des Totemismus (Mitt. Anthr.
Ges. Wien 1939).

[74] *Haekel, J.:* Die Dualsysteme in Afrika (Anthropos 45/1950).

[75] *Hambly, W. D.:* Origins of Education among Primitive Peoples, London
1926.

[76] *Jensen, Ad. E.:* Beschneidung und Reifezeremonien bei Naturvölkern,
Stuttgart 1933.

[77] *Knoll-Greiling, U.:* Die sozial-psychologische Funktion des Schamanen
(Festschrift Thurnwald), Berlin 1950.

[78] *Lowie, R. H.:* Primitive Society, London 1921.

[79] *Lowie, R. H.:* Social Organization, New York 1948.

[80] *Malinowski, B.:* Crime and Custom in Savage Society, London 1926.

[81] *Miller, N.:* The Child in Primitive Society, London 1928.

[82] *Moret, A., Davy, G.:* From Tribe to Empire, London 1926.

[83] *Numelin, R.:* Dual Leadership in Savage Societis (Acta Academ.
Aboensis XIV/1944).

[84] *Oppenheimer, F.:* System der Soziologie (4 Bde.), Jena 1922/29.

[85] *Pawlikowski-Cholewa, A. v.:* Heeresgeschichte der Völker Afrikas und
Amerikas, Berlin 1943.

[86] *Schmidt, P. W.:* Das Eigentum in den Urkulturen, Münster 1937.

[87] *Schmidt, P. W.:* Das Eigentum im Primär-Kulturkreis der Herden-
viehzüchter Asiens, Münster 1940.

[88] *Schultz-Ewerth, E., Adam, L.* (Herausgeber): Das Eingeborenenrecht,
Stuttgart 1929/30.

[89] *Steinmetz, S. R.:* Ethnologische Studien zur ersten Entwicklung der
Strafe, Groningen 1928.

[90] *Steinmetz, S. R.:* Soziologie des Krieges, Leipzig 1928.

[91] *Sumner, W. G., Keller, A. G.:* The Science of Society (4 Bde.), London
1927.

[92] *Thurnwald, R.:* Repräsentative Lebensbilder von Naturvölkern, Berlin
1931.

[93] *Trimborn, H.:* Die Methode der ethnologischen Rechtsforschung
(Zeitschr. vgl. Rechtsforsch. 43/1928).

[94] *Vierkandt, A.:* Gesellschaftslehre, Stuttgart 1928.

[95] *Vierkandt, A.* (Herausgeber): Handwörterbuch der Soziologie, Stuttgart 1931.

[96] *Westermann, D.:* Der Afrikaner heute und morgen, Essen 1937.

[97] *Westermarck, E.:* The History of Human Marriage, London 1901.

[98] *Wiese, L. v.:* Allgemeine Soziologie, München-Leipzig 1924.

[99] *Wissler, C.:* An Introduction to Social Anthropology, New York 1929.

Zu Kap. C, III, 1:

[100] *Graebner, F.:* Das Weltbild der Primitiven, München 1924.
[101] *Haring, D. G.* (Herausgeber): Personal Character and Cultural Milieu, New York 1947.
[102] *Hellpach, W.:* Einführung in die Völkerpsychologie, Stuttgart 1938.
[103] *Lévy-Bruhl, L.:* La Mentalité Primitive, Paris 1922.
[104] *Lévy-Bruhl, L.:* L'Âme Primitive, Paris 1927.
[105] *Mead, M.:* Sex and Temperament, New York 1935.
[106] *Preuß, K. Th.:* Die geistige Kultur der Naturvölker, Leipzig 1923.
[107] *Sargart, S. St., Smith, M. W.* (Herausgeber): Culture and Personality, New York 1949.
[108] *Tempels, P. R.:* La Philosophie Bantoue, Paris 1949.
[109] *Thurnwald, R.:* Völkerpsychologie (in: Einführung in die neuere Psychologie), Osterwieck (Harz) 1928.
[110] *Thurnwald, R.:* Psychologie des primitiven Menschen (in: Kafka, Vergleichende Psychologie), München 1930.
[111] *Unwirn, J. D.:* Sex and Culture, London 1934.
[112] *Werner, H.:* Einführung in die Entwicklungspsychologie, Leipzig 1926.
[113] *Winthuis, J.:* Einführung in die Vorstellungswelt primitiver Völker, Leipzig 1931.

Zu Kap. C, III:

[114] *Abrahamsson, H.:* The Origin of Death. Studies in African Mythology, Lund 1951.
[115] *Bächtold-Stäubli, H.* (Herausgeber): Handwörterbuch des deutschen Aberglaubens (10 Bde.), Berlin-Leipzig 1927—42.
[116] *Baumann, H.:* Schöpfung und Urzeit des Menschen im Mythus der afrikanischen Völker, Berlin 1936.
[117] *Beth, K.:* Religion und Magie, Leipzig-Berlin 1927.
[118] *Buschan, G.:* Über Medizinzauber und Heilkunst im Leben der Völker, Berlin 1941.
[119] *Danzel, Th.-W.:* Kultur und Religion des Primitiven Menschen, Stuttgart 1924.
[120] *Deursen, A. van:* Der Heilbringer, Groningen 1931.
[121] *Ehrenreich, P.:* Die allgemeine Mythologie und ihre ethnologischen Grundlagen, Leipzig 1910.
[122] *Fahrenfort, J. J.:* Het Hoogste Wezen der Primitieven, Groningen 1927.
[123] *Fahrenfort, J. J.:* Wie der Urmonotheismus am Leben erhalten wird, Groningen 1930.
[124] *Frazer, J. G.:* The Golden Bough. A Study in Magic and Religion (8 Bde.), London 1911—36.
[125] *Friedrich, A.:* Afrikanische Priestertümer, Stuttgart 1939.
[126] *Gray, L. H.* (Herausgeber): The Mythology of all Races (13 Bde.), Boston 1916—32.
[127] *Hastings, J.* (Herausgeber): Encyclopaedia of Religion and Ethics (13 Bde.), Edinburgh 1908—26.

[128] *Hentze, C.:* Mythes et Symboles Lunaires, Anvers 1932.

[129] *Irstam, T.:* The King of Ganda. Studies in the Institutions of Sacral Kingship in Africa, Stockholm 1944.

[130] *Jensen, Ad. E.:* Das religiöse Weltbild einer frühen Kultur, Stuttgart 1948.

[131] *Karsten, R.:* The Origins of Religion, London 1935.

[132] *Kretschmar, F.:* Hundestammvater und Kerberos (2 Bde.), Stuttgart 1938.

[133] *Lehmann, F. R.:* Mana, Leipzig 1915.

[134] *Lehmann, R.:* Mana, der Begriff des außerordentlich Wirkungsvollen bei Südseevölkern, Leipzig 1922.

[135] *Lehmann, R.:* Die polynesischen Tabusitten, Leipzig 1930.

[136] *Lévy-Bruhl, L.:* Le Surnaturel et la Nature dans la Mentalité Primitive, Paris 1931.

[137] *Lowie, R. H.:* Primitive Religion, London 1935.

[138] *Mensching, G.:* Soziologie der Religion, Bonn 1947.

[139] *Otto, R.:* Das Heilige, Gotha 1929.

[140] *Paudler, F.:* Scheitelnarbensitte, Anschwellungsglaube und Kulturkreislehre, Prag 1932.

[141] *Pinard de la Boullaye, P. H.:* L'Etude Comparée des Religions (2 Bde.), Paris 1922—25.

[142] *Preuß, K. Th.:* Der religiöse Gehalt der Mythen, Tübingen 1933.

[143] *Radin, P.:* Primitive Religion, New York 1937.

[144] *Schmidt, P. W.:* Handbuch der Vergleichenden Religionsgeschichte, Münster 1930.

[145] *Schmidt, P. W.:* Der Ursprung der Gottesidee (9 Bde.), Münster 1926 bis 1949.

[146] *Söderblom, N.:* Das Werden des Gottesglaubens, Leipzig 1926.

[147] *Tegnaeus, H.:* Le Héros Civilisateur, Lund 1950.

[148] *Volhard, E.:* Kannibalismus, Stuttgart 1939.

[149] *Weber, M.:* Gesammelte Aufsätze zur Religionssoziologie, Tübingen 1922.

[150] *Weisweiler, J.:* Das altorientalische Gottkönigtum und die Indogermanen (Paideuma III/1948).

[151] *Westermarck, E.:* Early Beliefs and their Social Influence, London 1932.

[152] *Winthuis, J.:* Mythos und Kult der Steinzeit, Stuttgart 1935.

[153] *Zscharnack, H. G. u. L.* (Herausgeber): Die Religion in Geschichte und Gegenwart (6 Bde.), Tübingen 1927—32.

Zu Kap. C, IV:

[154] *Adam, L.:* Primitive Art, Harmondsworth 1949.

[155] *Bossert, H. Th.* (Herausgeber): Geschichte des Kunstgewerbes aller Zeiten und Völker, Berlin 1929—35.

[156] *Danckert, W.:* Musikethnologische Erschließung der Kulturkreise (Mitt. Anthr. Ges. Wien 1937).

[157] *Dittmer, K.:* Die Kunst der Naturvölker (in: Atlantisbuch der Kunst, Zürich 1952).

[158] *Douglas, H., d'Harnoncourt, R.:* Indian Art of the United States, New York 1941.
[159] *Heinitz, W.:* Strukturprobleme in primitiver Musik, Hamburg 1931.
[160] *Hornbostel, v.:* Die Maßnorm als kulturgeschichtliches Forschungsmittel (in: Festschrift *P. W. Schmidt*), Wien 1928.
[161] *Krause, F.:* Maske und Ahnenfigur (Ethnol. Studien I), Halle 1931.
[162] *Kjersmeier, C.:* Centres de Style de la Sculpture Nègre Africaine (4 Bde.), Paris-Copenhague 1935.
[163] *Lachmann, R.:* Musik der außereuropäischen Natur- und Kulturvölker (in: Handb. d. Musikwiss., herausgeg. v. Bücken, E.) 1929.
[164] *Leenhardt, M.:* Arts de l'Océanie, Paris 1947.
[165] *Linton, R., Wingert, S.:* Arts of the South-Seas, New York 1946.
[166] *Olbrechts, F. M.:* Plastiek van Kongo, Antwerpen-Brüssel 1946.
[167] *Sachs, C.:* Geist und Werden der Musikinstrumente, Berlin 1929.
[168] *Schneider, M.:* Geschichte der Mehrstimmigkeit, Berlin 1934—35.
[169] *Sydow, E. v.:* Die Kunst der Naturvölker und der Vorzeit, Berlin 1923.
[170] *Vatter, E.:* Die religiöse Plastik der Naturvölker, Frankfurt a. M. 1926.
[171] *Wingert, P. S.:* The Sculpture of Negro Africa, New York 1950.

Zu Kap. D, I, II:

[172] *Baumann, H.:* Afrikanische Wild- und Buschgeister (Zeitschr. Ethn. 70/1938).
[173] *Dirr, A.:* Der kaukasische Wild- und Jagdgott (Anthropos 20/1925).
[174] *Friedrich, A.:* Die Forschung über das frühzeitliche Jägertum (Paideuma II/1941).
[175] *Hallowell, A. J.:* Bear Ceremonialism in the Northern Hemisphere (Am. Anthr. 29/1926).
[176] *Hancar, F.:* Der jungpaläolithische Wohnbau und sein Problemkreis (Mitt. Anthr. Ges. Wien 1950).
[177] *Wernert, P.:* L'Époque Paléolithique. Culte des Crânes (in: L'Histoire Générale des Religions), Paris, o. J. (1950?).

Zu Kap. D, III, 1 bis 4:

[178] *Baumann, H.:* Zur Morphologie des afrikanischen Ackergerätes (Koloniale Völkerkunde I/1944).
[179] *Beck, W. G.:* Beiträge zur Kulturgeschichte der afrikanischen Feldarbeit (Diss.) (in: Studien zur Kulturkunde 8), Stuttgart 1943.
[180] *Becker-Dillingen:* Handbuch des Getreidebaues, Berlin 1927.
[181] *Bertsch, F.:* Herkunft und Entwicklung unserer Getreide (Mannus 31, 1939).
[182] *Chang-Kong Chiu:* Die Kultur der Miao-Tze (Mitt. a. d. M. f. V., Hamburg XVIII/1937).
[183] *Coon, C. S.:* Cave Explorations in Iran 1949 (Univ. Pennsylv. Mus. Monogr.), Philadelphia 1951.

[184] *Eberhard, W.:* Kultur und Siedlung der Randvölker Chinas (T'oung Pao, Suppl. XXXV/1942).

[184a] *Eberhard, W.:* Lokalkulturen im Alten China (T'oung Pao, Suppl. XXXVII/1942).

[185] *Engelbrecht, Th. H.:* Die Feldfrüchte Indiens in ihrer geographischen Verbreitung (Abh. Hamburger Kolonialinst. XIX/1914).

[186] *Heidrich, M.:* Koreanische Landwirtschaft (Abh. Zool.-Ethn. Mus., Dresden XIX/1931).

[187] *Heine-Geldern, R. v.:* Die Megalithen SO-Asiens und ihre Bedeutung für die Klärung der Megalithenfrage in Europa und Polynesien (Anthropos 23/1928).

[188] *Heske, F.:* Waldzerstörung und Erosion in Algerien (Beitr. z. Kolonialforschung 5/1943).

[189] *Hintze, K.:* Geographie und Geschichte der Ernährung, Leipzig 1934.

[190] *Höltker, G.:* Steinerne Ackerbaugeräte (Int. Arch. Ethn. XLV/1947).

[191] *Kothe, F.:* Entwicklung und Bedeutung des Getreidestockbaues (Forsch. u. Fortschr. 25/1949).

[192] *Maurizio, A.:* Die Geschichte unserer Pflanzennahrung, Berlin 1927.

[193] *Netolitzky, F.:* Fragestellungen zur nacheiszeitlichen Geschichte heimischer Gewächse (Ber. Deutsch. Bot. Ges. 61/1943).

[194] *Netolitzky, F.:* Unser Wissen von den alten Kulturpflanzen Mitteleuropas (20. Ber. d. Röm.-German. Kom. 1930).

[195] *Netolitzky, F.:* Hirse aus antiken Funden (Sitz.-Ber. Akad. Wiss. Wien, math.-naturwiss. Kl., Bd. 123, Abt. I, 2, VI).

[196] *Nilles, Fr. J.:* Digging-sticks, Spades, Hoes etc. of the Kuman People in the Bismarck Mountains of East Central New-Guinea (Anthropos 37—40/1942—45).

[197] *Perry, W. J.:* The Megalithic Culture of Indonesia, London 1918.

[198] *Röder, J.:* Bilder zum Megalithentransport (Paideuma III/1944).

[199] *Schiemann, E.:* Entstehung der Kulturpflanzen (in: Baur-Hartmann, Handb. d. Vererbungswiss., Bd. III), Berlin 1932.

[200] *Schiemann, E.:* Gedanken zur Genzentrentheorie Vavilovs (Die Naturwissenschaften 27, 22/1939).

[201] *Schulz, A.:* Die Getreide der Alten Ägypter (Abh. Naturforsch. Ges. Halle/S., N. F. 5/1916).

[202] *Schweinfurth, G.:* Aegyptens auswärtige Beziehungen hinsichtlich der Culturgewächse (Zeitschr. Ethn. 23/1891).

[203] *Tothill, J. D.:* Agriculture in the Sudan, London 1948.

[204] *Vavilov, N.:* Studies on the Origin of Cultivated Plants (Bull. Appl. Bot. & Plant-Breeding XVI/2), Leningrad 1926.

[205] *Vavilov, N.:* Geographische Genzentren unserer Kulturpflanzen (Zeitschrift Indukt. Abstamm. u. Vererbungslehre, Suppl. 1/1928).

[206] *Vavilov, N.:* Wild Progenitors of the Fruit Trees of Turkestan and the Caucasus and the Problem of the Origin of Fruit Trees (Proc. IXth. Intern. Horticult. Congr. London 1930).

[207] *Vavilov, N.:* The Rôle of Central Asia in the Origin of Cultivated Plants (Bull. Appl. Bot. 36, 3), Leningrad 1931.

[208] *Werth, E.:* Die ältesten Kulturpflanzen und Haustiere Vorderasiens (Sitz.-Ber. Ges. Naturforsch. Freunde zu Berlin 1930).

[209] *Werth, E.:* Zur Geographie und Geschichte der Hirsen (Angew. Bot. 19/1937).

[210] *Werth, E.:* Neues zur Geographie und Geschichte der Getreidearten (Ber. Deutsch. Bot. Ges. 59/1941).

[211] *Werth, E.:* Neues und Kritisches zur Kenntnis alter Kulturpflanzen (Ber. Deutsch. Bot. Ges. 60/1942).

[212] *Wölfel, J. D.:* Die Kanarischen Inseln und ihre Urbewohner, Leipzig 1940.

[213] *Wölfel, J. D.:* Die Hauptprobleme Weißafrikas (Arch. Anthr., N. F., XXVII/1942).

Zu Kap. D, III, 5:

[214] *Anderson, E.:* A Variety of Maize from the Rio Loa (Ann. Missouri Bot. Garden 30/1944).

[214a] *Best, E.:* Maori Agriculture. Dominion Mus. Bull. 9, Wellington 1925.

[214b] *Stonov, C. R., Anderson, E.:* Maize among the Hill Peoples of Assam. Ann. of the Missouri Bot. Garden 36, 1949.

[215] *Birket-Smith, K.:* The Origin of Maize Cultivation (Kgl. Danske Videnskab. Selskab Hist.-Fil. Meddelelser XXIX, 3/1943).

[216] *Carter, G. F.:* Plant Geography and Culture History in the American Southwest (Viking Fund Publ. in Anthr. 5), New York 1945.

[217] *Carter, G. F.:* Origins of American Indian Agriculture (Am. Anthr., N. S., 48, 1/1946).

[218] *Cook, O. F.:* Food Plants of Ancient America (Smiths. Rep. 32/1903).

[218a] *Diem, C.:* Asiatische Reiterspiele, Berlin 1942.

[219] *Förstemann, E., Bork, F.:* Amerika und Westasien (Orient. Arch. III).

[220] *Friederici, G.:* Die vorkolumbischen Verbindungen der Südsee mit Amerika (Mitt. Deutsch. Schutzgebieten **36**, 1/1928).

[221] *Friederici, G.:* Zu den vorkolumbischen Verbindungen der Südseevölker mit Amerika (Anthropos XXIV/1929).

[222] *Friederici, G.:* Malaio-polynesische Wanderungen, Leipzig 1914.

[223] *Friederici, G.:* Die Heimat der Kokospalme und die vorkolumbische Entdeckung Amerikas durch die Malaio-Polynesier (Erdball 1, 2/1925).

[224] *Graebner, F.:* Amerika und die Südseekulturen (Ethnologica II, 1/1913).

[224a] *Heine-Geldern, R. v.:* Urheimat und früheste Wanderungen der Austronesier (Anthropos 27/1932).

[225] *Henseling, R.:* Das Alter der Maya-Astronomie und die Oktaeteris (Forsch. u. Fortschr. **25**, 3—4/1949).

[226] *Hornbostel, v.:* Über ein akustisches Kriterium für Kulturzusammenhänge (Zeitschr. Ethn. 43/1911).

[227] *Imbelloni, J.:* Die außerkontinentalen Beziehungen der Indianer Amerikas (Mitt. Anthr. Ges. Wien LVIII/1928).

[228] *Johnson, F.:* Radiocarbon Dating (Am. Antiquity XVII, No. 1, 2/1951).

[228a] *Krickeberg, W.:* Bauform und Weltbild im Alten Mexiko. Paideuma 4/150.

[228b] *Laufer, B.:* The Introduction of Maize into Eastern Asia. Comptes rendues du Congrès des Américanistes XV/1906, Quebec 1907.

[229] *Libby, W. F.:* Radiocarbon Dating, Chicago 1952.

[230] *Linné, S.:* Radiocarbon Dates (Ethnos 15/1950).

[231] *Mangelsdorf, P. C.:* The Mystery of Corn (Scientific American, July 1950).

[232] *Mangelsdorf, P. C., Reeves, R. G.:* The Origin of Maize (Am. Anthr., N. S. 47, 2/1945).

[233] *Martin, P. S., Quimby, G. J., Collier, D.:* Indians before Columbus, Chicago 1948.

[234] *Rivet, P.:* Les Mélano-Polynésiens et les Australiens en Amérique (Anthropos 20/1925).

[234a] *Rivet, P.:* Relations commerciales précolombiennes entre l'Océanie et l'Amérique. Festschrift *P. W. Schmidt,* Wien 1928.

[235] *Sapper, K.:* Beiträge zur Kenntnis der Besitzergreifung Amerikas und zur Entwicklung der altamerikanischen Landwirtschaft durch die Indianer (Mitt. M. f. V. Hamburg 19/1938).

[236] *Sapper, K.:* Geographie und Geschichte der indianischen Landwirtschaft, Hamburg 1936.

[237] *Vavilov, N. J.:* Mexico and Central America as the Principal Centre of Origin of Cultivated Plants of the New World (Bull. Appl. Bot. XXVI, 3/1931).

Zu Kap. D, IV, 1—5:

[238] *Altheim, F.:* Die Krise der Alten Welt im 3. Jahrh. n. Zw. und ihre Ursachen, Berlin 1943.

[239] *Amschler, W.:* Die ältesten Nachrichten und Zeugnisse über das Hauspferd in Europa und Asien (Forsch. u. Fortschr. X/1934).

[240] *Donner, K.:* Über das Alter der ostjakischen und wogulischen Renntierzucht (Finn.-Ugr. Forsch. 18/1927).

[241] *Eberhard, W.:* Der Prozeß der Staatenbildung bei mittelasiatischen Nomadenvölkern (Fortsch. u. Fortschr. **25,** 5—6/1949).

[241a) *Faublée, J.:* L'élévage chez les Bara au Sud de Madagascar. Journ. Soc. Afric. XI, 1941.

[241b) *Feilberg, C. G.:* La Tente Noire, Kopenhagen 1949.

[242] *Flor, F.:* Haustiere und Hirtenkulturen (Wien. Beitr. z. Kulturgesch. u. Ling. 1/1930).

[243] *Hančar, F.:* Urgeschichte Kaukasiens, Wien-Leipzig 1937.

[244] *Hančar, F.:* Kaukasus-Luristan (Eurasia Sept. Ant. 1934).

[245] *Hančar, F.:* Roß und Reiter im urgeschichtlichen Kaukasus (JPEK 1935).

[246] *Hermanns, M.:* Die Nomaden von Tibet, Wien 1949.

[247] *Hermes, G.:* Das gezähmte Pferd im neolithischen und frühbronzezeitlichen Europa (Anthropos 30—31/1935—36).

[248] *Hermes, G.:* Das gezähmte Pferd im alten Orient (Anthropos 31/1936).

[249] *Hilzheimer, M.:* Kritik an Flor, Haustiere und Hirtenkulturen (Präh. Zeitschr. 22/1931).

[250] *Hilzheimer, M.:* Die Anschirrung bei den alten Sumerern (Präh. Zeitschr. 22/1931).

[251] *Hilzheimer, M.:* Eine altsumerische Fauna (Fortsch. u. Fortschr. X/1934).

[251a] *Huppertz, J.:* Viehhaltung und Stallwirtschaft bei den einheimischen Agrarkulturen in Afrika und Asien. Erdkunde 5, Bonn 1951.

[252] *Jensen, Ad. E.:* Forschungsreise nach Süd-Abessinien (Zeitschr. Ethn. 77/1952).

[253] *Klatt, B.:* Die Entstehung der Haustiere (in: Baur-Hartmann, Handb. d. Vererbungswiss. III), Berlin 1927.

[254] *Koppers, P. W., Jungblut, L.:* The Water-Buffalo and the Zebu in Central India (Anthropos 37—40/1942—45).

[255] *Kroll, H.:* Die Haustiere der Bantu (Zeitschr. Ethn. 60/1928).

[256] *Laufer, B.:* The Reindeer and its Domestication (Mem. Am. Anthr. Ass. IV).

[257] *Merner, P. G.:* Das Nomadentum im nordwestlichen Afrika (Berliner Geogr. Arb. Geogr. Inst. Univ. Berlin, H. 12), Stuttgart 1937.

[258] *Mirov, N. T.:* Notes on the Domestication of Reindeer (Am. Anthr. N. S. 47, 3/1945.

[259] *Nachtsheim, H.:* Vom Wildtier zum Haustier, Berlin 1936.

[260] *Nicolaisen, J.:* Nomadismen i det centrale Algérie (Geogr. Tidskrift 50/1950).

[260a] *Oehl, W.:* Elementarparallele Verwandte zu den indogerm. Wörtern für „Rind" nebst ethn. Folgerungen, Jb. Ö. Leo-Ges. Wien 1929.

[261] *Peters, H.:* Haustier und Mensch in Libyen, Oehringen 1940.

[262] *Schäle, E.:* Betrachtungen über die Rinder Ostafrikas in rassenkundlicher und wirtschaftlicher Beziehung (Beitr. z. Kolonialforsch. 4/1943).

[263] *Schakir-Zade, T.:* Grundzüge der Nomadenwirtschaft (Diss.), Bruchsal 1931.

[264] *Schmidt, P. W.:* Zu den Anfängen der Tierzucht (Zeitschr. Ethn. 76/1951).

[265] *Schoff, W. H.:* The Periplus of the Erythrean Sea, London 1912.

[266] *Sirelius, W. T.:* Über die Art und Zeit der Zähmung des Renntiers (Journ. Soc. Finn.-Ougr. 33, 2).

[267] *Tallgren, A. M.:* La Pontide Préskythique après l'Introduction des Métaux (Eurasia Sept. Ant. II/1926).

[268] *Tallgren, A. M.:* Zur Chronologie der osteuropäischen Bronzezeit (Mitt. Anthr. Ges. Wien LXI/1931).

[269] *Tallgren, A. M.:* The Arctic Bronze Age (Eurasia Sept. Ant. XI/1937).

[270] *Werth, E.:* Grundsätzliches zum Problem der Haustierwerdung (Die Naturwiss. 27/1939).

[271] *Werth, E.:* Zur Verbreitung und Geschichte der Transporttiere (Zeitschr. Erdkunde zu Berlin 1940).

[272] *Werth, E.:* Die afrikanischen Schafrassen und die Herkunft des Ammonkultes (Zeitschr. Ethn. 73/1941).

[273] *Werth, E.:* Alter und Abstammung des Haushundes (Fortsch.u. Forschr. 20/1944).

[274] *Wiesner, J.:* Fahren und Reiten in Alteuropa und im Alten Orient (Alte Orient 38/1939).

[275] *Wiklund, K. B.:* Untersuchungen über die älteste Geschichte der Lappen und die Entstehung der Renntierzucht (Folkliv I/1938).

[275a] *Wulsin, F. R.:* The Prehistorie Archaeology of Northwest Africa, Papers Peabody Museum 1941.

Zu Kap. D, IV, 6:

[276] *Bittel, K.:* Grundzüge der Vor- u. Frühgeschichte Kleinasiens (2. Aufl.), Tübingen 1950.

[277] *Christian, V.:* Altertumskunde des Zweistromlandes (2 Bde.), Leipzig 1940.

[278] *Dittmer, K.*, Vom Grabstock zum Pflug, Braunschweig 1949.

[279] *Eberhard, W.:* Zur Landwirtschaft der Hanzeit (Mitt. Sem. Orient. Sprachen Berlin, 1. Abh., Bd. 35, 1932).

[280] *Eberhard, W.:* Chinas Geschichte, Bern 1948.

[281] *Ermann-Ranke:* Ägypten und ägyptisches Leben im Altertum, Tübingen 1923.

[281a] *Franke, O.:* Geschichte des Chinesischen Reiches, Leipzig-Berlin 1930 bis 1948.

[282] *Gaerte W.:* Das Weltbild in der Proto-Elamischen Kultur (Anthropos 14—15/1919—20).

[283] *Gautier E. F.:* Le Passé de l'Afrique du Nord, Paris 1937.

[284] *Görz, G.:* Über den urgeschichtlichen Pflug von Georgsfeld (Jahrb. Preuß. Geol. Landesanstalt Berlin 49, 1/1928).

[285] *Hahn, E.:* Die Entstehung der Pflugkultur, Heidelberg 1909.

[286] *Hahn, E.:* Von der Hacke zum Pflug, Leipzig 1914.

[287] *Jensen, Ad. E.:* Im Lande des Gada, Stuttgart 1936.

[288] *Kostland, A.:* Die Landwirtschaft in Abessinien (Beih. z. Tropenpflanzer XIV, 3/1913).

[289] *Köster, A.:* Schiffahrt und Handelsverkehr im östlichen Mittelmeer im 3. u. 2. Jahrt. v. Chr. (Beih. z. Alt. Orient 1/1924).

[290] *Leser, P.:* Entstehung und Verbreitung des Pfluges, Münster 1931.

[291] *Prinz, H.*, Babyloniens Landwirtschaft einst und jetzt (Landw. Arch. 8/1916).

[292] *Rostovtzeff, M.:* Geschichte der Alten Welt (2 Bde.), Wiesbaden 1941.

[293] *Scharff, A.:* Die Frühkulturen Ägyptens und Mesopotamiens (Alt. Orient 41/1941).

[294] *Schwenzner, W.:* Das geschäftliche Leben im alten Babylon (Alt. Orient 16/1917).

[295] *Stuhlmann, F.:* Ein kulturgeschichtlicher Ausflug in den Aurès (Abh. Hamb. Kolonialinst. X/1912).

[296] *Wagner, W.:* Die chinesische Landwirtschaft, Berlin 1926.

[297] *Werth, E.:* Die Pflugformen des nordischen Kulturkreises und ihre Bedeutung für die älteste Geschichte des Landbaues (Nachr. a. Niedersachsens Urgesch. 12/1938).

[298] *Werth, E.:* Türkische und mesopotamische Pflüge in ihrer kulturgeschichtlichen Bedeutung (Zeitschr. Ethn. 70/1938).
[299] *Zinner, E.:* Die Geschichte der Sternkunde, Berlin 1931.

Zeitschriften

Abhandl. a. d. Gebiet d. Auslandskunde, Univ. Hamburg 1920, früher:
    Abh. d. Hamburg. Kolonialinstitutes, 1910.
Abh. u. Ber. d. Zool. u. Anthr.-Ethn. Mus. Dresden, 1886—1934.
Acta Academiae Aboensis, Humaniora, Åbo 1920.
Acta Ethnologica, København 1936.
Acta Ethnologica et Linguistica, Wien 1950.
Actas y Memorias de la Soc. Espań. de Antr., Etnogr. y Prehist., Madrid 1921.
Africa, London 1928.
African Studies, Johannesburg 1941 (früher: Bantu Studies).
America Indigena, Mexico 1948.
The American Anthropologist, Washington 1888.
Anais do Museu Paulista, São Paulo 1931.
Anales del Inst. de Etnogr. Americana, Universidad Nat. de Cuyo, 1940.
Anales de Arqueol. y Etnologia, Mendoza 1947 (früher: An. d. Inst. de Etnogr.
    Americ.).
Anales del Instituto Nacional de Antropologia e Historia, Mexico 1939.
Anales del Museo Nacional de Arqueologia, Historia y Etnografia, Mexico 1909.
Anales del Museo de la Plata, La Plata 1890.
Annales du Musée du Congo Belge, Sér. D, Ethn. et Anthr., Bruxelles 1899.
Annali Lateranensi, Citta del Vaticano, 1937.
Annual Report of the Smithsonian Institution, Washington 1885.
Annual Report of the Bureau of Ethnology, Washington 1879 (ab 1894:
    American Ethn.).
Anthropological Papers of the Amer. Mus. of Nat. History, New York 1908.
Anthropol. Publ. of the University Museum, University of Pennsylvania
    Philadelphia 1909.
L'Anthropologie, Paris 1890.
Anthropos, Wien-Mödling 1906 (ab 1940: Freiburg/Schweiz).
Archiv für Anthropologie, Braunschweig 1866—1942.
Archiv für Religionswissenschaft, Leipzig-Berlin 1898—1942.
Archiv für Völkerkunde, Wien 1946.
Archivio per l'Antropologia e la Etnologia, Firenze 1871.
Das Ausland, München 1828, Stuttgart 1835, Augsburg 1855—1893.

Baessler-Archiv, Berlin 1911.
Bantu Studies, Johannesburg 1921 (ab 1941: African Studies).
Bijdragen tot de Taal-, Land- en Volkenkunden van Nederlandsch-Indië,
    Haag 1853.
Boletin Bibliografico de Antropologia Americana, Mexico 1937.
Bulletin of the Bernice P. Bishop Museum, Honolulu 1923.
Bull. (Smiths. Inst.) Bureau of American Ethnology, Washington.

292   Schrifttumsverzeichnis

Bulletin of the Dominion Museum, Welligton N. Z., 1904.
Bulletin de l'École Française d'Extrême Orient, Hanoi 1902.
Bulletin of the School of Oriental (and African) Studies, London 1917.
Bulletin de la Société d'Anthropologie, Paris 1859.

Columbia University Contributions to Anthropology, New York 1913.
Congo, Bruxelles 1920—1940 (ab 1947: Zaïre).
Congrès International des Américanistes, verschied. Orte, 1875.
Čelovjek, Leningrad 1928.

Deutsche Kolonialzeitung, Berlin 1884—1920.
Deutsches Kolonialblatt, Berlin 1890—1919.

Ergebnisse der Südsee-Expedition der Hamburg. Wiss. Stiftung, Hamburg
    1927—1933.
Ethnographia Népélet, Budapest 1889.
L'Ethnographie, Paris 1913.
Ethnological Papers of the Peabody Museum of Amer. Archaeol. and Ethno-
    logy, Harvard Univ., Cambridge/Mass. 1888.
Ethnologischer Anzeiger, Stuttgart 1928—1944.
Ethnologische Mitteilungen aus Ungarn, Budapest 1887—1911.
Ethnos, Stockholm 1936.
Etnografija, Moskva-Leningrad 1926 (ab 1949: Sovjetskaja Etnografija).
Etnologiska Studier (Ethnological Studies), Göteborg 1935.

F. F.-Communications, Helsinki 1911.
Folia Ethnographica ab Instituto Ethnographico Universitatis de Petro
    Pázmány Nominatae, Budapest 1949.
Folkliv, Stockholm 1937.
Folk-Lore, London 1890.
Forschungen zur Völkerpsychologie und Soziologie, Leipzig 1925—35.

Globus, Braunschweig 1862—1910.

Hespéris, Arch. Berbères et Bull. de l'Inst. des Hautes-Études Marocaines,
    Paris 1921.

Indian Notes and Monographs, New York 1919.
Internationales Archiv für Ethnographie, Leiden 1888.
Der Islam, Straßburg 1910.

Jahrbuch des Städt. Museums für Völkerkunde zu Leipzig, Leipzig 1906—25.
Journal of the African Society, London 1901.
Journal of the American Oriental Society, New Haven 1880.
Journal of the Anthropological Society of Bombay, Bombay 1886.
Journ. of the Anthropological Society of Tokyo, Tokyo 1885.

Journ. of the Polynesian Society, New Plymouth N. Z., 1892.
Journ. of the (Royal) Anthropol. Institut of Great Britain and Ireland, London 1872.
Journ. of the Royal Asiatic Society, London 1847.
Journ. de la Société des Africanistes, Paris 1931.
Journ. de la Société des Américanistes, Paris 1896.
Journ. de la Société Finno-Ougrienne (Aikakauskirja, Suomalais-Ugrilaisen Seuran), Helsinki 1886.
JPEK, Jahrbuch für prähist. u. ethnogr. Kunst, Leipzig 1926, Berlin 1930 bis 1942.

Koloniale Rundschau, Berlin 1909 (ab 1929: Kol. Rdschau u. Mitt. a. d. Deutschen Schutzgebieten, bis 1942).
Kongo-Overzee, Antwerpen 1934.
Korrespondenzblatt d. Deutschen Gesellschaft für Anthropologie, Ethnologie und Urgeschichte, Braunschweig 1870—1923.

Man, London 1901.
Mémoires de l'Académie Impériale des Sciences de St. Pétersbourg 1830 bis 1917.
Memoirs of the American Anthropol. Association, Lancaster, P.A. U.S.A., 1905.
Mitteilungen der Anthropol. Gesellschaft in Wien, Wien 1871.
Mitteilungen der Deutschen Gesellschaft für Natur- und Völkerkunde Ostasiens, Tokio 1858—1926.
Mitteilungen aus den Deutschen Schutzgebieten, Berlin 1887—1918.
Mitteilungen der ethnogr. Sammlung der Universität Basel, Basel 1894.
Mitteilungen der Geogr.-Ethnogr. Gesellschaft Zürich, Zürich 1900.
Mitteilungsblatt der Gesellschaft für Völkerkunde, Leipzig 1933—42.
Mitteilungen aus dem Museum für Völkerkunde in Hamburg, Hamburg 1901.
Le Monde Oriental, Uppsala 1906.
Monumenta Serica, Peiping 1935.

NADA, The Southern Rhodesia Native Affairs Department Annual, Salisbury/Rodes. 1922.
A Néprajzi Múzeum Ertesitöje, Budapest 1908.
Nordiska Museet Fataburen, Stockholm 1906.

Oceania, Melbourne 1930.
Orientalistische Literaturzeitung, Leipzig 1897—1942.

Paideuma, Mitt. z. Kulturkunde, Frankfurt/M. 1938.
Petermanns Geographische Mitteilungen, Gotha 1855.
Publications in Anthropology, Yale University, New Haven 1936.
Publications of Field (Columbian) Museum of Natural History, Chicago 1896.

Revista de Indias, Madrid 1940.
Revista do Museu Paulista, São Paulo 1916.
Revista del Museo de la Plata, La Plata 1896.
Revue Anthropologique, Paris 1890.
Revue d'Ethnographie, Paris 1882—89.
Revue d'Ethnographie et des Traditions Populaires, Paris 1920.
Rig, Stockholm 1918.
Rivista Antropologia, Roma 1895.
Runa, Archivo para las Ciencias del Hombre, Buenos Aires 1948.

Schweizerisches Archiv für Volkskunde, Basel 1897.
Sbornik antropologii i etnografii statej o Rossii i stranach jej priležačich,
    Moskva 1863—73.
Soziologus, Zeitschr. f. Völkerpsych. u. Soziologie, Leipzig 1932, Stuttgart
    1933, N. F. Berlin 1951.
Sovjetskaja Etnografija, Moskva 1949 (früher: Etnografija).
Sudan Notes and Records, Khartum 1918.

Tanganyika Notes and Records, Dar-es-Salaam 1936.
Tijdschrift voor Indische Taal-, Land- en Volkenkunden, Batavia 1853—1936.
T'oung Pao, Leiden 1904.
T'oung Pao Archives, Leiden 1890.

University of California Publications in American Archaeol. and Ethn.,
    Berkeley 1903.

Volkstum und Kultur der Romanen, Hamburg 1928—1943.

Wiener Beiträge zur Kulturgeschichte und Linguistik, Wien 1930.
Wiener Beiträge für die Kunde des Morgenlandes, Wien 1887—1939.
Wiener Beiträge zur Kunst- und Kulturgeschichte Asiens, Wien 1930.
Wiener Zeitschrift für Volkskunde, Wien 1919 (früher: Zeitschr. f. österr.
    Volkskunde).
Wörter und Sachen, Heidelberg 1909—1940.

Zaïre, Bruxelles-Antwerpen 1947 (früher: Congo).
Zeitschrift der Deutschen Morgenländischen Gesellschaft, Leipzig 1847.
Zeitschrift für Ethnologie, Berlin 1869 (ab 1950: Braunschweig).
Zeitschrift für österreichische Volkskunde, Wien 1896—1918 (ab 1919:
    Wiener Zeitschr. f. Volkskunde).
Zeitschrift des Vereins für Volkskunde, Berlin 1891—1940.
Zeitschrift für vergleichende Rechtswissenschaft einschl. d. ethnol. Rechts-
    forschung u. d. Kolonialrechts, Stuttgart 1878—1944.
Zeitschrift für Völkerpsychologie und Soziologie, Leipzig 1925—1931 (ab 1932:
    Soziologus, Zeitschr. f. Völkerpsych. u. Soz.).
Živara Starina, St. Petersburg 1891—1917.

VERZEICHNIS DER BILDTAFELN

Mein besonderer Dank gilt allen Fachkollegen und Instituten, die mir bei der Beschaffung des Bildmaterials behilflich waren, insbesondere Herrn Prof. Dr. F. Termer als Direktor des Hamb. Museums für Völkerkunde.

Abkürzungen: H. M. f. V. = Hamburgisches Museum für Völkerkunde und Vorgeschichte. Eine darauf folgende Nummer = Inventarnummer des betreffenden Gegenstandes. H.: = Höhe.

UMSCHLAGBILD

Geometrisierte Darstellung eines Kopfes mit altertümlicher Festfrisur, mit Messing- und Kupferblech beschlagene Holzschnitzerei. Als Schutzfigur auf einen Korb mit Ahnenschädeln gesteckt. H. des beschlagenen Teils: 44 cm. *Ba-Kota*, Französisch-Äquatorial-Afrika. H. M. f. V. 27. 120 : 2. Foto auf Agfacolor-Negativfilm: Martha Dittmer.

TAFEL I

Oben links: Bronzekopf eines Gottkönigs in federgeschmückter Haube und Kragen aus Korallenperlschnuren. *Benin*, Nigeria, 17. Jahrh. n. Chr. Negerische Stiltendenz der ornamentalen Schematisierung der Gesichtszüge. H.: 45 cm. H. M. f. V. C 2340.
Oben rechts: Bronzekopf eines Gottes. Die Lochreihen dienten zur Aufnahme eines künstlichen Bartes. *Yoruba*, Nigeria, ca. 11./12. Jahrh. n. Chr. Porträthaft-naturnahe, doch idealisierte Darstellung. Die aus spätägyptischen Traditionen, mediterranen, koptischen und indischen Einflüssen erwachsene Kunst Altnigeriens war der Ausgangspunkt der Beninkunst (vgl. 157). Nach W. Fagg, Traditional Art of the British Colonies, London 1949, Pl. IV.
Unten links: Schutzfigur, auf Körbe mit Ahnenschädeln gesteckt. *Pangwe*, Südkamerun. H.: 61 cm. H. M. f. V. C 677.
Unten Mitte: Häuptlingsstuhl, von Ahnenfigur getragen. Hofstil von Buli, *Wa-Rua*, Belg.-Kongo. Museum für Völkerkunde, Stuttgart 38229.
Unten rechts: Ahnenfigur mit Wiedergabe der Narbentatauierung. *Ba-Vili*, Franz.-Kongo. H.: 56 cm. H. M. f. V. C 1811.

TAFEL II

Oben: Weibl. Kultfigur an einem Kulthaus mit aufgesetztem übermodellierten menschlichen Schädel (= Darstellung der Mondsichel als Totenschiff mit Bemannung?). *Kaiserin-Augusta-Fluß* (Sepik), Neuguinea. Gr. Länge: 277 cm. Nach O. Reche, Der Kaiserin-Augusta-Fluß, Hamburg 1913, T. LXXVI, 3.
Unten links: Kultschnitzerei (*malanggan*), schwarz-weiß-rot bemalt. *Neu-Mecklenburg*, Melanesien, H. M. f. V.
Unten Mitte: Häuptlingsahnenfigur = mit Lehm, Harz und Bast übermodelliertes Stangengerüst mit aufgesetztem übermodellierten Schädel. *Südwest-Malekula*, Neue Hebriden. H.: 225 cm. H. M. f. V.
Unten rechts: Zauberstab (oberer Teil), *Batak*, Sumatra. H.: 65 cm (von insgesamt 198 cm). H. M. f. V. 12. 123 : 87.

TAFEL III

Oben links: Hockerfigur aus Lava, *Marquesas-Inseln*, Städt. Völkermuseum, Frankfurt/M.
Oben Mitte: Figur einer weibl. Gottheit aus einer Höhle bei Kawaihae, *Hawaii*, Bernice Bishop Museum. Nach H. M. Luquiens, Hawaiian Art, Honolulu 1931, S. 31.
Oben rechts: Figur der Gottheit Sope, *Nukuor*, Mikronesien. H.: 162 cm. H. M. f. V. E 1893.
Unten: Vorhalle eines Versammlungshauses, mit Skulpturen und Reliefs reich geschmückt. In Europa einzigartiges Original-Dokument der besten Qualität neuseeländischer Schnitzkunst. *Maori*, Neu-Seeland. H.: 550 cm, Br. 920 cm. H. M. f. V.

TAFEL IV

Oben links und unten links: Bemalte Klappmaske, eine Tier-Mensch-Verwandlung darstellend. *Bilchula*, Vancouver-Island, Nordwestamerika. Museum f. Völkerkunde, Stuttgart 19178.
Rechts: Totempfahl, *Haida*, Nordwestamerika. H.: 295 cm. H. M. f. V. B 3416.

TAFEL V

Oben: Eine Frau reibt ihrem Mann Jagd-„Medizin" zur erfolgreichen Jagd in die aufgeritzte Stirn (= Ursprung der Narbentatauierung?). *Ba-Mbuti-Pygmäen*, Belg.-Kongo. Nach P. Schebesta, Der Urwald ruft wieder, Salzburg-Leipzig 1936, Bild 74.
Unten links: Ein Lagerältester vertreibt ein Gewitter mittels einer Zauberpfeife. *Ba-Mbuti-Pygmäen*, Belg.-Kongo. Nach P. Schebesta, a. a. O., Titelbild.
Unten rechts: Jäger mit Rundstabbogen und einem Stellnetz für die Treibjagd auf dem Kopf. *Ba-Mbuti-Pygmäen*, Belg.-Kongo. Foto: laenderpress, Düsseldorf-Oberkassel.

TAFEL VI
Oben links: Novizen des *Kurángara*-Kultbundes werden zur magischen Kraftübertragung mit heiligen Hölzern berührt. Da magisch noch nicht „kräftig" genug, müssen ihre Gesichter noch verhüllt bleiben. *Unambál*, Nordwest-Australien. Foto: Dr. O. Lommel, München.
Oben rechts: Ein Tänzer, der den Dämon, der angeblich den *Kurángara*-Kult eingesetzt und die Kulthölzer verfertigt hat, darstellt, zeigt den Novizen erstmalig ein solches Kultholz. Die anderen Eingeweihten singen dazu die entsprechenden Mythen. *Unambál*, Nordwest-Australien. Foto: Dr. A. Lommel, München.
Unten: Känguruh-Tanz zur magischen Vermehrung der Tiergattung. *Zentralaustralien.* Foto: Kristall.

TAFEL VII
Oben links: Modell eines Plankenhauses mit Eingang durch einen Totempfahl. *Haida*, Nordwestamerika. Nach J. R. Swanton, Contr. to the Ethnology of the Haida. Jesup North Pac. Exp. V, 1, Leiden-New York 1905—09, T. IV.
Oben rechts: Original-Skalp eines Europäers aus dem Besitz des Häuptlings „Broken Arm". *Sioux-Prärieindianer.* H. M. f. V. 17. 35 : 1.
Unten: Lager mit Windschirmen aus Palmblattmatten. *Punan*, Borneo. Foto: laenderpress, Düsseldorf-Oberkassel.

TAFEL VIII
Oben: Büffeljagd auf Schneeschuhen. *Prärieindianer.* Nach Catlin, Nordamerikan Indian Portfolio, London 1844, T. 15.
Mitte oben: Büffeltanz zur Vermehrung der Büffel und für erfolgreiche Jagd. Verwendung von Büffelmasken und Rahmentrommel, im Hintergrund Stangenzelte. Nach Catlin, a. a. O., T. VIII.
Mitte unten: Bärenfest. Aufstellung des abgebalgten Bären im Hause bei einem Festmahl zu seinen Ehren. *Giljaken*, Ostsibirien. Nach L. Schrenck, Reisen und Forschungen im Amur-Lande. St. Petersburg 1891, T. 49.
Unten: Büffeljagd in Wolfsmaskierung. *Prärieindianer.* Nach Catlin, a. a. O., T. 13.

TAFEL IX
Oben links: Inneres eines Sippenhauses. *Mi-Sangha*, Franz.-Äquatorial-Afrika. Foto im H. M. f. V.
Oben rechts: Straßendorf mit Sippenhäusern (rechteckige Giebeldachhütten) im Urwald. *Mi-Sangha*, Franz.-Äquatorial-Afrika. Foto im H. M. f. V.
Mitte: Sippengehöft-Siedlung mit Kegeldachhäusern am terrassierten Berghang. *Latuka*, Ostsudan. Foto: Kristall.
Unten links: Aufbringen des Lehmbewurfs (*poto-poto*) an einer Stangengerüst-Wand. Urwaldgebiet *Südkameruns*. Nach H. Prost, L'Habitat au Cameroun, Paris 1952, S. 108.
Unten rechts: Kuppelhütte mit Eingangstunnel (gegen Wind und Kälte) aus Schneeblöcken (*iglu*), *Polareskimo.* Foto: Foto-Agentur E. Wehner, Frankfurt/M.

TAFEL X
Oben: Erdofen. In die mit Blättern ausgelegte Grube werden erhitzte Steine gelegt, darauf die zu dünstenden Speisen. *Mbovamb*, Hagengebirge, Neuguinea. Foto: Vicedom.
Mitte links: Frauen graben in der Pflanzung Taroknollen mit dem Grabstock aus. *Trobriand-Inseln*, Brit.-Neuguinea. Foto im H. M. f. V.
Mitte rechts: Eine Mutter geht mit Grabstock und Tragnetz zur Feldarbeit. *Mbovamb*, Hagengebirge, Neuguinea. Foto: Vicedom.
Unten: Bau eines Kriegs- und Handelsbootes. (Durch Aufsetzen von immer mehr Planken wird allmählich der ursprüngliche Einbaum zum Kiel eines Plankenbootes.) *Trobriand-Inseln*, Brit.-Neuguinea. Foto im H. M. f. V.

TAFEL XI
Oben: Kopfjagdtrophäen und Ahnenschädel, mit Ton übermodelliert und bemalt, über Rindentafeln mit sinnbildlichen Darstellungen in einem Zeremonialhaus. *Kaiserin-Augusta-Fluß* (Sepik), Neuguinea. Foto im H. M. f. V.
Mitte links: Geisterhaus bei *Berlinhafen*, Neuguinea. Nach A. B. Meyer-R. Parkinson, Album von Papua-Typen III, Dresden 1900, T. 11.
Mitte: Kopfjagdtrophäe. Nach Entfernung der Knochenteile schrumpft die Kopfhaut durch Dörren und Füllung mit heißem Sand auf Faustgröße zusammen. *Jivaro*, Ecuador. H. M. f. V. 37. 59 : 1.
Mitte rechts: Frauen stellen beim Mokafest die Reichtümer ihrer Gatten in Gestalt von Muschelschalen zur Schau. *Mbovamb*, Hagengebirge, Neuguinea. Foto: Vicedom.
Unten: Schlitztrommeln in Menschengestalt. *Neue Hebriden.* Foto: Foto-Agentur E. Wehner, Frankfurt/M.

TAFEL XII
Oben: Beschneidung der Knaben bei gleichzeitiger Aufnahme in den Männerbund. Die Knaben erhielten Stöcke als „Speere" und werden nun in die Traditionen und Riten usw. des Männerbundes eingeweiht und über ihre Pflichten belehrt. *Ron*, Nigeria. Foto: Foto-Agentur E. Wehner, Frankfurt/M.

Mitte links: Beschneidungsfest: Der Initiationsleiter tritt in Leopardenmaske auf. *Ba-Bali*, Belg.-Kongo. Nach P. Schebesta, Die Bambuti-Pygmäen vom Ituri, II, 2, Brüssel 1948, T. 32, 111.
Mitte rechts: Nach der Beschneidung wird dem Knaben eine Schutzhülle auf die Wunde gesteckt. *Ron*, Nigeria. Foto: Foto-Agentur E. Wehner, Frankfurt/M.
Unten: Frischbeschnittene Mädchen mit Kürbisrasseln. Die weiße Gesichtsbemalung kennzeichnet sie als rituell Verstorbene, die durch die Initiation als Erwachsene wiedergeboren werden. *Ba-Kulia*, Ostafrika. Foto im H. M. f. V.

TAFEL XIII

Oben: Doppelboot-Flotte bei einer Totenfeier. Links im Boot ein Priester im Trauergewand. Vgl. die federgeschmückten Stevenaufsätze mit denen neuseeländischer Kriegsboote und mittelmeerischer Seeräuberboote des 2. Jahrt. v. Chr. (Abb. 45). *Tahiti*, Polynesien. Nach J. Cook & J. King, A Voyage to the Pacific Ocean. Atlas, London 1784.
Unten links und rechts: Menhire und Dolmen als Rastplätze für Ahnenseelen und Ratssitze für die Lebenden auf dem gepflasterten Dorfplatz. Vgl. damit die rezenten südostasiatischen (Abb. 36) und neolithischen europäischen und afrikanischen Steinsetzungen. *Nias* bei Sumatra. Foto: W. Blanke, Minden/W.

TAFEL XIV

Oben: Schlingenstabwebgerät für Bastfasern. Bei gesenkter unterer Kettenlage wird das Schiffchen mit dem Schußfaden eingeschoben. *Yap*, Mikronesien. Foto im H. M. f. V.
Mitte links: Häuptling mit Gesichtstatauierung im Flachsmantel. *Maori*, Neuseeland. Foto im H. M. f. V.
Mitte rechts: Reigentanz der Krieger in eisernen Rüstungen auf dem gepflasterten Dorfplatz. *Nias* bei Sumatra. Foto: W. Blanke, Minden/W.
Unten: Ein Häuptling wird gefüttert, da er die Speisen durch Berührung mit den Händen *tabu* machen würde. Die Frau ist mit einem *Kiwi*-Federmantel bekleidet. *Maori*, Neuseeland. Foto im H. M. f. V.

TAFEL XV

Oben links: Männerhaus mit bemalten Schnitzereien mythologischen und historischen Inhalts auf den Balken. *Palau*, Mikronesien. Foto im H. M. f. V.
Oben rechts: Terrassierte Maisfelder. *Guatemala*. Foto: Prof. Dr. F. Termer, Hamburg.
Unten: Grabmal als Stufenpyramide auf dem Festplatz. *Tahiti*, Polynesien. Vgl. damit die ozeanischen, asiatischen, nordafrikanischen (Mastabas) und amerikanischen Stufenpyramiden (S. Abb. 56, 61). N. J. Wilson, A missionary voyage to the Southern Pacific Ocean, London 1799, S. 204.

TAFEL XVI

Oben links: Ballspiel, *Prärieindianer*. Nach Catlin, North American Indian Portfolio, London 1844.
Oben rechts: Poloschläger, *Japan*. Nach C. Diem, Asiatische Reiterspiele, Berlin 1942, S. 249.
Unten links: Vorkämpfer mit Federgestell im Rücken. *Solor*, Sundainseln. Nach G. Buschan, Ill. Völkerkunde II, Stuttgart 1923, T. XXXIV.
Unten rechts: Krieger mit Federgestell im Rücken (Codex Tellerianus Remonensis, fol. 42). *Altmexico*. Nach E. Seler, Ges. Abh. II, Berlin 1904, Abb. 94. Die altmexikanische Hiebwaffe *maquaitl*, ein Holzschwert mit an den Kanten eingesetzten Obsidiansplittern zur Erzielung einer *schneidenden* Kante, erweckt wie die Waffen der Gilbert-Insulaner mit angebundenen Haifischzähnen den Verdacht, auf diese Weise — nach dem Verlust der Metalltechnik — die Wirkung metallener Waffen nachzuahmen. Die Vorfahren der *Maori* auf Neuseeland scheinen, nach der Form ihrer jetzt hölzernen oder steinernen Waffen zu urteilen, ebenfalls die Metalltechnik gekannt zu haben.
Vgl. die federgeschmückten Rückengestelle dieser Tafel mit Abb. 43. Ähnliches noch heute bei den *Musgu* im Zentralsudan.

TAFEL XVII

Oben links: Hirsespeicher. *Zambezi-Gebiet*, Südafrika. Foto: laenderpress, Düsseldorf-Oberkassel.
Oben rechts: Pfahlbündel mit den Schädeln rituell erjagter Tiere. *Konso*, Südabessinien. Foto: Frobenius-Institut, Frankfurt/M.
Unten: Fischfang mit Schöpfkörben. *Zambezi-Gebiet*, Südafrika. Foto: laenderpress, Düsseldorf-Oberkassel.

TAFEL XVIII

Würdenträger mit Dreizack als Abzeichen höheren Ranges und phallischem Stirnschmuck als Auszeichnung für Tötung eines Menschen. *Ts'amako*, Südabessinien. Foto: Frobenius-Institut, Frankfurt/M.

Der phallische Stirnschmuck tritt auch in der Kaiserkrone von *Kaffa*, Südabessinien, auf. In ornamentalisierter Form ferner in den Kronen der Könige von *Yoruba*, Nigeria (etwa 800 bis 1200 n. Chr.). Der Dreizack ist als Würdezeichen in afrikanischen Königskulturen vom Indischen Ozean bis zum Atlantik verbreitet.

TAFEL XIX

Oben: Waffenschmiede mit Schlauchgebläse (vgl. Konstruktionszeichnung Abb. 49). *Wa-Kikuyu*, Ostafrika. Foto im H. M. f. V.
Mitte: Trittwebstuhl für Baumwollgewebe. *Mandingo*, Westsudan. Foto im H. M. f. V.
Unten: Desgl., Fachbildung: Die zwei Kettfädenlagen laufen durch ein Webegatter, mit dem jeweils der Schußfaden angeschlagen wird. Die von Trittleisten bedienten Schlingenstäbe ziehen abwechselnd die geraden oder ungeraden Kettfäden in die Höhe. Foto: Foto-Agentur E. Wehner, Frankfurt/M.
Der von Männern bediente Trittwebstuhl wurde von Indien aus mit dem Baumwollanbau verbreitet. Er stellt auch die Grundform des seit dem Mittelalter in Mitteleuropa eingeführten Trittwebstuhles dar.

TAFEL XX

Oben: Wahrsagerin mit ihren Klienten. Diese sagen ihr Anliegen nicht direkt, es muß vielmehr von der Wahrsagerin durch geschickte Fragen und Aussagen erraten werden. *Zulu*, Südafrika. Foto im H. M. f. V.
Unten links: Ein Medizinmann behandelt einen Kranken mittels des Schröpfhornes. *Zulu*, Südafrika. Foto im H. M. f. V.
Unten rechts: Ein Regenzauberer kämpft gegen einen nahenden Hagelsturm. *Zulu*, Südafrika. Foto im H. M. f. V.

TAFEL XXI

Oben: Kamelkarawane mit zerlegten Filzzelten und Hausrat. *Kirgisen*, Kasachstan, UdSSR. Foto im H. M. f. V.
Mitte oben: Lager von Schaf- und Kamelzüchtern mit Zelten aus gewebten Ziegenhaarbahnen. *Berber*, Algerien. Die gleiche Zeltform war bereits der Antike aus Nordafrika bekannt. Ziegenhaarzelte wurden von Schafzüchtern ferner bis Tibet und Südosteuropa verbreitet. Foto im H.M.f.V.
Mitte unten: Melken von Fettsteißschafen. *Kirgisen*. Foto im H. M. f. V.
Unten: Ständerschlitten mit Ren-Anspann. Zum Lenken dient eine lange Stange. *Ostjaken*, Westsibirien. Foto im H. M. f. V.

TAFEL XXII

Oben: Einem gefesselten Buckelrind wurde der Hals abgebunden, um es durch einen Pfeilschuß in die Halsvene zu Ader zu lassen. *Banna*, Südabessinien. Foto: Frobenius-Institut Frankfurt/M.
Unten links: Das Blut wird in einer Kalebasse aufgefangen, gerührt und dann getrunken. Zwei Jahre dürfen die Jünglinge nur von Milch, Blut, Fleisch wildem Honig und Früchten leben, dann erst sich verloben. Das Trinken des Blutes lebender Rinder als Nahrungsmittel ist eine den meisten afrikanischen Hirtennomaden bekannte Sitte.
Unten rechts: Schamane mit Rahmentrommel zum Herbeirufen seiner Hilfsgeister und Mantel mit Behang von eisernen Schellen und Hilfsgeisteremblemen. *Jakuten*, Ostsibirien. Foto im H. M. f. V.

TAFEL XXIII

Oben links: Weizendrusch auf offener Tenne durch Maultierhufe. *Algarve*, Portugal. Das Austreten der Getreidekörner durch Haustiere ist im ganzen Umkreis des Mittelmeeres bekannt. Foto: Dr. W. Bierhenke, Hamburg.
Oben rechts: Getreideernte mit der Sichel. Maria Gail bei Villach, Kärnten. Foto: L. Aufsberg, Sonthofen.
Mitte links: Dto. *Algarve*, Portugal. Foto: Dr. W. Bierhenke.
Mitte rechts: Ein Trockenreisfeld wird mit dem gezogenen Grabscheit bestellt. *Miao*, Südchina. Nach Chang-Kong-Chiu, Die Kultur der Miao-tze, Mitt. a. d. Mus. f. Völkerkunde Hamburg, XVIII, 1937, T. 24, 47.
Unten: Senkrechter Griffwebstuhl, *Berber*, Marokko. In gleicher Art auch der Antike und dem europäischen Mittelalter bekannt gewesen. Foto im H. M. f. V.

TAFEL XXIV

Umpflanzen der im Saatbeet herangezogenen jungen Sumpfreispflanzen. *Java*. Foto im H.M.f.V.
Mitte: Pflügen des Reisfeldes mit einem vierseitigen Rahmenpflug mit Hängegrindel und Einzelanspann eines Wasserbüffels mittels Kummt und Ortscheit. *Südchina*. Nach O. Franke, Kêngtschi t'u, Hamburg 1913, T. XIV, Bild I, 2.
Unten links: Terrassierte Felder in der Serra de Monchique, *Algarve*, Portugal. Foto: Dr. W. Bierhenke, Hamburg.
Unten rechts: Sumpfreis-Terrassenfelder. *Ifugao*, Philippinen. Foto im H. M. f. V.

VERZEICHNIS DER TEXTABBILDUNGEN

Abb. 1: Maske, einen Schamanen (mit geöffnetem Leib) auf einem Bieber reitend darstellend. *Eskimo* am Yukon, Alaska. H.: 90 cm. H. M. f. V. 36. 52 : 1.

Abb. 2: Schamanistische Kultstätte mit pfahlplastischen Darstellungen von Hilfsgeistern. Die Lappen an den Stangen sind Opfergaben. *Jennisejer*, Westsibirien. Nach einem Foto im H.M.f.V.

Abb. 3: Tanzmaske, einen Papageientaucher (Nase des menschlichen Gesichtes wird vom Vogelkopf gebildet) darstellend. *Eskimo*, Alaska. H. ohne Federn: 22 cm. H. M. f. V. 36. 52 : 6.

Abb. 4: *Kifwebe*-Kultmaske, bei Inthronisation und Tod eines Häuptlings verwendet. Nach Angabe des Sammlers L. Frobenius waren bei der Herstellung zur magischen Wirksammachung Menschenopfer nötig. *Ba-Luba*, Belg.-Kongo. H.: 32 cm. H. M. f. V. 5761 : 06.

Abb. 5: Pfahlplastik eines häuslichen Schutzgeistes. *Moba*, Nordtogo. H.: 35 cm. H. M. f. V. 12. 1 : 177.

Abb. 6: Ahnenfigur in Hockergestalt mit einem eingefügten Ahnenschädel. *Geelvinkbai*, Holl.-Neuguinea. Nach einem Foto im H. M. f. V.

Abb. 7: Kultmaske, schwarz-weiß-rot bemalt. Gesichtszüge geometrisch ornamentalisiert. *Ba-Kuba*, Belg.-Kongo. H.: 32 cm. H. M. f. V. 3764 : 06.

Abb. 8: Kultmaske aus einem Rutengerüst, mit Rindenbaststoff bezogen. *Baining*, Neupommern. H.: 85 cm. H. M. f. V.

Abb. 9: Lager mit Bienenkorbhütten im Urwald. Rechts ein „Lehnstuhl" aus einer Astkrücke. *Ba-Mbuti-Pygmäen*, Belg.-Kongo. Nach P. Schebesta, Die Bambuti-Pygmäen vom Ituri, II, 1, Brüssel 1941, Abb. 16.

Abb. 10: Gerüst eines Wetterschirmes, aus halbkreisförmig in den Boden gesteckten und miteinander verflochtenen Ruten. Bedeckung erfolgt wie bei den Kuppelhutten aus dachziegelartig übereinander mit den Stielen eingehängten Blättern. *Ba-Mbuti-Pygmäen*, Belg.-Kongo. Nach P. Schebesta, a. a. O., Abb. 18.

Abb. 11: Feuerquirl. Das gequirlte harte Stäbchen reibt aus der Kerbe in der weichen Holzunterlage Holzmehl ab, das durch die Reibungshitze ins Glimmen gerat. Durch Zugabe trockenen Zunders wird die Flamme entfacht. Der Schurz des Negers besteht aus Rindenbaststoff. *Lese*, Belg.-Kongo. Nach P. Schebesta, Vollblutneger und Halbzwerge. Salzburg-Leipzig 1934, T. XV, 32.

Abb. 12: Speerschleuder zur Verlängerung der Hebelwirkung des Armes. Der an das Speerende angreifende Dornfortsatz der Speerschleuder treibt den Speer mit vergrößerter Wucht. *North-Queensland*, Australien. Nach W. D. Hambly, Primitive Hunters of Australia, Field Museum of Nat. Hist., Anthrop., 32, Chicago 1936.

Abb. 13: Jäger mit einem durch Sehnenauflage verstärkten Bogen. *Eskimo*, Boothia-Halbinsel, Nordkanada. Nach K. Rasmussen, The Netsilik Eskimo. Thule Exp. VIII, S. 76, Kopenhagen 1931.

Abb. 14: Seehunde werden an ihrem Atemloch im Eis harpuniert. Die Spitze der Harpune löst sich nach dem Wurf vom Schaft, bleibt aber mit diesem durch einen Riemen verbunden, so daß die Beute durch Untertauchen dem Jäger nicht verlorengehen kann. *Eskimo*. Nach einem Foto von DPA, Hamburg.

Abb. 15: Ausfahrt zur Jagd auf Seesäuger in Fellbooten. Auf den Einmann-*Kajaks* vorn je ein Haspelgestell für die Harpunenleine, daneben liegt die Harpune selbst. Hinter dem Paddler ein mit der Harpunenleine verbundener aufgeblasener Seehundsbalg, der das Wegtauchen der getroffenen Beute verhindert. Das offene Spantenboot (*Umiak*) wird als Reiseboot vornehmlich von Frauen gerudert, früher diente es auch zum Walfang. *Eskimo*, Angmagsalik, Grönland. Nach W. Thalbitzer, The Ammassalik Eskimo I, Kopenhagen 1914, Fig. 8.

Abb. 16: Fischer mit Dreizack-Fischspeer im Einbaum. *Wogulen*, Westsibirien. Nach einem Foto im H. M. f. V.

Abb. 17: Jäger auf fellbezogenen Skiern. Früher diente der Schießbogen mit einem Schneeteller an einem Ende gleichzeitig als Skistock. *Jenissejer*, Nordsibirien. Nach einem Foto von Dr. H. Findeisen im H. M. f. V.

Abb. 18: Mit Birkenrinde gedeckte Stangenzelte, im Vordergrund ein Gerüst zum Fischdörren. am Flußufer ein Plankenboot mit rindengedeckter Kajüte. *Jenissejer*, Nordsibirien. Nach einem Foto im H. M. f. V.

Abb. 19: Jäger mit Bogen und Nashornvogel-Maske, die ihm im hohen Steppengras die Annäherung an Antilopen u. ä. ermöglicht. *Dikoa*, Zentralsudan. Nach einem Foto im H. M. f. V.

Abb. 20: Kochen in Körben mittels erhitzter Steine. *Maidu*, Kalifornien. N. Holmes, Anthr. Studies in California. Rep. U. S. Nat. Mus. 1900, T. 15 A, S. 172.

Abb. 21: Häuptlingsgewand aus Zedernbast in Poncho-Schnitt. Die Bemalung stellt eine Tiergestalt auseinandergeklappt dar, ein Prinzip das bereits der altchines. Kunst der Shang- und Ch'ouzeit bekannt war. *Tlingit*, Nordwestamerika. H.: 103 cm, Br.: 53 cm. H. M. f. V. B 1945.

Abb. 22: Baumfallen mit der Rodaxt, die Steinklinge ist in den Keulenstiel gesteckt. *Bergpapua*, Inneres von Holl. Neuguinea. Nach M. Le Roux, De Bergpapoea's van Nieuw-Guinea I, Abb. 51, Leiden 1948.

Abb. 23: Große Fischreuse am Ubangi, *Buraka*, Kongo. Nach Foto im H. M. f. V.

Abb. 24: Brandrodungsfeldbau, Rodung einer Pflanzung im Urwald. Die nicht verbrannten gefällten Bäume bleiben liegen, die Asche des verbrannten Ast- und Buschwerks düngt den Boden für wenige Jahre, danach muß eine neue Rodung angelegt werden. *Akpafu*, Togo. Nach Foto im H. M. f. V.

Abb. 25: Regenmacher-Zauberfigur mit aufgesetztem übermodellierten Schädel. *Lambuso*, Neumecklenburg, Melanesien. Nach A. Kramer, Die Malánggane von Tombára. München 1924, S. 13.

Abb. 26: Maskentänzer des Duk-Duk-Geheimbundes, Dämonen darstellend. *Gazelle-Halbinsel*, Neupommern, Melanesien. Nach A. B. Meyer & R. Parkinson, Album von Papua Typen I, Dresden 1894, T. 14.

Abb. 27: Konstruktion eines Giebeldachhauses der afrikanischen Urwaldzone, *Südkamerun*, Nach H. Prost, L'Habitat au Cameroun, Paris 1952, S. 107.

Abb. 28: Leiche in Stoffumhüllung, *Niombe*-Kult, *Belg.-Kongo*. Nach einem Foto von E. Karlmann im H. M. f. V.

Abb. 29: Ein Stuhl mit figürlichen Darstellungen wird aus dem Vollen eines Baumstammes mittels eines steinernen Querbeiles in Kniestiel-Schäftung herausgehauen. *Trobriand-Inseln*, Brit.-Neuguinea. Nach Foto der Bildagentur E. Wehner, Frankfurt/M.

Abb. 30: Herstellung eines Muschelarmringes: Ein Stück Tridacna-Muschel ist auf eine Unterlage geflochten, aus ihm wird mittels eines Bambusrohres — das unter Zugabe von Sand als Kronenbohrer wirkt — eine runde Scheibe herausgeschliffen. *Insel Angail*, Kaiser-Wilhelmsland, Neuguinea. Nach A. B. Meyer & R. Parkinson, Album von Papua Typen II, Dresden 1900, T. 20, 2.

Abb. 31: Herstellung eines Topfes in Treibtechnik. Anstelle des Aufbaues aus spiralig übereinandergelegten Tonwülsten wird hierbei das Gefäß durch Hände, Stein und Streichmesser aus einem Tonklumpen herausgetrieben und geformt. *Admiralitätsinseln*, Melanesien. Nach Foto im H. M. f. V.

Abb. 32: Eisenschmiede. Das Schalengebläse besteht aus zwei Holztöpfen, die mit einem gegabelten Holzrohr verbunden sind (gewöhnlich aus einer Astgabel zusammenhängend geschnitzt). Sie sind mit Baststoff oder weichen Blattern bzw. mit einem Fell zugebunden. Durch Auf- und Abstoßen der an die Membran angebundenen Holzstangen wird ein kontinuierlicher Luftstrom zum Feuer bewirkt. Das Verkohlen der Rohrmündung wird durch ein eingeschobenes Eisenrohr oder eine vorgesetzte Tonduse verhindert. Die Schmiede tragen Schurze aus Baststoff und geflochtene Mützen. *Ma-Nybetu*, Belg.-Kongo. Nach Foto von Presse-Seeger, Ebingen/Württbg.

Abb. 33: Frau beim Umbrechen des Bodens mittels einer Kniestielhacke mit Tüllenblatt. *Galla*, Abessinien. Nach Foto im H. M. f. V.

Abb. 34: Gekrümmtes hölzernes Trittgrabscheit. *Ostsudan*. Nach H. Baumann, Zur Morphologie d. afrik. Ackergerätes. Wiener Beitr. z. Völkerkunde u. Linguistik VI, 1944, T. V, 5 a.

Abb. 35: Umgraben des Bodens mittels des Trittgrabscheites. *Ch'ing-Miao*, Südchina. Nach H. Kothe, Entwicklung u. Bedeutung d. Getreidestockbaues. Forsch. & Fortschr. 25, Nr. 13/14, Juli 1949,

Abb. 36: Gepflasterter Tanz- und Versammlungsplatz mit steinernen Sitzen über dem Grab des 1. Erbpriesters von Khonoma, *Angami-Naga*, Assam. Nach Hutton, The Angami Nagas, London 1921. Vgl. damit die alteurop. megalith. Steinsetzungen und altgriech. Agora und Theater!

Abb. 37: Kultplatz (*marae*) mit Steinbänken an den Seiten und Stufenpyramide. *Tahiti*, Polynesien. (Vgl. Abb. 56!). Nach R. v. Heine-Geldern, Die Megalithen Südostasiens u. ihre Bedeutung fur die Klärung der Megalithenfrage in Europa und Polynesien. Anthropos 23, 1928, Abb. A.

Abb. 38: Totendenkmal am Wegesrand. Die Holzpfosten stellen Schilde und Speere dar und versinnbildlichen die Anzahl der Menschen, die der Verstorbene getötet hat. Vor jedem Pfosten steht ein Menhir, der das Andenken des Toten über den Verfall des Holzdenkmals hinaus ehrt. *Konso,* Südabessinien. Nach Foto des Frobenius-Institutes Frankfurt/M.

Abb. 39: Ein Opferrind wird beim *Moatsü*-Fest durch Herumrühren des Speeres in der Wunde getötet. *Ao-Naga,* Assam. Nach einem Foto von Dr. H. E. Kauffmann, Freiburg/Br.

Abb. 40: Mit einem Büffelkopf beschnitzter Gabelpfosten vor der Dorfschmiede. Auf den beiden Gabeln schematisierte Darstellungen von Nashornvogelköpfen als Sinnbild des Reichtums. Ungma, *Ao-Naga,* Assam. Nach Foto von Dr. H. E. Kauffmann, Freiburg/Br.

Abb. 41: Pfahl mit Büffelhörnern als Ehrenmal für veranstaltete Büffelopfer (= „Verdienstfeste"). *Babber-Inseln,* Ostindonesien. Nach Foto im H. M. f. V.

Abb. 42: Lastschlitten zum Megalithentransport. *Nias* bei Sumatra. Nach E. W. Gs. Schröder, Nias II, Leiden 1917, Abb. 124.

Abb. 43: Krieger mit Büffelhorn-Kopfschmuck und Rückendevise (vgl. diese mit Taf. XVI!). *Mao-Naga,* Assam. Nach W. Kaudern, Art in Central Celebes, Göteborg 1944, Abb. 234 B.

Abb. 44: Aufhängehaken, eine weibl. Gottheit auf einem Büffelkopf darstellend (= „Durga-Motiv"). Unverstandene Ableitungen dieses Motivs finden sich auch in Neuguinea, wo ja Rinder unbekannt sind. *Bada,* Celebes. Nach W. Kaudern, a. a. O., Fig. 228.

Abb. 45: Schiffsdarstellungen mit hohen Steven mit (Feder-?) Schmuck auf Tongefäßen des 2. Jahrt. v. Chr. *Kykladen,* Ostmittelmeer. Vgl. damit Boote aus Neuseeland und Tahiti (Taf. XIII oben!) Nach A. Koster, Schiffahrt und Handelsverkehr d. östl. Mittelmeeres im 3.—2. Jahrt. v. Chr. Der Alte Orient, Beih. 1, 1924, Abb. 6.

Abb. 46: Auslegerboot mit Mattensegel für die Hochseeschiffahrt. *Viti,* Polynesien. Nach Foto im H. M. f. V. Nach Heine-Geldern wurde das Auslegergeschirr aus den als Kenterschutz an hinterindischen Flußbooten außenbords angebrachten Schwimmbalken durch weiteres Herauslegen der Ausleger vom Schiffsrumpf weg entwickelt. Zur Erleichterung des Kreuzens wurde später der doppelte Auslegerbalken auf einer Seite weggelassen.

Abb. 47: Sippengehöft mit Wohngebäuden und Getreidesilo in Lehmbau. Die Reliefs dienen dem Erklettern der Häuser und Silos. *Musgu,* Zentralsudan. Ähnliche Bienenkorbhütten aus Lehm finden sich in Altmesopotamien und rezent noch in Syrien. Die Bauweise erlaubt den Fortfall eines stützenden Mittelpfahles wie sonst bei Kegeldach- und Kuppelhäusern aus anderem Material. Nach Foto im H. M. f. V.

Abb. 48: Schmelzofen, mit Lagen von Holzkohle und Raseneisenerz beschickt, Luftzufuhr durch ein Schalengeblase. *Zentralsudan.* Nach Foto im H. M. f. V.

Abb. 49: Schlauchgebläse. Konstruktionszeichnung nach Original im H. M. f. V.

Abb. 50: Sippengehöft aus Kegeldachhäusern. Die tönernen Getreidesilos im Vorratshaus werden von oben mittels einer Kerbleiter benutzt. *Mofu,* Mandara-Gebirge, Nordkamerun. Nach H. Prost, L'Habitat au Cameroun, Paris 1952, S. 21.

Abb. 51: Tanzmaske, *Bamana,* Westsudan. H.: 33 cm. H. M. f. V. 11. 1 : 461.

Abb. 52: Jagd auf Baumtiere mittels des Blasrohres. Die vergifteten Pfeile mit einem Wattepropfen als Verschluß im Blasrohr werden im umgehängten Köcher, ein Giftvorrat in einer Kalebasse mitgeführt. *Arekuna,* Brit. Guiana. Nach Foto der Presseagentur E. Wehner, Frankfurt/M.

Abb. 53: Trittgrabscheit mit angebundenem gekrümmten Handgriff. *La Paz,* Bolivien, rezent. (Vgl. damit Abb. 34 und 55!). Nach K. Sapper, Geogr. u. Gesch. d. indian. Landwirtschaft, Hamburg 1936, T. I, 9.

Abb. 54: Umgraben des Bodens mittels Trittgrabscheit mit Handgriff. *Cuzco,* Peru. Tüllen-Spatenblätter aus Kupfer waren bereits vorkolumbisch in Südamerika bekannt. Nach Foto im H. M. f. V.

Abb. 55: Bestellung der rechteckigen Maisfelder mittels des Trittgrabscheites (die Krümmung des Handgriffes ist sicher übertrieben gezeichnet, vgl. Abb. 53). Nach dem Säen wird das Saatloch mit einem Holzschwert eingeebnet. *Peru,* Anf. 17. Jhd. n. Chr. Nach Pomo de Ayala, Trav et Mém. de l'Inst. d'Ethnologie XXIII, Paris 1936, S. 1156.

Abb. 56: Ballspielplatz, Rekonstruktion. *Chichen Itza,* Yucatan. In der Mitte der Seitenmauern befindet sich je eine ringförmige Steinscheibe, durch die der Ball (= Sonne) von den zwei Spielerparteien zu treiben war. (Vgl. Abb. 37). Nach J. Marquina, Arquitectura Prehispanica, Mexico 1951, Lám. 265.

Abb. 57: Opferung eines Kriegsgefangenen durch Herzausreißen. Die Brust wird ihm lebend durch ein Steinmesser geöffnet. Vgl. den Rückenschmuck der opfernden Priester mit Abb. 43 und Taf. XVII). Relief vom Ballspielplatz in *Tajin*, Mexico. Nach J. Marquina, a. a. O., Fot. 192.

Abb. 58: Siegelabdruck einer Stufenpyramide mit Nischenarchitektur. *Alt-Babylon? Assyrien?* Nach W. Andrae, Altmesopot. Zikkurat-Darstellungen. Mitt. Deutsche Orientges. 64, 1926, Abb. 21.

Abb. 59: Rekonstruktion der Stufenpyramide mit Nischenarchitektur, *Tajin*, Mexico. Nach J. Marquina, a. a. O., Fot. 191.

Abb. 60: Rekonstruktion des Babylon. Turms. Nach W. Andrae, Der babylon. Turm. Mitt. Deutsch. Orientges. 71, 1932, Abb. 6.

Abb. 61: Großer Festplatz mit Stufenpyramiden. Rekonstruktion. *Tikal*, Yucatan. Nach J. Marquina, a. a. O., Lám. 162.

Abb. 62: Tempelanlage mit Tortürmen („*Gopuram*" = Stufenpyramiden). *Tiruvannâmalai*, Vorderindien. Nach H. v. Glasenapp, Heilige Stätten Indiens, München 1928, Abb. 167.

Abb. 63: Männer melken eine Stute, welche die Milch zurückhalten würde, wenn ihr Füllen nicht anwesend wäre. *Kirgisen*, Kasachstan, UdSSR. Nach Foto im H. M. f. V.

Abb. 64: Filzgedecktes Kuppelzelt (*kibitka*). *Kirgisen.* Nach Foto im H. M. f. V.

Abb. 65: Reit- und Packochse, *Sudanaraber*, Baghirmi. Nach Foto im H. M. f. V.

Abb. 66: Frauen errichten ein Kuppelzelt. Sie richten gerade als oberen Abschluß einen Radkranz auf, den sie dann mittels eingesteckter radialer gebogener Sparren mit dem bereits aufgestellten Scherengatter der Wand verbinden werden, *Kirgisen.* Nach Foto im H. M. f. V.

Abb. 67 u. 68: Filzbereitung: Auf eine Matte ausgebreitete feuchte Schafwolle wird durch Rutenschlag verfilzt und sodann durch wiederholtes Ein- und Ausrollen in einer Matte unter ständigem Walken zur Decke verfestigt. *Kirgisen.* Nach Foto im H. M. f. V.

Abb. 69: Viehtränke in der Steppe. Eine Frau schöpft Wasser aus einem Brunnen mittels eines Ledereimers. *Sudanaraber*, Baghirmi. Nach Foto im H. M. f. V.

Abb. 70: Eine Frau schrotet Getreide im Holzmörser. *Kirgisen.* Nach Foto im H. M. f. V.

Abb. 71: Eine Frau schabt zur Pelzbereitung restliche Fleischteile von einem Fell. Die Eisenklinge des Fellkratzers ersetzt eine frühere Steinklinge. *Samojeden*, Nordsibirien. Nach Foto im H. M. f. V.

Abb. 72: Reitren. Der Zügel geht von einem um Kopf und Geweih gelegten Halfter aus. *Sojoten*, Sa'angebiet, Ostsibirien. Nach Ö. Olsen, Et primitivt Folk de mongolske rennomader. Kristiania 1914, S. 73.

Abb. 73: Zwei Adlige in schwarzen Gesichtsschleiern beim Zweikampf mit Schwert und Lederschild. *Tuareg*, Sahara. Nach Foto im H. M. f. V.

Abb. 74: Große Felltrommel. *Niellim*, Zentralsudan. Nach Foto im H. M. f. V.

Abb. 75: Bodenumbrechen mit dem Grabstock. *Doko* am Rudolfsee, Uganda. Nach Foto im H. M. f. V.

Abb. 76: Frauen enthülsen und Schroten Korn im Holzmörser und mahlen Mehl auf dem Reibstein. *Wa-Gogo*, Tanganyika. Nach Foto im H. M. f. V.

Abb. 77: Beschnittene Jünglinge während der Jugendweihe. Der „Tod" der kindlichen Existenz wird durch die weiße Bemalung versinnbildlicht, durch die Gesichtsmaske aus Schilf der Betreffende unkenntlich gemacht. *Zulu*, Sudafrika. Nach Foto im H. M. f. V.

Abb. 78: Gehöfte in Zinder mit „altnigritischen" Kegeldachhausern und Lehmkastenhäusern (als mediterraner Hochkultureinfluß), *Hausa*, Zentralsudan. Nach Foto im H. M. f. V.

Abb. 79: Bodenumbrechen mittels Grabstocken. Ein Arbeiter ubt durch seinen dahinter gesteckten Grabstock eine zusätzliche Zugwirkung auf die anderen Grabstocke aus. *Sialum*, Neuguinea. Nach R. Neuhauss, Deutsch-Neuguinea, Berlin 1911, Abb. 180.

Abb. 80: Grabstockpflug. Durch die — hier gekrummte — Zugstange (Grindel) ist ein Grabstock gesteckt, der gleichzeitig als Pflughaupt wie Sterze fungiert. In diesem Falle sind zur Verbesserung der Wühlwirkung noch Streichpflöcke an das Pflughaupt gebunden. *Galla*, Abessinien. Nach Foto im H. M. f. V.

Abb. 81: Grabstocksohlpflug. Afghanistan. Nach E. Werth, Türkische und mesopotamische Pflüge. Z. f. E. 70, 1933, Abb. 10.

Abb. 82: Altorientalischer Hakenpflug. Die Streichpflöcke (vgl. Abb. 80) sind zu Doppelsterzen verlängert, der Grabstock verkürzt worden. Siegelbild. *Altmesopotamien.* Nach P. Leser, Entstehung und Verbreitung des Pfluges. Münster 1931, Anm. 103.

Abb. 83: Bronzezeitlicher Krümmelsohlpflug mit durch den Grindel gestecktem Hinterbaum. *Döstrup,* Jütland. Nach W. La Baume, Die vorgeschichtl. Pflüge. Blätter f. deutsche Vorgesch. 11, Abb. 10.

Abb. 84: Mediterraner Krümmelsohlpflug mit Streichpflöcken („Ohren"). *Monte Gargano,* Apulien. H. M. f. V. 26 45 : 52.

Abb. 85: Spatenpflug. Der Grindel ist durch den spatenförmigen Hinterbaum gesteckt und bildet wie beim Typ der Abb. 83 eine Sohle. Der Pflüger verwendet einen Ochsenstachel zum Antreiben. *Condofuri,* Calabrien. Nach P. Scheuermeier, Bauernwerk in Italien, Erlenbach/Zürich 1943, Abb. 162.

Abb. 86: Dreschen mittels Dreschstöcken. *Fellachen,* Ägypten. Nach einem Foto von Presse-Seeger, Ebingen/Württbg.

Abb. 87: Arbeits- (Sommer-) Schlitten und Saumtier (Maulesel). *Rochemolles,* Piemont. Nach P. Scheuermeier, a. a. O., Abb. 194.

Abb. 88: Ochsenkarren mit Scheibenrädern und Weinfaß. *Chaves,* Traz-os-Montes, Nordportugal. Nach Foto von Dr. W. Bierhenke, Hamburg.

Abb. 89: Ziehbrunnen. Am Hebelarm hängt ein Ledereimer, mit dem das Wasser aus dem Fluß in den Kanal (unter dem Gerüst hindurchführend) zur Bewässerung der höher gelegenen Felder geschöpft wird. *Nil,* Ägypten. Nach Foto der Bildagentur Wehner, Frankfurt/M.

ERLÄUTERUNG VON FREMDWORTEN

Adoption (lat.) = Annahme an Kindesstatt.

Agora (griech.) = Versammlungsplatz in altgriech. Städten.

Amulett (lat.) = am Körper als Abwehrzauber getragener Gegenstand.

Differenzierung (lat.) = Herausbildung unterschiedlicher Formen aus einer ursprünglich gleichartigen Einheit.

Domestikation (lat.) = Umwandlung früherer Wildtiere zu Haustieren durch den Menschen.

Dualismus (lat.) = Zweiheitslehre, Glaube an zwei eigengesetzliche Wirkungsprinzipien.

Durga-Motiv = Darstellung der hinduistischen Göttin Durga, Gattin des Schiwa, auf einem Stier.

Emanation (lat.) = Ausfluß, Ausstrahlung; relig.: Entstehung belebter oder unbelebter Objekte auf dem Wege unmittelbaren Hervorgehens aus einem Höheren.

Emotion (lat.) = Gemütsbewegung.

Endogamie (griech.) = „Binnenheirat" innerhalb einer bestimmten Gruppe.

ethnische Einheit [von ethnos (griech.) = Volk] = einheitl. Bevölkerungsgruppe gleicher Sprache und Kultur, ihrer Eigenart und Zusammengehörigkeit bewußt. „Ethnisch" also *nicht* im Sinne des europäischen „Volkstums“-Gedankens („völkisch“) zu verstehen! s. S. 26 ff.

Evolution (lat.) = Entwicklung, Entfaltung.

Exogamie (griech.) = „Außenheirat“ außerhalb einer bestimmten Gruppe.

Feliden (lat.) = Familie der Katzen; hier insbes. die großen Raubkatzen wie Löwen, Leoparden, Panther, Tiger.

Feudalismus (lat.) = Lehnswesen mit Vorrangstellung des Adels.

Fremdphänomen (griech.) = fremdartige Erscheinung.

Funktion (lat.) = gegenseitige Abhängigkeit von Vorgängen, Sachverhalten, Begriffen.

funktional (von Funktion) = Abhängigkeit einer oder mehrerer Größen von einer oder mehreren unabhängigen Veränderlichen.

Gen (Mz. Gene) (griech.) = Erbanlage im Zellkern.

genetisch (griech.) = abstammungs-, entwicklungsmäßig.

hominid = der Hominiden-Familie (von lat. homo = Mensch) innerhalb der Säugetierklasse angehörig.

Homo-Sapiens-Gruppe (lat.) = heutige höchstentwickelte Art der Gattung „Mensch“.

humanid (lat.) = menschlich-gesittet im Gegensatz zu tierisch-kreatürlich.

Initiation (lat.) = Einweihung eines Menschen in eine Kultgemeinschaft.

Inkarnation (lat.) = Fleischwerdung.

Intention (lat.) = Absicht, Willensrichtung, abzielendes Denken.

interethnisch (lat.-griech.) = zwischen ethnischen Einheiten . . . .

Kannibalismus (indian.-span.) = Menschenfresserei.

Kausalität (lat.) = Ursächlichkeit, Ursache—Wirkung—Verknüpfung.

Komplex (lat.) = Gesamtheit, ein aus Einzelheiten zu einem einheitlichen Ganzen Verbundenes.

Konquista (span.) = Eroberung (Amerikas durch die Spanier).

Kosmogonie (griech.) = Erklärung der Weltentstehung.

Kosmologie (griech.) = Lehre vom Weltall.

lunar (lat.) = mondbezüglich.

Manismus (lat.) = Verehrung der Geister der Abgeschiedenen (Manen).

matrilinear (lat.) = Abstammung nach der mütterlichen Verwandtschaft rechnend.

Megalith (griech.) = Großstein.

Mesolithikum (griech.) = Mittelsteinzeit.

Miolithikum (griech.) = Jüngere Altsteinzeit.

Mound (engl.) = Hügel über einem Grab oder Kultstätte.

neandertaloid = zur Gruppe des Homo Neandertalensis (= Vertreter einer eiszeitlichen primitiven Menschenart) gehörig.

Neolithikum (griech.) = Jungsteinzeit.

Ökumene (griech.) = bewohnter Erdraum.

Paläolithikum (griech.) = Altsteinzeit.

pars pro toto (lat.) = der Teil (steht) für das Ganze.

patrilinear (lat.) = Abstammung nach der väterlichen Verwandtschaft rechnend.

Polis (griech.) = altgriechischer Stadtstaat.

Poncho (span.) = ärmelloses Gewand mit Kopfschlitz.

profan (lat.) = unheilig, weltlich.

psychomental (griech.-lat.) = seelisch-geistig.

Reinkarnation (lat.) = Wiederfleischwerdung, Wiederverkörperrung einer Seele nach dem Tode ihres derzeitigen Leibes.

rezent (lat.) = heute noch vorkommend.

Rezitation (lat.) = künstlerisch gestalteter Vortrag von Dichtungen.

Ritus (lat.) = überlieferter religiöser Brauch in fester Form.

Symbiose (griech.) = Zusammenleben verschiedenartiger Partner zu beiderseitigem Nutzen.

sympathetische Magie (griech.) = Magie gemäß der Vorstellung von übernatürl. Beziehungen und Wechselwirkungen zwischen zwei einander ähnlichen Vorgängen.

Syntax (griech.) = grammatische Satzlehre.

Tabu (polynes.) = religiöses Meidungsgebot.

Taiga (russ.) = nordsibirische Nadelwaldzone.

Talisman (arab.) = Gegenstand von zauberkräftiger Schutzwirkung.

Tatauierung (polynes.) = Körperverzierung durch Narben oder durch in die (helle) Haut eingebrachte Farbkörper.

Totem (Ojibwä-indian.) = Wesen oder Gegenstand, mit dem sich eine Menschengruppe verwandt bzw. durch eine mystische Beziehung verbunden glaubt, s. Kap. „Totemismus."

Transhumanz (lat.) = Weidegang ganzer (Schaf-) Herden in Begleitung weniger Hirten über weite Strecken.

Tundra (russ.) = arktische Moossteppe.

Usurpator (lat.) = unrechtmäßiger Besitznehmer (eines Thrones).

Vitalität (lat.) = Lebenskraft, -fähigkeit.

voluntaristisch (lat.) = willensmäßig.

zentrifugal (lat.) = von der Mitte wegstrebend.

zentripetal (lat.) = der Mitte zustrebend.

zoon politikon (griech.) = geselliges Lebewesen.

NAMEN- UND SACHREGISTER

(* = Illustration)